Professional Engineer Electric Application

최신 전기응용기술사 300선
기출문제풀이 (112-119회, 6회분)

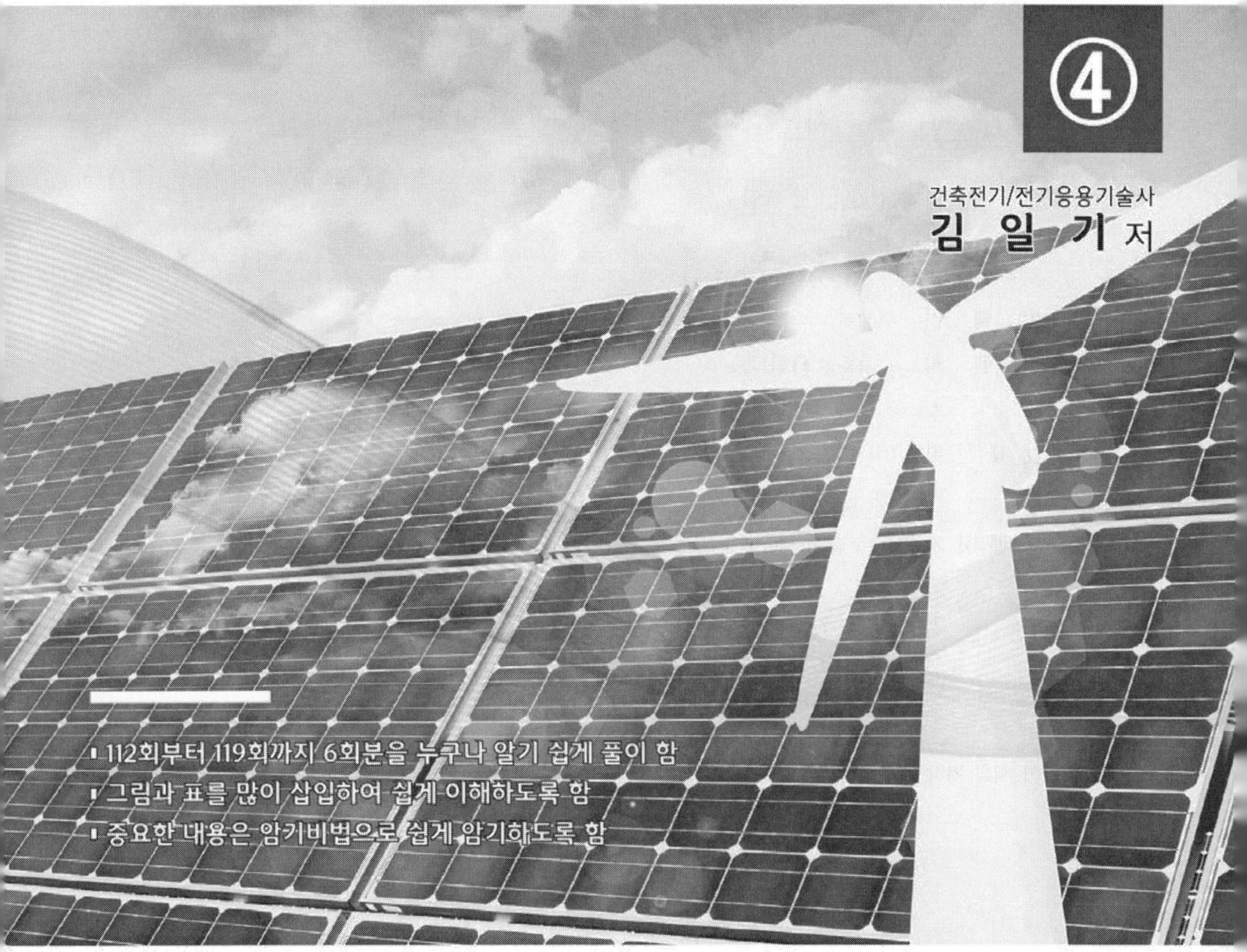

④

건축전기/전기응용기술사
김 일 기 저

- 112회부터 119회까지 6회분을 누구나 알기 쉽게 풀이 함
- 그림과 표를 많이 삽입하여 쉽게 이해하도록 함
- 중요한 내용은 암기비법으로 쉽게 암기하도록 함

최신 전기응용기술사 300선 (4권)

초　　　판	2020년 4월 17일
저　　　자	김일기
발　행　인	이재선
발　행　처	도서출판 nt media
주　　　소	서울시 영등포구 영등포동 618-79
대 표 전 화	02) 836-3543~5
팩　　　스	02) 835-8928
홈 페 이 지	www.ucampus.ac
가　　　격	40,000원
	ISBN　979-11-87180-36-4(94560)
	979-11-87180-01-2(94560) (세트)

이 책의 저작권은 도서출판 NT미디어에 있으며, 무단복제 할 수 없습니다.

구입문의 & 상담전화 : 유캠퍼스 김기남공학원 02) 836-3543~5

머 리 말

기술사법에 기술사는 "과학기술에 관한 전문적 응용능력을 필요로 하는 사항에 대하여 계획, 연구, 설계, 분석, 조사, 시험, 시공, 감리, 평가, 진단, 시험 운전, 사업 관리, 기술 판단, 기술 중재 또는 이에 관한 기술자문과 기술지도를 그 직무로 한다" 라고 되어 있습니다.

이와 같이 기술사는 그 직무 분야가 다양한 만큼 시험 문제도 매우 폭 넓게 출제되고 있습니다.

본인이 건축전기설비기술사와 전기응용기술사 자격을 취득하면서 겪은 애로 사항은 좋은 교재를 찾기가 쉽지 않은 것이었습니다. 그래서 이 교재를 만들게 되었습니다.

이 책의 특징은
1. 112회부터 119회까지 6회분을 누구나 알기 쉽게 내용을 정리하였습니다.
2. 그림과 표를 많이 삽입하여 누구나 쉽게 이해하고 시험장에서 가능하면 그림과 표를 많이 그릴 수 있는 연습을 하도록 만들었습니다.
3. 중요한 내용은 암기 비법을 재미있게 만들어 쉽게 암기하도록 하였습니다.

아래에 본인이 기술사 시험공부를 하면서 나름대로 터득한 기술사 공부 방법 10계명을 정리해 드리니 공부하는데 지침이 되시길 바랍니다.

기술사 공부방법 10계명

1. 주변을 정리하고 애경사는 가족의 도움을 받으세요.
   기술사는 많은 시간과 노력이 필요합니다. 보통 3,000시간 이상은 투자를 한다고 보시면 될 것이며 집중을 안 하면 그 보다도 훨씬 더 많은 시간이 소요 된다고 보시면 됩니다.
   기술사가 영어로는 Professional Engineer입니다. 즉 그 분야의 프로가 되어야 가능하다는 말이겠지요. 프로는 1등을 해야지 2등은 별 의미가 없지 않습니까?

2. 주변에 공부하는 것을 알리세요.
   어느분들은 공부하는 것을 알리지 않고 몰래 하던데 이는 만약 떨어지면 창피하다는 이유겠지요.
   그러면 중간에 그만 둘 수도 있다는 말이 아닙니까?
   그래서는 안 됩니다.
   나는 죽어도 합격할 때까지 하겠다는 마음이 아니면 대부분 중간에 포기합니다. 주변분들께 공부하는 것을 알리고 회식 등에서 빼달라고 솔직하게 이야기 하십시오. 그러면 좋은 결과가 있을 것입니다.

3. **좋은 강사와 좋은 교재를 선택하세요.**
   제가 공부하면서 제일 어려웠던 부분이 이 부분이었다면 이해가 되시겠지요?
4. **매일 3시간 이상 꾸준히 투자하세요.**
   평일 근무시간 후 적어도 3시간씩을 투자하라고 권하고 싶습니다.
   회식이 끝나고 집에 와서 공부를 못해도 책을 폈다 바로 덮는다 해도 정신만은 하루 3시간입니다.
5. **휴가와 공휴일을 최대한 활용하세요.**
   기술사 자격 취득하는데 몇 년간만 가족들의 양해를 구하시고 휴가와 공휴일은 도서관으로 직행하세요.
6. **자기만의 Sub-Note를 만드시 만들고 암기비법을 개발하세요.**
   PC가 아닌 손으로 직접 Sub-Note를 만들고 교재에 있는 암기비법을 참고하여 자신의 암기비법 노트를 만드세요.
7. **짬을 최대한 이용하세요.**
   출퇴근때 전철에서 아니면 자가용 운전중 신호 대기 시간에 암기노트를 활용하시고 회사에서도 최대한 짬을 만들어 보세요.
8. **기술 관련 매스컴, 정보등을 가까이 하세요.**
   전기 신문등을 수시로 보시고 전기 관련 잡지등과 가까이 하세요. 보물이 숨겨져 있을 수 있습니다.
9. **기본에 충실하고 이해를 한 다음 외우세요.**
   기술사 시험은 기사와 달리 공부의 양이 방대하고 답안이 짜임새가 있도록 기술해야 합니다. 그러려면 기본에 충실해야 하고, 이해를 한 다음에는 열심히 외워야 시험장에서 답안 작성이 가능합니다.
10. **중간에 포기하지 마세요.**
    전기 관련 기술사는 합격률이 최근에는 매회 1~3% 정도입니다. 결코 쉬운 시험이 아니지만 포기하지 않고 열심을 다 한다면 언젠가는 합격의 기쁨을 맛볼 수 있습니다.
    아무쪼록 본서를 통해 기술사라는 관문을 통과하여 한 단계 Up-Grade 된 인생을 살 수 있기를 바라고 하나님의 축복이 본서를 공부하시는 모든 분들과 발간에 도움을 주신 여러분께 함께 하시길 기원합니다.

저 자 씀

목 차

Chapter 1. 제112회(2017.05) 문제지 ---------------------- 9

제112회(2017.05) 문제풀이 -------------------- 15

Chapter 2. 제113회(2017.08) 문제지 ---------------------- 93

제113회(2017.08) 문제풀이 -------------------- 99

Chapter 3. 제115회(2018.05) 문제지 --------------------- 165

제115회(2018.05) 문제풀이 -------------------- 171

Chapter 4. 제116회(2018.08) 문제지 --------------------- 241

제116회(2018.08) 문제풀이 -------------------- 247

Chapter 5. 제118회(2019.05) 문제지 --------------------- 329

제118회(2019.05) 문제풀이 -------------------- 335

Chapter 6. 제119회(2019.08) 문제지 --------------------- 409

제119회(2019.08) 문제풀이 -------------------- 415

전기응용 출제경향(112~119회.6회분)

장	단원	2010 91회	2011 94회	2012 97회	2013 100회	2014 103회	2015 106회	합계	회당 문제수	점유율 (%)
1장	수변전 설비	4	3	3	5	5	2	22	3.7	12%
2장	수변전 기기	5	5	1	3	5	5	24	4.0	13%
3장	케이블 전력 품질	1	2	2	2	4	2	13	2.2	7%
4장	조 명	2	3	4	4	4	1	18	3.0	10%
5장	전 동 기	2	4	3	1	3	7	20	3.3	11%
6장	방재 및 반송 설비	1	1		1	1		4	0.7	2%
7장	정보 통신	3	2	3	1	3	3	15	2.5	8%
8장	접지 설비	4	1	1	1	1		8	1.3	4%
9장	에너지세이빙 및 신재생,초전도	7	4	6	6	2	6	31	5.2	17%
10장	감리.기타		3	3	1	3	1	11	1.8	6%
11장	전 열	1	2	2	3		1	9	1.5	5%
12장	전기 철도	1	1	3	3		3	11	1.8	6%
합 계		31	31	31	31	31	31	186	31.0	100%

Chapter 1

제112회 전기응용기술사
문제지(2017.05)

국가기술 자격검정 시험문제

기술사 제 112 회 　　　　　　　　　　제 1 교시 (시험시간: 100분)

분야	전기	자격종목	전기응용기술사	수험번호		성명	

※ 다음 문제 중 10문제를 선택하여 설명하시오. (각10점)

1. 열전현상의 종류에 대하여 설명하시오.

2. 전기설비기술기준의 판단기준에서 전기자동차용 충전장치의 시설기준에 대하여 설명하시오.

3. 정보통신 전송용으로 사용되는 광섬유(Optical Fiber)의 원리, 종류, 특징에 대하여 설명하시오.

4. 태양광 발전시스템에서 음영문제 해결 방안에 대하여 설명하시오.

5. 1상(相)에 여러 가닥의 케이블(cable)을 병렬로 배치시에 전류를 평형시키는 방법에 대하여 설명하시오.

6. 대지저항률에 영향을 주는 주요 요인과 측정방법을 설명하시오.

7. 전력용 반도체의 열저항 특성과 냉각 기술에 대하여 설명하시오.

8. 전기설비기술기준의 판단기준에서 직류 전기철도 전식방지(電蝕防止)를 위한 선택배류기 및 강제배류기의 시설기준에 대하여 설명하시오.

9. 한류형 전력퓨즈(Power Fuse)의 특징과 단점을 보완하기 위한 대책을 설명하시오.

10. 변압기의 임피던스 전압과 %임피던스를 설명하시오.

11. 변압기 이행전압(移行電壓)에 대하여 설명하시오.

12. 전기철도 전차선로에서 이종(異種) 금속의 접촉에 의한 부식방지 대책에 대하여 설명하시오.

13. 고압차단기의 차단 동작시에 발생하는 현상에 대하여 설명하시오.

국가기술 자격검정 시험문제

기술사 제 112 회 　　　　　　　제 2 교시 (시험시간: 100분)

분야	전 기	자격종목	전기응용기술사	수험번호		성명	

※ 다음 문제 중 4문제를 선택하여 설명하시오. (각25점)

1. 태양광 발전시스템의 계측기구와 표시장치에 대하여 설명하시오.

2. 저압 전기회로(간선, 분기)의 과부하 및 단락 보호를 위한 방법에 대하여 설명하시오.

3. 무정전 전원설비(UPS)의 종류별 동작 방식을 설명하시오.

4. 교량의 경관조명 요건과 기법에 대하여 설명하시오.

5. 직류전동기의 전기제동의 종류에 대하여 설명하시오.

6. 초전도체를 이용한 MHD(Magneto-Hydro Dynamic) 발전 원리, 종류, 특징에 대하여 설명하시오.

국가기술 자격검정 시험문제

기술사 제 112 회 　　　　　　　　제 3 교시 (시험시간: 100분)

분야	전 기	자격종목	전기응용기술사	수험번호		성명	

※ 다음 문제 중 4문제를 선택하여 설명하시오. (각25점)

1. 전동기의 전기적 고장에 대한 보호 방식을 설명하시오.

2. 내진설계 대상 건축물에서 고압 및 특고압 전기설비의 내진 대책에 대하여 설명하시오.

3. 피뢰기(LA)의 정격 선정시 고려할 사항에 대하여 설명하시오.

4. 자동고장구분 개폐기(ASS)의 기능에 대하여 설명하시오.

5. LED(Light Emitting Diode)램프 발광원리 및 광원의 장·단점을 설명하고, 다음 사항을 형광램프와 비교 설명하시오.
   1) 발광광속 2) 발광효율 3) 색온도 4) 연색성 5) 수명

6. 태양전지의 발전 원리와 재료에 따른 종류, 태양광 세기 및 주변 온도 변화에 따른 전압-전류특성을 설명하시오.

국가기술 자격검정 시험문제

기술사 제 112 회 　　　　　　　　　　제 4 교시 (시험시간: 100분)

분야	전 기	자격종목	전기응용기술사	수험번호		성명	

※ 다음 문제 중 4문제를 선택하여 설명하시오. (각25점)

1. 전기가열방식에서 유전가열(誘電加熱)에 대하여 설명하시오.

2. 분산형 전원의 계통 연계 및 연계선로의 보호 협조에 대하여 설명하시오.

3. 변압기의 내부 고장전류와 여자돌입 전류를 구분하여 검출할 수 있는 방법과 여자돌입전류로 인한 오동작 방지 대책에 대하여 설명 하시오.

4. 화학저감제 접지의 특성과 시공방법에 대하여 설명하시오.

5. 대기환경의 공기 질 향상을 위한 전기집진기의 원리, 종류, 특징, 적용분야에 대하여 설명하시오.

6. 전기자동차의 종류에 따른 특징과 충전 알고리즘에 대하여 설명하시오.

Chapter 1

제112회 전기응용기술사
문제풀이(2017.05)

1.1 열전현상의 종류에 대하여 설명하시오.

1. 개요
1) 금속이나 반도체는 열과 전기가 서로 상관 관계가 있으며 이를 열전 현상이라하고
2) 제벡효과, 펠티에 효과, 톰슨효과의 대표적인 것이 있다.

2. 열전 현상
1) 제벡 효과 (SeeBack Effect) : 열전 효과
   (1) 개념

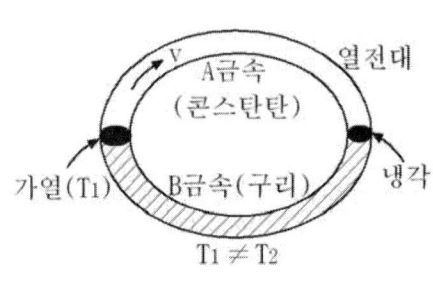

   - 금속이나 반도체에 온도차를 주면 열이 전기 에너지로 변환 되어 기전력이 발생하고
   - 폐회로에서는 열 기전력이 발생함. 이 열 기전력을 발생하는 금속을 열전대라 하고
   - 열전대에서 발생하는 기전력을 열 기전력이라 함.

   (2) 원리
   열 기전력 $V = \alpha \cdot \triangle T = \alpha(T_h - T_c)$

   여기서 α : 제벡계수

   $\triangle T$: 양단의 온도차 $(T_h - T_c)$

   (3) 적용
   - 용광로 속 온도 측정
   - 온도 제어
   - 열전기 발전
   - 화재 감지기
   - 열전대 반도체등

2) 펠티에 효과
   (1) 개념
   - 열전 현상의 반대인 전열 현상임.
   - 두 종류의 금속을 조합 시킨 후 전류를 통과 시키면 접속점에서 열 흡수 또는 열 발생함.

(2) 원리

열량 $H = \alpha \int I \cdot dt \, (cal)$

여기서 H : 발열량 또는 흡열량
       α : 펠티에 계수
       I : 인가 전류
       t : 통전 시간 (Sec)

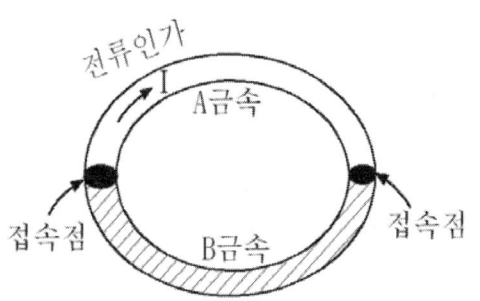

3) 톰슨 효과

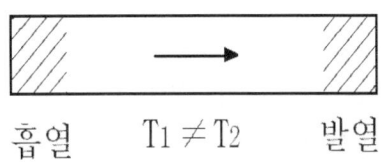

흡열 $T_1 \neq T_2$ 발열
(T_1)   (T_2)

1) 동일한 금속중에서 두 점간에 온도차가 있을 때 그것에 전류가 흐르면
2) 전류 및 온도차에 비례한 열 발생 또는 열 흡수가 일어난다.
3) 열량 $H = \alpha \cdot \int_{t1}^{t2} (I \cdot \triangle T) dt \, (cal)$

여기서 I : 통과 전류 (A)
        α : 톰슨 계수
        $\triangle T$: 각 점의 온도차
        t_1 , t_2 : 통전 시간 (Sec)

4) Joule 열
  - 전류 I가 흐르는 선의 전기 저항을 R 이라 하면
    발열량 $Q = 0.24 \, I^2 \, R \, t \, (cal)$ 임

1.2 전기설비기술기준의 판단기준에서 전기자동차용 충전장치의 시설기준에 대하여 설명하시오.

1. 전기설비기술기준(2011년 제정)
제53조의2(전기자동차 전원공급설비의 시설)
전기자동차(도로 운행용 자동차로서 재충전이 가능한 축전지, 연료전지, 광전지 또는 그 밖의 전원장치에서 전류를 공급받는 전동기에 의해 구동되는 것을 말한다.)에 전기를 공급하기 위한 전기설비는 감전, 화재 그 밖에 사람에게 위해를 주거나 물건에 손상을 줄 우려가 없도록 시설하여야 한다.

2. 전기설비 판단기준(2011년 제정)
제286조(전기자동차 충전 설비의 시설)
① 전기자동차를 충전하기 위한 저압전로는 다음 각 호에 따라 시설하여야 한다.
  1. 전용의 개폐기 및 과전류차단기를 각 극(과전류차단기는 다선식 전로의 중성극을 제외한다.)에 시설하고 또한 전로에 지락이 생겼을 때 자동적으로 그 전로를 차단하는 장치를 시설할 것.
  2. 배선기구는 제170조 및 제221조에 따라 시설할 것.

② 전기자동차 충전장치는 다음 각 호에서 정하는 바에 따라 시설하여야 한다.
  1. 충전부분이 노출되지 않도록 시설하고, 외함은 제33조에 따라 접지공사를 할 것.
  2. 외부 기계적 충격에 대한 충분한 기계적 강도(IK 07 이상)를 갖는 구조일 것.
  3. 침수 등의 위험이 있는 곳에 시설하지 말아야 하며, 옥외에 설치 시 강우, 강설에 대하여 충분한 방수 보호등급(IP X4 이상)을 갖는 것일 것.
  4. 분진이 많은 장소, 가연성 가스나 부식성 가스 또는 위험물 등이 있는 장소에 시설하는 경우에는 통상의 사용상태에서 부식이나 감전, 화재, 폭발의 위험이 없도록 제199조부터 제202조까지의 규정에 따라 시설할 것.
  5. 충전장치에는 전기자동차 전용임을 나타내는 표지를 쉽게 보이는 곳에 설치할 것.

③ 충전 케이블 및 부속품(플러그와 커플러를 말한다.)은 다음 각 호에 따라 시설하여야 한다.
  1. 충전장치와 전기자동차의 접속에는 연장코드를 사용하지 말 것.

2. 충전 케이블은 유연성이 있는 것으로서 통상의 충전전류를 흘릴 수 있는 충분한 굵기의 것일 것.
3. 커플러는 다음 각 목에 적합할 것.
   가. 다른 배선기구와 대체 불가능한 구조로서 극성의 구분이 되고 접지극이 있는 것일 것.
   나. 접지극은 투입 시 먼저 접속되고, 차단 시 나중에 분리되는 구조일 것.
   다. 의도하지 않은 부하의 차단을 방지하기 위해 잠금 또는 탈부착을 위한 기계적 장치가 있는 것일 것.
   라. 커넥터(충전 케이블에 부착되어 있으며, 전기자동차 접속구에 접속하기 위한 장치를 말한다)가 전기자동차 접속구로부터 분리될 때 충전 케이블의 전원공급을 중단시키는 인터록 기능이 있는 것일 것.
4. 커넥터 및 플러그(충전 케이블에 부착되어 있으며, 전원측에 접속하기 위한 장치를 말한다.)는 낙하 충격 및 눌림에 대한 충분한 기계적 강도를 가진 것일 것.

④ 충전장치의 부대설비는 다음 각 호에 따라 시설하여야 한다.
1. 충전 중 차량의 유동을 방지하기 위한 장치를 갖추어야 하며, 자동차 등에 의한 물리적 충격의 우려가 있는 경우에는 이를 방호하는 장치를 시설할 것.
2. 충전 중 환기가 필요한 경우에는 충분한 환기설비를 갖추어야 하며, 환기설비임을 나타내는 표지를 쉽게 보이는 곳에 설치할 것.
3. 충전 중에는 충전상태를 확인할 수 있는 표시장치를 쉽게 보이는 곳에 설치할 것.
4. 충전 중 안전과 편리를 위하여 적절한 밝기의 조명설비를 설치할 것.

⑤ 그 밖에 전기자동차 전원공급설비와 관련된 사항은 KSC IEC 61851-1, KS C IEC 61851-21 및 KS C IEC 61851-22 (전기자동차 충전 시스템)표준을 참조한다.

1.3 정보통신 전송용으로 사용되는 광섬유(Optical Fiber)의 원리, 종류, 특징에 대하여 설명하시오.

1. 광 섬유 구조
1) 광섬유 케이블이라고도 하며
2) 생김새는 원통 모양이며, 심(Core)·클래드(Clad)·재킷(Jacket) 등으로 되어 있다.

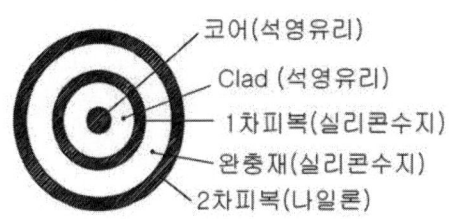

(1) 심 : 매우 가는 유리나 플라스틱으로 만든 광섬유로서 빛을 통과 시킴.
(2) 클래드 : 굴절율을 달리하여 코어에서 전반사가 이루어지도록 빛을 차단함.
(3) 재킷(피복,코팅) : 광섬유 다발 주위의 맨 바깥층으로서 실리콘 이나 PVC로 되어 있어 습기·마모·파손 등을 막는다.

2. 광 섬유의 원리(전송방식)

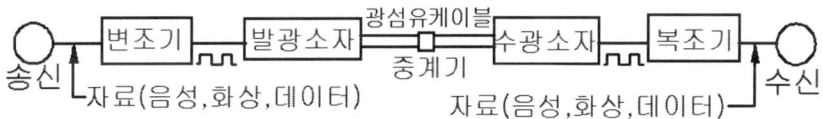

1) 전화, 데이터, 팩시밀리 등 단말기로부터 보내지는 전기신호는 전기 → 광 변환기에 의해 광신호로 변환된다.
2) 이때 발광 소자는 '발광 다이오드'나 '반도체 레이저'가 쓰여 진다.
3) 이러한 발광 소자를 통해서 전기 신호 '1'과 '0'이 레이저광으로 변환되어 점멸한다.
4) 이 점멸이 1초에 4억회나 반복되어서 광섬유 1개로 동 전화선 6000 회선분의 정보를 전송 할 수 있다.
5) 광 섬유를 지나는 광 신호는 거리가 40km정도에서 중계기를 설치하여 감쇠된 신호를 증폭시켜야 한다.
6) 수광 소자로는 핀 포토 다이오드(PIN-PD)나 애버란시 포토 다이오드(APD)등이 사용된다.

3. 특징
1) 장거리 송신
   싱글 모드의 경우는 증폭기 없이 약 50km까지 전송이 가능함.
2) 초 고속 전송

3) 전송 용량 증대

   광섬유 1개로 동 전화선 수천 회선분의 정보를 전송 할 수 있다.

4) 고 품질 저 손실

   데이터 전송용으로 많이 사용하는 동축 케이블에 비하여 손실이 적다.
   - 동축 케이블 : 2.5 MHz 신호 전송시 3.5 (dB/km)
   - 광 케이블 : 1 GHz   "   0.4~1.0(dB/km)

5) 세경

   머리카락 정도(75~100 μm)로 매우 가늘어 케이블화 하여도 극히 가늘어 짐.

6) 경량

   주재료가 석영 이므로 구리에 비하여 1/4의 무게임.

7) 전자파 발생 없고 영향도 안받음.

   재료가 석영이므로 외부의 유도 장해가 없다.

8) 자원 풍부

   구리에 비해 주성분이 석영이 재료가 풍부하여 저가 제조가 가능하다.

4. 광 섬유의 종류

1) 전파 Mode에 따른 종류

구 분	광의 전파상태	용 도
단일모드형 S M (Single Mode Optical Fiber)	코어지름 : 1.0~10(μm)	-장거리 송신 가능
S I (Step Index Optical Fiber)	코어지름 : 20~150(μm)	-소규모 LAN에 적용 가능
G I (Graded Index Optical Fiber)	코어지름 : 20~150(μm)	-광 파이버중 가장 많이 사용 -대용량 LAN에 적합함.

< 싱글 모드 및 멀티 모드 비교 >

특 징	싱글 모드	멀티 모드
1. 코어 직경	작다(10μm이내)	크다(50~100μm)
2. 최대 전송 거리	50km 정도로 장거리	2km 정도로 단거리
3. 정보 전송 양	많은 양 불가	많은 양 동시 송신 가능
4. 취급	-파이버 접속, 분기가 어려움 -접속, 분기가 중요한 LAN에는 부적합.	-접속, 분기는 비교적 용이하며

2) 사용 환경별 분류
 - 가공용
 - 관로용
 - 직매용
 - 해저용

3) 특수 목적용
 - 가공 지선용 (OPGW) : 철탑에 사용
 - 난연성 및 내열성용
 - 비 금속성(무 유도형) : 금속을 사용하지 않아 전기 피해가 많은 장소 및 전압 전력 케이블 근접시 사용
 - 방수용 등

1.4 태양광 발전시스템에서 음영문제 해결 방안에 대하여 설명하시오.

1. 개요
- 일반적으로 모듈에서의 음영은 어떤 경우라도 없어야 하지만 순환적으로 가끔 발생하는 음영은 태양광발전의 출력을 저하시킨다.
- 여기에서는 음영이 왜 문제를 일으키며, 또 그것을 어떻게 피해야 할 것인가, 무엇으로 그 영향을 저감시킬 수 있는가를 설명하기로 한다.

2. PV 어레이의 설치방향 및 각도 영향
- 보통 PV 어레이의 설치방향은 연간 태양궤적에 비추어 볼 때 지구 북반구에서 남향으로, 남반구에서는 북향으로 설치하는 것이 바람직하다고 추론 할 수 있다.
- 이 방향은 PV 어레이의 표면이 가능한 긴 일조시간에 노출될 수 있는 조건을 제공한다.
- PV 어레이의 설치경사 각도는 태양광선이 PV 어레이의 표면에 직각으로 입사할 때 광선의 밀도가 가장 크므로 최대의 전력량을 얻을 수 있다.

2. PV 어레이의 음영문제 해결 방안
1) **태양 추적형으로 설계**
   태양의 고도와 방위각은 계절별로 달라져 수평면에 조사되는 입사 각도도 변화하므로 태양 추적형으로 설치될 경우에는 항시 PV 어레이의 표면이 태양을 향하게 하여 태양광선의 입사각도를 직각으로 유지시킬 수 있다.
2) **설치 각도 및 방향 설정**
   설치각도를 고정하여 설치할 경우에는 연간 가장 많은 에너지를 얻을 수 있는 경사각도로 설치하는 것이 바람직하므로 이를 위해서는 그 지역에서 측정된 다년간의 일사량 자료의 분석이 선행된 후 설치 각도 및 방향 설정이 이루어져야 한다.
3) **직사광선이 조사되도록 설계**
   태양전지의 특성상 직사광선이 조사될 때 변환효율이 가장 좋고, PV 어레이는 여러 장의 PV 모듈을 직-병렬로 연결하여 만들어졌기 때문에 PV 어레이 표면의 전부 또는 일부에 음영이 생겨 직사광선이 방해를 받을 경우 전력 획득에 상당한 악영향을 미치게 된다.
   따라서 가장 일사조건이 좋은 시간대에서 PV 어레이의 설치장소 주변에 있는 나무나 건물 또는 PV 어레이 자체에 의해 어레이 표면에는 음영이 생기지 않도록 계획되어야 한다.

1.5 1상(相)에 여러 가닥의 케이블(cable)을 병렬로 배치시에 전류를 평형시키는 방법에 대하여 설명하시오.

1. 내선규정 2225-3 전선의 병렬 사용
   - 교류회로에서 전선을 병렬로 사용하는 경우는 1435-1의 제2항 제⑤호 (병렬전선 사용)에 따르며, 관내에 전자적 불평형이 생기지 않도록 시설하여야 한다.
   - 금속관 배선에서 전선을 병렬로 사용하는 경우의 예는 그림 2225-1 과 같다.

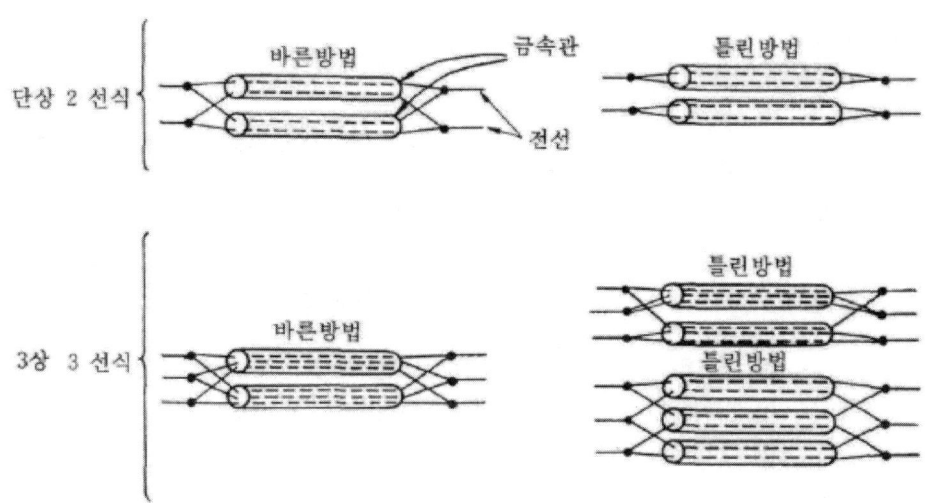

그림 2225-1 전선을 병렬로 사용하는 경우(예)

2. 내선규정 1435-1 절연전선 등의 허용전류
   ⑤ 병렬전선 사용
      옥내에서 전선을 병렬로 사용하는 경우는 다음 각 호에 의하여 시설하는 것을 원칙으로 한다.
      가. 병렬로 사용하는 각 전선의 굵기는 동 50㎟ 이상 또는 알루미늄 70㎟ 이상이고, 동일한 도체, 동일한 굵기, 동일한 길이이여야 한다.
      나. 공급점 및 수전점에서 전선의 접속은 다음 각 호에 의하여 시설하여야 한다.
         1) 같은 극의 각 전선은 통일한 터미널 러그에 완전히 접속할 것.
         2) 같은 극인 각 전선의 터미널 러그는 통일한 도체에 2개 이상의 리벳 또는 2개 이상의 나사로 헐거워지지 않도록 확실하게 접속할 것.
         3) 기타 전류의 불 평형을 초래하지 않도록 할 것.
      다. 병렬로 사용하는 전선은 각 전선에 퓨즈를 시설하지 말아야 한다.
         (단, 공용 퓨즈는 시설할 수 있다)

3. 케이블의 동상 다조 포설 시 유의사항

1) 단심 케이블을 여러 선 부설하면 주위의 케이블 부하전류 및 그 선심 상호 간 거리에 의한 자속의 영향을 받아 인덕턴스가 변화한다.
2) 이 경우 동상 내 부하전류의 상 배열이 부적당하거나 선심 상호간 거리가 일정하지 않으면 인덕턴스의 불 평형이 생긴다.
3) 한편 다선 부설이기 때문에 허용전류도 대폭 저감되므로 케이블 사이즈를 선정할 때는 허용전류 및 임피던스 평형 양면에서 충분히 검토해야 한다.

4. 동상 다조 포설의 전류 불평형

CABLE 배열	불평형 상태
ⓐ ⓑⓑ" ⓒ ⓐ'ⓐ" ⓑ' ⓒ'ⓒ"	· 전류 불 평형 있음 (약 10%) · 정삼각형을 작게 하고 CABLE 그룹 간격을 크게 하면 불 평형은 감소한다.
ⓐⓑⓒ ⓐ'ⓑ'ⓒ' ⓐ"ⓑ"ⓒ"	· 불 평형 있음(약 10%)
ⓐ ⓐ' ⓐ" ⓑ ⓑ' ⓑ" ⓒ ⓒ' ⓒ"	· 동상 내 불 평형 있음 (약 5%) · 동상 CABLE을 떼어놓는 만큼 불 평형은 감소한다.
ⓐ ⓐ' ⓐ" ⓑⓒ ⓑ'ⓒ' ⓑ"ⓒ"	· 전류 불 평형 있음 (약 10%) · 정삼각형을 작게 하고 CABLE 그룹 간격을 크게 하면 불 평형은 감소한다.
ⓐⓐ'ⓐ" ⓑⓑ'ⓑ" ⓒⓒ'ⓒ"	· 불 평형 있음 (약 50%)
ⓐ ⓐ' ⓐ" ⓐ" ⓑ ⓑ' ⓑ" ⓑ" ⓒ ⓒ' ⓒ" ⓒ"	· 전류 불 평형 있음 (약 10%) · 동상케이블을 떼어 놓는 만큼 불 평형은 감소한다.
ⓐⓑⓒ ⓒ'ⓑ'ⓐ'	· 동상 내 불 평형 없음
ⓐ ⓑ ⓒ ⓒ ⓑ ⓐ	· 동상 내 불 평형 없음
ⓐⓑⓒⓒ'ⓑ'ⓐ' ⓐ"ⓑ"ⓒ"ⓒ"ⓑ" ⓐ"	· 동상 내 불 평형 없음

1.6 대지저항률에 영향을 주는 주요 요인과 측정방법을 설명하시오.

1. 개요
 1) 접지 저항
  - 접지 저항은 대지 저항율에 전극의 형상등 함수의 곱이다.
    즉, 접지저항 R = ρ f
   여기서 ρ : 대지 저항률 (Ω.m)
        f : 함수 (전극의 형상에 의해 결정됨)
 2) 대지 저항율
  - 대지저항율이란 대지(토양)의 일정 체적의 전기저항이며, 대지 고유 저항이라고도 하며, 단위로는 (Ω.m) 또는 (Ω.Cm)를 사용한다.
  - 접지 저항은 대지 저항율이 낮을수록 낮아져 양호한 값을 얻는다.
  - 대지 저항율에 영향을 주는 요인은 흙의 종류, 수분의 양, 온도, 계절, 흙에 녹아있는 물질의 종류나 농도 등에 따라 변화한다.

2. 대지 저항율에 영향을 주는 요인
 1) 흙의 종류
   흙의 종류는 진흙, 점토, 모래질, 사암, 암반지대로 구분되며 대지 저항 율은 다음순서로 나타난다.
   늪지, 진흙 -> 점토질 -> 모래질 -> 사암 -> 암반지대 순으로 대지 저항이 커져 접지 저항값이 높게 나온다.

분 류	진 흙	점 토	모 래
대지저항(Ω.m)	80~200	150 ~ 300	200 ~ 500

 2) 수분 함유량
   수분을 많이 함유 할수록 접지 저항값이 낮아진다.
 3) 온도
   대지는 온도가 높을수록 저항율이 낮아진다. (즉, 부저항 특성임)
   $R_2 = R_1 \{ 1 - α (T_2 - T_1)\}$
   여기서 R_2 : T_2 일 때의 저항(Ω)
        R_1 : T_1 일 때의 저항(Ω)
         α : 온도 T_1 에서의 저항 온도계수

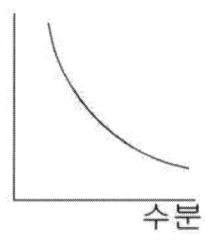

4) 계절

7, 8월 장마기가 대지 저항율이 낮고 1,2월 동절기가 대지 저항율이 높아진다.

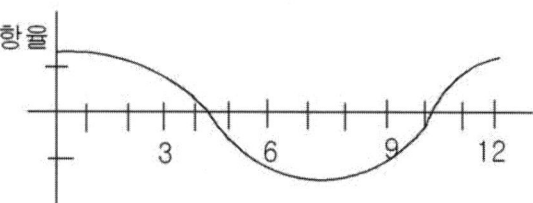

5) 화학물질
- 토양속에 전해질의 화학 물질이 있으면 저항율이 크게 감소
- 전해질 : 물 등 용매에 용해하여 수용액으로 되었을 때, 전리하여 이온(ion)이 발생하여 전류를 흐르게 하는 물질.(예, 염화나트륨)

6) 기타
- 해수 영향 : 해수 지역에서 저형율이 낮아짐.
- 암석 영향 : 흑연이나 철분이 함유되어 있으면 저항율이 낮아짐.

3. 대지저항율 측정 방법
- 표면에서 깊은 심층까지 동일한 토질로 이루어진 단층 구조의 대지는 거의 없으며, 다양한 지층 및 지형으로 이루어진 경우가 허다하므로 대지표면에서 심층까지 대지저항률을 정확하게 측정할 필요가 있다.
- 대지저항 측정방법에는 4전극법, 2전극법, Schumberger법등 다수가 있으나 대부분 Wenner의 4전극법을 이용하고 있다.

1) Wenner 의 4전극법
  (1) 1915년 Frank Wenner가 발표한 4개의 전극을 직선상으로 동일한 격으로 배치하는 방법으로 현재 대지저항률의 측정방법으로 가장 많이 사용되고 있다.
  (2) 측정 원리
   - 전류를 접지전극에 유입시켜 대지저항률을 측정하는 경우 측정용 전류가 대지를 침투한 깊이까지의 대지저항률의 평균값을 얻게 된다 .
   - Wenner의 4전극법 전극 배치는 아래 그림과 같으며, 전극 C1과 C2 사이에 전원을 접속시켜 대지에 전류를 흘려보내면 P1 과 P2 사이에 생긴 전위차가 발생하는데 이 전위차 측정값을 대지에 흘려보낸 전류[I]값으로 나누면 접지저항값 R[Ω]을 구할 수 있으며, 전극간격을 a[m]라 하면 대지저항률 ρ[Ω.m]는 다음식으로 구할 수 있다.
     - 대지저항 $\rho = 2\pi a \cdot R$ (Ω·m)
     - ρ : 흙의 저항율(Ω·m)
     - a : 전극간의 거리(m)
     - R : 저항 값 (V/I : 측정치)

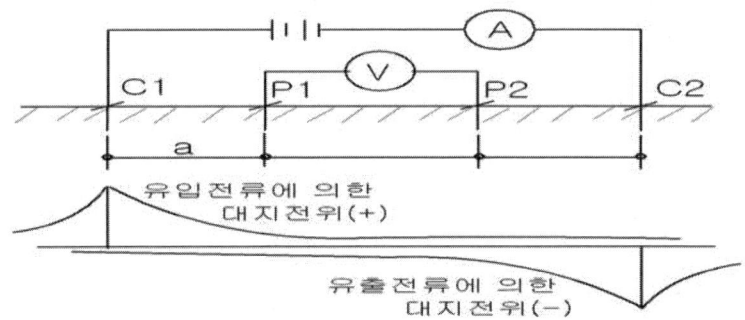

2) Schlumberger(슐름베르거 법)

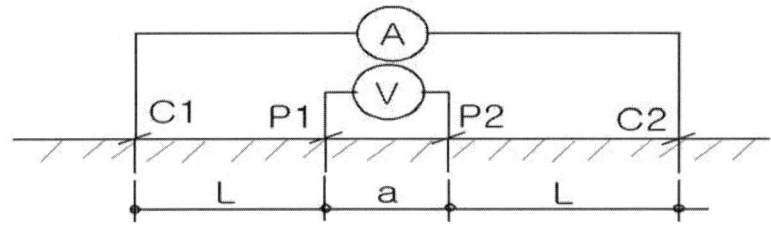

- WENNER의 4 전극법의 정확도를 개선한 방법으로 전극의 간격을 다르게 하여 오차를 줄인 방법임.
- 전압극 a는 L의 1/20정도로 하여 상호 간섭에 의한 오차를 줄임.

3) 2전극법
- 현장에서 개략적으로 측정하는 방법임
- 이동성이 간단하고 측정이 간편하나 정확성이 낮음

(방법)
- 전극 2개를 전류계를 통하여 접속

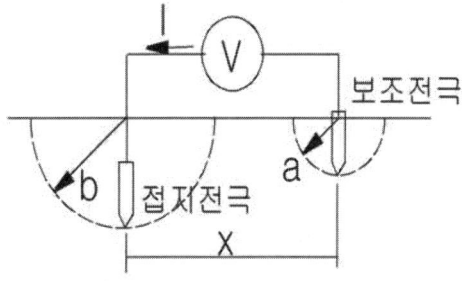

1.7 전력용 반도체의 열저항 특성과 냉각 기술에 대하여 설명하시오.

1. 전력용 반도체의 열저항 특성
- 열저항은 반도체 온도 특성의 하나로, 온도 상승률이라고도 한다.
- 반도체의 온도 상승은 접합부의 온도를 $T_j[℃]$, 주위의 온도를 $T_a[℃]$이라 하면
  $$T_j - T_a = R_{th} \cdot P_c$$
  로 나타내어진다.
- 여기에서 R_{th}가 열저항이며, 단위는 $[℃/W]$로 나타내고, P_c는 손실$[W]$이다. 이로써 반도체의 온도 상승은 손실에 비례하는 것으로 생각된다.
- 최대 접합부 온도 T_{jmax}은 게르마늄에서 약 80℃, 실리콘에서 200℃ 정도이다.
- 열저항은 반도체에서는 고장 유무, 수명, 신뢰성과 동작 시의 온도가 밀접하게 관계되어 있다.
- 어떠한 냉각조건에서 어떻게 동작 시킬 것인가, 온도가 가장 많이 올라간다면 몇 ℃로 될까? 이러한 온도상승 계산에서 사용되는 것이 열저항이다.
- 큰 전류를 흘릴수록 손실이 커지고 이에 따라 소자내부의 온도도 올라간다.
- 또한 열저항을 사용하면 온도차를 계산할 수 있다.

2. 전력용 반도체의 냉각 기술
1) **자연대류방식**
   - 소용량 power device로 발열량이 수 십W 정도일 때 채택된다.
   - 이 방식은 장치내부에 power device를 냉각fin에 설치해 두는 것뿐으로서 발열량에 대비, 냉각공기가 대류 되도록 통풍구를 설치한다.
   - 장치는 개방구조이므로 부식성 환경에 설치하는 경우 별도의 대책이 필요하다.

2) **강제대류방식**
   - 냉각fan으로 공기를 강제로 대류 시키는 방식으로서 power device 발열량이 수 백W 이하에서 많이 채택된다.
     장치 내에는 신선한 공기를 넣어줄 필요가 있다.
   - 냉각풍 인입구의 공기온도는 일반적으로 40℃이하로 규정되어 있으며 먼지가 많은 환경에서는 외부의 이물질로부터 장치를 보호하기 위해 에어필터를 설치하기도 한다.

3) **물순환 냉각방식**
   - 전기절연 저항값이 큰 냉각수를 stack부에 펌프로 순환시키고, 온도가 올라간 냉각수는 열교환기로 2차 냉각수나 공기 중에 방열하는 방식이다.

- 이 방식은 냉각효율이 높으며 장치를 소형화 할 수 있어 발열량이 1000W를 넘는 대용량의 power device냉각에 많이 채택되고 있다.

4) 비등(沸騰)냉각방식
   - stack을 끓는점이 낮은 냉각매체 안에 설치하여 power device에서 발생하는 열에 의해 냉각매체를 비등·기화시켜 냉각매체가 액상에서 기상으로 변할 때의 증기잠열을 이용하는 것으로서 열 전달율이 높은 특징이 있다.
   - 밀폐용기 내부에 냉매로 프론을 채택한 것이 많이 사용되어 왔으나 근래 환경문제 때문에 재검토의 필요성이 있다.

자연대류(자연냉각)방식

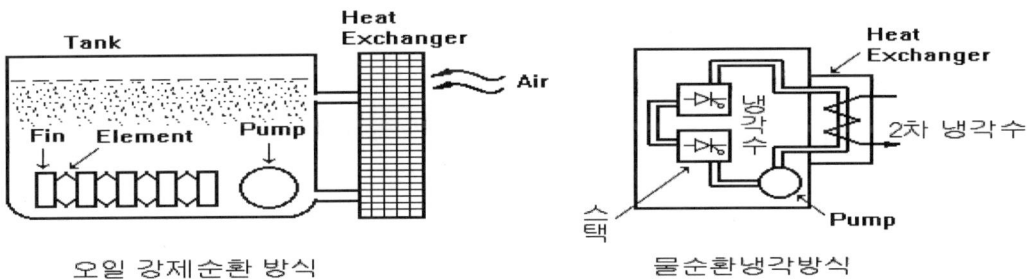

오일 강제순환 방식   물순환냉각방식

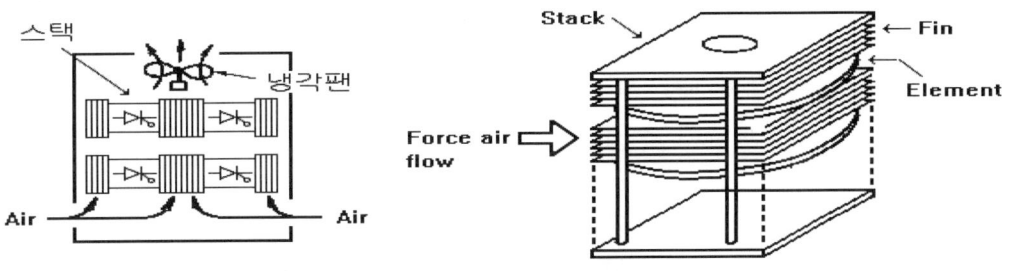

강제대류(공기 강제송풍)방식

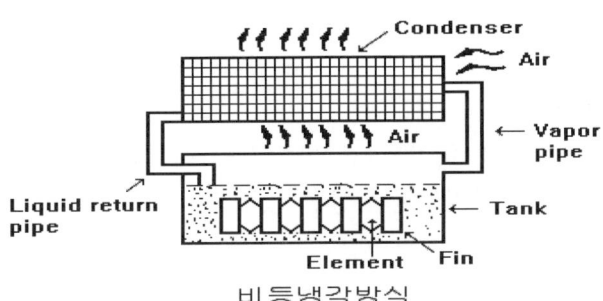

비등냉각방식

1.8 전기설비기술기준의 판단기준에서 직류 전기철도 전식방지(電蝕防止)를 위한 선택배류기 및 강제배류기의 시설기준에 대하여 설명하시오.

1. 전기설비기술기준의 판단기준 제6장 전기철도 제265조(배류접속)
① 직류 귀선과 지중 관로는 전기적으로 접속하여서는 아니 된다. 다만, 직류 귀선을 제263조(전기부식방지를 위한 귀선의 시설) 또는 제264조(전기부식방지를 위한 귀선용 레일의 시설 등)의 규정에 의하여 시설하여도 계속 금속제 지중 관로에 대하여 전식 작용에 의한 장해를 줄 우려가 있는 경우에 다음 각 호에 따라 시설할 때에는 그러하지 아니하다.
   1. 배류 시설은 다른 금속제 지중 관로 및 귀선용 레일에 대한 전식 작용에 의한 장해를 현저히 증가시킬 우려가 없도록 시설할 것.
   2. 배류 시설에는 선택 배류기를 사용할 것. 다만, 선택 배류기를 설치하여도 전식 작용에 의한 장해를 방지할 수 없을 경우 한하여 강제 배류기를 설치할 수 있다.

② 제1항 제2호의 선택 배류기는 다음 각 호에 따라 시설하여야 한다.
   1. 선택 배류기는 귀선에서 선택 배류기를 거쳐 금속제 지중 관로로 통하는 전류를 저지하는 구조로 할 것.
   2. 전기적 접점(퓨즈 홀더를 포함한다)은 선택 배류기 회로를 개폐할 경우에 생기는 아크에 대하여 견디는 구조의 것으로 할 것.
   3. 선택 배류기를 보호하기 위하여 적정한 과전류 차단기를 시설할 것.
   4. 선택 배류기는 제3종 접지공사를 한 금속제 외함 기타 견고한 함에 넣어 시설하거나 사람이 접촉할 우려가 없도록 시설할 것.

③ 제1항 제2호의 강제 배류기는 다음 각 호에 따라 시설하여야 한다.
   1. 귀선에서 강제배류기를 거쳐 금속제 지중 관로로 통하는 전류를 저지하는 구조로 할 것.
   2. 강제배류기를 보호하기 위하여 적정한 과전류 차단기를 시설할 것.
   3. 강제배류기는 제3종 접지공사를 한 금속제 외함 기타 견고한 함에 넣어 시설하거나 사람이 접촉할 우려가 없도록 시설할 것.
   4. 강제배류기용 전원장치는 다음에 적합한 것일 것.
      가. 변압기는 절연 변압기일 것.
      나. 1차측 전로에는 개폐기 및 과전류 차단기를 각 극(과전류 차단기는 다선식 전로의 중성극을 제외한다)에 시설한 것일 것.

2. 배류 방식
   1) 직접 배류법

   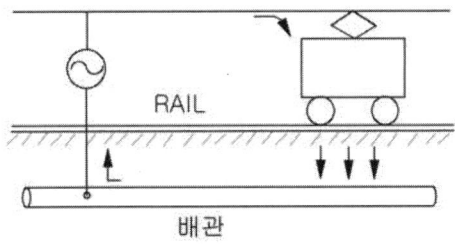

   - 그림과 같이 금속체와 레일을 도선으로 연결
   - 시설은 비교적 간단하나 효과가 적어 많이 사용 안함.

   2) 선택 배류법
      변전소의 (-)극과 매설관 사이에 다이오드를 연결하여 누설전류 방향을 선택하여 부식 방지

   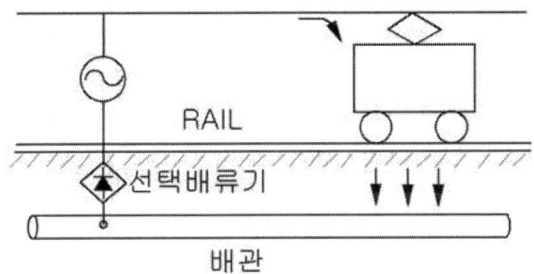

   3) 강제 배류법
      레일에 직류를 강제적으로 전원 공급장치가 필요

   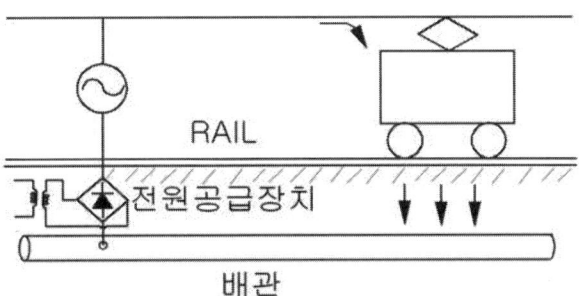

1.9 한류형 전력퓨즈(Power Fuse)의 특징과 단점을 보완하기 위한 대책을 설명하시오.

1. 전력퓨즈의 종류 및 특징

No.	구 분	한 류 형	비 한 류 형
1	소호 재료	규소	붕산, 화이버
2	차 단 점	전압 "0"점	전류 "0"점
3	차단 원리	높은 아크 저항을 발생하여 차단	소호가스로 극간 절연내력을 재기 전압 이상으로 높여 차단
4	용 도	옥내용	옥외, 옥내용
5	장 점	1. 차단용량 크다(40kA) 2. 한류 효과 크다 3. 무 방출	1. 과전압 발생 없음 2. 저가
6	단 점	1. 과전압 발생 2. 비보호영역 존재 2. 고가	1. 차단용량 작다(20kA) 2. 용단시 가스 발생 3. 소음 발생

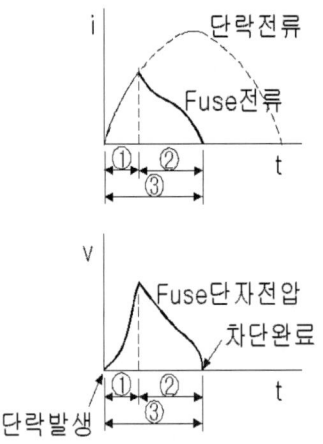

구 분	한류	비한류
① : 용단 시간	0.1Cy	0.1Cy
② : 아크 시간	0.4Cy	0.55Cy
③ : 전차단 시간	0.5Cy	0.65Cy

2. 전력퓨즈의 단점을 보완하기 위한 대책
 1) 용도의 한정
  - 퓨즈 동작은 단락사고에만 하도록 정격전류를 선정한다.
  - 상시 또는 과전류를 차단하지 않는다
  - 퓨즈 동작 직후의 재투입이 필요한 곳은 사용하지 않는다.
  - 설계시 용도, 회로특성, 퓨즈의 전류-시간 특성을 비교하여 적절한 정격전류를 정하도록 한다.

2) 과소 정격의 배제
   - 최소용단전류 이하에서 퓨즈가 동작하지 않도록 큰 정격전류를 사용한다.
   - 최소 용단전류이하는 다른 기기로 보호한다.
3) **동작시에는 전체 상의 PF를 교체한다.**
   - 퓨즈는 단락보호만 하며, 비보호영역에서 동작 또는 열화하지 않도록 충분히 여유를 가진 정격전류로 한다.
   - 퓨즈 동작 시에는 전체상의 퓨즈를 신품으로 교체한다.
   (예비는 3상 회로에는 3본 1조, 단상에서는 2본을 1조로 준비한다)
4) 절연강도의 협조
   회로의 절연강도가 퓨즈의 과전압치보다 높은 것을 확인한다.
5) 비보호 영역 보호

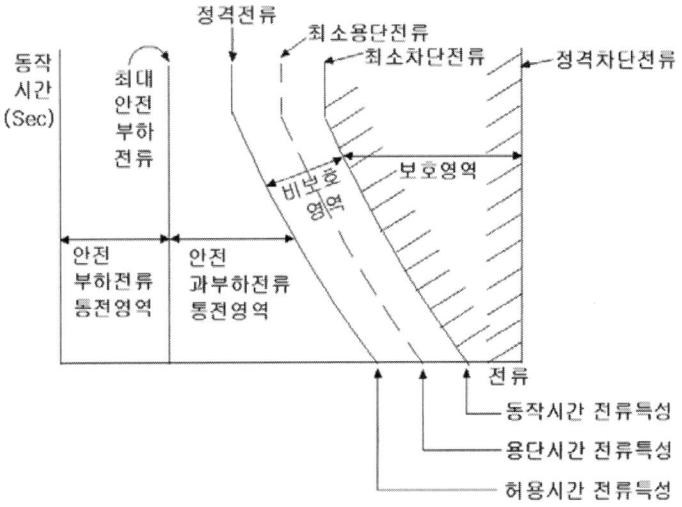

   - 안전통전영역과 보호영역과의 사이에 들어가는 영역으로 이 영역내의 사고전류는 퓨즈로는 보호되지 않는다.
   - 이 영역을 가진 것이 퓨즈 단점의 하나이며, 퓨즈 본질상 이 영역을 없애는 것이 불가능하므로 퓨즈를 사용할 때에는 이점에 염두를 두고 이 영역의 전류를 흘리지 않도록 주의하는 것이 중요하다.
   - 이 영역의 전류는 다음의 방법으로 피할 수 있다.
    * 큰 정격전류를 써 안전 통전시킨다.
    * 다른 차단장치(차단기, 배선용차단기 또는 전압퓨즈 등)로 안전통전 영역 내를 차단 보호한다.

1.10 변압기의 임피던스 전압과 %임피던스를 설명하시오.

1. 임피던스 전압

그림과 같이 임피던스 Z(Ω)가 접속되고, V(V)의 정격전압이 인가된 회로에 정격전류 I(A)가 흐르면 Z I의 전압강하가 발생하며, 이를 임피던스 전압이라 함.

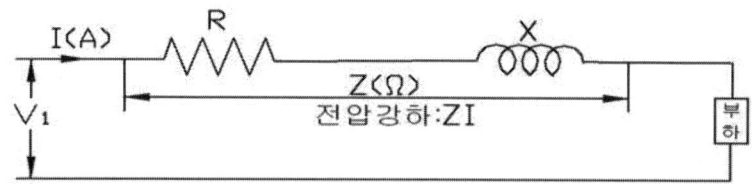

2. % 임피던스

1) 임피던스 전압과 1차 정격전압의 백분율을 %임피던스(%Z) 라 함.

$$\%임피던스(\%Z) = \frac{임피던스\,전압(Vs)}{1차\,정격전압(V_1)} \times 100 = \frac{ZI_1}{V_1} \times 100(\%)$$

2) 단락 시험 접속도

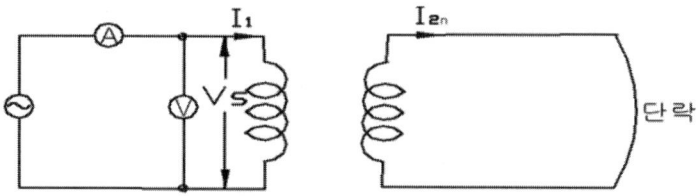

위 그림과 같이 2차측(저압측)을 단락하고 1차측에 정격 주파수의 저 전압을 서서히 인가하여 정격전류가 흐를 때의 1차 인가 전압 (Vs)을 임피던스 전압이라 함

3. % 임피던스가 변압기 특성에 미치는 영향

특 성	%Z 전압이 커지면
1. 전압변동율	커진다.(불리)
2. 손실. 무부하손과 부하손의 손실비	
3. 계통의 단락 용량 및 사고시 사고전류	작아진다.(유리)
4. 단락시 권선에 미치는 전자 기계력	
5. 병렬 운전시 부하 분담	반비례

1.11 변압기 이행전압(移行電壓)에 대하여 설명하시오.

1. 변압기 이행 전압이란
1) 변압기의 1차측에 가해진 서지가 정전적 혹은 전자적으로 2차측으로 이행되는 현상
2) 변압기 2차 권선 및 2차 측에 접속되는 기기의 절연에 영향을 줌.

2. 정전 이행 전압
1) 변압기 권선에 가해지는 서지 전압이 양 권선간 및 2차 권선과 대지간의 정전 용량으로 분압 되어 생기는 전압.
2) 등가 회로

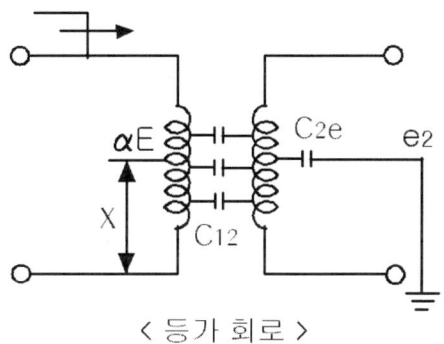 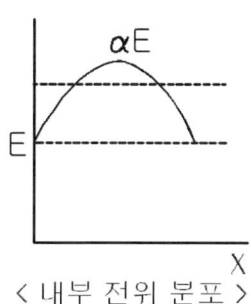

< 등가 회로 >   < 내부 전위 분포 >

3) 2차 권선으로 이행되는 전압 $e_2 = E \cdot \dfrac{\alpha C_{12}}{C_{12} + C_{2e}}$

여기서 E : 1차측 서지 전압
C_{12} : 변압기 1, 2차 권선 정전 용량
C_{2e} : 변압기 2차권선과 대지간 정전 용량
α : 변압기 구조에 따른 정수(보통 1.3 ~ 1.5)

4) 고압측 전압이 높아질수록 권선간의 절연거리가 커져서 양 권선간의 정전 용량은 작아짐.
5) 정전 이행 전압의 저감 대책
   - 2차측에 피뢰기 설치
   - 2차측에 보호 콘덴서 설치하여 2차권선과 대지간 정전 용량을 크게 한다. (많이 사용하는 방식임)
   - 2차측 BIL을 높인다.

3. 전자 이행 전압

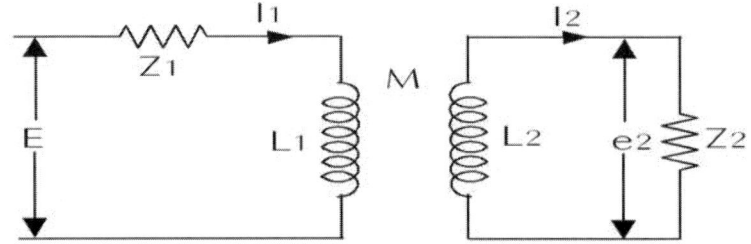

1) 변압기 1차 권선을 흐르는 서지 전류에 의한 자속이 2차 권선과 쇄교하여 유기되는 전압.
2) 전자 이행 전압은 권선비에 비례하여 정해지며 부하 임피던스가 클수록 큰 값이 된다.
3) 전자 이행 전압은 실제로 크게 문제가 되지는 않는다.

1.12 전기철도 전차선로에서 이종(異種) 금속의 접촉에 의한 부식방지 대책에 대하여 설명하시오.

1. 개요
   1) 접지 : 접지극이 토양과 접촉되어 부식 발생
      대지 저항율, PH등 물리적인 성질, 주위환경등 영향
   2) 전식 : 직류 전철 부근에 매설된 금속 배관에서 주로 발생하며
      전철에서 대지로 누설되는 누설전류에 의해 발생
   3) 부식의 형태

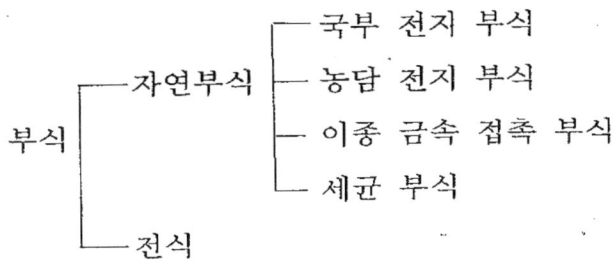

2. 부식의 종류
   1) **국부 전지 부식 (마이크로 셀 부식)**
      금속 표면은 불순물, 산화물, 기타피막, 결정구조등에 의해 매우 불균일하여 전극 전위는 동일 금속이라도 부분적으로 전위차가 존재하여 국부전지가 형성되어 부식이 진행된다.
   2) **농담 전지 (濃淡 電池) 부식 (마이크로 셀 부식)**
      동일 금속의 다른 부분에서 대지의 염류 농도나 용존 가스(O_2)량이 다른 경우 금속 표면에 양극 부분과 음극부분을 형성하고 양극 부분의 부식이 촉진된다.
   3) **세균 부식**
      매설 금속체의 부식은 토양중에 있는 세균 때문에 현저히 촉진된다.
      그중 대표적인 유산염, 환원 박테리아이고 산소 농도 PH 6~8의 점토질에 가장 번식하기 쉽다.
   4) **이종 금속 접촉 부식(갈바닉 부식)**
      이종 금속이 결합하여 부식되는 것으로 고전위 금속과 저전위 금속이 접촉할 경우, 전극전위가 낮은 금속이 양극화되어 양극부분이 부식한다.
      토양중에서 이 부식이 일어나는 사례로는 황동과 직결된 철판, 동제 접지체와 연결된 철 구조물 등이다.

- 자연 전위열

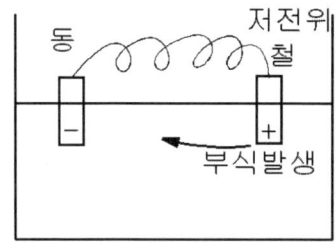 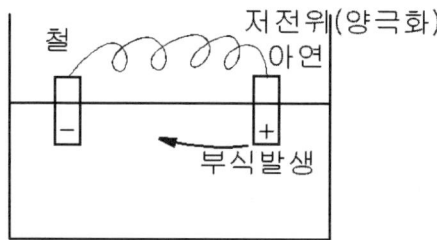

5) 전식(미주전류 부식)
   - 매설 금속체에 외부 전원의 누설 전류에 의해서 발생
   - 도시의 지하와 같이 여러 종류의 매설물이 혼합하여 있을 때 심함.
   - 전식에는 교류 전식과 직류 전식이 있으며, 직류 전식이 심함.
   - 자연부식은 금속표면이 전부 부식하는데 전식은 국부적으로 부식한다.

3. 부식 방지 대책
   1) **도장법** : 피 보호 금속체의 표면을 페인트 코팅 또는 테이핑
   2) **희생 양극법(유전 양극법)**
      (1) 원리
         - 금속체에 상대적으로 전위가 낮은 금속을 도선에 의해 접속
         - 이종 금속간 이온화 경향을 이용
         - 금속체가 음극이 되고 접속시킨 금속이 양극이 됨.
         - 희생 양극 : 철보다 저전위인 Mg, Al, Zn 등을 이용

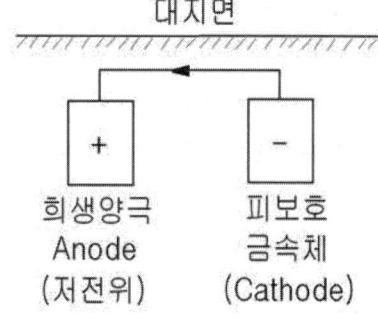

      (2) 장점
         - 별도의 전원이 불필요
         - 설계, 설치가 매우 쉽다.
         - 유지보수가 거의 불필요
         - 주위 시설물 간섭이 적음
         - 전류 분포가 거의 균일
         - 다수로 분포된 배관등에 적합

(3) 단점
      - 방식 전류가 적은 경우만 사용 가능
      - 토양 저항이 큰 경우와 수중에는 부 적합
      - 유효 범위가 제한적

3) 외부 전원법(강제 전원법)
   (1) 원리
      - 금속체에 외부에서 전원을 연결
      - 희생양극(Anode)은 부식이 심하므로 내구성이 강한 재질을 사용

   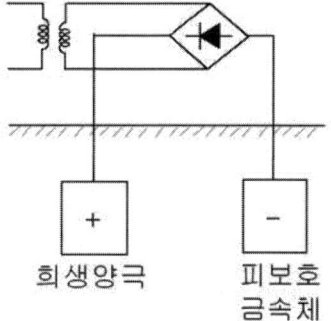

   (2) 장점
      - 대용량의 방식 전류 가능
      - 전압 전류 조정 가능
      - 자동화 가능
      - 토양의 저항 영향을 적게 받음
      - 내 소모성 양극을 사용시 장 수명 가능
   (3) 단점
      - 설계, 설치 복잡
      - 타시설물에 방식전류 간섭 우려
      - 유지 관리 비용이 필요
      - 과도한 방식이 될 수도 있음.

1.13 고압차단기의 차단 동작시에 발생하는 현상에 대하여 설명하시오.

1. 개 요
1) 회로차단은 역율이 나쁠수록(전압과 전류의 위상이 클수록) 어려워지며, 이것은 전류 "0" 일 때 접점간 전압이 높기 때문이다.
2) 충전전류(무부하 선로의 개폐), 진상 전류(전력용 콘덴서 개폐) 여자전류 (무부하 변압기 개폐)의 개폐가 주로 문제됨.
3) 개폐서지는 뇌서지에 비해 비록 파고값은 낮으나 지속시간이 수 ms로 비교적 길기 때문에 기기의 절연에 주는 영향을 무시할 수 없다.
4) 과도 전류 : 모든 전기 설비의 전원 투입시에는 큰 전류가 흐르며 잠시 후 소정의 부하전류로 흐른다.
   과도 전류가 흐르는 순간 회로에는 과도 전압강하가 발생하게 되어 접촉자 개방, 전동기 감속 등의 중대한 문제가 발생할 수 있어 이러한 곳은 선로의 굵기 선정에 유의해야 한다.

2. 개폐서지의 종류와 특성
1) 충전전류 개폐서지
   - 충전전류는 앞선 전류로서 차단하기는 쉽지만 재 점호를 일으키는 경우가 있고, 그때마다 서지에 의한 이상 전압이 발생한다.
   - 투입시
     (1) 과도전압 : 교류 전압 최대값의 2배 까지 나타난다.
     (2) 돌입전류 : $I_{max} = I_c \left(1 + \sqrt{\dfrac{X_c}{X_l}} \right)$. 약 5~6배
     (3) 돌입 주파수 = $f \sqrt{\dfrac{X_c}{X_L}}$
   - 차단시 : 재점호
     차단과정 중 회복전압에 이르는 과정에서 과도전압 (재기전압)이 나타나게 되며, 재기 전압이 크면 차단기 접촉자 사이에 절연이 파괴되어 아크가 발생 하는 재 점호가 일어나며, 그 크기는 교류 전압 최대값의 약 3배에 이르는 서지가 발생하며, 반복 재점호의 경우에는 최대 상전압의 약 6~7배의 높은 전압이 발생 한다.

2) 여자전류 차단서지

유도성(지연전류) 소전류 차단시 발생하는 서지로서 다음과 같은 2종류의 서지가 있다.

(1) 전류 재단(절단) 서지

변압기나 전동기가 소용량인 경우 서지가 더 심하며 진공 차단기 등 소호력이 강한 차단기로 차단시 전류가 자연 "0"점 전에 강제적으로 소호되는 현상.

이상전압 $e = L \cdot \dfrac{di}{dt}$ (V)

(2) 반복 재점호 서지

전류 절단으로 서지 발생시 차단기의 극간 절연이 충분히 회복되지 않으면 재발호 현상이 나타나고 조건에 따라 발호, 소호가 짧은 시간에 여러 번 반복되는 현상을 반복 재 점호라 한다.

3) 고장전류 차단서지

- 중성점을 리액터접지 시킨 계통에서 고장전류는 90°에 가까운 지상 전류이다.
- 이것을 전류 영점에서 차단하면 차단기의 차단 전압이 상규 전압의 약 2배 이하로 걸릴 수 있다.

4) 3상 비동기 투입 서지

- 차단기의 각상 전극은 정확히 동일한 시간에 투입되지 않고 근소하나마 시간적 차이가 있는 것이 보통이다.
- 이 차이가 심한 경우는 상규 대지 전압의 3배 전후의 써지가 발생할 수 있다.

5) 고속 재폐로 서지

재 폐로시에 선로의 잔류 전하에 의해 재 점호가 일어나면 큰 써지가 발생한다.

6) 무부하 선로투입 서지

무부하선로에 최대치 Em의 전원을 투입하면 전압의 진행파가 선로의 종단에 도달했을 때 종단이 개방되어 있으므로 정반사하여 2Em의 이상전압이 발생한다.

2.1 태양광 발전시스템의 계측기구와 표시장치에 대하여 설명하시오.

1. 태양광 발전시스템의 계측기구

구분	명칭	용도	그림
일사계 (복사계)	rt1	일사량과 PV패널의 온도를 측정	
	Dust IQ	태양 전지판에 쌓이는 먼지로 인한 빛의 투과율 감소를 측정하는 센서	
	CS320	일사량 측정 센서 (히터 내장형)	
Sun Tracker	RaZON	직달일사량과 전천일사량이나 산란일사량을 관측하기 위한 태양 추적장치	
분광 광도계	PS-100 PS-200 PS-300	자외선, 가시광선, 적외선 영역의 파장별 에너지 세기를 측정하는 장비	
데이터 로거	METEON	일사센서를 연결하여 사용 가능하고 휴대가 간편하며 데이터를 볼 수 있는 액정이 있음	

2. 태양광 발전시스템의 표시장치

- 태양광 발전장치는 두가지 방식으로 구성 될 수 있는데, 하나는 독립형 태양광 발전장치이고, 다른 하나는 계통 연계형 태양광 발전장치 이다.
- 계통 연계형 태양광 발전장치에서 한낮에 태양이 빛을 공급하는 시간대에 태양 전지판이 발전하는 정도를 표시하는 장치가 태양광 발전 표시 장치 이다.

- 이 장치는 태양광 전지판에서 나오는 직류 전류를 교류 전류로 변화하는 인버터부터 누적 발전량과 현재 순시 발전량 데이터를 통신으로 받아서 표시한다.

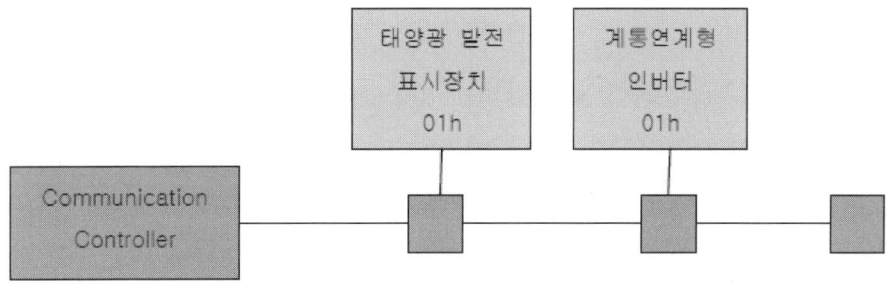

2.2 저압 전기회로(간선, 분기)의 과부하 및 단락 보호를 위한 방법에 대하여 설명하시오.

1. 저압 전기회로의 과부하 보호
- 저압회로 보호 목적은 저압회로와 이에 접속되는 기기의 고장에 대해서 고장회로를 신속히 차단하여 고장구간을 최소화 하는데 있다.
- 이 목적을 위해서 사용되는 보호기기로서 ACB(기중차단기), MCCB(배선용 차단기), 퓨즈, 전자개폐기가 있다.
- 이들 보호기기 적용시 보호기기 설치점에서의 추정단락전류를 안전하게 차단할 수 있는 것을 설치하여야 하나, 부하가 요구하는 급전조건의 정도, 보호기기의 배열상태, 경제성의 고려등 여러 조건에 따라 다음과 같은 보호방식이 취해진다.

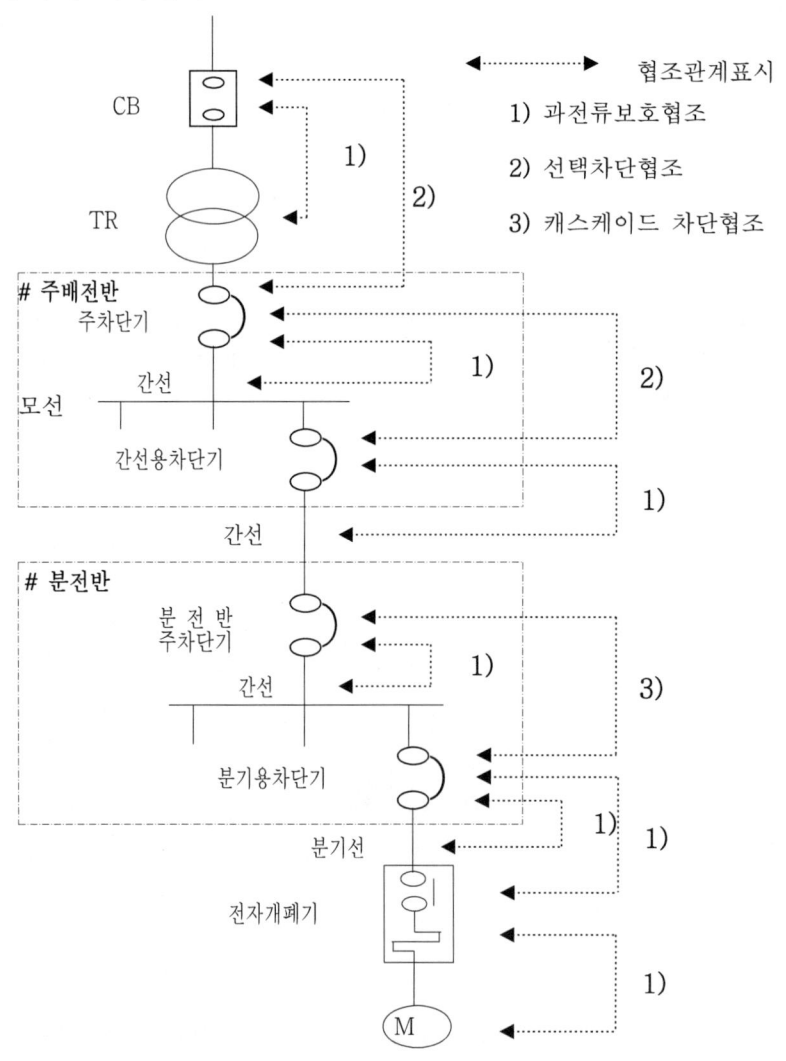

< 저압계통의 과전류 보호협조 관계 예 >

1) 과전류 보호협조 방식
   과전류에 의한 전로, 부하기기의 파손, 소손을 방지하는 특성을 가진 보호기에 의해 보호대상을 보호하는 방식이다.
2) 선택차단 방식
   고장회로에 직접 관계하는 보호기기만이 동작하고 다른 건전한 회로는 그대로 급전이 계속되는 것을 목적으로 한 회로의 보호방식이다.
3) 후비차단 방식(캐스케이드 차단방식)
   주배전반 모선에 접속되는 보호기기만이 설치점에서의 추정단락용량이상의 차단용량을 가지며 이것에 직렬로 이어지는 급전회로의 보호기기는 그 점의 추정단락전류 보다 작은 차단용량으로 구성하는 보호방식이다.

협조의 종류		협조의 목적	협조의 적용	
			과전류사고	지락사고
과전류 보호 협조		보호대상을 보호	○	○
보호기기 간의 협조	선택차단협조	계통의 급전신뢰성 향상	○	○
	캐스케이드차단협조	경제적 보호구성	○	-

2. 저압 전기회로의 단락 보호
1) 선택 차단 방식
   (1) 차단 방법
   - 선로 사고시 주차단기는 동작하지 않고 분기차단기만 동작시킴.
   - 이때 주차단기 MCCB1과 사고 이외의 분기차단기 MCCB3는 동작하지 않음

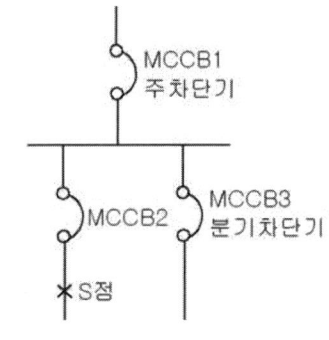

   (2) 동작 특성

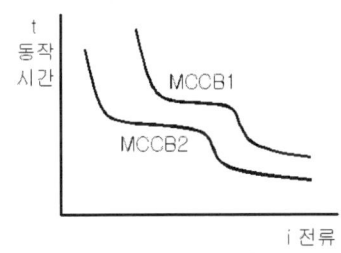
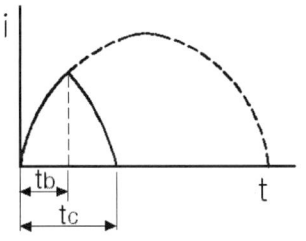

   - S점 사고시
     tb초 후 : MCCB 2 동작,   tc초 후 : 완전차단
   - MCCB 2 (분기차단기)
     자체로 선로 차단 용량을 가져야 하므로 차단 용량이 커야함

(3) 협조 조건
- 분기 차단기 전 차단 시간 : 주 차단기 동작 시간 미만
- 분기 차단기의 전자 TRIP 전류 값 : 주 차단기의 단한시 PICK UP 전류 보다 작을 것.
- 분기차단기 설치점의 단락 전류 : 분기차단기의 차단용량을 초과하지 않을 것
- 주 차단기 설치점의 단락전류 : 주 차단기의 차단 용량을 초과하지 않을 것.

2) Cascading 차단방식
(1) 차단 방법
- 분기 차단기의 설치점의 추정 단락전류가 분기차단기 차단용량보다 큰 경우에 후비 보호(Back Up)를 주 차단기로 하는 방식
- 주 차단기의 차단 시간이 분기 차단기의 차단 시간과 같거나 빨라야 함.
- 최대 단락 전류가 10KA를 초과하는 경우 분기 차단기의 차단용량을 10KA로 하고 상위 차단기와 보호 협조를 할 수 있음.

(2) 동작 특성

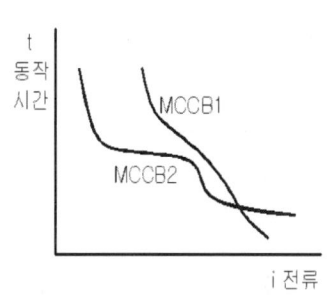 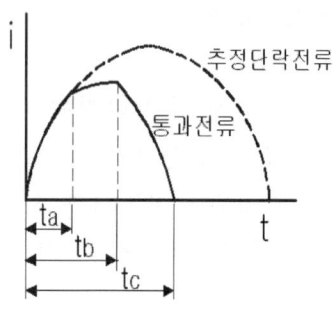

- S점에 큰 단락 전류 발생시 ta초 후에 MCCB1이 개극, tb초 후에 MCCB2의 개극, tc초 후에 완전차단(전차단시간)
- 주 차단기로 단락 전류 제한하여 파고치 Ip를 억제함과 동시에 아크 에너지를 분담함으로 분기 차단기의 차단 용량을 줄임

(3) 협조 조건
- CB2의 차단용량 이상의 단락사고시 : CB1의 개극시간이 CB2의 개극시간 보다 빠를 것.
- CB1의 차단용량이 사고지점의 단락용량보다 클 것.
- 통과 에너지 $I^2 t$ 가 CB2의 열적 강도를 넘지 않을 것.
- 통과 전류 파고값이 CB2의 기계적강도 값을 넘지 않을 것
- CB2의 아크 에너지가 CB2의 허용 값을 넘지 않을 것.

2.3 무정전 전원설비(UPS)의 종류별 동작 방식을 설명하시오.

1. ON-LINE 방식(UPS의 일반적인 방식)
   1) 구성도 및 구성 요소

   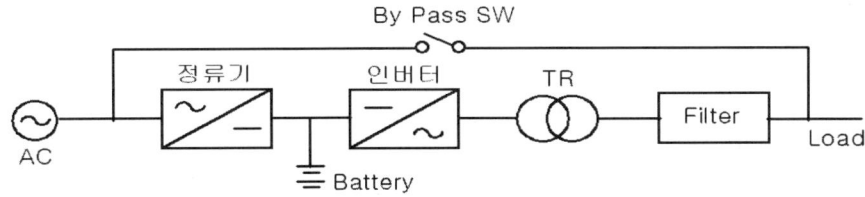

   (1) 컨버터(정류기, 충전기)
       3상 또는 단상 입력 전원을 공급받아 직류 전원으로 변환하는 동시에 축전지를 충전시킨다.
   (2) 인버터
       직류 전원을 양질의 교류 전원으로 변환하는 장치
   (3) 동기 절체 스위치
       인버터의 과부하 및 이상시 상용전원이나 발전기 전원으로 절체
   (4) 축전지
       정전시 인버터부에 직류 전원을 공급하여 부하에 일정시간 동안 무 정전 으로 전원을 공급하는 설비

   2) 동작원리
   (1) AC - DC - AC로 2중 변환을 하여 평상시에도 항상 인버터를 통하여 전원이 공급.
   (2) 입력전원이 인가되면 충전부는 축전지를 충전시키고, 정류부는 인버터에 직류전원을 공급.
   (3) 정류부에서 직류 전원을 공급받아 인버터부가 스위칭 동작을 하여 필터를 통하여 정현파를 만들어 부하에 전원을 공급.

   3) 장/단점
      (장점)
   (1) 이중변환을 거침으로서 고조파, 서지, 노이즈 등 많은 전원잡음을 없앨 수 있다.
   (2) 절체시간 등 응답속도가 빠르다.
   (3) 주파수 변동이 없다.
   (4) 전압안정도가 높고 전기적 특성이 좋다.

(단점)
   (1) 효율이 낮다 70~90%
   (2) 가격이 비싸다.
   ON-LINE 방식을 많이 사용하는 이유는 대용량화가 용이하고 부하가 요구하는 전원 특성을 충분히 맞추어 줄 수 있어 일반적으로 이 방식을 많이 사용.

2. OFF-LINE 방식
   1) 구성도

   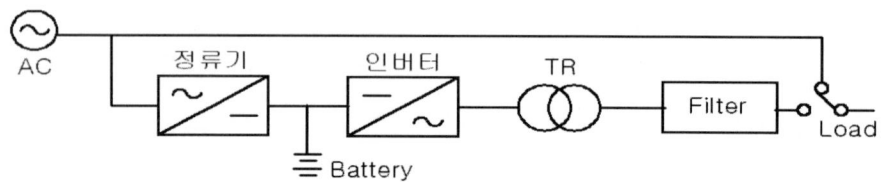

   2) 동작 원리
   평상시 상용전원을 공급하고 있다가 정전 시에만 인버터를 동작시켜 부하에 전원을 공급하는 방식.

   3) 장/단점
   (장점)
   (1) 평소에 인버터를 안 거쳐 효율이 높다.(90% 이상)
   (2) 가격이 싸다.
   (3) 내구성이 높다.
   (단점)
   (1) 입력에 따라 출력이 변동. 전원 잡음을 차단할 수 없음
   (2) 응답속도가 느리고 순간정전에 약하다.
   (3) 정밀기기는 사용 불가

3. LINE-INTERACTIVE 방식
   1) 구성도

   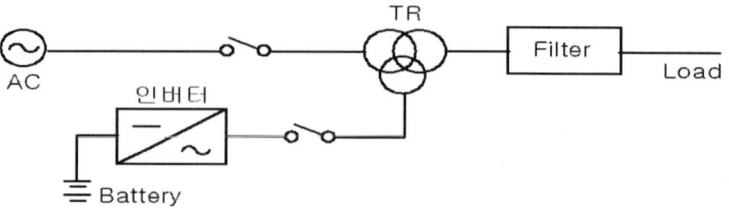

2) 동작 원리
   (1) 정상적인 상용전원 공급시 : 인버터 모듈내의 IGBT를 통한 Full 브리지 정류방식으로 충전함.
   (2) 정전시 : 인버터 동작으로 출력전압을 공급하는 OFF-LINE방식
   (3) 전압이 자동으로 일정하게 조정됨.

3) 장/단점
   (장점)
   (1) ON-LINE 방식에 비해 가격이 싸다.
   (2) 효율이 높다.
   (단점)
   (1) 과 충전의 우려가 있다.

4. 특성 비교

구 분	On-Line	Off-Line	Line Interactive
1. 효율	낮다(70~90%)	높다(90%이상)	높다(90%이상)
2. 신뢰도	높다	낮다	중간
3. 절체시간	4mS 이하 무순단	10mS 이하	10mS 이하
4. 입력 변동시 출력 변동	무변동	입력변동에 따라 변동	5~10% 정도 전압 자동 조정됨.
5. 입력 이상시 (Sag,노이즈 등)	완전 차단	차단 못함	부분적 차단
6. 주파수 변동	변동 없음 (±0.5%이내)	입력변동에 따라 변동	입력변동에 따라 변동
7. 가격	고가	저가	중간

2.4 교량의 경관조명 요건과 기법에 대하여 설명하시오.

1. 개요
1) 교량 경관 조명시에는 교량의 건축적 조형미를 표현하여
2) 도시의 Land Mark로서의 상징성을 갖도록 설계
3) 교량의 입체감을 살리고
4) 축제 기간등 특별한 날에는 변화된 분위기 연출등을 할 수 있어야 함.

2. 교량 경관 조명 설계시 고려 사항
1) 대상물 특징 파악
   - 대상물의 형태와 크기, 표면 재질, 색채
   - 교량 주변 생태계와의 관계
   - 대상물의 보는 시각에 따른 변화등

2) 주변 환경
   - 조명 시설에 따른 주간 미관
   - 야간 주변의 밝기과의 조화

3) 시설 측면
   - 전원 공급 여부
   - 조명 기구의 위치, 적합성, 시공성
   - 타 시설물에 대한 안전성 등

4) 조명 연출
   - 이미지 부각 및 분위기 연출
   - 음영 효과 및 3차원 효과
   - 최근 광원인 광 섬유 조명, LED등 활용 방안등

3. 조명 설계
1) 재래식 광원
   (1) 나트륨등 및 메탈 할라이드등 방전등
       - 광량이 크고 저렴하나 점등 및 재점등시 시간이 많이 소요
       - 광색이 단조로움
       - 발광 효율이 좋지 않아 전력 낭비가 심함
   (2) 할로겐
       - 순시 점등은 가능하나 수명이 짧고 발광 효율이 나쁨

(3) 네온사인

2) 최신 광원
   (1) 무전극 램프 및 PLS램프
      - 등당 광량이 크고 순시 점등 및 순시 재 점등이 가능함.
      - 광색도 자연광에 가깝고 효율도 좋은 편임
      - 단점 : 기존 방전등에 비하여 고가
   (2) LED 램프 및 광 섬유 조명
      - 교량 상부등 라인을 연출하는데 효과적
      - 발광 효율이 좋아 에너지 절약 측면에서 유리
      - 광색을 자유롭게 변화시켜 총 천연색 칼라 연출

3) 조명 기구
   (1) 투광형
      - 협각형 : 투사 길이가 길고 좁을 때 사용(10m 이상)
      - 중각형 : 투사 길이 중간 (5~10m)
      - 광각형 : 투사길이가 짧고 넓을 때 사용 (5m 이하)
      - 교각에 주로 설치하여 상부 트러스 부위를 조명함
   (2) Line형
      - 광 섬유 조명처럼 라인을 연출 할 때 사용
      - 현수 케이블에 설치

4) 조도 계산 및 Aiming
   - 컴퓨터 프로그램에 의해 조도를 계산하고
   - 컴퓨터를 이용하여 Simulation
   - 조명 연출을 위하여 Aiming을 하여 각도를 조절한다.

4. 경관 설계시 주의 사항
   1) 주간에 주변 경관을 해치지 않도록 한다.
   2) 부근의 건물과 운전자, 보행자등에 눈부심이 없어야 함.
   3) 광해에 대한 대책
   4) 차량 전철등 진동에 대한 대책
   5) 고효율 조명 기기 선정등

2.5 직류전동기의 전기제동의 종류에 대하여 설명하시오.

1. 개요
1) 제동 종류
   - 정지제동 : 전동기의 운전을 정지하는 제동
   - 운전제동 : 전동기의 속도를 억제하는 제동
2) 제동방식
   - 기계적 제동법 : 마찰브레이크. 유압 브레이크, 공기압 브레이크
   - 전기적 제동법 : 발전제동, 회생제동, 역전제동

2. 기계적 제동방식
   - 종류 : 마찰브레이크. 유압 브레이크, 공기압 브레이크
   - 장점 : 정전시에도 제동을 걸 수 있다.
           저속도 영역에서의 제동도 가능
           정지 후에도 제동력 유지 가능
   - 단점 : 브레이크 편의 마찰열에 주의해야 하고
           마모에 따른 정기적인 보수가 필요하다.

3. 직류전동기의 전기제동
   1) 발전제동

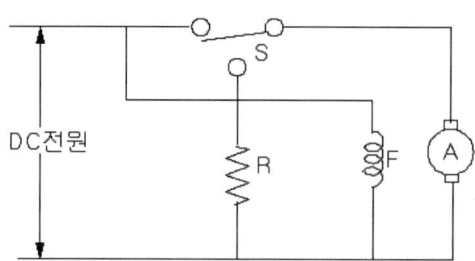

   - 전원을 떼어내고 저항을 삽입하여 발전기로 발생한 전력을 저항에서 열로 바꾸어 소비
   - 직류전동기에 전원을 떼어내고 그 자리에 저항을 부착하면 관성에 의해서 발전기로 작동하면서 제동이 걸린다.
   - 이 때 발전된 전류는 저항에서 소비하게 된다.

2) 회생제동
   ① 원리
      전동기에서 발생하는 역기전력을 전동기 단자전압보다 높게 하여 발전기로서 동작시켜 회전부의 운동에너지가 전력 에너지로 바뀌게 되어 전원 측으로 이 에너지를 되돌려 보내는 방법임
   ② 방법
      - 전기자 전압을 급감 또는 계자전류를 급히 상승시킬 때
      - 중력부하를 하강시키는 경우 속도가 빠를 때, 전동기에서 발생하는 유기기전력이 전원전압보다 높아지면 회생제동을 함.
   ③ 특징
      - 제동시 손실이 가장 적고
      - 효율이 높은 제동법임.
   ④ 용도
      - 권상기, 엘리베이터, 기중기 등으로 물건을 내릴 때
      - 전차가 언덕을 내려갈 때 과속 방지등

(3) 역전제동
   - 전기자의 접속을 반대로 접속해서 회전방향과 반대방향의 토크를 발생시켜 전동기를 급속히 정지시키거나 역전시키는 방법
   - 이 방법은 전환하는 순간에 과대한 전류가 흐르며, 정지를 목적으로 하는 경우에는 정지하기 직전에 전원을 분리시킬 필요가 있다.

2.6 초전도체를 이용한 MHD(Magneto-Hydro Dynamic) 발전 원리, 종류, 특징에 대하여 설명하시오.

1. 초전도체 MHD(Magneto-Hydro Dynamic:전자 유체 역학) 발전 원리 및 특징
   - MHD란 Magneto Hydro Dynamics의 약자로 자장 속을 움직이는 전하가 휘어지는 현상을 이용한 발전이다.
   - 다음 그림과 같이 직류 자장 속을 전하를 띤 입자가 움직이는 경우 Fleming의 왼손 법칙에 따라 입자의 진행이 휘어지게 된다.
   - 전하를 띤 입자 중에서 양의 입자와 음의 입자는 서로 반대 방향으로 움직이게 되므로 그림의 전극 중 하나는 양의 입자가 모이고 하나는 음의 입자가 모여서 두 전극 사이에는 전압이 발생한다.

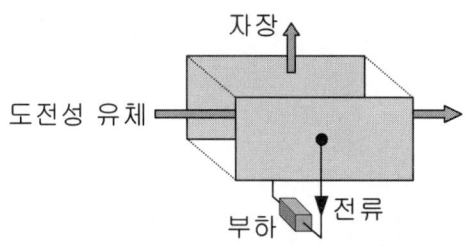

   - 특히 1960년대에는 초전도 magnet을 만들기 위한 연구가 많이 진행되었는데, 그 연구를 한 사람들 중 대부분이 초전도 자석으로 MHD 발전을 해 보고 싶어 했다고 한다.
   - MHD 발전의 발전 전력은 다음의 식과 같이 주어진다.
     (발전전력) $\propto \sigma v^2 B^2 V$
     여기서 σ는 유체의 도전율, v는 유체의 속도, B는 자장의 세기, V는 발전이 이루어지는 공간의 부피이다.
   - 이 식에서 알 수 있는 것과 같이 인가해 주는 자기장이 강해질수록 더 많은 전력을 발생시킬 수 있으므로 초전도 자석을 사용하는 방안이 많이 연구된 것이다.

2. MHD(Magneto-Hydro Dynamic) 발전 종류
   - MHD발전은 작동유체에 따라 연소 MHD발전(작동유체가 화석연료 등의 고온 연소가스), 액체금속 MHD발전(작동유체가 나트륨, 칼륨 등의 금속), 비평형 MHD발전(작동유체가 헬륨, 아르곤 등의 희가스)으로 분류할 수 있다.
   - MHD발전은 석탄과 같은 화석연료를 사용하며, 증기터빈 발전과의 복합발전이 가능하여 발전 효율 면에서나 용량 면에서 기존의 화력발전소를 대체할 수 있는 새로운 발전기술로서 2000년대 전력공급의 중요한 역할을 담당할 것으로 전망하고 있다.

3. 초전도 응용기기

1) 초전도 케이블
   (1) 냉각 물질로 액체 질소나 액체 헬륨을 사용
   (2) 도체에 니옵, 니옵티탄등의 초전도 재료 사용
   (3) 전기 저항을 "0"에 근접
   (4) 저손실, 대용량, 장거리 송전 가능
   (5) 문제점 : 장 구간 케이블 개발, 접속 기술, 저가화등

2) 초전도 변압기
   (1) 코일과 철심을 액체 헬륨등의 냉각 물질안에 넣고
   (2) 코일을 초 전도체로 하여 효율을 99%까지 개선시킴.
   (3) Quench현상을 방지하기 위하여 전류 제한기 설치
   (4) 저손실, 고효율, 과부하 내량 증가, 무게 및 부피 감소, 환경 친화적

3) 초전도 에너지 저장장치
   (1) 전력을 콘덴서가 아닌 코일에 저장
   (2) $W = \dfrac{1}{2} L I^2$ (J)만큼의 에너지를 코일에 저장하는 장치
   (3) 무손실이므로 저장 효율이 높고 장기간 저장이 가능

4) 초전도 (동기) 발전기
   (1) 회전 계자형 발전기의 계자권선에 초전도체 재료 사용
   (2) 전기자 권선(고정자)을 동심 구조로하여 계자 권선의 강력한 자계유지와 철심을 포화 시키지 않게 함.
   (3) 회전자 철심은 포화되지 않는 비자성의 동심 원통 구조이며 내부에 액체 헬륨 주입시킴.
   (4) 특징
      - 고효율(일반발전기:40~45%, 초전도발전기:99%이상)
      - 전기자가 공심이어서 동기임피던스가 작아 계통 안정도 향상됨.
      - 절연이 용이하고 고전압화가 가능

5) 초전도 자기 부상 열차
   - 기존 고속 철도 : 마찰계수 때문에 300~350km가 한계임.
   - 초전도 자기부상열차
     전자 유도전류에 의한 자장의 반발력에 의해 부상되는 열차를 반발식 자기부상열차라 하고
   - 반발식 자기부상열차의 전자석으로 부피와 무게가 작으면서도 강력한 자장

을 발생시킬 수 있는 초전도 자석이 이용됨.

6) 초전도 모터
   (1) 기대효과
      - 기존모터의 높은 철손을 제거하여 고효율화
      - 높은 전류밀도 이용으로 고출력화
      - 기존 회전기 용량 한계를 극복한다
      - 높은 절연내력의 공심형 전기자를 이용하여 단자전압 고압화의 한계를 극복한다.
      - 소형화, 경량화를 이루어 설치장소의 한계를 극복한다.
   (2) 활용방안
      - 산업분야 압출기, 분쇄기, 압연기등의 대용량전동기
      - 교통분야 : 고속전철 및 대형 유람선의 추진기
      - 군수분야 : 전함 및 잠수함의 추진기
      - 초전도 플라이휠 에너지 저장장치

7) 초전도 한류기
   (1) 기대효과
      - 신속한 고장 전류 제한으로 전력계통의 안정성 확보.
      - 차단기 용량 증대 비용
      - 송전선 설치 비용을 줄여 전력설비비 경감.
      - 고장전류 감소로 인한 주변 전력설비의 사고전류 용량 부담 감소.
      - SF_6량을 감소시켜 환경오염방지.
   (2) 활용방안
      - 전력 수용지역에 연관된 변전소분야
      - 대용량 전력계통의 안정성을 필요로 하는 고속철도, 원자력선박, 잠수함등
      - 기존차단기에 고속도 고장전류감지 및 고속도 조작기술 접목.
        (기존차단기의 고속도화)
      - 대용량 배전 시스템용 고장전류 제한기에 활용.

8) 기타
   초전도 직류기 및 초전도 의료기등

3.1 전동기의 전기적 고장에 대한 보호 방식을 설명하시오.

1. 전동기의 고장 원인
    1) 전기적 원인

종 류	원 인	현 상	보호 대책
1. 과부하	기계의 과중한 부하	과열->절연파괴->소손	OCR, EOCR
2. 결 상	연결부위나 접점등의 결함에 의해 3상중 1상이 결상	토오크 부족으로 회전 중지 ->과열->소손	결상계전기 (POR)
3. 층간 단락	한상 권선의 절연 취약	코일 단락->소손	PF
4. 선간 단락	권선의 열화로 선간 절연파괴	선간 단락->소손	PF
5. 권선 지락	절연 취약 부분에서 몸체로 누설 전류 발생	완전지락으로발전->소손	지락 계전기 (GR)
6. 과전압	전선로 이상	심할 경우 절연파괴, 소손	과전압 계전기 (OVR)
7. 저전압	전선로 이상	심할 경우 토오크 저하로 정격 전류 이상의 전류가 흘러 소손	부족전압 계전기 (UVR)

    2) 기계적 원인

종 류	원 인	현 상	보호 대책
1. 구 속	과부하로 정지된 상태	정격전류의 수배 전류가 흘러 과열->소손	과전류 계전기
2. 회전자와 고정자 마찰	전동기 축의 이상	기계적 미찰에 의한 열 발생 또는 권선 마모 과열->소손	과전류 계전기 정기적인 유지 보수
3. 베어링 마모 윤활유, 그리스부족	베어링의 노후, 윤활유, 그리스 미보충	기계적 열로 인한 과열, 소손	정기적인 유지 보수

2. 전동기 보호 방식

1) 고압 전동기

(1) 단락 보호 : 고압 PF 또는 OCR의 순시 요소

(2) 과전류 보호 : OCR의 한시 요소

(3) 지락 보호
   접지계통 - OCGR
   비접지 계통 : OVGR, DGR(SGR)

(4) 과전압 보호 : OVR

(5) 저전압 보호 : UVR

(6) 결상 보호 : POR

(7) 역상 보호 : RPR

상기 계전기들중
- 전류용은 CT(비접지 계통은 ZCT)
- 전압용은 PT를 계전기 입력단에 설치해야 하며
- 계전기 동작 신호(접점)를 차단기(주로 VC사용) 에 주어 트립을 시킴.

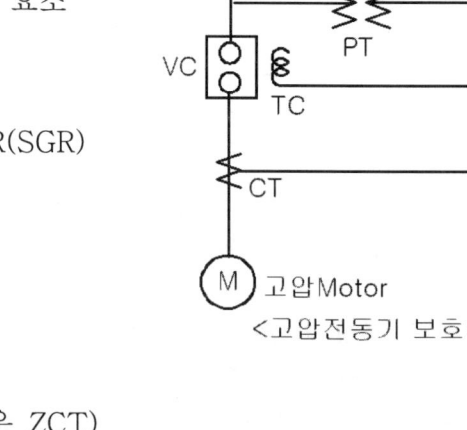
<고압전동기 보호예>

2) 저압 전동기

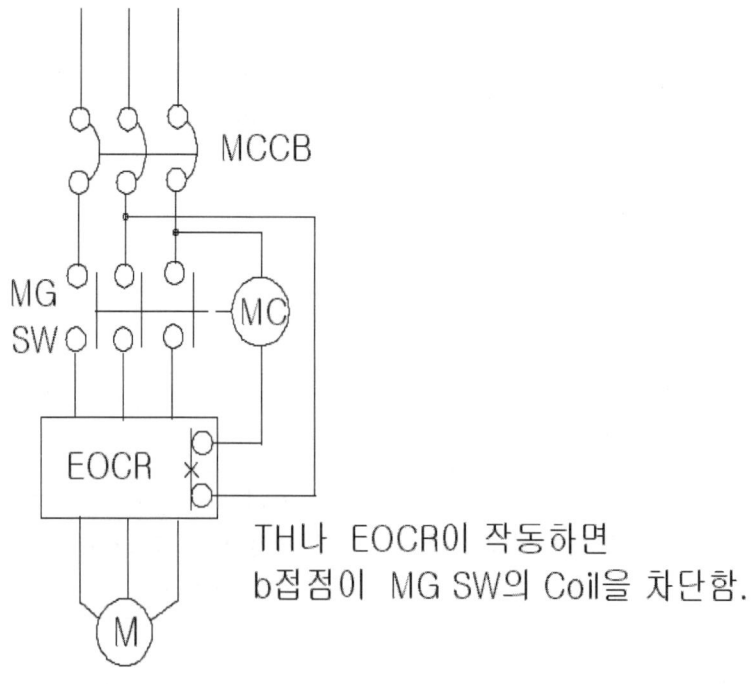

THLᅡ EOCR이 작동하면
b접점이 MG SW의 Coil을 차단함.

<저압 전동기 보호 예>

기 능	Fuse	MCCB	ELB	TH	EOCR		
					2E	3E	4E
단 락	O	O	선택	선택			
과전류	△	O	선택	O	O	O	O
결 상					O	O	O
역 상						O	O
지 락			O				O

3. 결론

모든 회전기기의 사용 가능 연한을 10~15년으로 추정하면 장기간 사용한 전동기는 전면의 피로 현상에 의해 약간의 문제가 발생해도 소손으로 이어지게 된다. 따라서 전동기 소손을 최소화 하려면

1) 기계 용량과 특성에 맞는 전동기 선정
2) 용도에 맞는 정확한 계전기 선정
3) 계전기의 TAP을 부하 특성에 맞게 SETTING
4) 계전기의 정상 작동 여부 정기적으로 CHECK
5) 정기 적인 유지 보수(베어링 교체, 윤활유 급유등)
6) 수명이 다해 노후 된 전동기 교체등을 해야 한다.

3.2 내진설계 대상 건축물에서 고압 및 특고압 전기설비의 내진 대책에 대하여 설명하시오.

1. 지진의 원인
- 지구는 내부에 핵이 있고 지구 표면에 표층(PLATE)이 있으며 그 중간에 맨틀이 있다. 이 맨틀이 지구 내부의 압력에 의해 약간씩 이동하면서 PLATE를 밀거나 당겨 지구 상부의 PLATE가 무너지거나 갈라진다.

2. 내진 설계 기준(건축법)
1) 층수 3층 이상 건축물
2) 연면적 1,000㎡ 이상 건축물
3) 기둥과 기둥사이의 거리가 10m이상인 건축물
4) 높이 13m 이상 건축물
5) 처마 높이 9m 이상 건축물
6) 국가적 문화유산으로 보존할 가치가 있는 건축물
7) 국토해양부령으로 정하는 지진구역안의 건축물
   - 지진 구역안의 건축물 : 지진구역 1내의 중요도 특 또는 1의 건축물
   - 지진 구역 1 : 강원도, 전라남도, 남해안, 제주도를 제외한 전 지역

3. 중요도 및 중요도 계수

중요도	구 분	용도 및 규모	중요도 계수
특	지진 후 피해복구에 필요한 중요시설과 유해 물질을 다량 저장하고 있는 구조물	1. 연면적 1,000㎡이상 위험물 저장 및 처리시설, 국가 또는 지방자치 청사, 외국공관, 소방서, 발전소, 방송국, 전신전화국 2. 종합병원, 수술이나 응급시설이 있는 병원	1.5
1	지진으로 인한 피해를 입을 경우 대중에게 큰 위험을 초래할 수 있는 구조물	1. 위 시설 2. 연면적 5,000㎡이상 공연장, 집회장, 관람장, 전시장, 운동시설, 판매시설, 운수시설,아동복지시설, 노인복지시설, 사회복지시설 3. 5층 이상 숙박시설, 오피스텔, 기숙사, 아파트 4. 학교	1.2
2,3	-	1. 내진등급 특, 1에 해당하지 않는 구조물	1.0

4. 내진 설계 목적
1) 인명의 안전성 확보
   지진발생시 전기설비의 파괴로 인한 직접적인 영향으로부터 인명을 안전하게 보호하기 위하여 설치 방법 등을 강구해야 한다.
2) 재산의 피해 축소
   지진이 내습한 이후 각종 장비의 신속한 복구 및 피해를 최소화 하여야 한다.
3) 설비 기능의 유지
   지진 발생시 인명의 신속한 대피 및 인명구조를 위한 장비사용과 비상 전원의 기능을 확보하여야 한다.

5. 전기 설비의 중요도
사회적 중요도, 용도 등을 고려하여 등급 결정한다.
1) A급(비상용) : 지진시 피해를 크게 주며 인명 보호에 중요한 역할을 할 수 있는 설비
   (비상 발전기, 비상 승강기, 축전지, 비상 간선)
2) B급(일반용) : 지진 피해로 2차 피해를 줄 수 있는 설비
   (변압기, 배전반, 일반 간선)
3) C급(기타) : 지진 피해를 비교적 적게 받는 설비로서 비교적 간단히 보수 및 복구될 수 있는 설비
   (일반 조명등, 콘센트등)

6. 내진 대책
1) 건축물과 전기 설비의 공진 방지 설계
   지진 발생시 건축물의 고유 진동수와 전기 설비의 진동수가 겹쳐 공진을 일으키면 그 피해가 더욱 커지게 된다. 따라서 이 공진 주파수를 검토하여 피할 수 있는 설계가 필요하다.

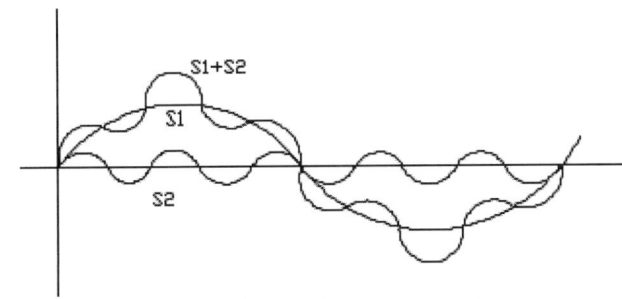

$S_1 + S_2$ = 최대
$S_1 - S_2$ = 최소
충격파가 5주기시 공진 제일 커진다.

2) 장비의 적정 배치
   (1) 내진력이 적은 설비, 중요도가 높은 설비를 하부 배치

    (2) 지진시 오동작 또는 폭발성 우려 기기를 하부 배치
    (3) 공조 위생등 설비 배치시 피난 경로를 피하여 배치
    (4) 중요 시설은 점검 확인이 용이한 장소에 배치
  3) 사용 부재를 강화하는 방법
    (1) 전기 설비 배관 및 행거등의 사용 부재의 강도(관성력, 인장력등) 확보
    (2) 사용 부재를 보강하여 고정할 것

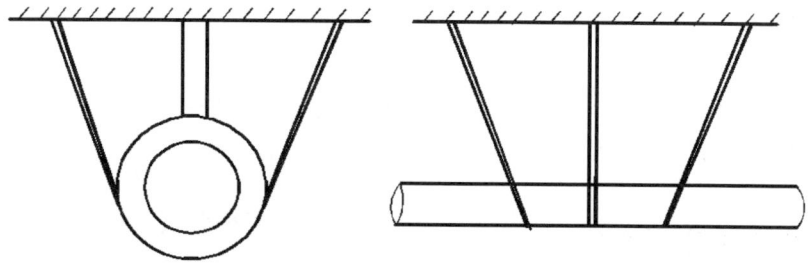

  4) 가대의 기초 강화(기기의 바닥, 측면, 상부를 고정)

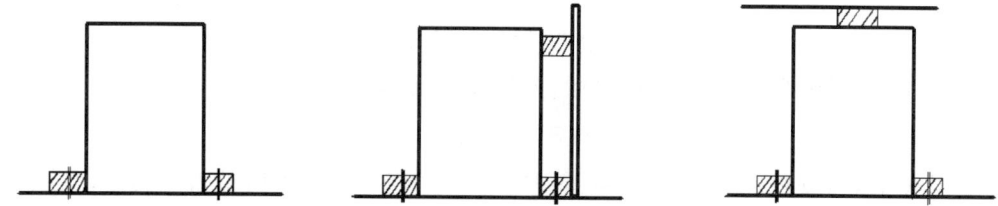

  5) 기기별 내진 대책
    (1) 변압기
      - 기초 앙카 볼트로 고정
      - 방진 장치가 있는 것은 내진 Stopper 설치
      - 지지 애자 부분에 가요 전선으로 접속하여 변압기 보호
    (2) 가스 절연 개폐장치
        (옥외 가스 절연 장치.GIS)
      - 기초부를 중심으로 한 정적 내진 설계
      - 가공선 인입의 경우 붓싱은 공진을 고려하여 동적 설계
        (큐비클형 가스 절연 개폐장치. C-GIS)
      - 반과 반, 반과 변압기 접속 : 가요성 케이블 사용
    (3) 보호 계전기
      - 진동에 약한 유도형 대신 진동에 강한 정지형 또는 디지털형 사용
      - 기초부를 보강한다.
      - 협조상 가능한 범위에서 타이머를 삽입한다.
    (4) 자가 발전 설비

- 기초와 주변 기초를 별도로 콘크리트 기초
- 바닥에 진동을 흡수하기 위한 고무판을 설치
- 연료는 외부 공급 방식이 아닌 자체 저장 시설에 의해 공급할 것
  (도시 가스는 지진발생시 공급이 차단될 우려가 있음)
- 발전기 냉각방식은 외부 시수가 아닌 자체 라디에터 냉각방식 일 것
  (시수는 지진 발생시 공급 차단 우려 있음)
- 엔진의 배기덕트, 냉각수, 연료라인등에는 가요관 설치

(5) 축전지 설비
- 앵글 Frame은 관통 볼트에 의하여 고정시키거나 또는 용접 방식이 바람직 함.
- 바닥면 고정은 강도적으로 충분히 견딜 수 있도록 처리한다.
- 축전지 상호간의 틈이 없도록 내진 가대를 제작할 것
- 축전지 인출선은 가요성이 있는 접속재로 충분한 길이의 것을 사용하고 S자 배선을 한다.

(6) 엘리베이터
- Rail 이탈 주의
- 로프나 케이블등이 승강로의 돌출부에 걸리지 않도록 시공

(7) 전선
- 가요성 자재 사용
- 접속부 배선은 여유 있게 한다.

(8) 케이블 트레이 및 케이블 덕트
일정 간격(8m정도)마다 내진 지지

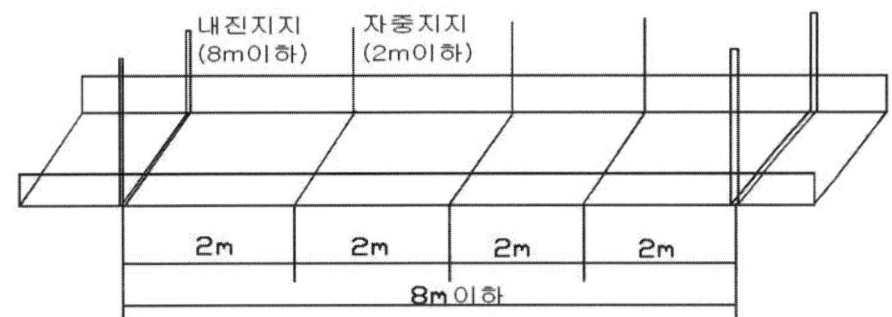

3.3 피뢰기(LA)의 정격 선정시 고려할 사항에 대하여 설명하시오.

1. 피뢰기 설치 목적
  피뢰기의 중요 책무는 선로에 발생하는 이상 전압을 대지로 방전시킴 으로써 기기의 절연이 파괴되지 않도록 하는데 있으며 자세히 설명하면 다음과 같다.
  - 외부 이상전압(유도뢰 등) 억제
  - 전기 기계기구의 절연보호
  - 이상전압을 대지로 방전시키고 속류 차단

2. 종류

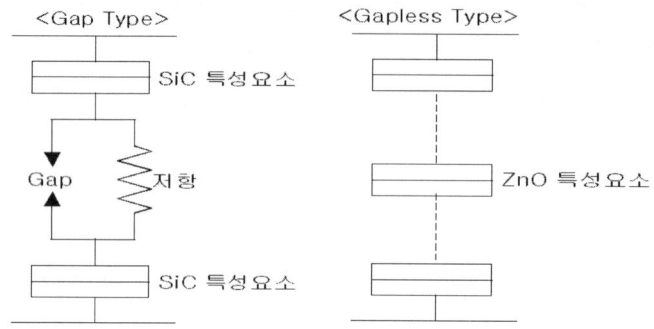

  1) GAP 형
  (1) 직렬 갭
      - 직렬갭은 정상시에는 대지에 대하여 절연을 유지토록 하여 방전을 억제하지만
      - 이상전압 발생시는 이상전압을 대지로 방전시키는 특성을 가진다.
  (2) 특성 요소
      - 탄화규소(Si C)를 각종 결합체와 혼합하여 고온에서 소성하면 비저항 특성을 나타내는 원리 이용
      - 큰 방전전류에서는 저항값이 적어져 방전하여 제한 전압을 낮게 억제하고, 적은 방전전류에 대해서는 저항값이 높아져서 직렬 갭의 속류의 차단을 돕는다.
      - 속류(Follow current) : 뇌전류 통과에 이어 대지 전압에 의해 전류가 흐르는 현상
  2) GAPLESS 형
      산화아연(ZnO)을 주성분으로 하는 피뢰기를 갭레스 피뢰기라하며 오른쪽 그림과 같이 Vo 이하에서는 거의 전류가 흐르지 않기 때문에, 선로의 교류전압의 최대 순시값을 이 전압보다도 작게 해 두면 직렬 갭을 따로 두어 속류를 차단할 필요가 없다.

< 갭레스형 피뢰기의 특징 >

특성요소의 뛰어난 비직선 저항곡선을 이용 하여 특성 요소만으로 제작되어 다음과 같은 특징이 있다.

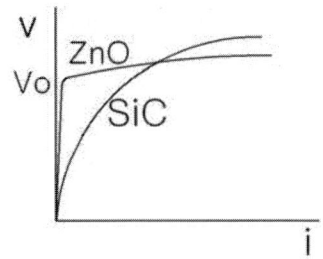

- 직렬 갭이 없으므로 소형, 경량이고 구조 간단
- 동작이 확실하다.
- 불꽃 방전이 없어 방전에 따른 특성 요소가 변하지 않는다.
- 단점: 직렬 갭이 없어 사고시 피뢰기 내부 고장으로 지락사고로 이어질 가능성이 있다. (Disconnector 필요)

3. 피뢰기의 정격 선정시 고려 사항
 1) 정격 전압 = 상용 주파 허용 단자전압
  - 양 단자간에 전압을 인가한 상태에서 규정 동작 회수를 수행 할 수 있는 상용 주파 전압.
  - 또한 속류를 차단할 수 있는 최대의 교류 전압(실효값).
  (1) 계산에 의한 방법
  가. 접지 계통

$$정격전압\ E_r = \alpha\ \beta * \frac{V_m}{\sqrt{3}} = 1 * 1.15 * \frac{25.8}{\sqrt{3}} = 18\ (kV)$$

여기서 α : 접지 계수 $= \frac{고장중 건전상의\ 최대\ 대지전압}{최대\ 선간\ 전압}$

(보통 1 적용)

β : 여유도 (1.15 적용) V_m : 최고 허용 전압 (kV)

나. 비 접지 계통

$$정격전압\ E_r = 공칭전압 \times \frac{1.4}{1.1} = 22 \times \frac{1.4}{1.1} ≒ 28(kV)$$

(2) 내선 규정에 의한 방법

선로 공칭전압 (KV)	중성점 접지	피뢰기 정격 전압 / 공칭 방전 전류	
		변 전 소	배전선로, 수용가
6.6	비 접지	7.5KV / 2.5KA	7.5KV / 2.5KA
22.9	다중 접지	21 KV / 5KA	18KV / 2.5KA
22	비 접지	24KV / 5KA	-

2) 공칭 방전 전류
 - 피뢰기의 보호 성능을 표현하기 위하여
 - 방전 전류 파고치 뇌 충격전류로 표시
 - 그 지방의 뇌우발생일수와 관계되나
 - 제 요소를 고려하여 일반적인 장소의 공칭 방전 전류는 내선규정에 위 표와 같이 규정하고 있다.
3) 방전 내량
 - 방전전류가 흐를 수 있는 최대한도(파고치)
4) 방전 개시 전압
 - 피뢰기가 방전을 개시하는 전압
 - 보통 이 값은 피뢰기 정격전압의 1.5배 이상이 되도록 잡고 있다.
 - 실효치로 나타냄.
 - 오손, 적설, 안개등 환경의 영향을 많이 받는다.
5) 제한 전압
 피뢰기 동작(방전) 직후 피뢰기의 단자 간에 걸리는 전압으로 침입해 오는 서지를 방전 중 그 값으로 제한하는 전압을 말함.
6) 충격방전 개시전압
 피뢰기 단자간에 충격파 전압을 가했을 때 방전을 개시하는 전압
7) 충격비

$$충격비 = \frac{충격 \ 방전 \ 개시 \ 전압}{상용 \ 주파 \ 방전 \ 개시 \ 전압}$$

8) 보호 레벨
 피뢰기에 의해 과전압을 어느 정도까지 억제 할 수 있는지, 어느 정도의 절연 기기 까지 보호 할 수 있는지의 정도를 표시 하는 값

3.4 자동고장구분 개폐기(ASS)의 기능에 대하여 설명하시오.

1. 개요
ASS(고장 구간 개폐기)는 수용가의 수전단에 설치하여 과부하, 단락, 지락 등의 고장사고 발생시 타기기(Recloser, 한전 차단기)와 협조하여 고장 구간만을 신속, 정확하게 차단 또는 개방하여 고장 구간의 확대를 방지하고 피해를 극소화시키기 위하여 설치한다.

2. 정격, 기능, 특징
1) 정격
- 정격 전압 : 25.8 KV
- 정격 전류 : 200A
- 정격차단전류 : 800A
- 최대 Lock 전류 : 800A
- 정격차단용량 : 40MVA

2) 기능
(1) 부하 개폐기 기능
- 정격 전류에서 200회 개폐가 가능하며, 정격전류 이하의 부하전류에 대하여는 부하 전류가 적을수록 개폐회수 성능은 늘어나게 된다.
- 무부하 개폐 성능 : 1100회 정도

(2) 고장 구간의 자동 분리 기능
공급 변전소의 CB 및 선로 Recloser와 협조하여 순간 정전 후 고장 구간을 자동 분리한다.

(3) 과부하 및 지락 보호 기능
변압기 고장에 대해 내장된 OCR, OCGR에 의한 과부하 및 지락보호 기능을 가지고 있다.
최소동작전류는 1.5배에서 2.5초 이상의 강반한시 특성을 가지고 있으므로 변압기 여자전류, 순간적 과부하에 내성을 갖고 있다.

(4) 돌입전류에 의한 오동작 방지 기능
최근의 ASS는 기존의 문제되었던 돌입 전류에 대한 오동작을 보완하여 다른 수용가 또는 전원측 선로의 고장으로 인해 후비 보호 장치가 동작할 때 발생하는 돌입전류로 인해 오동작 하지 않도록 되어 있다.

(5) 경부하 운전시의 부동작 해결
기존의 전류방식의 경우 부하전류가 작은 상태에서 고장이 발생하면 돌입전류 억제기능이 해제되지 않아 ASS가 동작치 않을 수가 있으나 최근에는 전압 및 전류방식을 채택하여 이러한 문제를 예방함.

(6) 과전류 LOCK 기능

정격차단전류(800A) 이상의 고장 발생시 개폐기를 보호하면서 고장을 제거할 수 있도록 과전류 LOCK(800±10%) 기능을 가지고 있다.

(7) 기능 정정의 간편

최소동작 전류의 정정은 제어함에 부착된 Selector Switch의 선택에 의해서 내장된 OCR, OCGR과 자동으로 정합되므로 설비용량의 증가에 따른 재정정이 용이하다.

3) 특징

(1) 안전성이 높다.

수용가 차단기 1차 측의 기기나 모선 사고로 인한 사고 파급이 한전 선로에 영향을 주지 않으므로 한전은 수용가 측의 사고로 인한 정전 사고를 단축할 수 있다.

(2) 호환성

부하 용량 증가시 LBS로 교환이 가능하다.

(3) 경제성

비슷한 기능의 LBS에 비하여 가격이 저렴하다.

(4) 동작의 신속성

개폐조작은 스프링축력에 의한 구조이므로 확실하고 신속성이 있다.

(5) 문제점

- 차단능력이 약함

  차단 능력이 최대 900A밖에 되지 않아 단락 보호에 한계가 있다.

- 과도 고장시 오동작 가능성

  수용가에 낙뢰, 수목지락, 소동물 등으로 인한 과도 고장 전류가 흐를때 선로의 리크로져가 순시 동작할 때 완전 개방될 수 있다.

3. 설치 기준

- 내선 규정 3220에 의하여
- 22.9 kV 7,000kVA 초과시는 Sectionalizer를 사용해야 함
- 간이 수전설비의 용량 1000KVA 이하에는 의무적으로 설치하도록 규정됨.
- 설치 장소

  전기 사업자 공급 선로 분기점

  수전실 구내 입구 및 자가용 선로 등

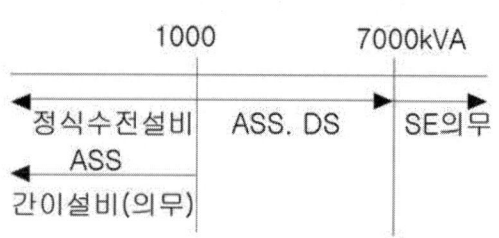

4. ASS 동작 협조
1) 배전 계통의 Recloser와의 협조

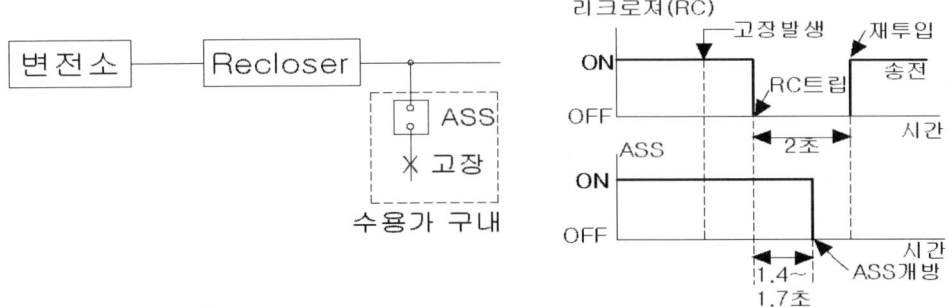

(1) 수용가에서 800A 이상의 고장전류가 발생하면 한전의 배전 선로상에 설치된 Recloser가 이를 감지하여 Trip된다.
(2) Recloser가 Open되면 ASS는 1.4초~1.7초(84~102Hz)의 개로 준비 시간을 거쳐 자동으로 Trip된다.
(3) Trip된 Recloser는 약 120Hz후에 재투입되어 배전선로에서 고장 개소인 수용가는 분리시키고 송전 가능하다.

2) 변전소 CB와의 보호 협조

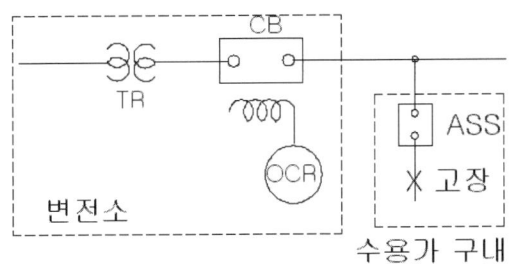 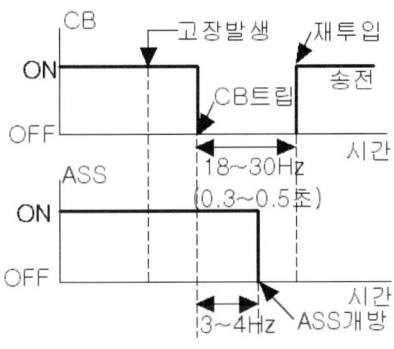

(1) 수용가에서 800A 이상의 고장전류가 발생하면 변전소 차단기 Trip.
(2) 차단기가 Trip되면 ASS는 3~4Hz의 개로준비시간을 거쳐 자동Trip
(3) Trip 된 차단기는 약 18~30Hz후 재투입 되어 배전선로에서 고장 개소인 수용가는 분리시키고 송전가능

3.5 LED(Light Emitting Diode)램프 발광원리 및 광원의 장·단점을 설명하고, 다음 사항을 형광램프와 비교 설명하시오.
1) 발광광속 2) 발광효율 3) 색온도 4) 연색성 5) 수명

1. LED램프 발광원리

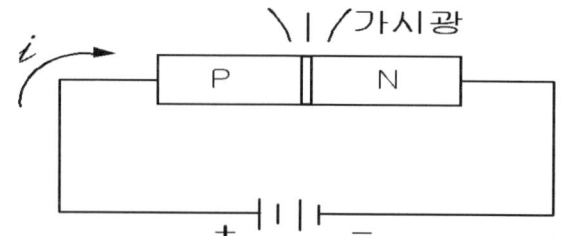

1) LED램프는 갈륨(Ga), 알루미늄(Al), 인(P), 비소(As)등을 화합시킨 반도체로 구성된다.
2) 기본원소 화학 결정에 특별한 화학적 불순물(Dopant)을 첨가할 경우 발광 스펙트럼이 좁은 특성을 갖는 다양한 발광 다이오드를 얻을 수 있다.
3) LED발광은 다이오드의 P-N접합부에 적당히 도포된 크리스탈내에 직류 전류가 흐르면 전자 발광 현상에 의하여 빛을 발한다.

2. LED 램프의 장·단점
 (장점)
1) 반도체로 인해 처리속도가 빠르다.
2) 전력 소모가 적다.
   (기존 광원에 비해 50~80% 에너지 절감)
3) 필라멘트를 사용하지 않기 때문에
   - 수명이 길고(5~10만 시간)   - 충격에 강하며
   - 산업 폐기물 배출을 80% 이상 줄일 수 있고
   - 유지 보수비용이 절감된다.
4) 총 천연색 구현이 가능하다.
5) 중금속등 환경 유해물질 사용을 하지 않아 환경 친화적이다.
6) 초소형으로 구조적으로 여러 가지 디자인이 가능하다.
7) 다이오드를 이용하므로 대량생산이 가능함.
8) 자외선 방사가 적음
 (단점)
  접합부에서 열이 많이 발생하므로 열처리 기술이 필요함.

3. 형광램프와 LED 비교

항 목	형광등(36W)	LED(20W)	LED 특징
1. 발광광속(lm)	3024	2660	실제 밝기는 LED가 더 밝음
2. 발광효율(lm/W)	84	133	LED 효율이 우수
3. 색온도	5500	2200~8000	LED 색온도 여러 가지 주문가능
4. 연색성(Ra)	65	100	자연광에 가까움
5. 램프수명(hr)	10,000	100,000	형광등의 약 10배

3.6 태양전지의 발전 원리와 재료에 따른 종류, 태양광 세기 및 주변 온도 변화에 따른 전압-전류특성을 설명하시오.

1. 태양전지 발전 원리

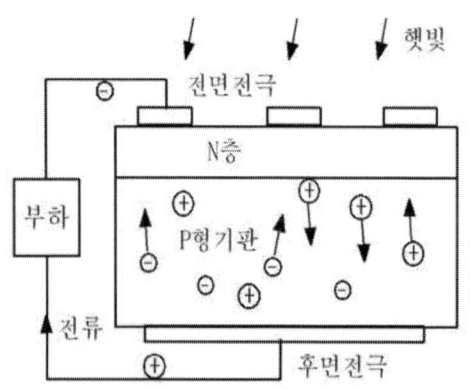

태양광 발전 시스템은 태양으로 부터 지상에 내리 쪼이는 방사 에너지를 태양전지를 이용해 직접 전기로 변환해서 출력을 얻는 발전 방식이다.

왼쪽의 그림과 같이 P형과 N형을 접합한 실리콘 반도체에 태양광 에너지를 입사시키면 부(-)의 전기와 정(+)의 전기가 발생하고, 부(-)의 전기는 N형 실리콘으로, 정(+)의 전기는 P형 실리콘으로 분리되어 전극에 전압이 발생한다.

2. 구성 및 재료에 따른 종류
1) 태양 전지 (Cell)
가. 결정질 실리콘 태양전지
- 실리콘 덩어리를 얇은 기판으로 절단하여 제작
- 실리콘 덩어리의 제조 방법에 따라 단결정과 다결정으로 구분
- 전체 태양전지 시장의 95%이상을 차지

나. 박막 태양전지
- 얇은 플라스틱이나 유리 기판에 막을 입히는 방식
- 비결정질실리콘 태양전지, CIS태양전지, CdTe 태양전지 등으로 분류

다. 염료 감응형 태양 전지
- 광합성 원리와 비슷한 원리를 이용하는 것으로
- 염료가 여기 되어 전자가 발생하여 나노 분말(TiO2)에 주입되고 이 나노분말이 투명전극(N형 반도체)을 통해 외부회로를 통해 상대전극 으로 흐르게 한 전지임.

2) 태양전지 모듈
- 한 개의 태양전지는 0.6V 전압과 3A 이상의 전류를 생성
- 적절한 전압과 전류를 생성하기 위하여 여러 개의 태양전지를 서로 연결
- 보호하기 위하여 충진재, 유리 등과 함께 압축한 것이 모듈

3) 태양전지 어레이
- 여러 개의 모듈을 연결하여 직류 발전하는 것
- 설치되는 곳의 필요 용량에 따라 적절한 수의 태양전지 모듈을 연결

3. 태양광 세기에 따른 전압-전류특성
   - 태양광 발전은 날씨에 따른 출력 편차가 크다.
     흐린 날, 비오는 날 등 날씨에 따라서 가동이 불가능하다.
     즉, 일사량의 강도에 따라 균일하지 않은 전류가 발생한다.
     새벽이나 저녁 시간대에도 빛이 들어오기는 하지만 전력 발전량이 많지 않다.
   - 태양광이나 풍력 등은 발전량이 균일하지 않으므로 화력발전이나
     원자력발전으로 기저전력을 보충해야한다.

4. 주변 온도 변화에 따른 전압-전류특성

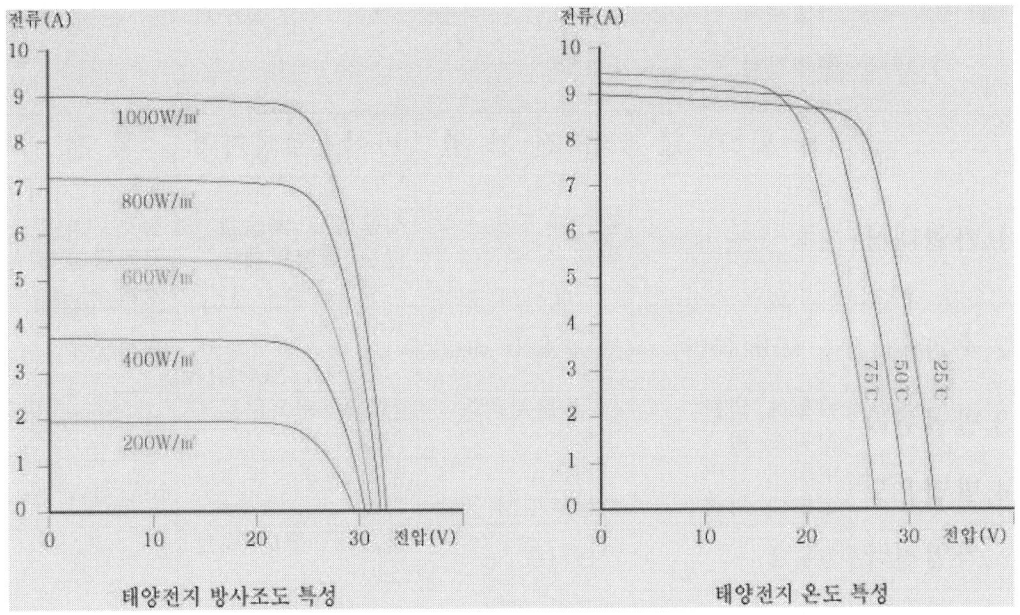

태양전지 방사조도 특성 / 태양전지 온도 특성

   - 온도에 따른 효율성 문제도 있다.
   - 태양광 패널은 25도가 효율성이 가장 좋고 그 이상에선 효율성이 감소한다.
   - 태양광에 대한 큰 오해 중 하나가 날씨가 더운 여름에 태양광 발전이
     잘된다는 것인데 실제로는 그렇지 않다.
   - 보통 3~6월, 9~11월이 태양광 발전 효율이 가장 높은 시기인데, 이유는
     인버터가 효율적으로 작동하는 온도인 25도 근처의 기온을 보이기 때문이다.
   - 30도를 넘는 한여름에는 아무리 일조시간이 길어도 인버터 효율이 떨어지기
     때문에 발전량은 더 적다.
   - 한국의 여름은 우천이나 태풍이 잦아 태양광의 효율은 더 않좋다.
   - 일사량은 많지만 기온이 섭씨 50~60도를 넘나드는 사막 지에서는 모래먼지
     등에 의한 오염과 합쳐서서 효율성이 떨어진다.
   - 그래서 사막이나 고온 지역에서는 태양열 발전이 주류다.

4.1 전기가열방식에서 유전가열(誘電加熱)에 대하여 설명하시오.

1. 고주파 가열의 종류

고주파를 이용한 응용분야는 주로 열을 얻는데 쓰여지며 그 방법은 발열 원리 및 용도에 의해 다음과 같이 네 종류로 구분되어진다.

1) 금속과 같은 도체를 대상으로 한 유도가열
2) 목재 섬유,비닐,유리등 절연물을 대상으로 한 유전가열.
3) 가정용 전자렌지 같이, 매우 높은 주파수의 전파를 직접 조사시켜 가열하는 마이크로파가열
4) 부도체를 가열시켜 비저항을 낮게 만든 다음 물체에 직접 고주파 전류를 흘려 가열하는 통전가열

	유도가열	유전가열	마이크로파가열	통전가열
1.가열대상	도체, 반도체	절연체,플라스틱, 목재 섬유	식품이나 약품과 같은 불량도체	식품에 전기를 통과시키면 저항열이 발생하여 가열
2.주파수	수 MHz이하	수 ~ 300 MHz	300MHz~300GHz	제한없음
3.발열원리	유도에 의한 전류손 열	쌍극 분자운동 마찰열	쌍극자 분자운동 마찰열	저항손 가열
4.발열온도	부하의 표면부터의 가열	부하의 중심부부터 가열	부하의 중심부부터 가열	비교적 균일 가열
5.가열전극	코일형	콘덴서형	마그네트론에 의한 조사	접촉자형
6.용도	금속 열처리,용융,결정의 성장	목재의 성형 접착,건조 비닐의 가공,섬유의 건조	식품가공 약품 건조	식품의 가열

2. 고주파 유전가열

1) 원리

- 주파수가 1MHz ~ 300MHz 이며
- 전계 작용에 의하여 가열하는 방식으로
- 고주파 전계속에서 피열물에 생기는 유전체손에 의해 피열물을 직접 가열하는 방식
- 쌍극자 분자운동에 의한 마찰열을 이용함(그림2 참조)
- 유전체에 고주파 전압을 가한 경우 전력은 다음공식과 같다.

$$P = 2\pi f C V^2 \tan\delta \, (W)$$

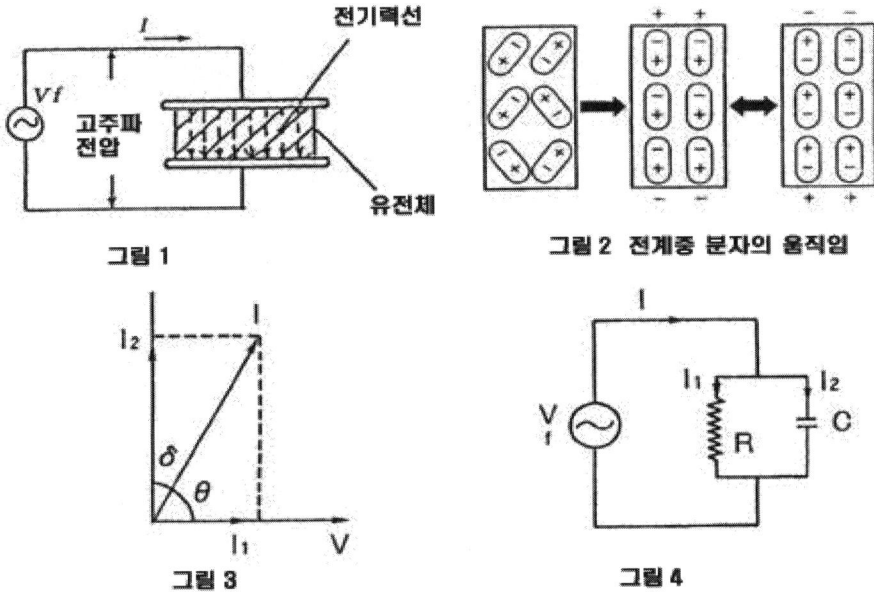

그림 1   그림 2 전계중 분자의 움직임

그림 3   그림 4

2) 특징

< 장점 >

(1) 유전체손에 의한 자기발열이므로 표면이 손상하지 않으며 가열시간이 짧아도 된다.

(2) 온도 상승의 속도를 임의적으로 조정 가능

(3) 피열체 내부를 균일하게 가열할 수 있음

(4) 발열량을 주파수에 의해 쉽게 조정할 수 있음

< 단점 >

(1) 고주파 전원이 필요하여 설치비가 고가임

(2) 통신용 전파에 전파 장해를 줄수 있으므로 차폐가 요구됨

(3) 효율이 50~60%로 나쁜 편임

(4) 전계강도를 크게하면 코로나 방전이나 절연파괴등이 되어 피열물을 파괴시킬수 있음

(5) 피가열물이 얇거나 유전율이 낮은 물체는 전압은 낮추고 대신 주파수를 높게하면 효과적임

(6) 국부적인 가열이 필요한 경우에도 전기력선의 집중이 필요하므로 주파수를 높이는것이 효과적임.

(7) 피열물의 형상에 따라 내부가 균일 가열이 안 될 수도 있음.

3) 용도
   (1) 필름 용착
       PVC 필름뿐 아니라 우레탄계, 나일론계 등에 의해 광범위
   (2) 수지의 성형
       페놀수지, 멜라민, 실리콘, 에폭시 등의 열경화성 수지등
       식기, 쟁반, 콘센트, 스위치등에 널리 이용
   (3) 수지의 경화
       PVC 졸의 주형품 (레스토랑의 쇼윈도 메뉴)
   (4) 식품
       수산가공품, 육류, 축산가공품의 해동에 유전 가열이 유효하게 사용
       마이크로파의 침투 깊이가 문제가 되는 대형 물건의 경우 유전 가열쪽이
       유리하다. (세포막을 파괴하지 않고 급속해동을 실시)
   (5) 건조
       - 자동차 건조
       - 인쇄 건조 : 인쇄 건조는 환경 문제로 인해 유기용제에서
         수성 잉크로의 전환이 이루어져 유전 가열의 필요성이 증가함.
   (6) 목재가공
       목재와 접착제의 유전손실 차이에 의해 접착층만을 선택 가열할 수
       있으므로 고효율의 접착이 가능하다.
   (7) 의료
       - 암의 온열요법 : 암세포는 온도를 42℃ 부근으로 유지하면 사멸

4.2 분산형 전원의 계통 연계 및 연계선로의 보호 협조에 대하여 설명하시오.

1. 개요
태양광 발전을 비롯한 신 재생 에너지 및 분산형 전원이 전력회사측과 계통을 연계하여 병렬운전하기 위하여는 다음과 같은 점을 검토하여야 함.
- 계통 검토 (배전선로, 단락 용량, 보호 협조)
- 전원 상태 확인 (전압, 주파수, 역율)
- 전력 품질 확인 (고조파, 고주파, 상 불평형)

2. 계통 연계시 고려할 점
1) 계통 검토
    (1) 배전선로
      - 분산형 전원을 전력회사의 배전선로 중간에 연계시 배전선로의 용량이 부족할 수 있어 여기에 대한 검토가 필요함.
    (2) 단락 용량
      - 계통 연계시 사고가 발생하면 발전기의 단락전류 증대로 단락용량이 증가함.
      - 이로 인한 기존 차단기 용량등 계통 전체의 구성을 검토해야 함.
      - 대책 : 한류 리액터 설치, 발전기 리액턴스등 검토
    (3) 보호 협조
      - 계통 사고시 분산형 전원이 입을 수 있는 사고는 단락, 지락, 낙뢰등이 있음.
      - 대책 : 계통 사고(단락, 지락, 낙뢰등)로 인한 전력 계통의 사고 파급을 사전 예측 계산에 의한 보호 시스템 구성

2) 전원 상태 확인
    (1) 전압 변동
      - 태양광 발전은 출력이 기후, 구름 속도등에 따라서도 변함.
      - 배전 선로에 분산형 전원을 연계시 연계 지점의 전압상승이 발생함.
      - 대책
        * 전압 변동율이 상용 전압의 규정치 이내에 들도록 설계
        * 배전선로 1 Feeder에 연계하지 말고 분산하여 접속
    (2) 주파수
      - 분산형 전원의 주파수가 상용 전원의 주파수와 일치하도록 해야 함
      - 대책 : 주파수 계전기 설치

(3) 역율
- 역율은 진상 및 지상이 발생할 수 있음.
- 대책
  지상시 : 동기 조상기 진상 운전, 전력용 콘덴서 투입
  진상시 : 동기 조상기 지상 운전, 전력용 콘덴서 분리

3) 전력 품질
  (1) 고조파
   - 주로 인버터 사용으로 발생함
   - 대책 : Filter 설치
           PWM방식의 인버터 사용(고조파 5% 미만 발생)
  (2) 고주파
   - 주로 인버터의 Switching에 의해 발생함.
   - 대책 : Active Filter 설치
  (3) 상 불평형
   - 연계 운전시 상 불평형이 되면 중성선의 전압이 상승하고 불평형 전류가 흐르게 된다.
   - 대책 : 연가, 편단 접지, 크로스 본딩등

3. 분산형전원 병렬운전보호
 1) 분산형전원의 병렬운전 요구조건
   - 분산형 전원에서 전력회사 계통으로 역송되면 자동적으로 차단하는 역송 방지설비를 설치
   - 분산형 발전기 사고로 수전전력이 계약치 이상이면 부하일부 또는 전부를 자동 차단 시킬 것
   - 비동기 투입 및 수동 투입 방지를 위해서 전력 회사측 및 수전점에서 무 전압 확인 장치를 설치
   - 연계선로 고장시 분산형 전원으로 부터 고장전력을 자동적으로 차단하여야 한다.

 2) 역전력 보호 : 전력방향계전기 (32P)
    수전전력 역류를 막기 위해 수전점에 고속 동작의 전력방향계전기(32P)를 설치하여 계통을 분리

 3) 과부하보호: 과전류계전기(51)
   - 수전점에 과전류 계전기를 설치하여 발전기의 사고정지에 따른 수전전력

초과를 방지한다 (역송전방지목적)
- 정정은 일반부하에서는 최대계약전력의 150~170%, 변동부하에서는 최대계약전력의 200~250% 정도이다.

4) 연계선로 사고보호
무효전력계전기(32Q), 단락방향계전기(67), 지락방향계전기(67G)
- 수용가 외부사고에 대하여 효과적으로 사고를 검출하여 연계선로의 차단기를 차단하여 보호한다.
- 외부사고는 무효전력계전기(32Q) 및 단락방향 계전기(67)을 적용하며 지락에 대해서는 GVT의 극성전압을 검출하고 영상전류를 검출하여 연계선로를 해결하는 방식이다.
- 32Q에 의한 연계 선로보호는 67계전기보다 고감도 고장검출에 유리하다. 그러나 67계전기로 하는 경우에는 27계전기와 AND조건으로 결선하여 신뢰성 있는 계통보호이다

5) 연계선로 비동기 투입 및 수동 투입 방지 : 저전압계전기(27)
- 연계선로 고장시 분리되지 않으면 자가용 발전설비를 포함한 수용가 기기에 큰 손해를 줄 우려가 있으므로 선로 전압 확인장치를 한전측의 연계선로 인출측에 설치한다.
- 분산형 전원설비를 하는 업체에서는 선로전압 확인장치를 한전 인출측에 설치하여야 한다.

4.3 변압기의 내부 고장전류와 여자돌입 전류를 구분하여 검출할 수 있는 방법과 여자돌입전류로 인한 오동작 방지 대책에 대하여 설명 하시오.

1. 개요

　　변압기에 전원을 인가하면 정상 운전 시 전류에 비하여 과도한 전류가 흐르는데 이것은 투입 시 가해진 전압의 위상과 철심 재질, 잔류자속에 의해 그 크기가 다르며 때로는 정격 전류의 수배에서 수십 배의 크기로 0.5초~ 수십초까지 지속 될 수도 있는데 이것을 변압기의 여자 돌입 전류라 부른다.

2. 변압기의 내부 고장전류와 여자돌입 전류를 구분하여 검출할 수 있는 방법
　1) 변압기의 내부 고장전류 검출 방법

　　　변압기 내부 고장시에는 여자 돌입 전류와는 다르게 고조파분이 거의 나타나지 않으며 소용량 변압기는 과전류 계전기로 고장 전류를 검출하여 보호하지만 대용량 변압기는 비율차동 계전기, 부흐홀즈 계전기, 충격압력 계전기등의 방법으로 보호한다.

　　(1) 과전류 계전기
　　　　- 변압기 용량 5,000kVA 미만의 비율차동 계전기가 설치되지 아니한 소용량 변압기 내부 보호
　　　　- 과부하에 의한 변압기 소손 방지
　　　　- 비율 차동 계전기 설치시 후비 보호용으로 사용

　　(2) 비율 차동 계전기(Ratio Differential Current Relay. RDR)
　　　　- 변압기 내부 고장시 1차 전류와 2차 전류의 차이를 이용하여 내부 고장을 전기적으로 검출 (동작력>억제력 일 때 동작)

$$동작\ 비율 = \frac{동작\ 전류}{억제\ 전류} \times 100 = \frac{i_1 - i_2}{i_1\ 또는\ i_2} \times 100(\%)$$

　　(3) 부흐홀츠 계전기

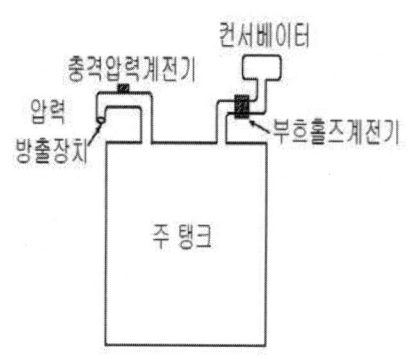

　　　　- 그림과 같이 Float S/W B_1과 Float Relay B_2를 조합한 계전기
　　　　- 동작 : 과열 등으로 절연유가 분해하여 가스화 되어 유면이 내려가면 B_1의 Float S/W가 경보 발령 -> 유면이 급강하 하여 Float Relay B_2가 동작하면 회로 차단.
　　　　- 설치 장소
　　　　　 주 탱크와 콘서베이터를 연결하는 중간

(4) 충격 압력 계전기
- 변압기 내부 사고시에는 분해가스가 발생하여 이상 압력이 생기므로 이 압력을 검출하여 차단하는 장치

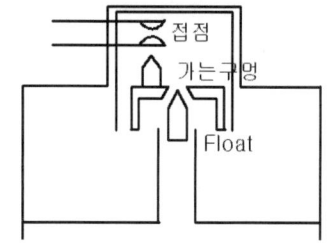

2) 여자 돌입 전류 검출 방법
(1) 여자 돌입 전류 특성
변압기를 기동할 때 변압기의 자화전류가 가지는 특성 때문에 매우 큰 과도 돌입전류가 흐르는데 이러한 돌입전류는 많은 고조파를 포함하고 그 크기는 정격전류의 수배~수십배에 달하고 지속 시간은 수 사이클 사이에 감쇄된다.

(2) 돌입 전류 파형의 분석(크기)
여자 돌입 전류는 고조파 성분이 기본파에 비하여 많게 나타난다.

고 조 파	제2고조파	제3고조파	제4고조파	제5고조파
기본파에 대한 백분율	63%	27%	5%	4%

(3) 지속 시간
회로의 저항분, 와전류, 히스테리시스 등에 의한 손실에 따라 서서히 감쇠하나, 대용량의 변압기는 저항분이 인덕턴스분에 비해 적기 때문에 시정수($\tau = \dfrac{L}{R}$)가 커지게 되어 감쇠시간이 길어진다.

짧은 경우는 10Cycle 정도, 긴 경우는 1~2분정도가 되기도 한다.

3. 여자돌입전류로 인한 오동작 방지 대책
1) 감도 저하법
변압기 투입시 순간적으로(0.2초) 비율 차동 계전기 감도를 저하시킴.
=> Timer 사용 방식

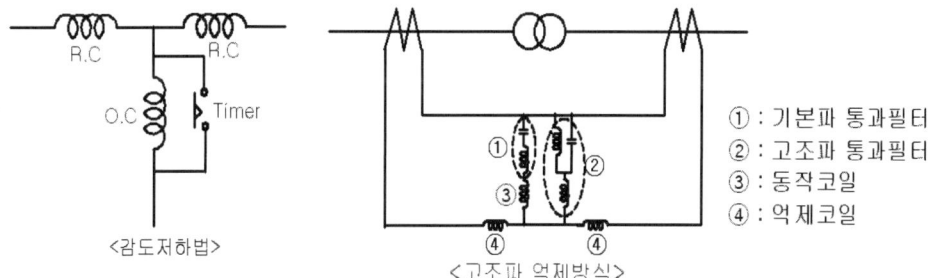

2) 고조파 억제 방식

변압기 여자 돌입 전류에 포함된 고조파 전류를 고조파 필터를 통과시켜 오동작 방지

3) 비대칭 저지법

- 대칭분 : 동작
- 비 대칭분(돌입 전류) : 동작 억제
- 동작 코일과 저지 계전기를 직렬 접속하여 비 대칭파 전류로 저지 계전기를 동작시켜 동작을 억제함.

4.4 화학저감제 접지의 특성과 시공방법에 대하여 설명하시오.

1. 접지저항 저감 방법
   1) 물리적 저감법
      - 접지극의 병렬 접속등 접지 전극의 면적을 크게 하는 방법
      - 접지극의 치수 확대
      - 깊이 박기
      - 메쉬공법
      - 보링공법 및 탄소 접지봉등 신공법 적용

   2) 화학적 저감법
      물리적 방법으로 만족한 접지 저항값을 얻지 못할 때 사용하는 것이 바람직하며 보통 30% 정도의 접지 저항값을 낮출 수 있다.
      - 재래식 : 소금, 염화 마그네슘 사용
                 간편하고 시공방법이 용이하나 지속성이 나쁘다.
      - 최근방법 : 아스론, 티코겔등 반응형 저감제 사용
      - 사용시 주의할 점 : 환경오염이 없어야 한다.

2. 화학저감제 접지의 특성
   1) 소금 시공법
      - 토양내 염분의 함유량을 높여 접지 저항을 저감시키는 방법임.
      - 염분에 의한 접지극의 부식 우려
      - 소금침투로 지하수 오염
      - 강우에 의한 염분의 소실로 2년 이상의 효과를 기대하기는 어렵다.

   2) 아스론
      - 주성분 석고에 전해질 무기염을 섞은 도전성 물질인.
      - 공해 안전성은 우수
      - 부식문제도 해결됨.
      - 단점 : 경년변화가 나쁘다

   3) 벤트나이트
      - 접지구멍에 미리 물을 첨가하여 밑면 토양을 습윤 상태로 만들고 벤트나이트층을 밑면에 쌓는다. 그리고 벤트나이트층 상부에 접지망을 설치하는 공법임.

3. 화학저감제 접지 시공방법

1) 타입법
막대모양 접지전극에 대한 것으로 타입할 구멍에 저감재를 유입하는 방법인데 토질에 따라서는 보링하는 경우도 있으며 이때에는 전극의 틈새에 저감재를 주입한다.

2) 보링법
막대모양 접지전극 대신에 선모양, 띠모양 접지 전극을 포설하는 경우로 보링공법으로 구멍을 뚫어 전극을 설치한 후 그 속에 저감재를 주입시킨다.

3) 수반법
접지전극 부근의 대지에 저감재를 뿌리는 방법이다.

4) 구법
접지전극 주변에 고리모양의 홈을 파서 그 속에 저감재를 유입시키는 방법이다.

5) 체류조법
접지전극의 주위에 저감재를 넣어 되메우기를 하는데 구덩이의 바닥면, 벽면은 밀도가 큰 진흙 등으로 어느 정도의 방수를 하여 물의 침입을 막는 동시에 저감재가 흩어지는 것을 막는 역할도 한다.

4. 맺는 말
시공방법의 장·단점은 저감재의 종류나 접지전극의 종류, 공사지점의 토질에 따라 다양하고 또 작업성이나 효과의 측면도 고려하여야 하므로 한마디로 어느 시공방법이 좋다고 말할 수는 없다.

4.5 대기환경의 공기 질 향상을 위한 전기집진기의 원리, 종류, 특징, 적용분야에 대하여 설명하시오.

1. 개요
   1) 미분탄 발전소 : 석탄의 비산회(Fly Ash)가 문제됨.
   2) 집진기. 전기식 : 95~98%
              기계식 : 85~95%

2. 집진장치 구비조건
   1) 입자의 크기에 영향이 적고 성능이 우수할 것
   2) 부하 변동에 관계없이 효율이 좋을 것
   3) 구조 및 조작이 간단하고 고장이 적을 것
   4) 가격이 싸고 보수가 쉬울 것

3. 전기집진기의 원리

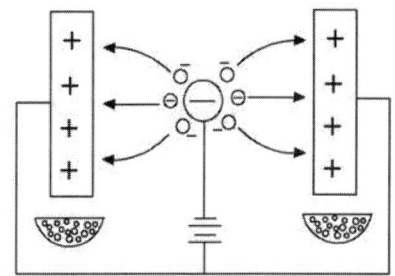

   (-)극에 모인 Fly Ash가 코로나 방전에 의해 (-)로 대전되어 집진극 (+) 쪽으로 끌려감

4. 종류
   1) 기계식 : 수세식, 원심력식
   2) 전기식
      ① 원리 : 코로나 방전 이용, 연도속에 (+)(-) 전극을 두고 이것에
              직류 고전압을 인가, 회진에 대전 -> 집진극에 흡입
      ② 구성
         - (+)극 : 코로나 방전 발생
         - (-)극 : 집진극
         - 직류 고압 인가 장치
         - 추타설비 : 분진을 털어주는 장치
         - 재 처리 설비

5. 특징
  1) 장점
   - 효율이 높다
   - 미세한 입자도 흡착가능(즉, 집진 성능이 우수. 0.01μm까지)
   - 유지 보수가 쉽다.
  2) 단점
   - 추타시 재 비산 현상 발생
   - 분진의 크기, 농도에 따라 집진 성능이 달라짐.

6. 전기집진기의 적용분야
  1) 화력 발전소, 열병합 발전소등 발전용
  2) 직화구이 음식점, 커피 로스팅 공장등 상업용
  3) 식품, 피혁, 고무, 도장, 분료 처리장, 도축장 등 산업용

4.6 전기자동차의 종류에 따른 특징과 충전 알고리즘에 대하여 설명하시오.

1. 전기자동차의 종류에 따른 특징
 1) 종류
  (1) 밧데리전용 전기자동차
     밧데리전용 자동차는 밧데리의 전원을 이용하여 모터를 구동하고 전원이 다 소모되면 재충전.
  (2) 하이브리드 자동차
     하이브리드 전기자동차는 엔진을 가동하여 전기발전을 하여 밧데리에 충전을 하고 이 전기를 이용하여 전기모터를 구동하여 차를 움직이게 하는 자동차.
   가. 직렬 방식 (그림1)
     엔진에서 출력되는 기계적 에너지는 발전기를 통하여 전기적 에너지로 바뀌고 이 전기적 에너지가 밧데리나 모터로 공급되어 차량은 항상 모터로 구동되는 자동차. 기존의 전기자동차에 주행거리의 증대를 위하여 엔진과 발전기를 추가시킨 개념.
   나. 병렬 방식 (그림2)
     밧데리 전원으로도 차를 움직이게 할 수 있고 엔진(가솔린 또는 디젤)만으로도 차량을 구동시키는 두가지 동력원을 사용. 주행조건에 따라 병렬 방식은 엔진과 모터가 동시에 차량을 구동할 수도 있다.
     전륜은 엔진이 위치하고 후륜은 모터가 위치하여 각각의 동력원이 전륜, 후륜을 구동시킴.

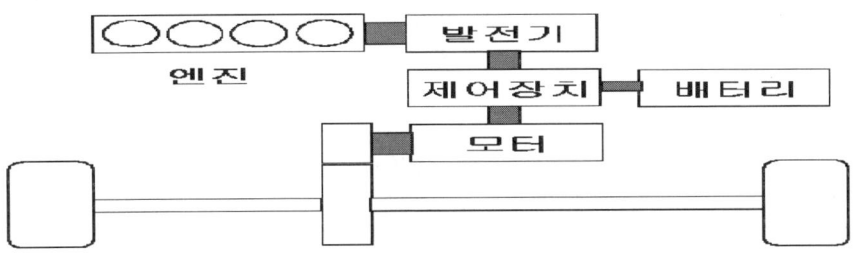

그림 1. 하이브리드 자동차의 구조(직렬방식)

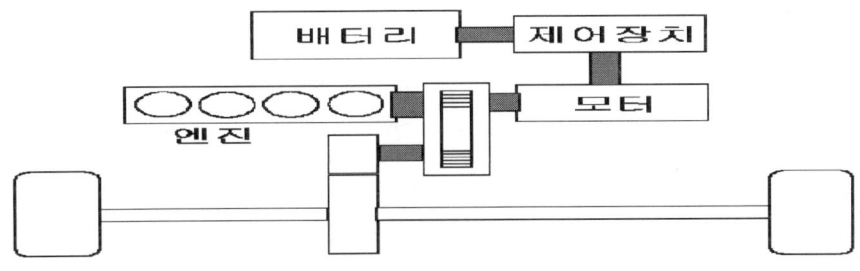

그림 2. 하이브리드 자동차의 구조(병렬방식)

(3) 태양에너지 자동차

가. 정의

태양의 빛에너지를 전기적에너지로 변환(전기셀)하여 밧데리에 충전하고 밧데리의 전기를 이용하여 전기모터를 구동하여 차를 움직이게하는 자동차.

나. 운영

낮에는 태양빛의 에너지를 이용하여 모터를 구동하는 밧데리의 전원에 보조전원으로 공급하며 밤이면 순수 밧데리의 전원을 이용.

다. 설치

태양전기셀은 차량의 지붕이나 본네트에 부착되어진 전원을 밧데리에 충전.

2) 전기 자동차의 구성

재충전이 가능한 주축전지와 구동용 전동기, 전동기 속도제어장치, 보조전지 및 보조 충전지 충전용 직류-직류변환기, 충전기 등과 기계적 부품으로 구성.

2. 전기자동차 충전 장치 종류

전기자동차 충전 장치 종류는 충전장소에 따라 구성과 기능이 다르며, 현재 언급되고 있는 충전설비는 <그림1>과 같이 크게 주택용 충전설비, 주차장용

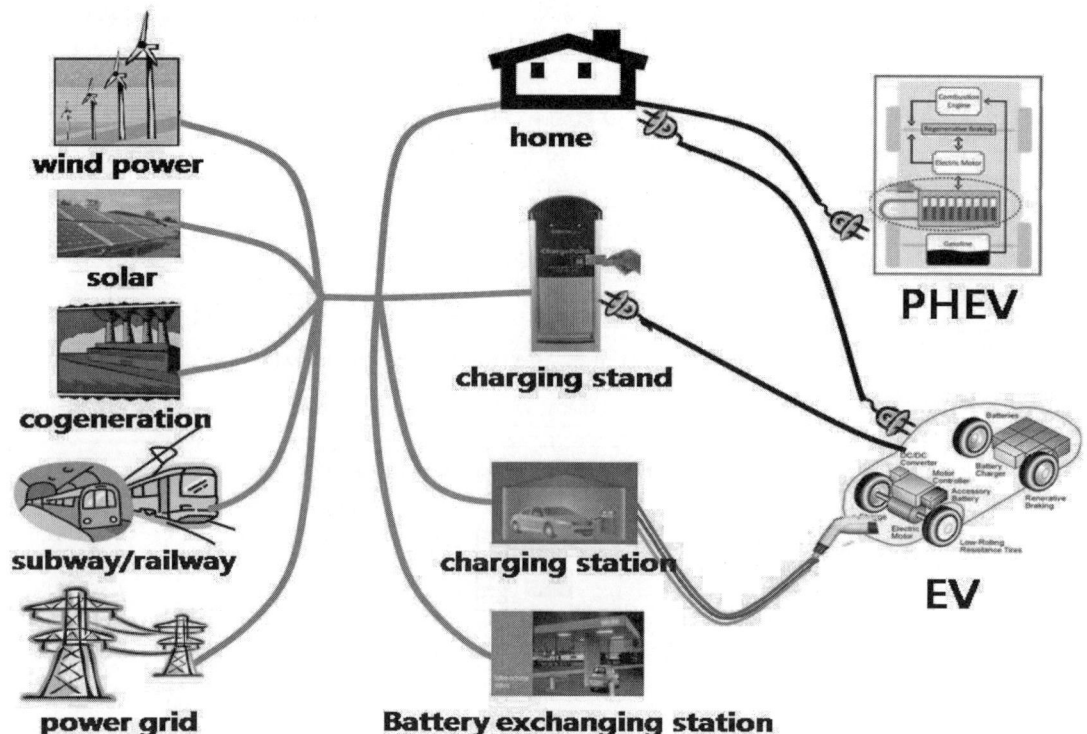

충전스탠드, 충전소용 충전설비, 배터리교환소의 4가지 정도로 구분할 수 있다.

1) **주택용 충전설비**
   차고에서 직접 충·방전

2) **주차장용 충전설비 (공동 주택용 포함)**
   주차장에 충전스탠드의 충전설비를 갖추고 교류전원을 EV 차량에 공급하면 차량내의 On-board charger에서 AC/DC변환하여 배터리에 전원을 공급하는 시스템 안전장치, 통신, 과금 등을 위한 장치 필요

3) **충전소용 급속충전설비**
   단시간에 대전력을 차량에 공급하기 때문에 차량과의 통신이 필수적 이며, 주로 급속충전설비에서 AC/DC 변환하여 차량에 DC로 공급하는 방식을 채택

4) **배터리교환소**
   배터리 부착위치와 형상 및 크기를 표준화하고 배터리를 임대 또는 공유한다는 개념으로서 EV 차량운전자는 주행거리에 따라 요금을 지불하는 시스템이다.
   차량제조회사, 운영회사, 표준화 등의 이해관계와 배터리 열화에 대한 책임문제 등 현실적인 어려움이 많다.

3. 충전 알고리즘

<그림 2 충전 인프라 시스템>

1) **전력망**
   급속충전기에 안정된 전력을 공급하기 위한 전력망은 AC전력망과 DC 전력망으로 크게 나뉘어 질 수 있으며 AC는 3상 380V 그리고 DC는 600V를 공급할 수 있다.

2) **급속 충전기**
   사용자 편의제공을 위하여 대형 터치스크린을 통한 HMI을 제공해야 하며

TCP/IP 통신 등 각종 통신사양을 만족할 수 있는 기반을 가지도록 설계한다.
주요 구성 부품으로는 전력량계, 비상스위치, 과전압, 과전류, 저전압, 단락 등의 보호를 위한 장비를 갖추고 있어야 한다.

3) 충전 알고리즘과 HMI

짧은 시간 안에 효율적인 충전을 할 수 있는 빠른 충전, 충전금액, 충전량 선택모드를 제공해야 한다.
충전 중에도 언제든지 충전 중지를 할 수 있으며 시스템 이상 시에는 자동으로 충전 중지 후 결재 시스템으로 이동하도록 되어있다.

4) 과금 및 정산 System

기본적인 충전 역할은 전기자동차의 BMS와 충전기내 Power stack과의 CAN(Controller Area Network)통신을 통하여 이루어진다.
충전되는 전력량을 실시간 계량하여 사용자에게 충전상태 정보를 제공하여, 신용카드를 통한 과금 및 정산이 이루어지게 한다.
실시간 전기요금은 운영시스템을 통하여 제공되며 충전소 운영에 대한 정보는 다시 운영시스템으로 전송되어 통합운영이 되어 질수 있도록 한다.

Chapter 2

제113회 전기응용기술사
문제지(2017.08)

국가기술 자격검정 시험문제

기술사 제 113 회   제 1 교시 (시험시간: 100분)

분야	전기	자격종목	전기응용기술사	수험번호		성명	

※ 다음 문제 중 10문제를 선택하여 설명하시오. (각10점)

1. 전력기술관리법 시행령 제23조에서 정한 감리원의 업무범위에 대하여 설명하시오.

2. 변압기 결선방식 중 Dy11 결선방식에 대한 각변위, 용도 및 특징에 대하여 설명하시오.

3. 주강 1 ton을 50분에 용해하는 전기로에 필요한 입력전류가 몇 A인지 계산하시오.
   (단, 주강의 초기온도는 30℃, 융점은 1530℃, 비열은 670 J/kg·K, 융해잠열은 314×10^3 J/kg이며, 전기로의 공급전압은 3상 380 V, 효율은 85%, 역률은 80%이다.)

4. 전기차량의 동력원으로 사용되는 주견인용 전동기의 종류와 주요 특성에 대하여 설명하시오.

5. 조명기구의 배광곡선에 대하여 설명하시오.

6. 직선형 유도전동기의 단부효과(End Effect)에 대하여 설명하시오.

7. 파셴의 법칙(Paschen's Law)과 페닝효과(Penning Effect)에 대하여 설명하시오.

8. AC 모터 60 Hz 제품을 50 Hz에서 사용할 때 발생되는 문제점에 대하여 설명하시오.

9. 전기기기에 사용되는 리츠 와이어(Litz Wire)에 대하여 설명하시오.

10. 변압기의 과부하에 대한 운전조건과 금지조건에 대하여 설명하시오.

11. 풍력발전설비에서 출력제어방식의 종류에 대하여 설명하시오.

12. 피뢰기를 보호기기(변압기)에 설치할 경우 가까이 설치해야 하는 이유에 대하여 설명하시오.

13. 유도전동기의 기동방식 선정 시 고려사항에 대하여 설명하시오.

국가기술 자격검정 시험문제

기술사 제 113 회　　　　　제 2 교시 (시험시간: 100분)

분야	전기	자격종목	전기응용기술사	수험번호		성명	

※ 다음 문제 중 4문제를 선택하여 설명하시오.　(각25점)

1. 태양광 발전시스템의 구성, 종류 및 발전방식에 대하여 설명하시오.

2. 자동제어에 사용되는 센서의 아날로그 표준 출력과 전압신호를 전류신호로, 전류신호를 전압신호로 바꾸는 원리, 방법 및 특징에 대하여 설명하시오.

3. 가연성 가스 및 증기에 대한 전기설비의 방폭구조에 대하여 설명하시오.

4. 변전소 내에 있는 사람에게 인가되는 보폭전압, 접촉전압, 메쉬전압, 전이전압에 대하여 설명하시오.

5. 레이저 가열을 재료에 따른 종류와 특징(적용사례 포함)에 대하여 설명하시오.

6. 최근 대형 공공건물 건설 시 적용되고 있는 BIM(Building Information Modeling)에 대한 아래 사항에 대하여 설명하시오.
　　1) 기본사항, 특징, 도입효과
　　2) 전기부문 BIM설계 라이브러리(Library) 구축방안

국가기술 자격검정 시험문제

기술사 제 113 회 　　　　　　　제 3 교시 (시험시간: 100분)

분야	전기	자격종목	전기응용기술사	수험번호		성명	

※ 다음 문제 중 4문제를 선택하여 설명하시오. 　(각25점)

1. 케이블의 손실(저항손, 유전체손, 연피손)에 대해 각각 설명하고, 유전체손의 표현 방식을 $\sin\delta$ 대신에 $\tan\delta$를 사용하는 이유에 대하여 설명하시오.

2. 변압기의 공장시험에 대하여 설명하시오.

3. 연료전지의 원리, 특징 및 종류에 대하여 설명하시오.

4. 전자파 적합성(EMC)시험의 종류와 내용에 대하여 설명하시오.

5. 제품 및 시스템 설계 시 사용되는 리던던시(Redundancy), 디레이팅(Derating), 고장수명(MTBF 또는 MTTF), 페일 세이프(Fail Safe), 셸프 라이프(Shelf Life)에 대한 용어정의 및 목적에 대하여 설명하시오.

6. 공장설비설계에서 동력설비와 조명설비에 대한 에너지절감대책에 대하여 설명하시오.

국가기술 자격검정 시험문제

기술사 제 113 회   제 4 교시 (시험시간: 100분)

분야	전기	자격종목	전기응용기술사	수험번호		성명	

※ 다음 문제 중 4문제를 선택하여 설명하시오.   (각25점)

1. 고장전류 차단 시의 과도회복전압(TRV : Transient Recovery Voltage)의 유형에 대하여 설명하시오.

2. 교류전철 변전소에 설치되는 계통별 보호계전기의 종류와 용도를 수전측, 변압기측 및 급전측으로 구분하여 설명하시오.

3. 장해광의 문제가 날로 심각해지자 서울특별시를 비롯하여 일부 지자체에서는 '인공 조명에 의한 빛공해 방지법'(법률제13884호 2016.07 시행)에 의해서 조명 환경구역을 정하여 관리하게 하고 있다. 법에서 정한 조명 환경 관리구역의 구분법(4종)과 그 장해광의 방지대책에 대하여 설명하시오.

4. SMPS(Switching Mode Power Supply)의 기본구성, 회로방식, 용도 및 특징에 대하여 설명하시오.

5. 전기기기의 절연저항시험과 내전압시험의 목적 및 방법에 대하여 설명하시오.

6. 무선 충전방식의 종류, 동작원리 및 특징에 대하여 설명하시오.

Chapter 2

제113회 전기응용기술사
문제풀이(2017.08)

1.1 전력기술관리법 시행령 제23조에서 정한 감리원의 업무범위에 대하여 설명하시오.

1. 전력기술관리법 시행령 제23조(감리원의 업무 범위)
① 법 제12조 제4항에 따른 감리원의 업무 범위는 다음 각 호와 같다.
  1. 공사계획의 검토
  2. 공정표의 검토
  3. 발주자·공사업자 및 제조자가 작성한 시공설계도서의 검토·확인
  4. 공사가 설계도서의 내용에 적합하게 시행되고 있는지에 대한 확인
  5. 전력시설물의 규격에 관한 검토·확인
  6. 사용자재의 규격 및 적합성에 관한 검토·확인
  7. 전력시설물의 자재 등에 대한 시험성과에 대한 검토·확인
  8. 재해예방대책 및 안전관리의 확인
  9. 설계 변경에 관한 사항의 검토·확인
  10. 공사 진행 부분에 대한 조사 및 검사
  11. 준공도서의 검토 및 준공검사
  12. 하도급의 타당성 검토
  13. 설계도서와 시공도면의 내용이 현장 조건에 적합한지 여부와 시공 가능성 등에 관한 사전 검토
  14. 그 밖에 공사의 질을 높이기 위하여 필요한 사항으로서 산업통상자원부령으로 정하는 사항

2. 전력기술관리법 시행규칙 제22조(감리원의 업무 등)
① 영 제23조 제1항 제14호에서 "산업통상자원부령으로 정하는 사항"이란 다음 각 호의 업무를 말한다.
  1. 현장 조사·분석
  2. 공사 단계별 기성(旣成) 확인
  3. 행정지원업무
  4. 현장 시공상태의 평가 및 기술지도
  5. 공사감리업무에 관련되는 각종 일지 작성 및 부대 업무

② 책임감리원은 다음 각 호의 사항을 적은 수시보고서, 분기보고서 및 최종보고서를 작성하여 발주자에게 제출하여야 한다.
  1. 개별 작업의 간략한 설명을 포함한 공정 현황
  2. 기자재의 적합성 검토사항
  3. 품질관리에 관한 사항

4. 하도급공사 추진 현황
5. 설계 또는 시공의 변경사항
6. 나머지 공사의 전망 및 감리계획
7. 부당 시공 적발 및 시정사항
8. 해당 기간 중 시공에 대한 종합평가
9. 발주자가 지시하는 사항
10. 그 밖에 책임감리원이 감리에 필요하다고 인정하는 사항

1.2 변압기 결선방식 중 Dy₁₁ 결선방식에 대한 각변위, 용도 및 특징에 대하여 설명하시오.

1. 변압기 결선방식

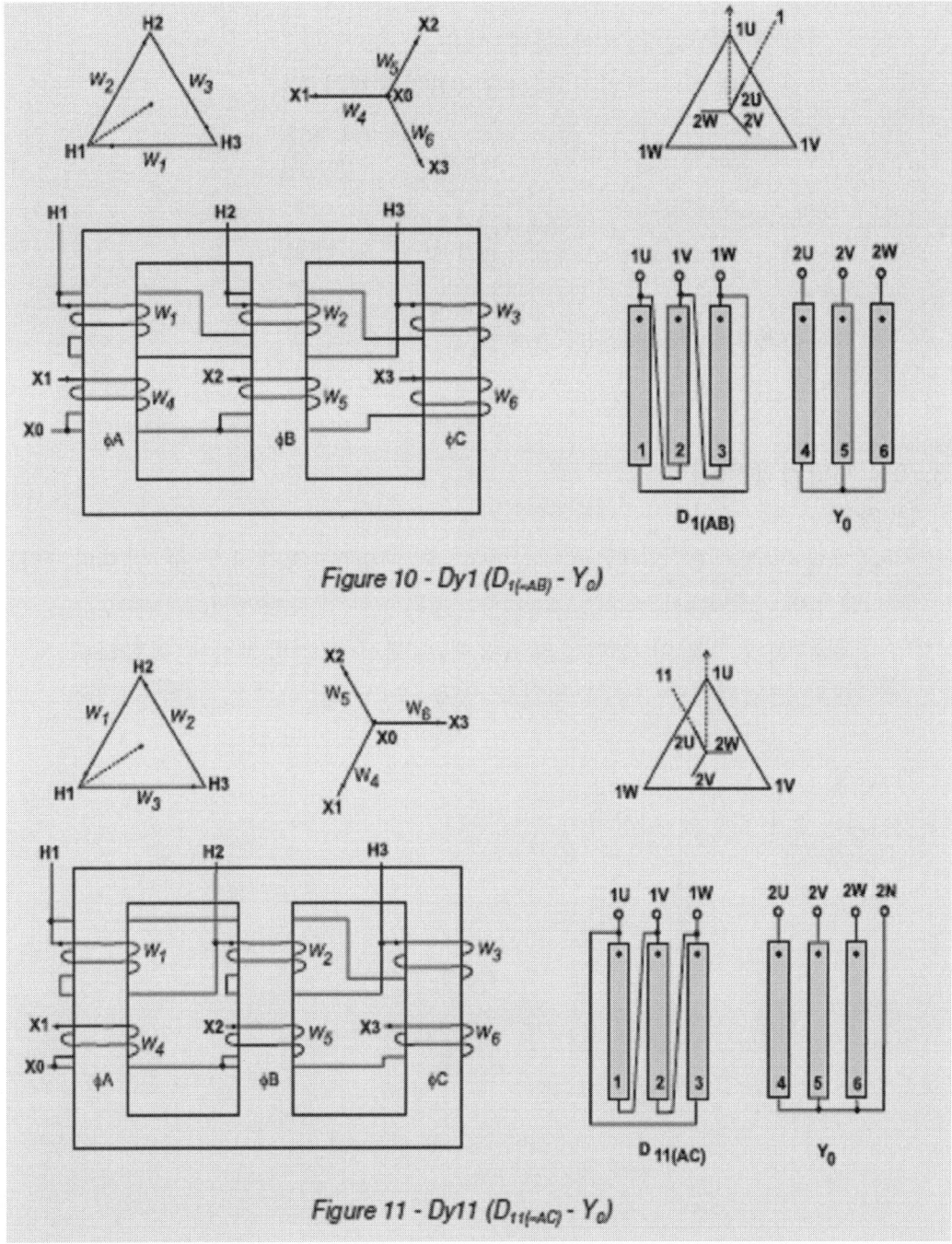

Figure 10 - Dy1 (D₁₍₋AB₎ - Y₀)

Figure 11 - Dy11 (D₁₁₍₋AC₎ - Y₀)

2. 결선방식에 대한 각변위 및 용도
   1) Dy1
      (1) 각변위
         2차가 1차보다 위상이 30도 뒤진다.
      (2) 용도
         - 저압측 중성점 필요한 곳에 사용
         - 한전 송배전용 변압기로 사용 (한전설계기준)

   2) Dy11
      (1) 각변위
         2차가 1차보다 위상이 30도 앞선다.
      (2) 용도
         - 저압측 중성점 필요한 곳에 사용
         - 수용가 수전용 변압기로 사용

3. D-y 변압기의 특징
   1) 장점
      - 2차의 중성점을 접지할 수 있어 이상 전압을 경감시킬 수 있으며, 단절연 방식이 가능하다.
      - 2차의 선간 전압이 상전압의 $\sqrt{3}$배 이어서 고전압권선에 적합하다.
      - 1대의 변압기에서 2종의 전압을 얻을 수 있다.

   2) 단점
      1차와 2차 사이에 위상차가 발생한다.

1.3 주강 1 ton을 50분에 용해하는 전기로에 필요한 입력전류가 몇 A인지 계산하시오.
(단, 주강의 초기온도는 30℃, 융점은 1530℃, 비열은 670 J/kg·K, 융해잠열은 314×10^3 J/kg이며, 전기로의 공급전압은 3상 380 V, 효율은 85%, 역률은 80%이다.)

1. 용어 설명
   1) 비열 : 어떤 물질 1g의 온도를 1℃ 높이는 데 필요한 열량
      - 단위 : kcal/(kg · ℃), cal/(g · ℃)
      - 비열(c) = $\dfrac{열량(Q)}{질량(m) \times 온도변화(\Delta t)}$

   2) 열량 : 온도가 다른 물체 사이에서 이동하는 열의 양
      단위 : cal(칼로리), kcal(킬로칼로리), J(줄))

   3) 잠열(r) : 물질의 상태가 기체와 액체, 또는 액체와 고체 사이에서 변화할 때 흡수 또는 방출하는 열.

2. 문제 풀이

$$전류\ I = \frac{[\Delta t \cdot m \cdot c] + [m \cdot r]}{\sqrt{3}\ V \cdot \cos\theta \cdot \eta \cdot K} \times \frac{1}{Time(h)}\ (A)$$

$$= \frac{[(1530-30) \cdot 1000 \cdot 670] + [1000 \cdot 314 \times 10^3]}{\sqrt{3} \times 380 \cdot 0.8 \cdot 0.85 \cdot 3600} \times \frac{60}{50} = 982(A)$$

참고 : 1(Wh) = 3600(J)

1.4 전기차량의 동력원으로 사용되는 주견인용 전동기의 종류와 주요 특성에 대하여 설명하시오.

1. 전기철도의 전기방식
- 전기철도의 전기방식에는 직류식과 교류식이 있는데, 표준전압·주파수 등에 따라 여러 종류로 세분된다.
- 직류방식으로 기동시에 견인력이 크고 속도가 상승함에 따라서 견인이 감소하며, 과부하시에도 큰 힘을 낼 수 있다.
- 경부하시에는 고속운전이 가능한 직류전동기를 직접 사용할 수 있으므로 제2차 세계대전 이전까지는 일반화된 전기철도의 방식으로 보급되어 왔다.
- 그러나 직류방식에 있어서는 전기차 내에서 전압을 간단하게 변성할 수 없으므로 가공전차선의 전압은 전동기에 공급하는 전압과 동일하여야 한다.

2. 전기차량의 주요 전동기
- 과거에는 전기차의 전동기로 주로 직류 전동기를 사용하였으나
- 최근에는 VVVF를 이용하여 3상유도전동기를 사용하므로 직류식과 같은 정류상의 문제는 없으나 기동력이 적고 속도제어의 범위가 좁다.
- 상용주파수 25 kV의 단상교류방식은 현재 세계 각국에서 가장 많이 채택되고 있다.

1) 직류 직권 전동기
- 계자극 권선과 전기자 권선이 직렬로 연결된 직류전동기이다.
- 주로 가변속도에 쓰이며 기동횟수가 빈번하고 토크 변동이 심한 크레인, 엘리베이터 권상장치, 철도차량 등에 주로 쓰인다
- 기동 전류량을 적게 해도 매우 큰 힘을 낼 수 있다.

2) 3상 농형 유도전동기
- 회전자의 구조가 간단하고 튼튼하며 운전 성능이 좋으므로 건축설비에 쓰이는 대부분의 3상 전동기는 농형이다.
- 최근에 만들어지는 전기 철도차량에 3상 농형 유도전동기가 쓰이고 있다.

1.5 조명기구의 배광곡선에 대하여 설명하시오.

1. 배광곡선
   - 보통 광원을 원점으로 한 극좌표로 나타낸다.
   - 조명기구의 가장 중요한 특성을 나타내는 것으로 조명설계의 기초가 된다.
   - 광원은 광축(光軸)에 회전대칭이 되는 것이 많고, 또 하향점등이 보통이기 때문에, 연직면에 대한 배광곡선이 많다.

2. 수평 배광 곡선
   광원 또는 조명 기구의 배광(광도 분포)을 그 중심을 통하는 수평면상에서 중심을 원점으로 하는 극좌표로 나타낸 곡선.

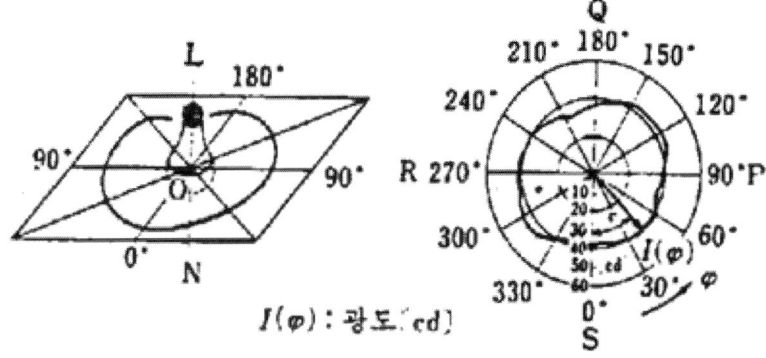

3. 연직(수직) 배광 곡선
   광원 또는 조명 기구의 배광(광도 분포)을 그 중심을 지나는 연직면상에서 중심을 원점으로 하는 극좌표로 나타낸 곡선.

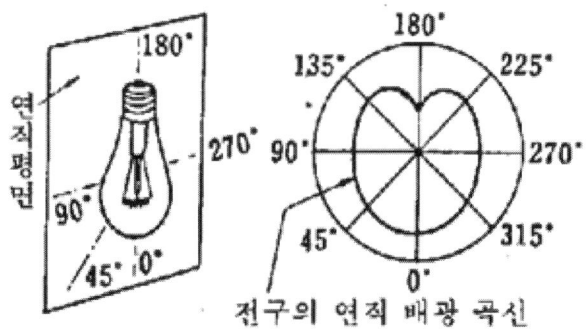

1.6 직선형 유도전동기의 단부효과(End Effect)에 대하여 설명하시오.

1. 직선형 유도전동기(LIM : linear induction motor)
   1) 원리
      - 고정자를 가동부로 하는 차상 1차 방식으로
      - 고정자 코일을 차량에 탑재하여 추진력을 얻는 차상 1차 방식이며 short stator 방식이라고도 한다.

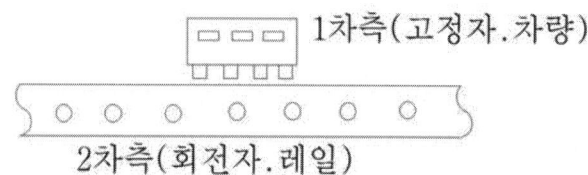

   2) 특징
      - 열차에 전자석 코일이 설치되므로
      - 차체가 무거워지고
      - 소음이 상대적으로 크며
      - 속도도 빠르지 않지만
      - 건설비가 저렴하다는 장점을 가지고 있다.
      - 중 저속형에 주로 사용 된다

2. 단부효과
   - 단부효과는 누설자속을 발생하게 되는 현상으로 효율을 떨어지게 하는등 나쁜 영향을 미친다.
   - 회전형 유도 전동기에서는 적게 나타나지만 선형유도전동기에서는 크게 나타나는 현상이다.
   - 리니어모터는 직선평판 모터이므로 차량측이 1차가 되는 리니어유도기의 경우 길이의 한계가 있으므로 양 끝단이 필연적으로 존재하게 된다.
   - 양 끝단에서는 집중적으로 자계가 몰리게 되고 이 자계가 패러데이 법칙에 따라 힘을 발생시키는데 주행방향 기준으로 전두부는 반발력을 후두부는 흡인력을 발생시켜 자기부상열차에서는 대차 전 후간 심각한 불 평형을 발생시킨다.
   - 물론 1, 2차간 공극 조정으로 어느 정도 줄일 수 있으나 공극이 너무 크면 자기저항손실로 효율이 떨어지고 너무 가까우면 추진력의 수배까지의 흡인력이 발생하므로 정밀한 제어가 필요하게 된다.

1.7 파셴의 법칙(Paschen's Law)과 페닝효과(Penning Effect)에 대하여
   설명하시오.

1. 방전등의 종류 및 특징
   1) 종류
      (1) 저압 방전등 : 형광 램프, 저압나트륨등
      (2) 고압 방전등 : 고압수은램프, 고압 나트륨등, 메탈하라이드
      (3) 초고압 방전등

   2) 특징
      (1) 대부분 방전관을 갖고 있고 봉입가스에 따라 특유의 색을 발산한다.
      (2) 별도의 점등 장치가 필요하다.
      (3) 장수명, 고휘도, 고효율 광원이다

2. 방전등에 이용되는 법칙
   1) 파셴의 법칙
      방전 개시 전압(Vs) = 방전관 내부 기압 (p) x 전극간격(d)
      Vs = p x d

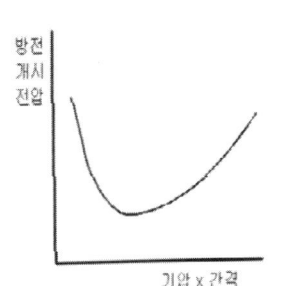

즉, 방전 개시 전압은 방전관내의 압력과
전극 간격의 곱에 비례한다.
(파셴의 법칙 성립조건)
1. 일정한 범위의 가스 압력
2. 일정한 범위의 전극간 간격
3. 일정한 전극의 모양

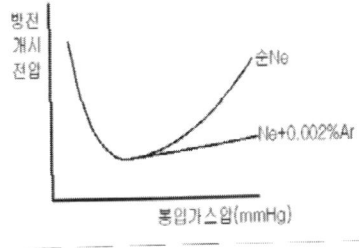

   2) 페닝 효과
      - 수은이나 Ne 과 같은 불활성 기체에
        소량의 다른 기체(아르곤)를 혼합할 경우
        방전 개시 전압이 매우 낮아지는 현상
      - 혼합 기체의 전리 전압이 원 기체의
        여기 전압보다 낮기 때문임.

종 류	여기전압(eV)	전리전압(eV)
Ne	16.7	21.5
Ar	11.7	15.7

1.8 AC 모터 60 Hz 제품을 50 Hz에서 사용할 때 발생되는 문제점에 대하여 설명하시오.

1. 개요

정격 주파수 60Hz의 농형 유도 전동기를 50Hz에서 사용시 미치는 영향은 아래와 같다.

2. 주파수가 감소한다면(60Hz에서 50Hz로 감소한다면)

1) 자속밀도 증가

$$E = 4.44 \Phi N f \text{ 이므로 } \Phi = K \frac{1}{f} \text{ 에서}$$

자속밀도는 주파수에 반비례

2) 무부하손 증가 (1.25 - 1.35배)

$$Wi = Wh + We = kh \; f \; Bm^{1.6} + ke \; (\; t \; f \; Bm \;)^{2.0} \; (W/kg)$$

3) 온도 상승 : 손실에 의한 온도 상승

4) 효율

손실이 증가하므로 효율 저하

5) 자속밀도의 증가 -> 소음이 커지게 된다.

6) 회전수 감소

$$N = \frac{120 f}{P} (1 - s)$$

즉, 전동기의 속도는 주파수에 비례하여 감소

7) 최대 토오크

$$T = \frac{P}{\omega} = \frac{P}{2\pi f} \text{ 에서}$$

토오크 T는 주파수에 반비례하므로 증가

8) 2차 전류 및 기동 전류

$$I_2 = \frac{s \, E_2}{\sqrt{R^2 + (s X)^2}}$$

($XL = \omega L = 2 \pi f L$)에서 주파수가 작아지면 XL는 작아지므로 I_2는 증가하여서 불리함.

3. 결론

60Hz 전동기를 50Hz 전원에 사용시 손실증가, 냉각효과 감소 등으로 온도 상승이 된다.

1.9 전기기기에 사용되는 리츠 와이어(Litz Wire)에 대하여 설명하시오.

1. 리츠 와이어(Litz Wire)란
- 리츠 선은 에나멜로 절연 된 전선을 여러 번 감게 만들어져 표피 효과가 발생하기 어렵게 되어 있다.
- 몇 가닥 일정한 피치로 꼬은 동선이란 의미로, 고주파기기에 사용되는 와이어이다.
- "리츠(Litz)" 란 독일어로 "꼰다"라는 의미의 "Litz"을 어원으로 하고 있다.
- 직경이 0.1mm 정도의 가는 에나멜선(폴리우레탄선 등)을 10줄부터 수십 줄 꼬아 그 위에 특수한 절연 전선으로, 표면적을 크게 함으로써 표피 효과를 저감시켜 주파수 오차를 작게 한다.
- 고주파 회로의 코일 및 인덕턴스의 표준기 등에 사용된다.

2. 리츠 와이어 종류 및 구조

	Type 1 Litz Wire Single film-insulated wire strand, twisted with optional outer insulation of textile yarn, tape or extruded compounds.		**Type 2 Litz Wire** Bundles of Type 1 Litz wire twisted together with optional outer insulation of textile yarn, tape or extruded compounds.
	Type 3 Litz Wire Bundles of Type 2 insulated Litz wire twisted together with optional outer insulation of textile yarn, tape or extruded compounds.		**Type 4 Litz Wire** Bundles of Type 2 Litz wire twisted around a central fiber core with optional outer insulation of textile yarn, tape or extruded compounds.
	Type 5 Litz Wire Insulated bundles of Type 2 Litz wire twisted around a fiber core with optional outer insulation of textile yarn, tape or extruded compounds.		**Type 6 Litz Wire** Insulated bundles of Type 4 Litz wire twisted around a fiber core with optional outer insulation of textile yarn, tape or extruded compounds.
	Type 7 Litz Wire Film-Insulated wire braided and formed into a rectangular profile with optional outer insulation of textile yarn, tape or extruded compounds.		**Type 8 Litz Wire** Compacted film-insulated wires or groups of compacted film-insulated wires twisted and compressed into a rectangular profile with outer insulation of textile yarn, tape or extruded compounds

1.10 변압기의 과부하에 대한 운전조건과 금지조건에 대하여 설명하시오.

1. 변압기의 과부하 운전 조건
   1) 냉각 방식 변경
      유입 자냉식의 변압기에 송풍기를 설치하여 유입 풍냉식 운전을 하면 20~30%의 과부하 운전이 가능하다.
      몰드 변압기의 경우는 15분 과부하 정격이 유입 변압기에 비하여 40~50% 정도 더 과부하 할 수 있다.

   2) 주위온도 저하
      유입 변압기는 냉각 공기온도가 30℃를 기준으로 하여 설계되어 있다. 그래서 냉각수 온도를 25℃에서 1℃ 내릴 때마다 변압기 정격 용량의 0.8%씩 과부하 시킬 수 있다.

   3) 온도 상승 한도 운전
      규정상 변압기 권선 온도 평균 상승한도를 55℃로 하는데, 55℃보다 5℃ 낮아지는 경우 매 1℃마다 1%씩 과부하 운전이 가능함.
      예, 온도상승이 40℃인 경우
      (55-5-40) * 1% = 10% 과부하 운전이 가능함.

   4) 단시간 과부하 운전(24시간 내 1회)
      대개 하루 중 한번 발생하는 과부하는 자냉식 변압기의 경우 다음 표와 같이 과부하를 할 수 있으며, 유입 변압기의 최대 과부하는 정격 용량과 같이 150%를 상한으로 한다.
      유입 변압기의 최고 효율은 약 60%(50~70%) 부하에서 운전할 때이다.

짧은 시간의 과부하량		변압기 정격 출력의 배수(%)		
과부하 전의 운전부하(%)		50	70	90
과부하 운전시간	0.5 시간	150%	150%	147%

   5) 부하율이 떨어 졌을 때 과부하 운전
      부하율이 90% 미만의 경우 90%에서 떨어지는 1%마다 0.5%씩 과부하 운전 가능

2. 과부하 운전 금지 조건
   - 사용년수가 15년 이상인 변압기
   - 유중가스분석 결과 가연성 가스총량의 값이 "요주의(700ppm)"치를 넘는 변압기
   - 수리경력이 있거나 절연물의 수리 실적이 있는 변압기
   - 직렬기기 즉, CB, LS, CT 단독 등의 상태가 과부하 운전시 정격을 초과하는 경우
   - 주위온도가 40℃를 초과하는 경우
   - 과부하 운전을 대비 주변압기 및 직렬기기의 상태, 단자 접속부의 과열여부 등을 파악 하여야 하며 보조냉각장치는 부하가 정격용량의 80%를 초과하거나, 권선온도가 70℃인 주변압기에 설치한다.

1.11 풍력발전설비에서 출력제어방식의 종류에 대하여 설명하시오.

1. 풍력발전설비의 원리 및 구성
   1) 원리
      풍력 발전은 풍차의 기계적 에너지를 발전기를 이용하여 전기 에너지로 변환시키는 것으로서 풍력 에너지 E는 다음 식으로 주어진다.

      $$E = \frac{1}{2}\rho A V^3 \text{ (W)}$$

      여기서 ρ : 공기의 밀도 (kg/m³)
             A : 공기 흐름의 단면적 (m²)
             V : 공기의 평균 풍속(m/s))

      위의 식에서 알 수 있듯이 풍력 발전 시스템은 풍속의 3승에 비례하기 때문에 상당히 불안정한 발전 시스템이라 할 수 있다. 또한 출력을 크게 하기 위해서는 회전자를 크게 해야 하므로 탑의 높이도 높아져야 한다.

   2) 구성

   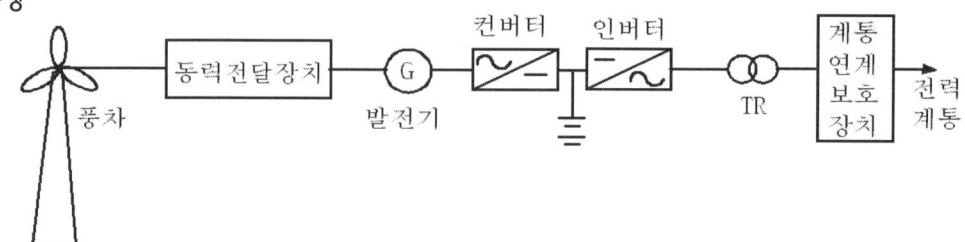

      풍력 발전기는 철탑, 풍차(프로펠러), 바람 에너지를 기계 에너지로 변환하는 회전자와 동력 전달 장치, Gear Box, 발전기, 축전지, 전력선등으로 구성되어 있으며 풍차는 다음과 같은 종류가 있다.
      - 수평축형과 수직축형으로 분류된다.
      - 현재 수평축 프로펠러형, 3 Blade형이 대부분이다.

2. 풍력 발전의 분류
   1) 구조상 분류
      - 수평축 풍력 시스템(HAWT)
      - 프로펠라형 수직축 풍력 시스템(VAWT)

   2) 운전 방식
      - 정속 운전 (통상 Gear형)
      - 가변속 운전 (통상 Gealess형)

3) 출력 제어 방식
 - Pitch(날개각) Control
 - Stall Control

3. 출력 제어 방식
풍력 발전의 출력 제어 방식으로는 Blade를 조절하는 방법과 인버터를 이용하는 방법이 있다.
1) Pitch(날개각) Control
날개의 경사각(Pitch) 조절로 출력을 능동적으로 제어하는 방식

2) Stall (失速) Control
한계 풍속 이상이 되었을 때 양력이 회전 날개에 작용하지 못하도록 날개의 공기 역학적 형상에 의한 제어 방식

3) 인버터 제어
인버터를 이용하여 풍속에 관계없이 일정 출력을 얻을 수 있는 장점이 있다.

1.12 피뢰기를 보호기기(변압기)에 설치할 경우 가까이 설치해야 하는 이유에 대하여 설명하시오.

1. 피뢰기를 변압기에 가까이 설치해야 하는 이유
   - 서지는 피뢰기에 의하여 제한전압까지 제한되어서 피 보호기(주 변압기)의 단자에 도달한다.
   - 서지는 변압기 단자에서 정반사하고, 다시 피뢰기 단자에 이르러 부 반사하여 또다시 변압기로 향하여 진다.
   - 이렇게 반복하여 전압이 상승하여 변압기의 절연을 위협하기 때문이다.

2. 변압기 단자전압

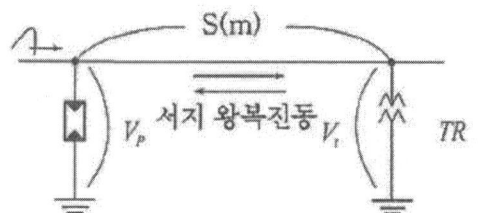

V_P : 제한전압(kV)
V : 서지 전파속도(km/μs)
S : 이격거리(m)
U : 뇌서지 파두준도(kV/μs)

1) 변압기 단자전압 $V_t = V_p + 2U \cdot \dfrac{S}{V}$

2) 여기에서 거리(S)가 길어지면 왕복 진동 서지전압이 변압기 단자전압을 상승시킨다.

3) 따라서 가능한 피 보호기기 가까이 피뢰기를 설치해야 한다.

4) 권장 이격거리

공칭전압(kV)	345	154	22.9
거리	85m 이내	54m 이내	20m 이내

1.13 유도 전동기의 기동방식 선정 시 고려사항에 대하여 설명하시오

1. 기동 방식의 선정
- 유도전동기의 기동전류는 정격전류의 약 3~7 배 정도이다.
  이것은 정지 시에 시스템이 가지는 관성을 극복할 수 있도록 충분히
  전동기를 자화시키는데 필요한 에너지가 크기 때문이다.
- 기동 시 계통으로부터 큰 전류를 끌어냄으로써, 순간 전압강하, 파형의
  찌그러짐, 심한 경우는 계통의 정전까지 일으킨다.
- 또한 높은 기동전류는 전동기 자체 권선은 물론 부하기기에도 엄청난
  전기적, 기계적 Stress를 가하게 된다.

2. 기동방식 선정시 고려사항
기동방식 선정 시에는 부하기기, 전동기, 계통 등을 고려하여야 하며,
구체적으로는 아래의 사항들을 고려하여야 한다.
- 기동시 전압 강하
- 기동시 필요한 가속 토오크
- 필요한 기동 시간등

3. 유도 전동기 기동방법
1) 3상 농형 유도 전동기
   - 직입기동법(전전압 기동)
   - Y - Δ 기동법
   - 리액터 기동법
   - 기동 보상기법
   - 콘돌퍼 기동법

2) 단상 농형 유도 전동기
   - 분상 기동형
   - 콘덴서 기동형
   - 반발 기동형
   - 쉐이딩 코일형

3) 권선형 유도 전동기
   - 2차 저항 시동법
   - 2차 임피던스 기동법

2.1 태양광 발전시스템의 구성, 종류 및 발전방식에 대하여 설명하시오.

1. 개요

최근에는 석유의 자원 부족 및 고갈에 따른 고유가 시대에 접어들고 있으며 특히 화석 연료는 향후 수십년 밖에 사용할 수 없는 유한자원이므로 태양광을 비롯한 신재생 에너지의 개발 및 보급이 아주 절실한 현실이다.
태양광 발전 시스템은 신재생 에너지 중 효율이 높고 기술 개발이 상당히 앞서가는 부분으로 우리나라에서도 상당히 활발하게 설치 보급되고 있다.

2. 태양광 발전 설비 구성

 1) 태양 전지 (Cell)
  (1) 결정질 실리콘 태양전지
   - 실리콘 덩어리를 얇은 기판으로 절단하여 제작
   - 실리콘 덩어리의 제조 방법에 따라 단결정과 다결정으로 구분
   - 전체 태양전지 시장의 95%이상을 차지
  (2) 박막 태양전지
   - 얇은 플라스틱이나 유리 기판에 막을 입히는 방식
   - 비결정질실리콘 태양전지, CIS태양전지, CdTe 태양전지 등으로 분류
  (3) 염료 감응형 태양 전지
   - 광합성 원리와 비슷한 원리를 이용하는 것으로
   - 염료가 여기 되어 전자가 발생하여 나노 분말(TiO_2)에 주입되고 이 나노분말이 투명전극(N형 반도체)을 통해 외부회로를 통해 상대전극 으로 흐르게 한 전지임.

 2) 태양전지 모듈
   - 한 개의 태양전지는 0.6V 전압과 3A 이상의 전류를 생성
   - 적절한 전압과 전류를 생성하기 위하여 여러 개의 태양전지를 서로 연결
   - 보호하기 위하여 충진재, 유리 등과 함께 압축한 것이 모듈

 3) 태양전지 어레이
   - 여러 개의 모듈을 연결하여 직류 발전하는 것
   - 설치되는 곳의 필요 용량에 따라 적절한 수의 태양전지 모듈을 연결

 4) 인버터 및 연계 보호 장치
   - 인버터 : 태양광 발전의 직류 출력을 교류로 전환
   - 연계 보호 장치 : 다른 계통과 연계(인버터에 내장가능) 사용

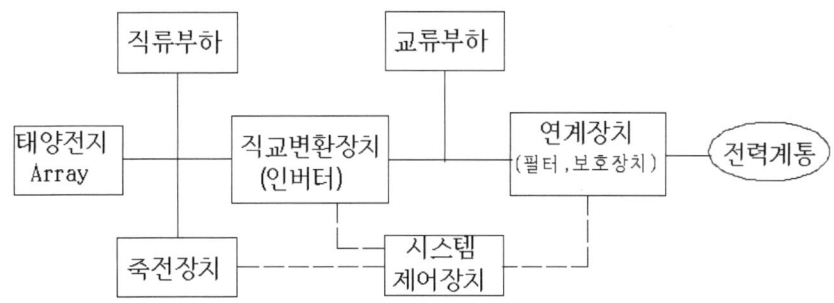

3. 태양광 발전 시스템 종류
 1) 독립형 시스템

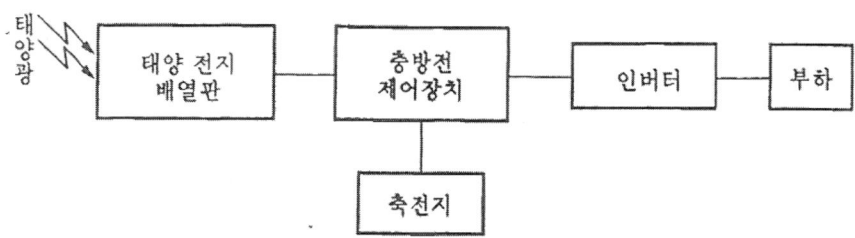

- 전력회사와 연계하지 않고 독립적으로 운전
- 전력을 축전지에 저장해 두었다가 야간이나 흐린날 이용
- 등대나 무선 중계소등에서 조명, 동력으로 사용
- 가로등, 공원등에서 이용

 2) 하이브리드형 시스템

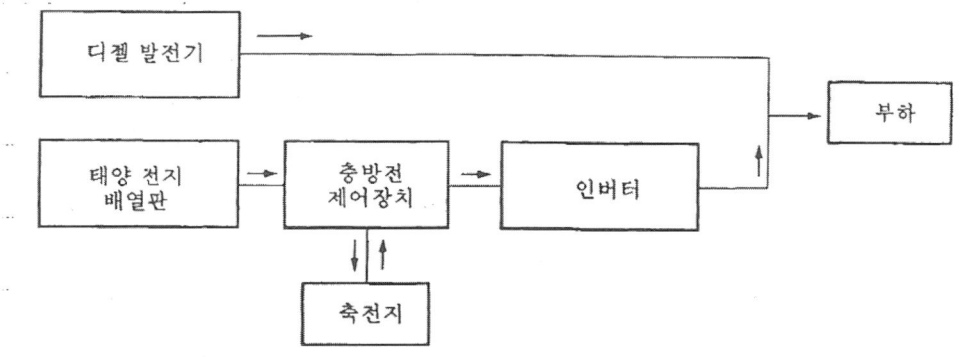

- 태양광 발전 시스템과 디젤 발전기를 조합시켜 운전하여 안정성 향상
- 디젤 발전기 대신 풍력발전, 연료전지등 신재생에너지 이용 가능

 3) 계통 연계형 시스템
- 상용 전원과 계통 연계하여 운전
- 태양광 발전량이 부족시에는 상용전원으로 지원받고

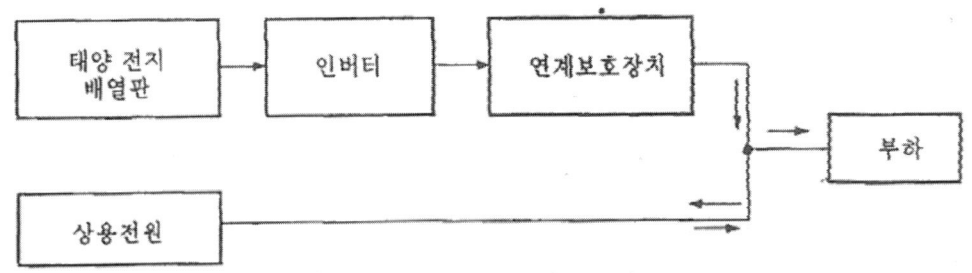

- 남을 때는 축전지에 저장하는 Back Up방식과 남는 전력을 상용 전원에 공급하는 완전 연계형 시스템이 있음.

4. 태양광 발전 시스템 발전 방식

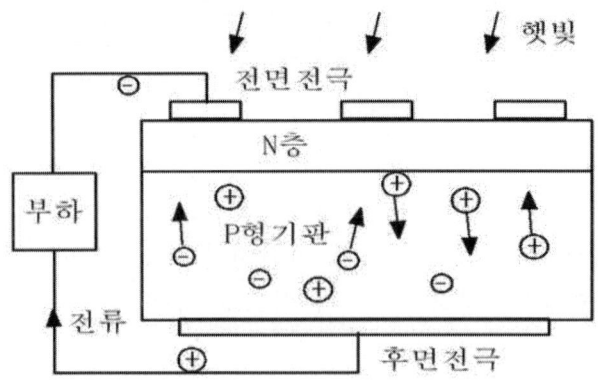

- 태양광 발전 시스템은 태양으로 부터 지상에 내리 쪼이는 방사 에너지를 태양 전지를 이용해 직접 전기로 변환해서 출력을 얻는 발전 방식이다.
- 그림과 같이 P형과 N형을 접합한 실리콘 반도체에 태양광 에너지를 입사시키면 부(-)의 전기와 정(+)의 전기가 발생하고
- 부(-)의 전기는 N형 실리콘으로, 정(+)의 전기는 P형 실리콘으로 분리되어 전극에 전압이 발생한다.

5. 향후 전망
 1) 최근에는 건물 일체형 BIPV(Building Integrated Photovoltaic)의 경우 다양한 형태로 개발되어 시설되고 있으며, 이 제품의 특징은 건물 유리창에 설치해도 재질이 투명하기 때문에 유리와 같은 효과가 나면서도 태양광 발전을 할 수 있는 큰 장점이 있어, 향후 건축물에 다양하게 응용될 수 있을 것으로 기대된다.
 2) 또한 셀로는 실리콘 박막형과 염료 감응형 태양전지가 개발되어 조만간 상용화 될 것으로 전망함.

2.2 자동제어에 사용되는 센서의 아날로그 표준 출력과 전압신호를 전류신호로, 전류신호를 전압신호로 바꾸는 원리, 방법 및 특징에 대하여 설명하시오.

1. 전기 신호 종류

   전기적인 신호는 그 형태에 따라 아날로그와 디지털로 나뉜다.

   1) 아날로그 신호
   - 아날로그는 연속되는 값으로 표현되는 정보를 말하고 디지털은 모든 정보를 서로 다른 숫자로 표시한다.
   - 아날로그 정보는 소리나 전압처럼 시시각각 그 세기가 변한다.
     따라서 아주 미세한 차이도 나타낼 수 있지만 정확성이 다소 떨어지는 문제점이 있다.
   - 가령 흑색과 백색을 희다 하얗다 검다 새까맣다 등 여러 가지로 표현할 수 있지만 각 말의 의미는 개인에 따라 서로 달라 오해를 불러올 수도 있다.

   2) 디지털 신호
   - 디지털신호는 미리 정해진 숫자로 정보를 나타내므로 정확성이 높다.
     흑색과 백색을 나타내는 말은 희다와 검다 둘밖에 없어 혼동을 일으킬 염려가 없다.
   - 디지털신호는 일반적으로 0과 1이라는 2개의 숫자를 조합한 2진법을 사용한다.
   - 손목시계의 경우 시침과 분침 초침등이 연속적으로 흐르면서 시간을 가리키는 시계를 아날로그 방식이라고 한다면 초까지 시간을 정확하게 알려주는 전자시계는 디지털신호라고 할 수 있다.

2. 출력 신호 변환 원리

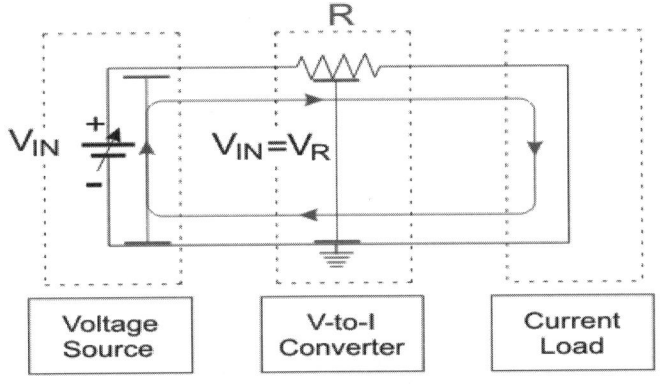

< 전압 - 전류 변환기 원리 >

- 아날로그 계측 회로특정 물리적 양 (무게, 압력, 운동 등)을 표현하기 위해서는 DC 전류가 바람직하다.
- 이것은 DC 전류 신호가 소스에서 부하까지 직렬로 회로 전반에 걸쳐

일정하기 때문이다.
- 전류 감지 계측기는 또한 잡음이 적다는 이점이 있다.
- 따라서 때로는 특정 전압에 해당하거나 비례하는 전류를 생성하는 것이 필수적이다.
- 이 목적을 위해 **전압 대 전류 컨버터 사용**된다.
- 전압과 전류 사이에는 옴의 법칙으로 해석할 수 있다.
- 전압을 공급할 때 저항으로 구성된 회로에 입력되면 비례 전류가 흐르게 된다.
- 따라서 저항이 전압 소스 회로에서 전류 흐름을 결정하거나 단순한 것으로 수행하게 된다.

3. 출력 신호 변환 방법
1) 전압 - 전류 변환

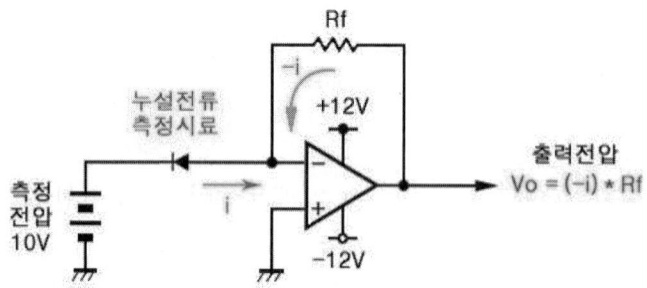

위와 같이 저항을 직렬로 연결해주면 전압 신호를 전류 신호로 바꿀 수 있다.

2) 전류 - 전압 변환

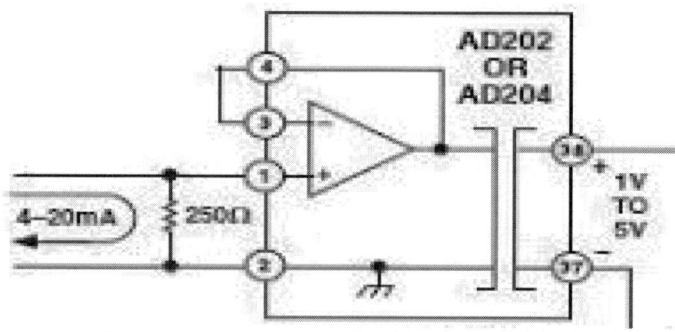

위와 같이 저항을 병렬로 연결해주면 전류 신호를 전압 신호로 바꿀 수 있다.

4. 출력 신호 특징
   1) 전압신호
      - 센서 자체가 전압출력 : 브리지회로, 자계, 홀 발전기 등
      - 전압은 높으며, 신호원 내부저항은 낮고, 부하 내부저항은 커야 함.
      - 계장용 신호 : 1~5V
      - 근거리 전송 시 사용
      (단점)
      - 노이즈가 많은 장소에서는 신호 전송 오차가 큼
      - 정전, 전자 유도 잡음이 전압으로 되어 신호케이블에 유도되기 때문에 전압 신호에는 잡음 전압이 중첩되기 때문에 노이즈에 약함

   2) 전류신호
      - 전기식 전송의 경우 많음
      - 현장 계기에서 계기반까지 신호 전송 거리가 먼 시스템에 적용
      - 전압은 저항에 의해 변화하지만, 전류는 저항에 반하여 흐르므로 저항 변화로 인한 오차를 없앰
      (장점)
      - 전압 신호에 비해 노이즈가 강함
      - 전류 신호는 송신회로 입력 임피던스가 높기 때문에 잡음 전압이 수 볼트 유기 되어도 잡음 전류는 적게 됨
      - 송신 측에서 이용되는 파워가 작으므로 보통 신호 레벨이 4mA 정도라면 전송 측의 각종 전원에 이용할 수 있음

2.3 가연성 가스 및 증기에 대한 전기설비의 방폭 구조에 대하여 설명하시오.

1. 전기설비의 방폭 구조란
1) 주위 폭발 위험 분위기에서 점화가 되지 않도록 전기기기에 특수한 조치를 한 것
2) 폭발 사고는 가연성 가스와 점화원이 동시 존재할 때 발생
3) 화재, 폭발 사고를 방지하려면(=위험 분위기 생성 방지 방법)
   - 폭발성 가스 누설 및 방출 방지
   - 폭발성 가스의 밀폐 및 체류 방지
   - 점화원을 가연성 분위기로부터 격리
   - 방폭 구조 채택 등 기기의 안전도 증가

2. 가연성 가스 및 증기에 대한 방폭 구조
1) 내압방폭구조(Flame proof type, "d")
   (1) 구조

   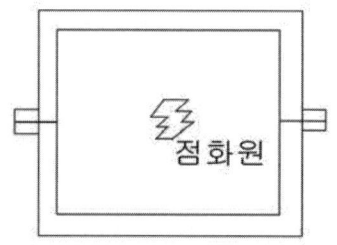

   일반적으로 가장 많이 사용되고 있는 방폭구조로써 전기기계기구에서 점화원이 될 우려가 있는 부분, 즉 불꽃, 아크 또는 과열이 생길 우려가 있는 부분을 전폐구조인 기구에 넣어 만일 외부의 폭발성 가스가 내부로 침입해서 폭발을 하였다 하더라도 용기가 그 압력에 견디고 파손되지 않으며 폭발한 고열 가스나 화염이 용기의 접합부 틈을 통하여 새어나가는 동안에 냉각되어 외부의 폭발성 가스에 화염이 파급될 우려가 없도록 한 방폭 구조를 말함.

   (2) 대상기기
   - Arc가 생길 수 있는 모든 기기
     접점, 개폐기류, 스위치류, 변압기류, MCB, 모터류, 계측기
   - 표면온도가 높이 올라 갈수 있는 모든 전기기구
     전동기 조명기구, 전열기

   (3) 필요 충분조건
   - 내부에서 폭발할 경우 그 압력에 견딜 것
   - 폭발화염이 외부로 유출되지 않을 것
   - 외함 표면온도가 주위의 가연성 가스에 점화하지 않을 것

2) 압력방폭구조(Pressurized type, "p")
 (1) 구조
   압력방폭구조는 점화원이 될 우려가 있는 부분을 용기내에 넣고 신선한 공기 또는 불연성가스등의 보호기체를 용기의 내부에 압입함으로써 내부의 압력을 유지하여 폭발성 가스가 침입하지 않도록 한 구조이다.
   이 구조는 운전 중에 보호기체의 압력이 저하하는 경우에는 자동경보를 하거나, 운전을 정지하는 보호 장치를 설치하도록 하고 있다.

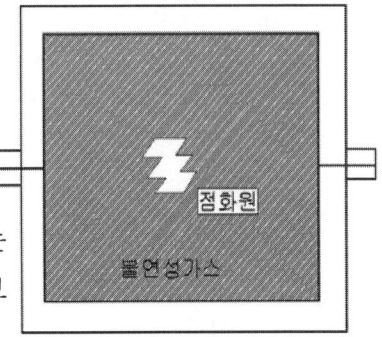

 (2) 대상기기
   Arc가 생길 수 있는 모든 전기기기 접점, 개폐기류, 스위치류, 전동기류, MCB, 가스검지기
 (3) 특기사항
   기기 자체보다는 불활성 가스등을 공급할 수 있는 부속시설에 경비가 많이 소요되므로 매우 고가이나, 내압 방폭 형식으로는 도저히 불가능한 경우에 간혹 사용된다.

3) 유입방폭구조(Oil immersed type, "o")
 (1) 구조
   전기기기의 불꽃 또는 아크등을 발생하여 폭발성가스에 점화할 우려가 있는 부분을 유중에 넣고, 유면상의 폭발성가스에 인화될 우려가 없도록 한 구조이다.
   사용 중에 항상 필요한 유량을 유지해야 하고, 유면상에는 외부의 폭발성가스가 침입하고 있다고 생각해야 하므로 유면의 온도상승한도에 대해 규정한다.

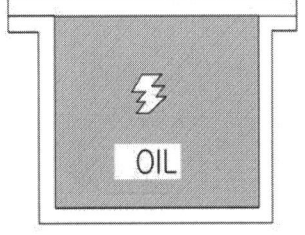

 (2) 대상기기
   Arc가 생길 수 있는 모든 전기기기 접점, 개폐기류, 스위치류, 변압기류, MCB,
   저항기류
 (3) 특기사항
   유입 저항기 등이 간혹 사용되나 운반, 유지 등의 문제로 그다지 많이 채용되지 않는다. IEC TC31에서는 앞으로 삭제할 예정

4) 안전증 방폭구조(Increased safety type, "e")

(1) 구조

안전증 방폭구조는 전기기구의 권선, Air gap, 접점부, 단자부 등과 같은 부분이 정상적인 운전 중에는 불꽃, 아크 또는 과열이 생겨서는 안될 부분에 대하여, 이를 방지하기 위한 구조와 온도상승에 대해서 특히 안전도를 증가시킨 구조이다.

이 구조는 단지 아크, 불꽃 또는 과열 등의 점화원이 가능한한 발생하지 않도록 고려한 것 뿐이고 전기기기의 고장이나 파손이 생겨 점화원이 생긴 경우에는 폭발의 원인이 될 수 있다. 따라서 이 구조에서는 사용상 무리나 과실이 없도록 주의할 필요가 있다.

(2) 대상기기

 가. 안전증 변압기 전체
 나. 안전증 접속단자 장치, 안전증 측정 계기

(3) 특성

탄광 내에서의 사용은 바람직하지 못하나 갱외 또는 특례지역 등에서 사용은 고려될 수 있다.

5) 본질안전 방폭구조(Intrinsic safety type, "i")

(1) 구조

폭발성 가스 또는 증기 등의 혼합물이 점화되어 폭발을 일으키려면 어느 최소한도의 에너지가 주어져야 한다는 개념을 기초로 한 것 이다.

단선이나 단락 등에 의해 전기회로 중에서 전기 불꽃이 생겨도 폭발성 혼합기를 점화시키지 않는다면 본질적으로 안전하다고 할 수 있다.

그러나 실제로 어떤 전기회로에서 발생하는 개폐불꽃이 대상가스에 점화할 것인가, 아닌가의 판단에 대해서는 아직 이론적인 해석법이 확립되어 있지 않고, 또 전기회로도 종류가 수없이 많아서 최종적인 판단은 불꽃 점화 시험의 경과에 따르는 것이 일반적이며 국내규격 KS 및 외국규격 IEC, UL, EN, JIS등에서도 불꽃 점화시험에 의해 판단하도록 되어있다.

그러므로 본질 안전 방폭구조는 불꽃 점화시험에 확인된 구조를 선택해야 한다. 이 구조는 많은 연구가 진행되고 있으며 많은 내압 방폭구조 전기기기가 본질안전 방폭구조로 바뀌어 가고 있다.

(2) 대상기기

신호기, 전화기, 계측기

(3) 특성

이론적으로는 모든 전기기기를 본질안전 방폭화 할 수 있으나 동력을 직접 사용하는 기기는 실제적으로 불가능하다.

6) 특수방폭구조(Special type, "s")
   (1) 구조
   상기이외의 구조로써, 폭발성가스의 인화를 방지할 수 있는 것이 시험, 기타에 의하여 확인된 구조를 말하며 용기 내부에 모래 등을 채우는 사입방폭(Sand-Filled)구조와 협극 방폭 구조가 있다.
   (2) 대상기기
   주로 폭발성 가스에 점화하지 않는 기기의 회로, 계측제어, 통신 관계 등 비전력 회로를 가진 기기.

2.4 변전소 내에 있는 사람에게 인가되는 보폭전압, 접촉전압, 메쉬전압, 전이전압에 대하여 설명하시오.

1. 전위경도
   - 그림에서와 같이 변전소 내에 메쉬 접지 시설시, 소 내에 있는 사람에게 인가되는 전압의 종류는 보폭전압(step voltage), 접촉전압(touch voltage), 메쉬전압(mesh voltage), 전이전압(transferred voltage) 등이 있다.

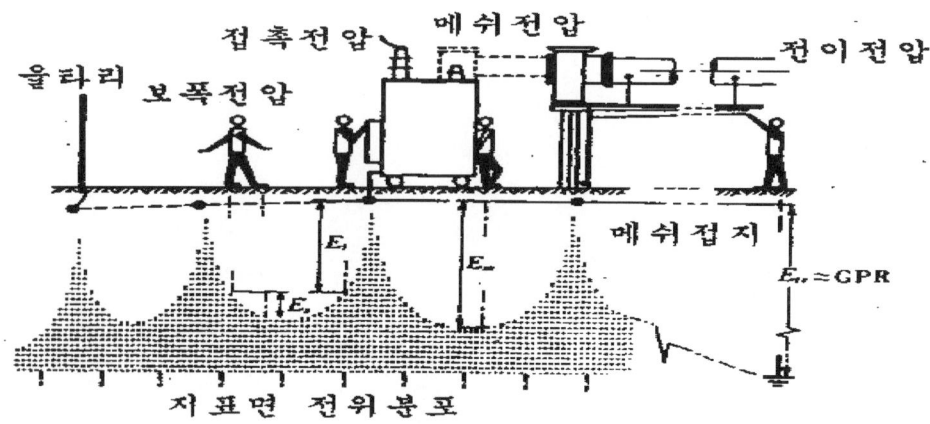

2. 보폭 전압
   - 변전소 내에 고장전류 유입 시 지표면상 근접거리(1m) 두 점 간의 최대전위차를 말하며, 다음의 식으로 구할 수 있다.
   - 인체 내부 저항을 RB, 다리의 접촉 저항을 RF라 하면 보폭 전압 Es는 다음과 같다.

   $$E_S = I_B(R_B + 2R_F) = (R_B + 2R_F) \cdot \frac{0.165}{\sqrt{T}} \ (V)$$

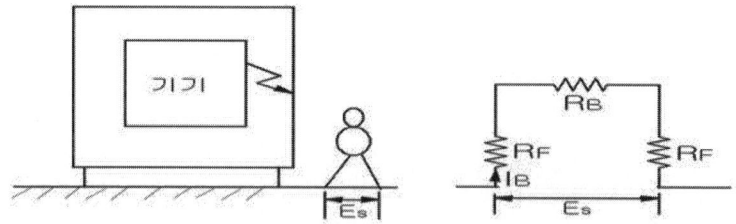

3. 접촉 전압
   1) 접지를 한 구조물에 사고 전류가 흐르게 되면 접지 전극 근처에는 전위차가 발생한다. 이때 근처에 있는 사람이 위 그림과 같이 구조물에 접촉 했을 때의 전위차를 접촉 전압(Et)이라 하고 다음과 같이 나타낸다.

   $$E_t = I_B\left(R_H + R_B + \frac{R_F}{2}\right) = \left(R_H + R_B + \frac{R_F}{2}\right) \times \frac{0.165}{\sqrt{T}} \ (V)$$

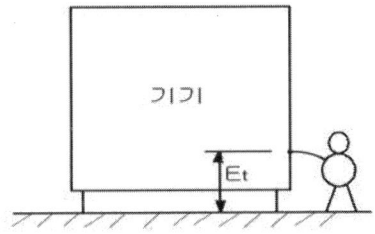 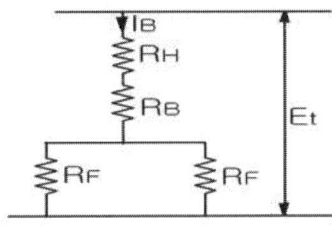

2) 인체가 구조물에 접촉했을 때 인체에는 I_B 가 흐른다.
이 상태를 등가 회로로 나타내면 위 그림 우측과 같다. 인체의 내부저항을 RB, 손의 접촉 저항을 RH, 다리의 접촉저항을 RF 라 하면 접촉 전압 Et는

3) IEEE에 의하면 구조물과 대지면의 거리 1m의 전위차와 같다.
여기서 인체 전류 IB를 Dalziel의 식을 인용하면 인간의 평균 체중 70kg으로 환산한 식은 다음과 같다.

$$I_B = \frac{0.165}{\sqrt{T}} (A)$$ 여기서 T : 통전시간(sec)

인체저항 : 500~1,500(Ω) ≒ 1,000(Ω)

4. 메쉬 전압
전극에서 나타나는 접촉전압 중에서 가장 큰 값의 접촉전압을 메쉬 전압이라고 정의한다.

5. 전이 전압

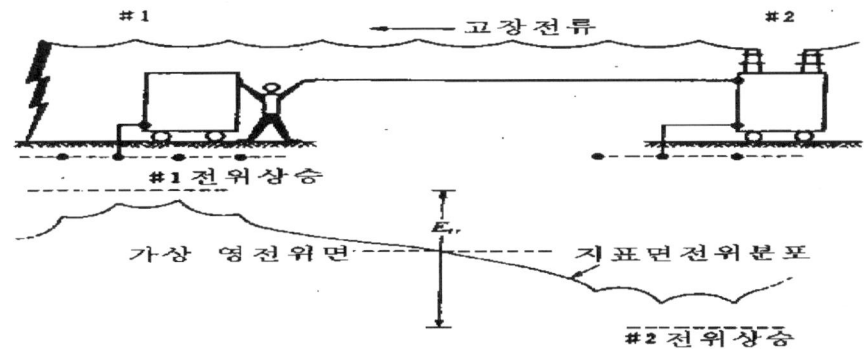

- 구내 접지망과 구외의 통신선, 저압중성선, 수도관, 파이프, 레일, 철제울타리 등과의 전위차로 발생하는 전압이다.
- 또한 그림과 같이 다른 접지계와 전기적 연결을 갖는 경우, A 변전소내의 사람이 B 변전소의 접지도체에 연결되거나, A변전소와 무관한 원거리의 사람이 A 변전소의 접지도체에 접촉하는 경우 발생되는 접촉전압의 특별한 경우이다. A,B 두 변전소의 GPR 은 각각 다르며, 이 GPR의 차이가 바로 전이전압이다

2.5 레이저 가열을 재료에 따른 종류와 특징(적용사례 포함)에 대하여
설명하시오.

1. 개요
   - 레이저(laser)는 유도 방출에 의한 빛의 증폭(light amplification by stimulated emission of radiation)의 영어 단어 첫 글자를 따서 만든 말로서 유도 방출로 증폭된 빛 또는 그러한 빛을 내는 장치를 뜻한다.
   - 레이저 작동의 핵심 개념인 유도 방출은 1905년에 아인슈타인이 처음 밝혔으며, 타운즈와 숄로우가 유도 방출을 이용한 빛의 증폭 방식에 대한 이론적 바탕을 마련했고, 1960년에 휴즈 연구소의 메이먼이 레이저를 처음 만들어냈다.

2. 레이저 장치 구성과 작동 원리

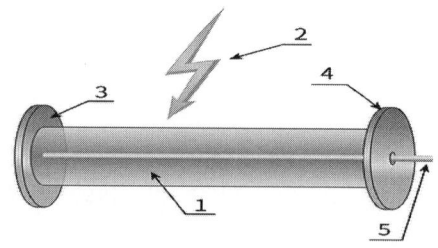

   1. 활성 매질, 2. 펌핑 에너지, 3,4. 공진기(3은 반사거울, 4는 부분 투과 거울).
   5. 레이저 빛다발

1) 레이저 장치를 이루는 요소는 다음 셋이다.
   - 활성 매질
   - 펌핑 에너지원
   - 공진기
2) 활성 매질에는 원자나 이온 또는 분자 등의 발광체가 있어, 이들이 에너지가 높은 들뜬상태에 있다가, 유도 방출 과정을 통해 레이저 빛을 낸다.
3) 펌핑 에너지원은 활성 매질에 에너지를 공급하여 레이저 빛을 내면서 바닥 상태로 내려온 발광체를 다시 들뜬상태로 올려주어 레이저 빛을 또 다시 낼 수 있게 해준다.
4) 공진기는 두 장의 거울로 이루어져, 활성 매질에서 생겨난 빛이 바로 빠져나가지 못하고 활성 매질 속을 오가며 유도 방출 과정을 통해 새로운 빛이 나오게 하여 증폭시킨다.

3. 재료에 따른 종류

1) 레이저는 여러 가지가 있고 분류하는 방식도 다양하다.
   재료(활성 매질)의 상태에 따라 분류하면 다음 세 가지다.
   - 고체 레이저
   - 액체 레이저
   - 기체 레이저
2) 고체 레이저는 반도체 레이저, 엔디-야그([Nd:YAG]) 레이저, 타이타늄-사파이어([Ti:sapphire]) 레이저, 광섬유 레이저등이 있고
3) 액체 레이저는 색소 레이저
4) 기체 레이저는 헬륨-네온 레이저, 이산화탄소 레이저, 엑싸이머(Excimer) 레이저 등이 있다.

4. 빛의 파장에 따른 종류

1) 빛의 파장 대역에 따라 분류하면 다음과 같다:
   - 적외선 레이저
   - 가시광 레이저
   - 자외선 레이저
   - 엑스선 레이저
2) 적외선 레이저는 적외선 광섬유 레이저 이산화탄소 레이저, 엔디-야그 레이저, 타이타늄-사파이어 레이저, 적외선을 내는 반도체 레이저
3) 가시광 레이저는 헬륨-네온 레이저, 빨강, 초록, 파랑, 보라 색의 반도체 레이저
4) 자외선 레이저는 엑싸이머 레이저 등이 있다.
5) 빛이 펄스로 나오면 펄스 레이저, 끊이지 않고 계속 나오면 연속 레이저라고 한다.

5. 용도

1) 주변에서 가장 많이 볼 수 있는 레이저의 용도는 초고속 광통신 망의 광원으로 쓰는 적외선 반도체 레이저
2) 씨디(CD) 또는 디브이디(DVD) 플레이어(판독기)에 기록된 정보를 읽어내는 구동기 속에 든 반도체 레이저
3) 가게의 계산대에서 물품의 종류와 값을 읽어내는 바코드 판독기에서 빨간 빛을 내는 반도체 레이저
4) 교실이나 회의실에서 자료를 가리킬 때 쓰는 포인터 등이다.
5) 병원에서는 수술에서 조직을 자르고, 붙이는데 레이저를 쓴다.
6) 산업 현장에서는 재료를 자르고, 붙이고, 새기는데 일률이 아주 큰 이산화

탄소 레이저나 엔디-야그 레이저를 주로 쓴다.
7) 반도체 소자를 만드는 광 리소그래피(optical lithography) 공정에서는 폭이 수십 nm 수준인 아주 미세한 선을 만드는데, 파장이 아주 짧은 자외선을 내는 엑싸이머 레이저를 쓴다.
8) 순간 일률이 아주 큰 레이저로는 핵융합 실험을 하거나, 표적을 파괴하는데 재래식 무기 대신 쓰거나, 입자가속을 하는 연구를 한다.
9) 지속 시간이 펨토(femto, 10^{-15}) 초 수준인 극 초단 레이저 펄스는 원자나 분자의 순간적 상태 변화를 분석하는데 쓰며, 그것을 다시 아토(atto, 10^{-18}) 초 수준으로 낮추는 연구도 활발하다.

2.6 최근 대형 공공건물 건설 시 적용되고 있는 BIM(Building Information Modeling)에 대한 아래 사항에 대하여 설명하시오.
1) 기본사항, 특징, 도입효과
2) 전기부문 BIM설계 라이브러리(Library) 구축방안

1. 기본사항
- 2000년대 후반 이후 건설 산업분야에 BIM 기술 도입이 시작한 이후 전기분야는 2011년에서야 본격적으로 BIM을 도입하기에 이르렀다.
- BIM 사용의 궁극적인 목적은 3차원 설계를 통해 시각적인 형상정보는 물론 설계단계에서 예상공사비, 물량산출, 견적산출 등을 가능하게 하는 것이다.
- 반면, 그 동안 BIM에 관한 여러 개별적 연구, 개발 및 실무적용 등이 이뤄졌음에도 불구하고 전기분야에 BIM이 확산되기 어려운 이유 중 하나는 관련 산업의 복잡성과 다양성으로 인해 수요-공급자간의 공유 및 변화가 부족한 것으로 보인다.
- 특히, 기존의 2차원 도면과 3차원 BIM의 설계환경의 차이가 있어 업무 프로세스와 환경, 기반체제 등이 BIM 설계에 맞춰서 개발되지 않는 한 혼란은 당분간 발생할 것으로 보인다.
- 이러한 혼란을 조기에 잠재우기 위한 노력은 매우 중요한다.
즉, 혼란을 최소화하고 3D BIM 설계 기술을 자연스럽게 접목하여 발전시키기 위한 방안을 모색하는 것이 매우 중요한 시점에 이르렀다.
- BIM은 기존 2D 설계와는 다르게 객체지향적인 성격을 띠고 있는데, 여기서 객체란 시각적인 정보인 형상정보와 객체의 속성을 포함한 속성 정보를 통칭하는 단위이다.
- 형상정보란 객체의 모양, 형태 등을 3D로 구현한 것을 말하며, 속성정보란 객체의 일반사항(크기, 지름 등), 전기속성(정격전압, 용량 등), 조명속성(램프종류, 효율 등) 등을 통칭하는 정보이다.

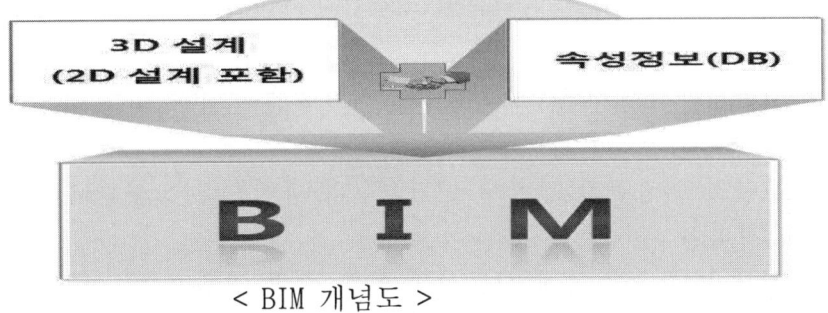

< BIM 개념도 >

2. BIM 특징
- BIM은 설계단계부터 건설 및 유지관리부분까지 전반에 걸쳐 다양한 장점을 가지고 있어 그 활용 범위가 증가하고 있는 상황이다. BIM은 기본적으로 6가지 특징을 가지고 있으며 내용은 아래와 같다.
  ① 디지털(Digital)이다.
  ② 3차원 공간적(Sparta)이다.
  ③ 측정가능(Measurable)하다. 즉, 정량화가 가능하고 수치화가 가능하며 질의가능(Query-able)하다.
  ④ 포괄적(Comprehensive)이다. 즉, 설계의도, 건물성능 시공상에 대한 정보가 포함되어야 하고, 교환이 가능하여야 한다. 또한 전 과정에 대한 정보와 재무적인 정보도 포함하여야 한다.
  ⑤ 접근가능(Accessible)하여야 한다. 즉, 정보호환성과 직관적인 인터페이스를 통하여 설계, 엔지니어링, 건설, 발주자 전체가 접근가능 하여야 한다.
  ⑥ 오래가야(Durable)한다. 즉, 시설물의 전체 수명주기 동안 사용가능 하여야 한다.
- 상기의 사항 중 특히 4번에 대한 내용에 주목해야 한다.
  BIM의 궁극적인 목표는 설계단계에서부터 발주자, 시공자, 건축주 등 모든 이해 관계자의 의견을 수렴하여 간섭을 최소화하고
- 재료비, 노무비, 유지 관리비등 용역수행에 따른 재무관련 정보를 산전에 파악함으로써 LCC에 대한 사전검토를 통해 발주자 측면에서 사업을 운영하는데 용이하도록 하는데 있다.

3. BIM 도입 효과
  1) 구조설계, 도면검토 및 간섭검토 기간단축 및 업무효율 향상효과
  2) 적극적, 소극적 V.E(Value Engineering)을 통한 공사비용 절감효과
  3) 3차원 모델을 활용하여 철근간 간섭을 검토하고, 사전에 방지.
  4) 신속하고, 정확한 골조물량(철근, 콘크리트, 거푸집) 산출 및 적산비용 절감효과
  5) 효율적, 경제적 철근/철골/P.C 시공상세도(SHOP Drawing) 작성을 통한 공사효율 향상효과
  6) 효율적 시공관리(간섭체크/기성관리/공정관리/노무관리)를 통한 공사 업무효율 향상효과
  7) 정부 발주 BIM 설계 의무화에 따른 수주 경쟁력 및 미래기술 확보

4. 전기부문 BIM설계 라이브러리(Library) 구축방안

1) 라이브러리 요소
- BIM 전기설계에 사용되는 라이브러리는 일반사항, 설계, 유지관리, 물량산출, 공사비 산출 등 기본설계와 실시설계, 상세도면 등 설계를 통해 얻을 수 있는 모든 정보를 포함하여야 한다.
- 예를 들어 명칭과 패밀리의 타입, 종류에 따른 카테고리를 기본으로 하고 형상의 크기, 두께, 색상 등과 같은 일반속성과 전압(V), 용량(W), 효율 등을 포함한 전기속성, 조명설비의 경우 램프종류, 초기색온도(K), 안정기전압(V) 등을 포함한 조명속성, 물량산출에 필요한 재료비, 노무비 등을 포함한 물량 산출속성 등으로 구분할 수 있다.

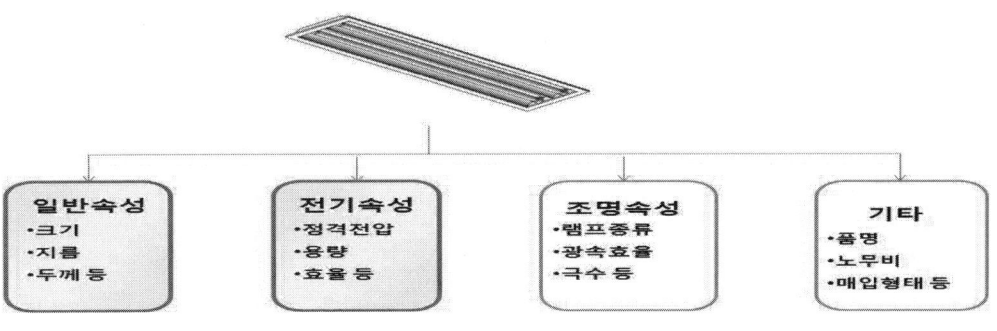

< 라이브러리(형상정보 + 속성정보) >

2) 라이브러리 구축 방안
- 다양한 수요-공급자가 프로젝트별로 라이브러리를 제작하여 사용하면 일회성에 그치는 경우에 대부분이고, 이는 곧 불필요한 시간낭비, 재정낭비를 초래하게 된다.
- 똑같은 조명설비 라이브러리를 제작한다 할지라도 프로젝트별, 발주자별 요구 상세조건이 틀려 결국에는 각기 다른 라이브러리를 제작하는 상황이 발생하는 것이 현재 발생하고 있는 문제점이다.
- 이렇듯, 라이브러리의 표준화 사용자-공급자 양방향간의 원활한 정보 공유를 하기 위함이다.
- 라이브러리는 해당 전기설비에 대한 모든 정보가 포함되어야 한다.
- 기본적으로 라이브러리 명칭과 카테고리, 설치형식, 해당설비의 분야 뿐만 아니라 전기적 속성과 조명속성 등 전기설비를 모두 아우를 수 있는 정보를 포함하여야 한다.
- 이와 더불어 공사견적산출, 물량산출, 시공 및 유지관리 등 일련의 정보를 포함하여야 설계 전반에 걸쳐 얻을 수 있는 정보를 모두 포함하여야 한다.

5. 적용 사례
   1) 국내 사례
      - 우리나라에서는 최근에 들어서야 BIM 설계를 도입하여 실시하고 있는데, 그 대표적인 예로 서울동대문플라자(DDP)를 들 수 있다.
      - 서울 동대문플라자는 비정형건축물로써 일반적인 2D 설계로는 한계가 있거나 시공상에 무수히 많은 간섭으로 인해 공기를 맞추는데 상당히 힘들었을 것으로 예상된다.

   2) 국외 사례
      외국에서는 일찍이 BIM을 도입하여 운영중에 있으며, 그 예로 미국, 호주, 싱가폴 등에서는 BIM 지침을 개발하여 활용하고 있으며, 아일랜드, 핀란드, 덴마크 등에서는 건축물에 대한 BIM 관련 자료 제출을 의무화하고 있다.

3.1 케이블의 손실(저항손, 유전체손, 연피손)에 대해 각각 설명하고,
유전체손의 표현 방식을 sinδ 대신에 tanδ를 사용하는 이유에 대하여
설명하시오.

1. 전력 CABLE의 구조

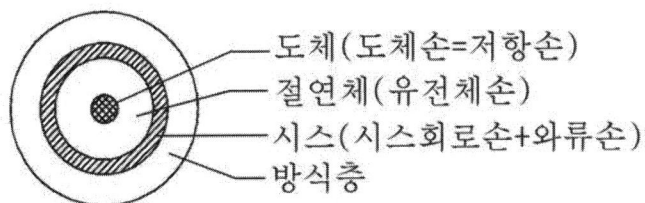

2. 케이블의 손실 종류
   1) 저항손
      - 케이블의 도체에서 발생하며, 케이블 손실 중 가장 크고 케이블 허용전류
        결정 요소가 됨.
      - $Pc = I^2 R = I^2 \rho \dfrac{l}{A}$ ρ : 고유저항(Cu : 1/58, Al : 1/35)
      - 저감 대책 : 도전율이 좋고 단면적이 큰 도체 사용

   2) 유전체손
      - 케이블의 절연물속에서 생기는 손실
      - 대책 : 절연물의 절연성이 우수한 물질을 사용

   3) 연피손

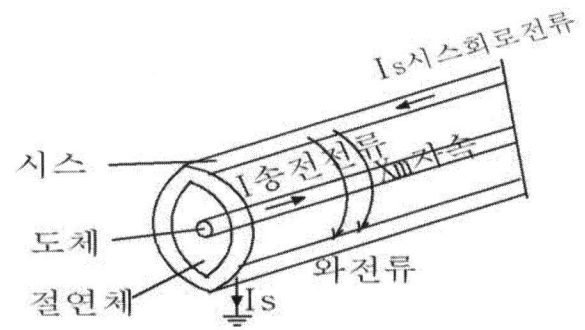

      - 연피 및 알루미늄 등 도전성의 외피를 갖는 케이블의 경우 발생
      - 와 전류손 : 쉬스에 근접 효과 때문에 발생하는 손실
      - 쉬스 회로손 : 케이블 도체 전류에서의 전자 유도 작용에 의해 쉬스를 접
                    지함에 따라 쉬스에 전류 is가 흐르고 쉬스 저항을 Rs라

하면 손실은 is² Rs가 된다.
- 와류손 Pe = V · Ie = I · Ie · Xm (W)
  여기서 V : 유도전압
       Ie : 와전류
       Xm : 상호 리액턴스임
- 대책
  가. 연가
  나. 시스 접지(편단 접지, 크로스 본드 접지) : 전위와 전류를 동시에 최소한으로 함.

3. 유전체손의 표현 방식을 sinδ 대신에 tanδ를 사용하는 이유
  1) tanδ를 사용하는 이유

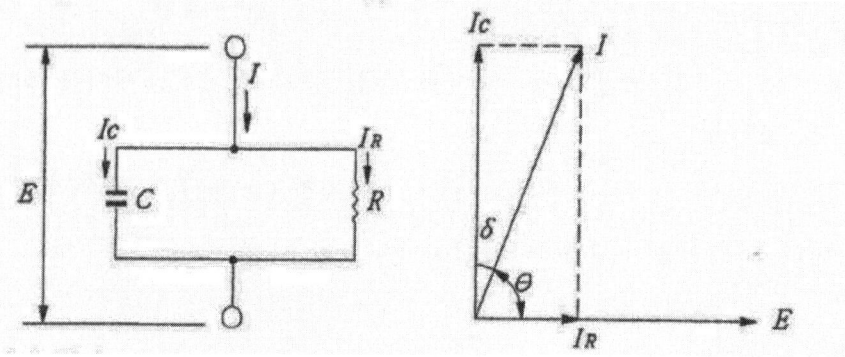

위 벡터도에서 $I_R = I \cos\theta = I \sin\delta$ ----------- 식(1)
유전체손 $W_d = E \cdot I_R$ ---------------------- 식(2)
식 (2)에 식 (1)을 대입하면
$W_d = E I \cos\theta = E I \sin\delta$ ------------------ 식(3)
위 식 (3)에서 일반적으로 δ는 다음과 같이 표현 될 수 있다.
$I_R = I \cos\theta = I \sin\delta = I_c \tan\delta$ 이므로 $W_d = E I_c \tan\delta$ ------식(4)

  2) 유전체 손실

  식(4)에서 $I_c = \dfrac{E}{\dfrac{1}{\omega C}} = \omega C E$를 대입하면

  $W_d = \omega C E^2 \tan\delta = 2\pi f C E^2 \tan\delta$
  3심 케이블의 경우 유전체손은
  $W_d = 3\omega C E^2 \tan\delta = 3 \times 2\pi f C E^2 \tan\delta = 2\pi f C V^2 \tan\delta$ [W/m]
  가 되며 유전체손과 tanδ가 비례함을 알 수 있다.
  이 같이 tanδ를 이용하면 계산이 간단하게 된다.

3.2 변압기의 공장시험에 대하여 설명하시오.

1. 시험 분류

No.	시험 종류	개발시험	검수시험
1	구조 검사	O	O
2	변압비 시험	O	O
3	극성 및 각변위 시험	O	O
4	권선 저항 측정	O	O
5	절연저항 측정	O	O
6	상용 주파 내전압(내압시험)	O	O
7	유도 내전압 시험	O	O
8	무부하 전류 및 무부하 손실 시험	O	O
9	임피던스 전압 및 부하 손실 시험	O	O
10	소음 측정	O	x
11	전압 변동율 및 효율 계산	O	O
12	부분 방전 시험	O	O
13	온도 상승 시험	O	x
14	뇌임펄스 내전압 시험	O	x
15	단락 강도시험	O	x
16	환경등급시험	O	x
17	내후성 시험	O	x

2. 시험방법

1) 구조 및 외관 검사

   변압기 규격, 외형 치수, 조립 및 용접상태, 코일, 철심, Frame의 손상 여부, 도장 등을 확인함.

2) 변압비 시험

   탭의 변압비를 측정하여 허용오차 범위내인지 확인

   $$전압비 = \frac{1차\ 상전압}{2차\ 상전압} \qquad 변압비 = \frac{1차\ 권선수}{2차\ 권선수}$$

   $$변압비\ 오차 = \frac{전압비 - 측정\ 변압비}{전압비} \times 100(\%)$$

3) 극성 및 각변위 시험
- 단상 변압기는 극성 시험, 3상 변압기는 각변위(위상각) 시험을 한다.
- 우리나라 표준은 감극성이다
- 시험방법
  1) 1,2차 U단자를 단락 시킨다
  2) 1차에 적당한 전압(보통100V) 인가
  3) 1차,2차,1-2차간 전압 측정
  4) 감극성 V3 = V1 - V2
     가극성 V3 = V1 + V2

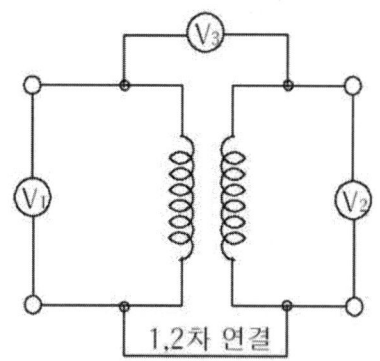

4) 권선 저항 측정
저항 측정기를 이용하여 R-S, S-T, T-R간 권선저항을 측정하고 평균을 구하여 불평형율을 구한다.

$$권선저항\ 불평형율 = \frac{권선저항\ 최대값 - 권선저항\ 최소값}{권선저항\ 평균값} \times 100(\%)$$

- 판정기준 : ± 10%

5) 절연저항 측정
1,000V 절연저항계로 권선과 권선간, 권선과 대지간에 절연저항을 측정 판정기준 : 500MΩ 이상

6) 상용 주파 내전압(내압시험)
- 권선에 상용주파수의 교류 전압을 1분간 가한다.
- 전압을 가하지 않는 권선과 철심, Frame은 접지
- 인가 전압 (KSC 4311 건식 변압기, KSC IEC 60076 전력용 변압기)

계통 최고전압 (실효값. KV)	상용주파 내전압 (실효값. KV)	뇌임펄스(첨두값. KV)	
		개방형	밀폐형
≤ 1.1	3	-	-
3.6	10	20	40
7.2	20	40	60
24	50	95	125

7) 유도 내전압 시험
   정격전압의 2배, 주파수 120~500Hz 전압을 인가하여 1,2차 코일 내부에 Flash Over가 발생하지 않아야 한다.
   - 시험 시간 : 최소 15초, 최대 60초

8) 무부하 전류 및 무부하 손실 시험
   고압측을 개방하고 저압측에 정격전압을 인가하여 변압기의 무부하 전류(여자전류)와 무부하 손실(철손)을 측정한다.

9) % 임피던스 및 부하 손실(동손) 시험
   저압측을 단락시키고 고압측에 전압을 인가하여 전류값이 정격전류가 되었을 때의 전압을 임피던스 전압이라 하고 이때의 % 임피던스 및 손실값을 측정한다.

   $$\%임피던스 = \frac{임피던스\ 전압}{1차\ 정격전압} \times 100(\%)$$

10) 소음 측정
    정격 주파수 정격 전압을 인가하여 변압기 용량별 기준값에 적합한지 소음을 측정한다.(참고 KSC 4311. 예, 1000KVA : 70dB)
    - 측정 높이 : 변압기 높이의 1/2
    - 측정 거리 : 30Cm
    - 최소 6개소 이상 측정

11) 전압 변동율 및 효율 계산

    $$전압변동율 = \%IR + \frac{\%IX^2}{200}(역율이 1인 경우)$$

    $$효율 = \frac{정격\ 용량}{정격\ 용량 + 무부하\ 손실 + 부하\ 손실} \times 100(\%)$$

12) 부분 방전 시험
    - 피로 전압 : 정격 전압의 1.8배에서 30초 가압
    - 측정 전압 : 정격 전압의 1.3배에서 3분간 유지
    - 판단 기준 : 10pC 이하

13) 온도 상승 시험
(1) 등가 부하법 (대부분 이 방법으로 시험함)

다음의 두가지 시험을 한 후 그 결과로 온도상승 결과를 얻는다.
- 단락법 : 저압측을 단락시키고 고압측에 전류를 인가시켜 온도가 포화 될 때의 열 저항을 측정하여 온도로 환산한다.
- 무부하법 : 고압측을 개방시키고 저압측에 정격전압을 인가하여 온도가 포화 될 때의 열 저항을 측정하여 온도로 환산한다.

(2) 실 부하법 : 실제 부하를 2차측에 접속하여 시험
(3) 반환 부하법 : 시료용 변압기 1대와 같은 정격의 변압기 1대를 병렬로 접속하여 시험한다.

14) 뇌임펄스 내전압 시험
충격 발생 시험기를 사용하여 충격 전압을 인가하였을 때 Flash Over와 구조물에 손상이 없을 것

15) 기타 시험
변압기의 초기 개발시 시행하는 시험으로 상기 시험 외에 단락 강도시험, 환경등급시험, 내후성 시험 등이 있다.

3.3 연료전지의 원리, 특징 및 종류에 대하여 설명하시오.

1. 개요
1) 연료전지는 연료(수소)와 공기(산소)를 직접 전기화학 반응시켜 전기를 생산하는 차세대 청정 발전시스템으로
2) IT·휴대용(수W~수십W급), 가정·산업용(수kW~수십kW급), 수송용(수십kW급), 발전용(수백kW~수MW급)으로 구분된다.
3) 연료전지는 제1세대 PAFC(1988~1992년), 제2세대 MCFC (1996~2001년), 제3세대 SOFC(연구개발 중)로 불리우고 있다.
4) SOFC의 경우 전지효율 측면에서 600~1000℃의 고온에서 작동하기 때문에 타 연료전지보다 전기효율이 50~60%(복합발전시 70%)로서 가장 높고, CO_2, NO_x, SO_x 및 소음이 거의 없는 친환경 미래 발전시스템임.

2. 연료 전지의 원리

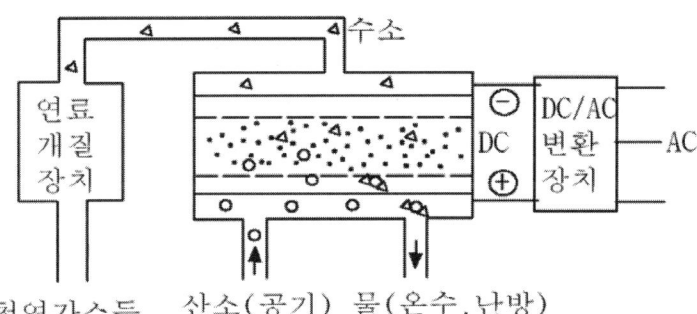

위의 그림에서 산이나 알칼리성의 전해액을 사이에 둔 두장의 전극에 각각 수소와 산소를 공급하는 장치로 되어 있다.
1) **연료 개질 장치**
    - 수소를 함유한 일반 연료(LPG, LNG, 메탄, 석탄가스 메탄올 등)로 부터 연료 전지가 요구하는 수소를 제조하는 장치.
2) **연료 전지 본체**
    연료 개질 장치에서 들어오는 수소와 공기 중의 산소로 직류 전기와 물 및 부산물인 열을 발생
3) **전력 변환 장치**
    연료 전지에서 나오는 직류를 교류로 변환
4) **부속장치**
    플랜트의 효율을 높이기 위해서는 연료 전지 반응에서 생기는 반응열과 연료 개질 과정에서 나오는 폐열 등을 이용하는 장치가 부수적으로 필요하다.

3. 연료 전지의 특징

1) 고 효율 (60 ~ 65%)
연료의 연소과정과 열에너지를 기계적에너지로 변환시키는 과정이 없어 기존에너지원보다 효율이 10 - 20 % 정도 높아진다.

2) 저공해
연료로써 화석연료를 사용하므로 개질기에 의한 조작이 반드시 필요하다. 이 경우 탈황, 분진제거를 충분히 할 수 있어서 SO_x와 분진의 방출은 거의 없다.

또, 종합 효율이 높기 때문에 이산화탄소(CO_2)의 발생도 적게 된다.

3) 열의 유효 이용
- 반응의 과정에서 발생하는 열을 유효하게 이용하는 것이 가능하고,
- 전기와 열을 동시에 발생하는 코제네레이션 시스템에 최적입니다.
- 투입한 도시 가스의 에너지의 약 40%가 전기로, 약 40%가 온수나 증기로 되고, 종합적으로는 약 80%가 유효하게 이용할 수 있는 에너지 절약성이 뛰어난 장치이다.

4) 연료의 다양성
- 신뢰도가 중요시 되는 특수목적용으로 순수소가 사용되나
- 일반전력 공급용으로는 비교적 가격이 저렴한 탄화수소계열의 연료가 모두 사용이 가능하다.

5) 부지선정의 용이성
- 연료전지를 이용해 발전을 할 경우 공해요인이 없으므로
- 도심지 속에서의 건설이 가능하고,
- 다른 발전방식에 비해 소요면적이 적으며
- 지속적인 냉각수 공급이 불필요하기 때문에 발전소용 부지의 선정이 용이하다.

6) 저소음, 저진동
기계적 구동부분이 없고, 가스공급기 등에 약간의 소음, 진동 등이 있을 뿐이므로 기계식의 발전기와는 비교도 안될 정도로 적다.

7) 단점
- 부하변동에 따르는 반응속도가 느려서 차량 냉각시 출발과 급가속 성능이 떨어지는 것이다.
- 시스템 가격이 약 $200/kw으로 엔진시스템($30/kw)에 비해 크게 높아 실용화에 중요한 장애요인으로 작용하고 있다.

4. 연료 전지의 종류

구분	인산형 (PAFC)	용융탄산염형 (MCFC)	고체산화물형 (SOFC)	고분자전해질형 (PEMFC)
전해질	인산염	탄산염	세라믹	이온교환막
동작온도 (℃)	220 이하	650 이하	1,200 이하	80 이하
효율(%)	70	80	85	75
용도	중형건물 (200kW)	중·대형건물 (100kW~MW)	소·중·대용량 발전(1kW~MW)	가정·상업용 (1~10kW)
선진수준	200kW	MW 이상	MW 이상	1~10kW보급중
국내수준	50kW	250kW	1kW	3kW

5. 연료전지 응용기술
  1) 수송용 연료전지
    - 수송용 연료전지는 자동차 산업과 밀접한 관련이 있다.
    - 미국, 일본에는 못 미치지만 우리나라의 자동차 업계에서도 수송용 연료전지를 개발하여 상용화하고 있다.
    - 수송용 연료 전지 종류
     가. 연료 개질형 하이브리드
        개질기를 통하여 연료 전지에 수소 공급하여 발전하고
        바테리에 저장하면서 모터 구동
     나. 수소 하이브리드 : 수소탱크에 수소를 연료전지에 공급하여 발전하고
        바테리에 저장하면서 모터 구동
     다. 순수 수소 연료 전지차 : 수소탱크에 수소를 연료전지에 공급하여 발전하고 그 전력으로 직접 모터를 구동
  2) 휴대용 연료 전지
    - 주로 전자 업계를 중심으로 개발되어 상용화 되었고
    - 과거의 휴대폰은 소비전력이 작아 2차 전지로 사용하였으나 최근의 스마트폰, DMB, 노트북등은 소비전력이 커서 2차전지로는 시간이 짧아 연료전지가 대체되어 사용되고 있다.
    - 주로 일본 가전업계가 주도하였으나 최근 국내업체에서도 상용화되고 있는 실정임.
  3) 발전용 연료전지
    - 수송용이나 휴대용 보다는 개발이 느린편이며
    - 미국을 중심으로 수백kW ~ 수 MW 급까지 개발중이다.
    - 국내는 KIST등 연구소 위주로 연구가 진행중이며 업체에서는 이들과 함께 공동 개발 중임.

3.4 전자파 적합성(EMC)시험의 종류와 내용에 대하여 설명하시오.

1. 개요
전자파는 크게 두 가지의 영향력을 가지고 있다.
1) 전자파 장해(EMI) : 전자파장해로 해당기기에서 나오는 전자파가 인체, 다른 기기에 영향을 미치는 것이며, 이러한 것을 일정수준 이하의 영향으로 규제하기 위해 전자파장해 시험을 한다.
2) 전자파 내성(EMS) : 전자파 장해로 부터 영향을 받아 기기가 오작동하거나 문제가 발생할 수 있다.
따라서 해당기기는 일정한 전자파, 외부요인으로 부터 안전하게 동작해야 하도록 규정을 하고 있다.
3) 전자파 적합성(EMC) 시험항목은 크게 아래의 항목으로 볼 수 있다.
전자파 적합성시험은 전자파 장해시험(2가지) 및 전자파 내성시험(6가지)을 말한다.

2. 전자파 적합성(EMC) 시험
1) 전자파 장해시험(EMI)
기기에서 나오는 전자파의 규제
① **전도 잡음 시험(CE)**
해당 제품의 라인(전원선, 데이터 선로등) 에서 방출되는 전자파의 유해성
② **방사잡음시험(RE)**
- 해당 제품 본체에서 방출되는 전자파의 유해성을 시험 한다.
- 이는 해당기기, 해당기기의 선로나 데이터 라인에서 나오는 전자파가 규정치 이하로 발생되어야만 시험에서 통과 할 수 있으며 전자파 발생이 높은 경우 제품의 개선, 차폐 등의 처리를 해야만 한다.

2) 전자파 내성시험(EMS)
타 기기에서 방출되는 전자파로 부터 정상적인 동작
① **정전기 방전 시험(ESD)**
정전기 발생기로 직, 간접 정전기를 유발하여 해당기기가 일정한 정전기에도 정상적으로 동작이 가능하여야 한다.
② **방사 내성 시험(RS)**
전자파를 제품의 본체에 인가하여도 정상적으로 동작하여야 한다.
③ **전도 내성 시험(CS)**
전자파를 제품의 데이터라인 등에 인가하여도 정상동작 하여야 한다.

④ 전기적 과도 시험(EFT/Burst)

고압전선로, 자기장, 불규칙 전계 상황 노출 시 정상동작 하여야 한다. 가령 전자기기를 사용하는 환경주변에 고전압을 전송하는 철탑, 변압기 등이 있을 경우 일정한 자기장이나 불규칙한 전계에 노출 되는데 일정한 이러한 환경에서 정상적인 동작을 하여야 한다.

⑤ 서어지 시험(Surge)

낙뢰 등의 상황은 흔히 발생한다.
이 경우 제품이 제품은 회로구성에 있어 안전하도록 설계되어야 한다. 전원부등에 TNR등의 회로구성을 하여 불규칙 전원이 인가되었을 때에도 전위차를 이용해 동작 가능한 전압을 일정하게 공급하는 설계를 해야만 한다.
이러한 설계가 안 된 기기의 경우 서어지 시험을 통과할 수 없다.
(통상 2kV 의 전압을 제품 본체에 직접, 또는 공기를 통하여 인가한다)

⑥ 전압변동시험 등(전압강하/순시정전)

주변의 아답터나 제품을 보시면 동작 가능한 전압범위가 적혀 있는 것을 주변에서 쉽게 볼 수 있다.
우리나라는 220V를 사용하지만 기기를 보면 '동작범위 : 170V~240V' 형태로 표기가 많이 되어 있다. 이는 이 기기는 반드시 220V에서만 동작 하는게 아니라 전압이 약간 낮거나 높더라도 정상적으로 동작을 보장한다는 의미이다.
전압강하는 이러한 것을 확인키 위해 전압을 점차로 낮추면서 해당기기가 규정치의 전압으로 떨어지더라도 정상 동작하는지를 확인하는 것이다.

3.5 제품 및 시스템 설계 시 사용되는 리던던시(Redundancy), 디레이팅(Derating), 고장수명(MTBF 또는 MTTF), 페일 세이프(Fail Safe), 셸프 라이프(Shelf Life)에 대한 용어정의 및 목적에 대하여 설명하시오.

1. 리던던시(Redundancy) = 이중화
   1) 어떤 한 장치가 오동작을 할 경우 시스템 전체가 잘못되는 것을 방지하기 위해 같은 장치를 여러 개 두는 것.
   2) 안전보호계통의 일부가 어떤 원인에 의해서 고장이 발생하여도 보호계통 기능이 상실되면 안 된다.
      이와 같은 이유로 한 목적의 보호계통에 대해 그 구성요소의 전부 또는 일부에 대해서 복수의 계통을 준비하는 것으로 이중화를 말한다.
   3) 이 복수 계통은 각각 상호 독립되어야 하며 한 쪽 계통에 고장이 났을 경우, 다른 계통도 동시에 고장이 나면 redundancy의 의미가 없어지므로 신뢰도가 떨어진다.

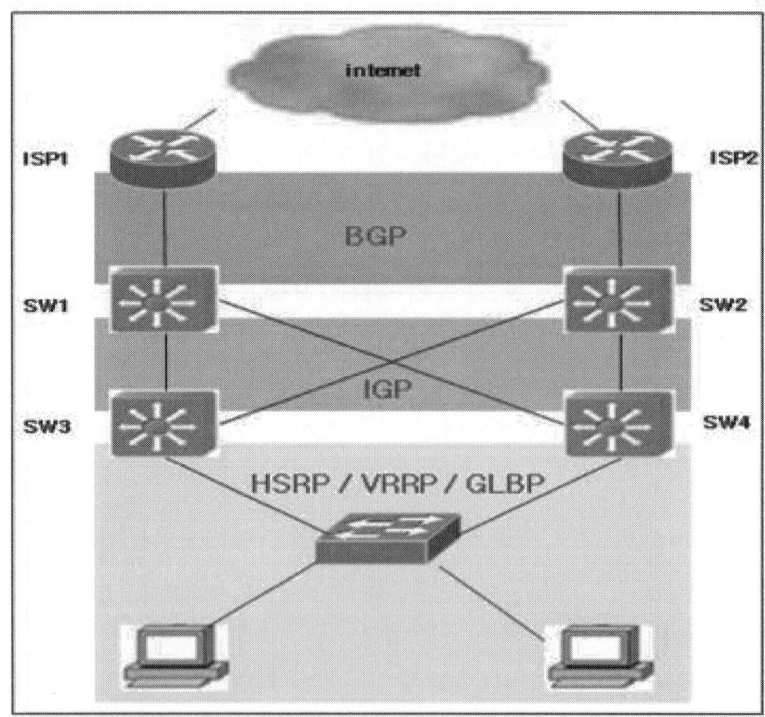

2. 디레이팅 (Derating) = 저출력 운전
   1) Derating은 주로 Electrical design에서 사용하는 용어로, 부품별(주로 소자)로 작용하는 스트레스 요인을 경감하여 고장률을 줄이고 나아가 신뢰성(수명)을 향상시키는 기법을 말한다.
   2) Derating은 설계단계에서 당연하게 고려되어야 할 요소임에도 불구하고, 이를 모르고 있는 개발에 임하는 엔지니어들이 존재한다.

3) 또한, 설계에 있어 상식적인 기법이기 때문에 실제로 적용하고 있어도
   용어나 개념에 대해서는 정확히 모르고 있는 경우도 많다.

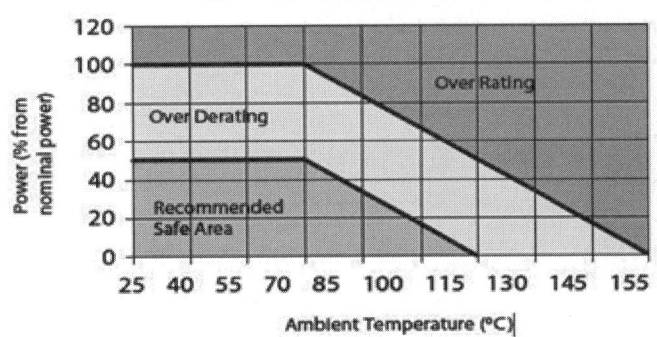

3. 고장수명(MTBF 또는 MTTF)

1) MTBF (Mean Time Between Failures. 평균 고장 간격)

```
          F1(5)     F2(10)    F3(20)    F4(5)
├─T1(40)─┤ ├─T2(30)─┤ ├─T3(50)─┤ ├─T4(40)─┤ ├─
```

- MTBF : 고장후 다음 고장까지의 시간으로 각 가동시간의 평균값임.

- MTBF = $\dfrac{\Sigma \text{ 가동시간}}{\Sigma \text{ 중단횟수}}$ = $\dfrac{T_1+T_2+T_3+T_4}{4회}$ = $\dfrac{40+30+50+40}{4건}$ = 40분/건

2) MTTR (Mean Time To Repair. 평균 수리 시간=고장복구시간)
 - MTTR : 고장이 났을 때 수리하는데 걸리는 시간의 평균으로
          수리를 시작하여 정상 운전까지의 1회 고장 수리 시간임.

- MTTR = $\dfrac{\Sigma \text{ 정지시간}}{\Sigma \text{ 정지횟수}}$ = $\dfrac{F_1+F_2+F_3+F_4}{4회}$ = $\dfrac{5+10+20+5}{4건}$ = 10분/건

3) MTTF (Mean Time To Failure. 평균 고장 수명)
   다음 그림에서

```
A ├──── T1 ──────── 40시간
B ├──── T2 ──── 30시간
C ├──── T3 ──────────── 50시간
D ├──── T4 ──────── 40시간
```

- MTTF : 각 부품들이 사용 시작으로부터 고장 날 때 까지의 평균값.

$$\text{MTTF} = \frac{\Sigma \text{ 가동시간}}{\Sigma \text{ 부품수}} = \frac{T_1 + T_2 + T_3 + T_4}{4\text{개}} = \frac{40+30+50+40}{4\text{개}} = 40\text{시간/개}$$

4. 페일 세이프(Fail Safe) = 자동 안전 장치
1) 페일 세이프란 「기계가 고장났을 경우, 그대로 폭주해서 사고, 재해로 연결되는 일이 없이 안전을 확보하는 기구」를 말한다.
2) 이 경우의 안전 확보란 보통 「운전을 정지하고 게다가 안전을 확보할 수 있는」 것이다.
3) 작업안전은 작업자 주의력에 의존하는 것만으로는 달성할 수 없다.
   그것은 인간은 때로는 주의력이 떨어지거나, 착각에 의해 불안전행위를 범하는 것을 모면할 수 없기 때문이다.
4) 그래서 이상적인 것으로는 가령 작업자가 조작을 실수하거나, 작업방법을 잘못했을 때에도 안전이 확보되도록 기계설비, 장치 등에 대해서 그것이 안전하도록 하는 것이 필요하다.
5) 항공기 특히 여객기는 부품의 파손이나 어떤 기능이 고장 나도 안전하게 착륙할 수 있도록 되어 있다.
   고급 프레스기계는 고장이 일어나면 슬라이드가 급정지해서 상해를 방지하도록 하는 기구가 적용되고 있다.
6) 이것들은 모두 페일 세이프이다. 페일 세이프는 안전한 기계나 설비를 설계하는데 있어서 반드시 고려할 사항이다.

5. 셸프 라이프(Shelf Life) = 저장 수명
1) 사용하지 않는 전지 기타의 디바이스가 경시 열화 때문에 동작 불능이 되기까지의 경과 시간, 보관 수명이라고도 한다.
2) 어떤 아이템이 정상적인 비축 조건하에서 비축되고, 이것을 정격 조건하에서 사용했을 때, 요구되는 동작을 하기 위한 최장의 저장 시간을 말한다. 대부분의 전자 부품에서는 저장 수명은 동작 수명과 같든가, 경우에 따라서는 동작 수명 쪽이(동작에 의해 습기를 방출한다든지 하여) 저장 수명보다 긴 것도 있다.

3.6 공장설비설계에서 동력설비와 조명설비에 대한 에너지절감대책에 대하여 설명하시오.

1. 동력 설비의 에너지 절감 대책
   1) 에너지 절약형 고효율 전동기 채택
      - 고효율 전동기는 고급자재 사용 및 손실방지 설계 등으로 기존 전동기보다 20~30%의 손실을 절감하여
      - 5~10%정도의 효율이 향상되고
      - 신뢰성이 있으며
      - 수명도 길고 소음도 적다.
   2) 전동기 속도제어에 인버터 사용 (VVVF)
      - 가변토크 또는 가변속도가 요구되는 전동기의 속도제어를 전압제어, 2차 저항제어 등으로 하게 되면 전동기의 효율이 떨어지게 된다.
      - 인버터를 사용하여 VVVF (Variable Voltage Variable Frequency)로 주파수와 전압을 동시에 변화시켜 속도제어를 함으로써 전동기의 운전 속도가 변화해도 효율을 높게 유지할 수 있다.
   3) Soft Startor 사용 (VVCF)
      - VVCF (Variable Voltage Constant Frequency) 제어는
      - 경부하시 전압을 낮추어 철손을 줄이고
      - 전압을 낮춤으로서 입력 전력도 감소시키는 효과를 가지게 된다.
      - VVCF 제어는
      가. 기동정지 횟수가 많은 전동기
      나. 무부하 상태 운전이 많거나
      다. Loading과 Unloading이 빈번한 전동기
      라. 평균 부하율이 50% 이하인 전동기 등에 특히 효과가 크다.
   4) 적절한 기동방식
      - 적절한 기동방식을 채용해서 기동전류를 감소시켜
      - 전력손실도 감소시키고 또한 기동 전류에 의한 전압강하도 감소
   5) 역율의 개선
      - 전동기는 유도성 부하이므로 역율이 대단히 나쁘다.
      - 따라서 전력용 콘덴서를 사용하여 역율을 개선시키면
      가. 전압 강하 및 전압 변동율 저하
      나. 변압기 및 배전선의 손실 저감
      다. 계통 용량의 증가
      라. 수용가 전기요금 절감이 된다.

6) 용량의 재검토
   - 전동기는 부하율 90%에서가 최고 효율이고 부하율 50% 이하의 경부하 운전은 효율이 대단히 나빠진다.
   - 따라서 부하율이 너무 낮은 부하는 전동기의 용량을 낮추는 것이 바람직하다.

7) 공회전 금지
   - 무부하 운전시에는 더욱 효율이 나빠지므로 무부하 상태에서의 공회전은 피해야 한다.

8) 유지보수의 철저
   - 전동기를 장기간 사용하면 공극에 먼지가 끼고
   - 여기에 그리스 등이 혼입되면 회전자의 마찰손실이 크게 증가해서 효율을 저하된다.
   - 따라서 주기적으로 전동기를 보수하고 마찰부에 그리스 등을 주입하여 마찰 손실을 감소시키는 것도 전동기 효율적 운용의 한 방법이다.

9) 고효율 냉동기 및 폐열 회수 냉동기 채용

10) 유량제어에서 역방향으로의 밸브사용 금지
    - 펌프유량을 조절하기 위해 펌프 토출측으로부터 역방향으로 유량조절밸브를 설치해서 이 밸브를 조절함으로써
    - 유량을 조절하는 경우가 있는데 이는 대단한 전력낭비이다.
    - 따라서 인버터제어등에 의해서 펌프의 회전수를 조절, 유량을 조절하는 것이 효과적이다.

2. 조명 설비의 에너지 절감 대책
- 조명 에너지는 전력에너지의 약20%이며
- 건축물에서는 전력소모량의 약30%를 조명이 차지한다.
- 따라서 조명 분야의 전력 절감은 필수적인 과제라 할 수 있다.
- 에너지 절감 설계 7대 Point
- 전력량(kWh) = 가구당소비전력($\downarrow$) × 점등시간($\downarrow$)

$$\times \frac{조도(\downarrow) \times 면적(\downarrow)}{광속(\uparrow) \times 조명율(\uparrow) \times 보수율(\uparrow)}$$

1) 최적의 설계 조도 결정
   - 작업의 종류, 시 대상물의 크기, 정확도, 작업속도, 작업시간, 작업자 연령, 눈부심등을 고려하여 설계 조도 결정
   - 작업면 조명   (F~H.3단계)   : 150~ 1500   (1x)
   - 전반조명+국부조명 작업면(I~K.3단계) : 1500 ~ 15000   (1x)

단순 작업	150-300	큰 물체 대상 작업장
보통 작업	300-600	작은 물체 대상 작업장
정밀작업	600-1500	매우 작은 물체 대상 작업장

2) 고효율 광원 선정
   (1) 전자식 안정기 사용 형광등
   (2) 3파장 형광등 사용
   (3) 슬림화 형광등 사용
   (4) 백열전구 대신 LED램프 사용
3) 고효율 조명기구 사용
   (1) 저휘도 고조도 반사갓 사용 조명기구 사용
   (2) 직접 조명
   (3) 개방형 조명기구 사용
   (4) 램프 및 반사갓의 주기적인 청소 및 교체
4) 효과적인 조명 제어 및 조광제어
   (1) 시간 스케줄에 의한 제어
   (2) 점멸 구간을 세분화
   (3) 조도 검지기를 이용한 조명 제어
   (4) 재실 감지기 설치
   (5) 센서 부착 또는 타이머 부착형 조명기구를 채택
   (6) 필요에 따라 부분조명이 가능하도록 점멸회로를 구분
   (7) 일사광이 들어오는 창측의 전등군 : 부분점멸이 가능하도록 설치
5) 높은 보수율 유지
   (1) 적절한 램프 교환
      - 이상시 개별 교환
      - 일정 시간 경과 후 집단 교환
   (2) 정기적인 청소 실시
   (3) 적절한 보수율 설정
6) 실내 마감재를 밝게 계획
   쾌적성을 고려 천장>벽>바닥의 순서로 반사율을 높임.
7) PSALI 조명
   - 지하 공간에 채광이 유효한 창문을 가급적 많이 설치
   - 주광을 최대한 이용
8) 적정 전압 유지
   - 정격 전압 1% 감소시 : 광속은 2~3% 감소
   - 부하측 전압강하 : 공칭전압 ± 2% 유지

4.1 고장전류 차단 시의 과도회복전압(TRV : Transient Recovery Voltage)의 유형에 대하여 설명하시오.

1. 고장 전류 차단 원리

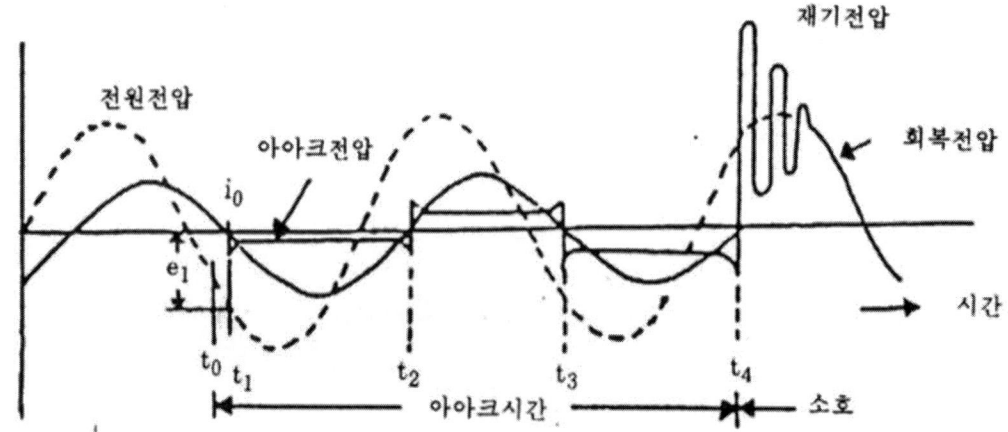

1) 보호계전기가 동작하여 차단기가 전극을 열면 기계적으로는 전극이 열리지만 전기적으로는 도통 상태가 지속되어 아크전압이 발생한다.
2) 위 그림에서 t_0 점에서 접촉자가 개리되더라도 순시전류 i_0에 의하여 아크가 발생한다.
3) t_1 이 되면 전원전압 e_1 에 의하여 아크가 발생하여 전류가 흐른다.
4) 이 아크는 반 주기마다 반복하여 점멸하지만 t_4 가 되면 접촉자가 충분히 이격되어 전극간 절연내력이 아크전압보다 크다면 소호가 된다.

2. TRV(Transient Recovery Voltage)유형

1) 회복전압 Recovery Voltage
 - 차단기의 차단직후 차단기의 극간에 나타나는 상용주파수의 전압으로서 실효치로 나타낸다.
 - 상용 주파 회복전압(PFRV:Power Frequency Recovery Voltage) 이라고도 함.

2) 재기전압(과도 회복 전압) TRV:Transient Recovery Voltage
 회복전압으로 안정되기전에 고유진동에 의해 이상전압이 발생되고 점차 감소되어 회복전압으로 되는 과정의 과도 전압을 말한다.
 즉, 차단 직후 접촉자간에 나타나는 과도 전압을 말한다.

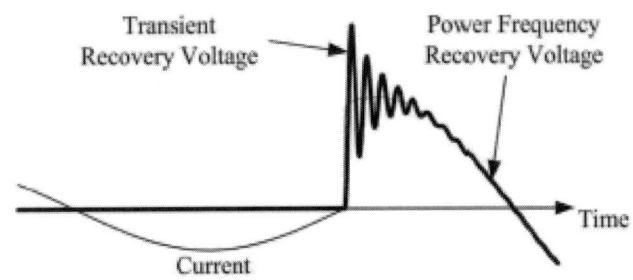

3) 재점호 (Reignition)

재기전압에 의해 아크가 소멸되었다 다시 발생하는 현상으로 전극간 절연 내력이 아크전압보다 작을 때 나타난다.

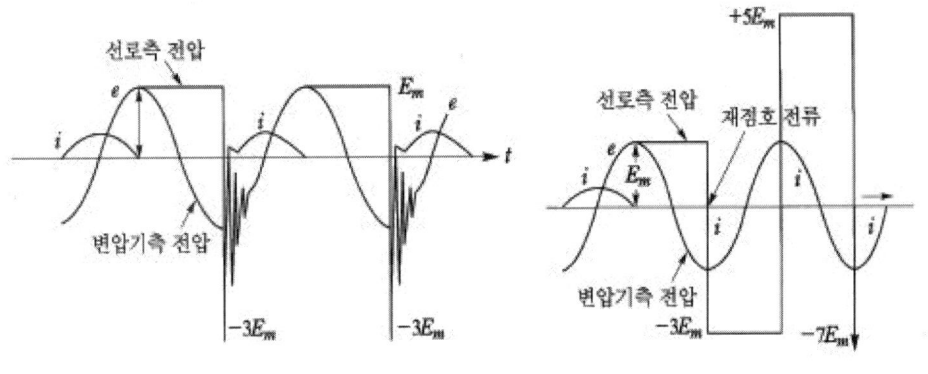

(b) 제동 작용이 있을 경우   (c) 무제동 이상 전압

4.2 교류전철 변전소에 설치되는 계통별 보호계전기의 종류와 용도를 수전측, 변압기측 및 급전측으로 구분하여 설명하시오.

인용 : 고속철도 급전 제어지침

제66조(보호계전기)

보호계전기는 계통의 구성, 회로정수, 사고전류를 감안하여 관계처와 협의 후 정정하며 보호계전기의 종류와 기준은 다음 표에 의한다.

계통별	계전기명	번호	용도	정정치
수전 및 송전	과전류계전기	51R	과전류	"비고" 참고
	단락계전기	50R	회선단락	최소 단락전류의 순시치
	지락계전기	64R	지락	최소 지락전류 전압치
	부족전압계전기	27R	저전압	
변압기측	과전류계전기	51T	변압기 1차의 과전류	정격전류의 250[%] 1초
	단락계전기	50T	단락	정격전류의 500[%] 순시
	압력계전기	63T	변압기 내부고장	
	온도계전기	26T	변압기 과열	85[℃]
	비율차동계전기	87T	변압기 내부고장	
급전측	거리계전기	44F	전차선로 고장	보호구간의 110[%] 지점의 고장전류 보호
	고장선택계전기 (△I형)	50F	44F 후비보호	
	고속도단락계전기	50F	과전류 (구내 차량기지 등)	
	재폐로계전기	79F	차단기 재폐로	0.4 ~ 0.5초
	로케타계전기	99F	고장지점 검출	

※ 비고 : 1) 상용 및 예비전원의 수전, 송전계통 보호장치의 정정치는 전력공급자와 협의하여 결정함(예 : 탭 전류치의 500[%]의 0.2초 상위 계전기와의 시한 차는 0.3~0.4초로 함)

2) 수전·송전측의 50R는 51R에 순시 요소부를 사용할 경우 생략할 수 있음.

4.3 장해광의 문제가 날로 심각해지자 서울특별시를 비롯하여 일부 지자체에서는 '인공 조명에 의한 빛공해 방지법'(법률제13884호 2016.07 시행)에 의해서 조명 환경구역을 정하여 관리하게 하고 있다. 법에서 정한 조명 환경 관리구역의 구분법(4종)과 그 장해광의 방지대책에 대하여 설명하시오.

1. 목적
이 법은 인공조명으로부터 발생하는 과도한 빛 방사 등으로 인한 국민 건강 또는 환경에 대한 위해(危害)를 방지하고 인공조명을 환경친화적으로 관리하여 모든 국민이 건강하고 쾌적한 환경에서 생활할 수 있게 함을 목적으로 한다.

2. 용어의 뜻
 1. "인공조명에 의한 빛공해"(이하 "빛공해"라 한다)란 인공조명의 부적절한 사용으로 인한 과도한 빛 또는 비추고자 하는 조명 영역 밖으로 누출되는 빛이 국민의 건강하고 쾌적한 생활을 방해하거나 환경에 피해를 주는 상태를 말한다.
 2. "조명기구"란 공간을 밝게 하거나 광고, 장식 등을 위하여 설치된 발광기구 및 부속장치로서 대통령령으로 정하는 것을 말한다.

3. 조명환경 관리구역
① 시·도지사는 빛공해가 발생하거나 발생할 우려가 있는 지역을 다음 각 호와 같이 구분하여 조명환경 관리구역으로 지정할 수 있다.
 1. 제1종 조명환경관리구역: 과도한 인공조명이 **자연환경**에 부정적인 영향을 미치거나 미칠 우려가 있는 구역
 2. 제2종 조명환경관리구역: 과도한 인공조명이 농림수산업의 영위 및 **동물·식물의 생장**에 부정적인 영향을 미치거나 미칠 우려가 있는 구역
 3. 제3종 조명환경관리구역: 국민의 **안전과 편의를 위하여** 인공조명이 필요한 구역으로서 과도한 인공조명이 **국민의 주거생활**에 부정적인 영향을 미치거나 미칠 우려가 있는 구역
 4. 제4종 조명환경관리구역: **상업활동을 위하여** 일정 수준 이상의 인공조명이 필요한 구역으로서 과도한 인공조명이 **국민의 쾌적하고 건강한 생활**에 부정적인 영향을 미치거나 미칠 우려가 있는 구역

4. 장해광에 대한 대책
 1) 주거 환경
  - 눈부심이 적은 조명 기구 선정
  - 눈높이를 고려한 등기구 설치로 눈에 직광이 들어가지 않도록

- 루버등 보조 기구를 이용하여 눈부심 방지
- 설치 높이가 낮은 등기구는 안전을 고려하여 손이 닿지 않도록 설치
- 경관과의 조화를 고려하여 등기구 선정
- 심야 : 소등

2) 동식물
- 심야 점등시간 제한
- 점등 시간 설정 타이머 설치
- 비산광 저감 : 비산광이 적은 조명기구 선정 및 보조 기구를 이용하여 빛이 적게 새어 나가도록 고려

3) 천공
- 새어 나가는 빛을 최소화
  투광 방향을 상향 보다는 하향 방식
  빛의 투광 각도를 좁게
- 효율이 높은 광원 선정
- 사용 목적에 맞는 광원 선정등

4.4 SMPS(Switching Mode Power Supply)의 기본구성, 회로방식, 용도 및 특징에 대하여 설명하시오.

1. 개요
   1) S.M.P.S : Switching Mode Power Supply의 약자
   2) 전력용 MOSFET등 반도체 소자를 스위치로 사용하여
   3) 교류 입력 전압을 일단 구형파 형태의 전압으로 변환한 후
   4) 필터를 통하여 제어된 직류 출력 전압을 얻는 장치임.

2. 입출력 특성
   일반적으로 많이 사용하는 휴대폰 충전기와 같이 1차는 Free Voltage
   이며 2차는 정전압인 제품이 많음.
   - 1차 전압   : AC 90 ~ 260V
   - 1차 주파수 : 47~63 Hz
   - 2차 출력   : DC 5V, 12V, 24V 가 대표적임.
                 AC용도 가능

3. 기본 구성 및 회로 방식

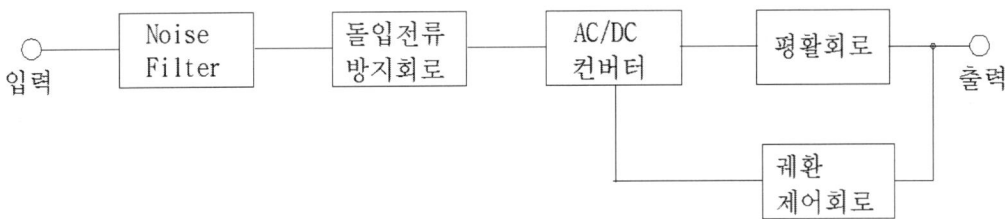

   1) 노이즈 필터
      외부로부터 입력되는 전원 전압에 포함된 Noise를 제거
   2) 돌입전류 방지회로
      외부로부터 입력되는 전원 전압의 돌입전류로부터 회로 보호
   3) AC - DC 컨버터
      다이오드를 이용하여 AC를 DC로 정류
   4) 평활회로
      L-C 필터등으로 구성되어 DC 전류의 평활화
   5) 궤환 제어 회로
      출력 전압의 오차를 줄이기 위한 회로

4. 용도
   - 휴대폰 충전기, 면도기
   - PC, OA기기, 가전기기
   - 통신용과 산업용 등

5. 특징
   1) 장점
      - 종래의 리니어식인 변압기 방식에 비해 효율이 높고
      - 내구성이 강하며
      - 소형, 경량화
      - 가격 저렴
   2) 단점
      - 스위칭에 의한 손실, 인덕터 손실등 전력 손실이 증대
      - 스위칭에 의해 발생하는 써지, 노이즈 발생

4.5 전기기기의 절연저항시험과 내전압시험의 목적 및 방법에 대하여
설명하시오.

1. 절연저항 시험 및 내전압 시험의 목적
1) 전기 기기는 전원이 인가된 전원 선로와 대지에 연결된 외함 간 또는 한상과 다른상간에 규정에 정해진 값 이상의 절연이 유지되어야 전기기기를 안전하게 이용할 수가 있다.
2) 이 값이 규정치를 유지하는지를 방법에는 절연저항시험 방법과 내전압 시험 방법 등이 이용되고 있다.

2. 전로의 절연(전기설비 기술기준 제5조)
전로는 대지로부터 절연시켜야 하며, 그 절연성능은 사고 시에 예상되는 이상 전압을 고려하여 절연파괴에 의한 위험의 우려가 없는 것이어야 한다.

3. 절연저항 시험 방법(전기설비 기술기준 제52조)
1) 전기사용 장소의 사용전압이 저압인 전로의 전선 상호간 및 전로와 대지 사이의 절연저항은 개폐기 또는 과전류차단기로 구분할 수 있는 전로마다 다음 표에서 정한 값 이상이어야 한다.

전로의 사용전압 구분		절연저항
400 V 미만	대지전압(접지식 전로는 전선과 대지 사이의 전압, 비접지식 전로는 전선 간의 전압을 말한다. 이하 같다)이 150 V 이하인 경우	0.1 MΩ
	대지전압이 150 V 초과 300 V 이하인 경우	0.2 MΩ
	사용전압이 300 V 초과 400 V 미만인 경우	0.3 MΩ
400 V 이상		0.4 MΩ

2) 다만, 전동기 등 기계기구를 쉽게 분리하기 곤란한 분기회로의 경우 전로의 전선 상호 간의 절연저항에 대해서는 기기 접속 전에 측정한다.
3) 사용전압이 저압인 전로에서 정전이 어려운 경우 등 절연저항 측정이 곤란한 경우에는 누설전류를 1 mA 이하로 유지하여야 한다.(판단기준 제13조)

3. 절연내력 시험 방법(전기설비 기술기준 제52조)

고압 및 특고압의 전로는 다음 표에서 정한 시험전압을 전로와 대지 사이에 연속하여 10분간 가하여 절연내력을 시험하였을 때에 이에 견디어야 한다.

전로의 종류	시험전압
1. 최대사용전압 7 kV 이하인 전로	최대사용전압의 1.5배의 전압
2. 최대사용전압 7 kV 초과 25 kV 이하인 중성점 접지식 전로(중성선을 가지는 것으로서 그 중성선을 다중접지 하는 것에 한한다)	최대사용전압의 0.92배의 전압
3. 최대사용전압 7 kV 초과 60 kV 이하인 전로 (2란의 것을 제외한다)	최대사용전압의 1.25배의 전압 (10,500 V 미만으로 되는 경우는 10,500 V)
4. 최대사용전압 60 kV 초과 중성점 비접지식전로 (전위 변성기를 사용하여 접지하는 것을 포함)	최대사용전압의 1.25배의 전압
5. 최대사용전압 60 kV 초과 중성점 접지식 전로 (전위 변성기를 사용하여 접지하는 것 및 6란과 7란의 것을 제외)	최대사용전압의 1.1배의 전압 (75 kV 미만으로 되는 경우에는 75 kV)
6. 최대사용전압이 60 kV 초과 중성점 직접접지식 전로 (7란의 것을 제외)	최대사용전압의 0.72배의 전압
7. 최대사용전압이 170 kV 초과 중성점 직접 접지식 전로로서 그 중성점이 직접 접지되어 있는 발전소 또는 변전소 혹은 이에 준하는 장소에 시설하는 것.	최대사용전압의 0.64배의 전압
8. 최대사용전압이 60 kV를 초과하는 정류기에 접속되고 있는 전로	교류측 및 직류 고전압측에 접속되고 있는 전로는 교류측의 최대사용전압의 1.1배의 직류전압
	직류측 중성선 또는 귀선이 되는 전로 (이하 이장에서 "직류 저압측 전로" 라 한다)는 별도 규정하는 계산식에 의하여 구한 값

4.6 무선 충전방식의 종류, 동작원리 및 특징에 대하여 설명하시오.

1. 무선 충전 방식의 종류
    1) 기존의 전선으로 전력을 전송하여 기기를 충전하는 방식 대신 전력을 대기를 통해 무선으로 전송하여 기기를 충전하는 방식을 무선충전이라 한다.
    2) 무선충전 방식은 크게 3가지로 자기유도 방식, 자기공명(공진) 방식, 전자기파 방식이 있으나, 일반적으로는 자기유도 방식과 공진유도 방식으로 나뉜다.
    2) 두 방식의 차이점은 크게 단말기와 충전기 간 접촉 여부로 구분한다. 현재 상용화된 무선충전 기술은 모두 자기유도방식이다.

2. 무선 충전 방식의 동작 원리

	자기유도방식	자기공명방식	전자기파방식
개념도			
주파수	125kHz, 13.56MHz	수십kHz ~ 수MHz	2.45GHz, 5.8GHz
전송 전력	주로 수W	주로 수십W	주로 수mW
전송 거리 및 효율	수mm이내, 90%이상 효율	1M에서 90%, 2M에서 40%	최대 수십kM까지 전송, 효율은 최대10~50%
인체 유해성	거의 무해	거의 무해	유해
표준화	WPC 표준 제정	표준화 추진 중	N/A

1) 자기유도 방식(inductive charging)
    - 자기유도 방식은 전력 송신부 코일에서 자기장을 발생시키면 이 자기장이 수신부의 2차 코일에 유도돼 전류를 공급하는 전자기 유도 원리를 이용한 기술이다.
    - 코일이 근접거리에 위치해야 가능한 방식이다.
    - 자기유도 방식은 전력 전송 효율이 90% 이상으로 매우 높은 장점이 있지만, 수 cm 이상 떨어지거나 송신코일과 수신코일의 중심이 정확히 일치하지 않으면 전력이 거의 전송되지 않을 정도로 효율이 급격히 저하된다는 문제점이 있다.
    - 콘센트에 꽂지만 않았을 뿐 유선을 이용한 충전과 마찬가지이다.

2) 자기공명(resonant inductive coupling) 방식

- 공진(resonance) 유도 혹은 자기공명 방식으로 불리는 기술이다.
- 송신부 코일에서 공진주파수로 진동하는 자기장을 생성해 동일한 공진 주파수로 설계된 수신부 코일에만 에너지가 집중적으로 전달되도록 하는 것이 공진유도 방식의 원리이다.
- 즉, 수 MHz에서 수십 MHz 대역의 주파수를 사용하여 자기적 공명을 이루어 전력을 전송하는 기술이다.
- 전자유도 방식보다 먼 거리에서 높은 효율로 에너지를 전달할 수 있다.
- 공진 방식의 경우 1m 가량 떨어진 곳에서는 약 90%의 높은 효율로, 2m에서도 약 40%의 효율로 전력 전송이 가능하다.
- 수신부 코일에서 흡수되지 않은 에너지가 공기 중으로 방사돼 소멸되지 않고 송신부 코일에 다시 흡수되기 때문에 효율이 높은 편이다.
- 가장 중요한 이슈는 실제 이용 환경에서 전송 거리 및 효율이 저하되는 문제이다.
- 송·수신기가 공진을 일으키는 주파수 대역이 작으면 작을수록 더 멀리 더 높은 효율로 전력을 전송할 수 있고 이를 위해서는 공진기의 품질계수(Q팩터)가 높게 유지돼야 한다.
- 신호를 제대로 잡지 못할 경우 발열 문제가 발생할 수 있고 무선으로 전송되는 전력이 인체에 유해하지 않다는 점도 증명돼야 한다.
- 현재 공진방식에 대한 국제 표준이 전무하다는 것도 상용화에 걸림돌이다.

3. 무선 충전방식 특징

구분	자기유도방식	공진방식(자기공명방식)
충전 원리	자기장 공진(共振)을 이용해 근거리에서 전력 공급	충전기 내부 코일로 원거리에서 전력 공급
충전 방법	충전기와 접촉 필요	충전기 주변에서 자동으로 충전
장점	비용이 적게 들고 인체에 무해하며 전력 전송 효율이 90% 이상.	원거리 충전으로 동시에 여러 기계의 충전이 가능하며 송신부와 수신부 사이 장애물 존재 가능
단점	전력 전송거리가 짧음	인체 유해성 논란이 있음

Chapter 3 제115회 전기응용기술사 문제지(2018.05)

국가기술 자격검정 시험문제

기술사 제 115 회 　　　　　　　　　제 1 교시 (시험시간: 100분)

분야	전기	자격종목	전기응용기술사	수험번호		성명	

※ 다음 문제 중 10문제를 선택하여 설명하시오. (각10점)

1. 접지저항측정 방법 중에서 전위강하법에 대하여 설명하시오.

2. 태양전지의 전류 및 전압(I-V)특성에 대하여 설명하시오.

3. UTP(Unshielded Twisted Pair)케이블의 종류 및 특성에 대하여 설명하시오.

4. 눈부심(glare) 중에서 불쾌글레어(discomfort glare), 불능글레어(disability glare), 직접글레어(direct glare)에 대하여 설명하시오.

5. LED램프의 점등방식 중에서 스태틱(static) 점등방식과 다이나믹(dynamic) 점등방식에 대하여 설명하시오.

6. DC-DC 컨버터 회로로 설계가 가능한 자기적 결합 초퍼회로의 종류를 열거하시오.

7. 태양열 집열기 중 평판형 집열기의 특성과 흡수기 주위에서 일어나는 손실에 대하여 설명하시오.

8. 조명기구의 조명방식 중에서 배광에 의한 방식과 배치에 의한 방식에 대하여 설명하시오.

9. 전기가열의 특징에 대하여 설명하시오.

10. 연료전지의 원리에 대하여 설명하시오.

11. 교류전기철도의 특징과 문제점에 대하여 설명하시오.

12. 알루미늄권선 변압기의 특징에 대하여 설명하시오.

13. 정전도장 및 정전분체도장의 원리에 대하여 설명하시오.

국가기술 자격검정 시험문제

기술사 제 115 회 　　　　　　　　　제 2 교시 (시험시간: 100분)

| 분야 | 전 기 | 자격종목 | 전기응용기술사 | 수험번호 | | 성명 | |

※ 다음 문제 중 4문제를 선택하여 설명하시오. (각25점)

1. 신기후 체제 파리협정(Post-2020)에 따른 에너지 신산업에 대하여 설명하시오.

2. 온도를 측정하기 위한 온도계 중에서 광 고온도계, 복사 고온도계에 대하여 설명하시오.

3. 컨베이어 구동방식 중에서 단독구동, 탠덤(tandem)구동, 다수구동에 대하여 설명하시오.

4. 제어시스템의 안정도 판별법 중 나이퀴스트(Nyquist)의 안정도 판별법의 특징과 안정도의 조건에 대하여 설명하시오.

5. 히트 펌프에 대해 다음 사항을 설명하시오.
   1) 정의 2) 구성과 원리 3) 특징 4) 용도

6. 전산실에서의 정전기장해요인과 대책에 대하여 설명하시오.

국가기술 자격검정 시험문제

기술사 제 115 회   제 3 교시 (시험시간: 100분)

분야	전기	자격종목	전기응용기술사	수험번호		성명	

※ 다음 문제 중 4문제를 선택하여 설명하시오. (각25점)

1. 유도전동기의 속도제어방법에 대하여 설명하시오.

2. 전기철도에서 점착력(adhesion)에 대하여 설명하시오.

3. 리튬이온(Li-ion) 전지의 동작원리와 특징에 대하여 설명하시오.

4. 다음과 같은 질량, 스프링, 선형마찰 요소로 구성된 시스템의 전달함수를 구하시오.
    (단, K는 스프링상수, B는 마찰계수, M은 질량, y는 변위, f는 힘)

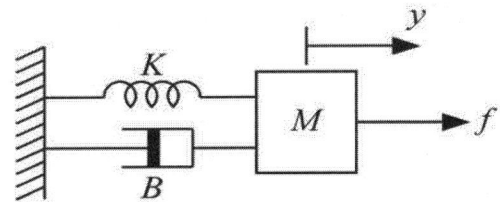

5. 자기부상열차의 부상원리와 부상방식의 종류에 대하여 설명하시오.

6. 직류고속도 차단기(HSCB)의 차단원리와 종류에 대하여 설명하시오.

국가기술 자격검정 시험문제

기술사 제 115 회 　　　　　　　　제 4 교시 (시험시간: 100분)

분야	전기	자격종목	전기응용기술사	수험번호		성명	

※ 다음 문제 중 4문제를 선택하여 설명하시오. (각25점)

1. 연계형 태양광발전시스템의 구성요소에 대하여 설명하시오.

2. 장대터널 조명의 설계 시 터널 조명의 구성과 설계 시 유의사항에 대하여 설명하시오.

3. 태양광발전시스템에서 바이패스(by-pass) 다이오드에 대하여 설명하시오.

4. 마그네트론 발진기의 특성과 응용분야에 대하여 설명하시오.

5. 운전 중인 변압기의 온도상승 원인, 절연유 구비조건, 변압기 냉각방식에 대하여 설명하시오.

6. 무정전 전원장치(UPS) 선정 시 고려사항 및 2차회로의 보호에 대하여 설명하시오.

Chapter 3

제115회 전기응용기술사
문제풀이(2018.05)

1.1 접지저항측정 방법 중에서 전위강하법에 대하여 설명하시오.

1. 개요
접지 저항 측정 방법에는 전위 강하법(전위차계법), 전압 강하법(Mesh법), Hook-On식 등이 있고 전위 강하법에는 3전극법, 2전극법, 4전극법등이 있으며 주로 3전극법을 적용하고 있다.

2. 전위강하법
1) 3 전극법

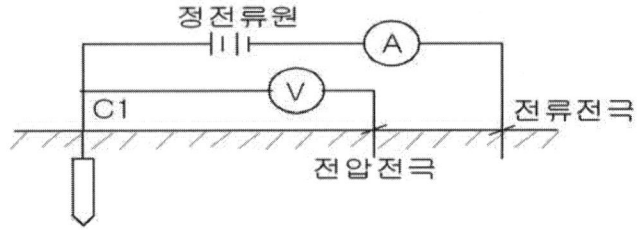

- 현장에서 접지 저항을 측정할 때 많이 사용하는 방법으로 E 단자에 접지극을, C와 P 단자에 보조 접지극을 접속한다.
- PB을 누르면서 다이얼을 조정하여 검루기의 눈금이 0을 지시할 때 다이얼 값을 읽으면 된다.
- 여러군데 측정하여 평균값을 취하는 것이 좋다.
- 전압극을 아래 그림의 수평 구간에 최소한 꽂아야 한다.

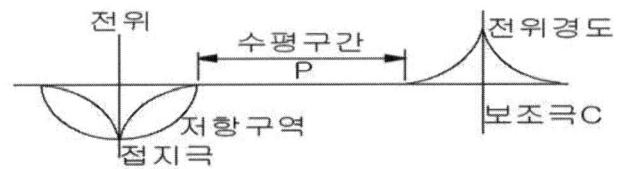

- 61.8% 법칙에 따라 전압극 P를 전류극 C의 61.8% 지점에 꽂을 때 가장 정확하지만 일반적으로 접지극에서 전압극, 전류극을 각 10m씩 이격하여 꽂아도 실용상 문제는 없다.

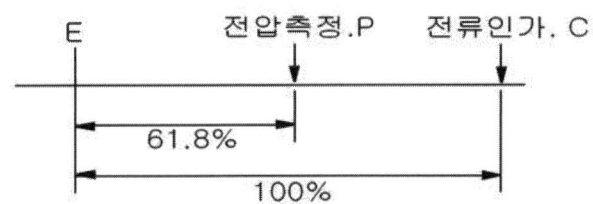

2) 2전극법

- 현장에서 개략적으로 측정하는 방식.
- 측정대상 접지전극 단자를 E에 보조전극 단자를 P-C Common하여 연결한다.
- $R = \dfrac{\rho}{2\pi}\left(\dfrac{1}{a} + \dfrac{1}{b} + \dfrac{2}{x}\right)$

여기서 a : 접지극 반경
　　　b : 보조극 반경
　　　x : a-b간 거리임.

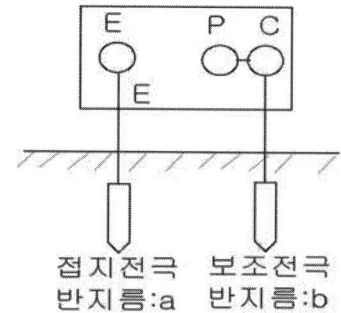

3) 4 전극법

- C1과 P1을 Common하여 접지극에 연결
- 측정방법은 전위차계법(3전극법)과 동일하다.

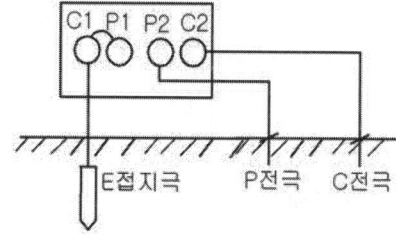

1.2 태양전지의 전류 및 전압(I-V)특성에 대하여 설명하시오.

1. 태양 전지(cell)의 전류 및 전압 특성
1) 전류-전압 특성곡선은 태양전지의 변환효율을 나타내는데 이용된다.
2) 따라서 이 특성곡선을 이용하여 태양전지의 최대 효율을 얻을 수 있다.
3) 전류-전압 특성곡선

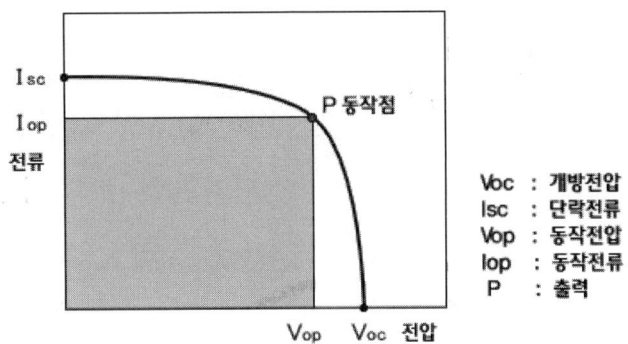

(1) 개방 전압 : Voc
    태양전지에 아무 것도 연결하지 않는 상태로, 태양전지의 양단에 발생하는 전압을 나타낸다.
(2) 합선 전류 : Isc
    태양전지의 양단을 short 하게 한 상태로, short 한 전류를 표시한다.
(3) 동작점 : P
    태양전지부터 출력을 꺼내기 위해서 설정된 전압에 대해 발생하는 전류가 정해진다. 이 때의 전압, 전류의 점을 동작점이라 한다.
(4) 태양전지의 최대 출력점
    태양전지의 출력은 Iop와 Vop와 원점을 잇는 면적(위의 그림의 그레이 부분)에 나타낸다. 즉, 태양전지를 효율적으로 사용하기 위하여, 그레이 부분의 면적을 최대로 하는 Iop와 Vop를 설정할 필요가 있다.

2. Fill factor(F.F)
1) 최대전력점에서의 전류밀도와 전압값의 곱(Vop×Iop)을 Voc와 Isc의 곱으로 나눈 값이다.

   즉, $F.F = \dfrac{Vop \times Iop}{Voc \times Isc}$

2) 따라서 fill factor는 빛이 가해진 상태에서 I-V곡선의 모양이 사각형에 얼마나 가까운가를 나타내는 지표이다.

1.3 UTP(Unshielded Twisted Pair)케이블의 종류 및 특성에 대하여 설명하시오.

1. 개요
1) 전자 통신 전송 매체로는 유선으로 이중선, 이중나선, 동축 케이블, 광 케이블 등이 있으며 무선으로는 인공위성, 지상 마이크로파, 라디오파 등이 있다.
2) 이중에 이중 나선의 종류로는
   - 비 차폐 이중나선(UTP:Unshielded Twisted Pairs)
   - 차폐 이중나선(STP:Shielded Twisted Pairs)등이 있다.

2. 차폐 연선 (STP)
1) 차폐 연선은 실드가 있는 연선으로 STP(Shielded Twisted Pair)라고 한다. 신호 간섭이 많은 공장이나 야외, 또 빠른 통신 속도가 필요한 곳에 쓰인다.
2) 유럽에서는 STP가 주로 쓰이며 UTP는 거의 보급되어 있지 않다.

3. 비차폐 연선 (UTP)
1) 비차폐 연선은 실드가 없는 연선으로 UTP(Unshielded Twisted Pair)라고 한다.
2) 전화선이나 이더넷 등에 많이 쓴다.
3) 처리가 간단하고 값이 싸서 빠른 전송이 필요 없는 이더넷의 랜 용도에 표준으로 쓰이고 있다.

4. UTP 케이블의 특징
- 케이블이 가늘고 유동성이 있어 벽 사이에 설치하기 쉽다.
- UTP 단면적이 작기 때문에 빠르게 도관을 채우지 않는다.
- UTP는 다른 종류의 랜 케이블에 비해 비용이 적게 든다.

5. UTP 케이블 종류

종 류	전송 속도	통상 속도	적 용
CPEV	9600 bps	10,000 bps	일반 전화망
CAT 3	16 M	10 M	일반 전화망 + 전산망
CAT 4	20 M	16 M	〃
CAT 5	100 M	100 M	디지털
CAT 5e	100 M	150 ~ 620 M	〃
CAT 6	250 M	100 M 거의 광 수준	〃

1.4 눈부심(glare) 중에서 불쾌글레어(discomfort glare), 불능글레어
    (disability glare), 직접글레어(direct glare)에 대하여 설명하시오.

1. 눈부심(Glare)의 종류
  1) 감능 글래어
     보는 대상물 주위에 고 휘도 광원이 있는 경우 망막
     앞에 어떤 휘도를 갖는 광막 커텐이 쳐지기 때문에
     보는 대상물을 식별하는 능력을 저하 시키는 현상.

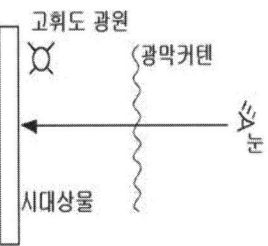

  2) 불쾌 글래어
     눈부심 때문에 심리적으로 불쾌한 분위기를 느끼는 것을 말한다.
     심한 휘도 차이로 눈의 피로, 불쾌감을 느껴서 시력에 장애를 받는 현상

  3) 직시 글래어
     휘도가 높은 광원을 직시 하였을 때 나타나는 현상으로 눈부심을 일으키는
     휘도의 한계는 다음과 같다.
     - 항상 시야 내에 있는 광원   : 0.2 (Cd/㎠) 이하
     - 때때로 시야 내에 있는 광원 : 0.5 (Cd/㎠) 이하

  4) 반사 글래어
     고휘도 광원의 빛이 물질의 표면에서 반사하여 눈에
     들어왔을 때 일어나는 현상으로, 반사면이 평평하고
     광택이 있는 면의 경우 즉, 정반사율이 높은 면일수
     록 눈부심이 강하게 된다.

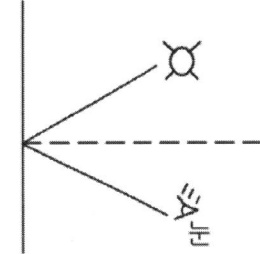

2. 눈부심의 평가방법
  1) VCP(Visual Comfart Probability)법
     여러 사람이 어떤 조명기구를 보았을 때 느끼는 쾌감과 불쾌감의 비율로서
     관찰자의 주관성이 개입될 수 있다.

  2) GLARE INDEX 법
     - 광원의 휘도를 측정하여 눈부심의 정도를 판단하는 방법으로 정확도가 커
       짐.
       $GI = 10 \log G$
       여기서 G : 글레어 정수
     - 조명에서 GI가 최소한 22이하가 되어야한다.

1.5 LED램프의 점등방식 중에서 스태틱(static) 점등방식과 다이나믹(dynamic) 점등방식에 대하여 설명하시오.

1. LED의 점등방식
   1) LED 점등방식에는 시간적으로 연속해서 일정전류를 흘리는 Static점등과 시간적으로 점멸을 반복하는 Dynamic점등이 있다.
   2) 점멸시간이 짧으면 눈으로 보았을 경우 Static점등하고 있는 것처럼 보인다.

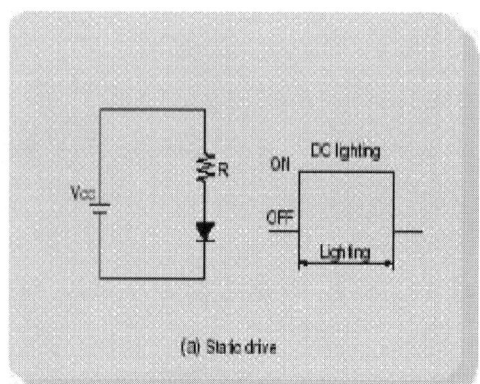
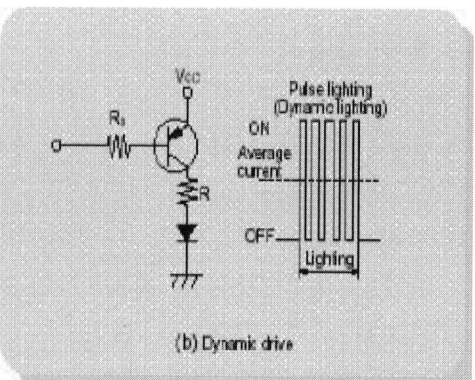

2. 점등 방식 비교
   1) 다이나믹 점등은 일반적으로 펄스 점등 방식(duty 점등)을 나타낸다.
   2) 다이나믹 점등 방식은 일정한 주파수로 점등시키는 방법으로, static 점등 방식에 비해 소비전력을 억제할 수 있으며 수명도 길어진다.
      단, 회로가 복잡해집니다.
   3) 반면 static 점등 방식은 일반적으로 DC 점등 방식을 나타낸다.
   4) static 점등 방식은 발광시키는 LED 에 항상 전류를 가하는 점등 방식이다.
   5) 따라서 다이나믹 점등 방식에 비해 소비전력이 크며 수명도 전류가 항상 가해지는 만큼 짧아지는 경향이 있다.
   6) 단, 회로는 간단하게 구성할 수 있으며, 동작도 단순하다.

3. 점등 방식의 선택
   각 점등방식은 아래와 같은 용도에 주로 사용된다.

점등방식	주요 용도	장 점
Static	Indicator 실외표시장치	고 휘도 설계가 가능 도로표시등의 Flickering 적다.
Dynamic	Matrix 배선에 의한 실내표시장치 Matrix 배선에 의한 조광용광원장치	구동용 Tr.등의 수를 줄여서 Cost절감

1.6 DC-DC 컨버터 회로로 설계가 가능한 자기적 결합 초퍼회로의 종류를
   열거하시오.

1. 전력 변환 장치 종류
   1) 전력용 반도체 Device를 이용하여 전력의 흐름을 제어하고, 전압, 전류, 주
      파수를 변환하는 장치에는 다음과 같은 것들이 있다.
      - 순변환 장치, 정류기, Converter   : AC -> DC
      - 역변환 장치, Inverter   : DC -> AC
      - 초퍼, DC/DC Converter   : DC -> DC
      - Cyclo Converter, 교류 전력 조정기 : AC -> AC
   2) 최근 전력 변환 회로의 연구 동향은, 저가이면서 효율적이고 작은 크기의
      전력 변환 회로를 어떻게 설계하는가에 집중되어 있다.
   3) 특히, 인덕터에 보조 권선을 감아 쓰는 자기 결합 인덕터 기술은 별다른
      소자를 필요로 하지 않기 때문에 저가이면서 효율적이고 작은 크기의 전력
      변환 회로를 쉽게 구현할 수 있는 장점이 있다.

2. DC-DC 컨버터 종류
   1) Chopper 방식(코일 방식)
      - 전류를 스위칭에 의해 잘게 잘라 전압 변환하는 방식이다.
      - 초퍼방식에서는 코일(인덕터)이 중요한 역할을 한다.
      - 스위칭 소자가 ON/OFF할 때 마다 회로에 흐르는 전류는 급격히 변화
        하는데, 코일에는 전류변화를 방해하는 기전력이 생겨 유도전류가 만들어
        진다.
      - Chopper방식의 DC-DC Converter는 스위칭 소자와 쵸크 코일, Capacitor,
        Diode(다이오드)를 조합한 간단한 회로로서, 직류 전압을 강압 혹은
        승압하고 있다.
      - Chopper 방식의 DC-DC Converter에는 두 가지의 기본회로가 있다.
        ① 강압형 DC-DC Converter
        ② 승압형 Booster Converter

스위치 ON 시 기전력 방향	스위치 OFF 시 기전력 방향
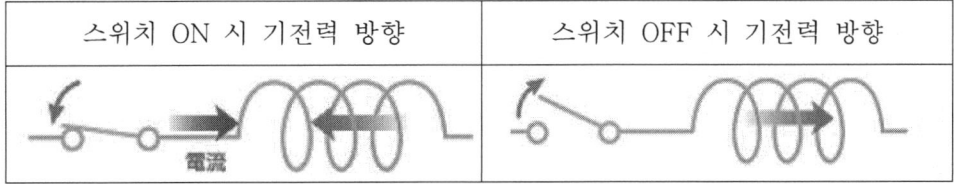	

2) Transformer를 사용한 절연형의 DC-DC Converter

Chopper방식의 DC-DC Converter는 비 절연형인데 비해 Transformer (스위칭 트랜스)를 사용한 Type을 절연형 이라고 하며 효율 등이 낮기 때문에 많이 사용하지는 않고 있다.

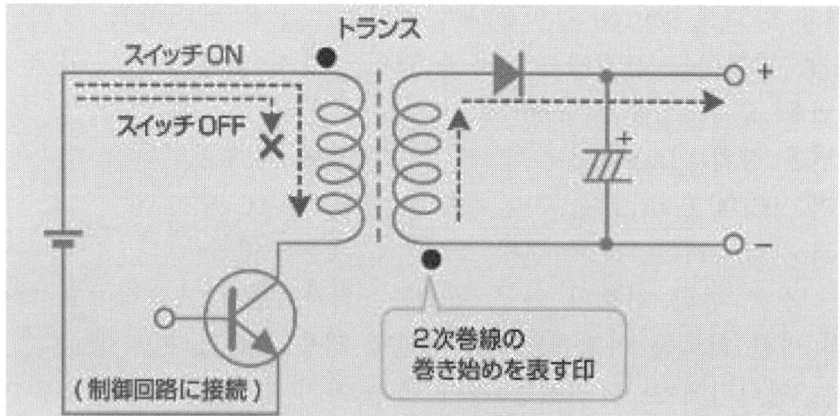

1.7 태양열 집열기 중 평판형 집열기의 특성과 흡수기 주위에서 일어나는 손실에 대하여 설명하시오.

1. 태양열 시스템의 구성 및 원리
태양열 이용시스템은 집열부, 이용부, 축열부로 구성된다.

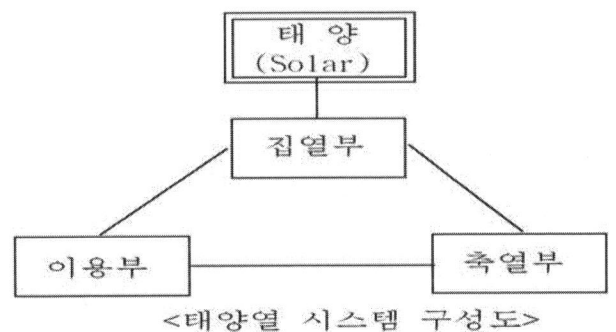

<태양열 시스템 구성도>

2. 태양열 집열기의 종류
태양열 집열기는 형태에 따라서 평판형 집열기, 진공관형 집열기, CPC집열기로 구분할 수 있다.

1) 평판형 집열기
태양광을 집열하는 장치로 투과체(유리), 집열체(구리, 알루미늄, 스테인리스 등)로 구성되며, 일반적으로 태양열 이용의 집열기를 가리키는 경우가 많다.

판형의 집열기로써 신뢰성이 높으며, 흡수판 면적이 넓기 때문에 집열 초기 효율이 높고, 강화유리의 강도가 높아 충격에 강하며 설치인건비가 비교적 적게 소요된다.

2) 진공관형 태양열 집열기
단열손실을 줄이기 위해 진공기법을 적용한 제품으로 특수용도의 집열기로 사용되고 있다.

특히 태양열 냉방등 고온의 온수가 필요한 장소에 적합한 제품이다.

단점으로는 흡수판 면적이 다소 적기 때문에 초기 효율이 평판형에 비하여 낮다.

또한 충격에 약하고 설치비가 다소 많이 소요되는 특징이 있다.

3) CPC 집열기
축열식 집열기라고 하여, 반사판을 적용하여 집광하므로 집광비에 따라 집열 온도가 비교적 높은 편이다.

특수용도로 사용할 수 있으나, 설비비가 비싼 단점이 있다.

| 태양열 집열기 | 진공관형 집열기 | CPC 집열기 |

3. 평판형 태양열 집열기의 특성

1) **고효율**
   선택 흡수 코팅판을 적용하여 집열기 효율이 좋다.

2) **고강도**
   금형 압축성형 기법을 적용하여 강도가 높다.

3) **설치 유연성**
   집열기 배관 경이 넓어(25.4mm) 소규모에서 부터 중, 대규모 시스템에 이르기 까지 설치가 용이하며 설계가 자유롭다.

4. 집열기 특징 비교

종류	특징
평판형	- 이중 탱크, 밀폐형 온수 축열 방식 - 무동력 자연 대류 방식 - 효율 : 90% 이상 - 동파 방지(열 매체 이용) - 설치 시공 간단
진공관형	- 열매체 간접 가열 방식 - 비 자연 순환식 - 효율 낮음
축열식 집열기 (CPC형)	- 무동력 자연 대류 방식 - 단일 탱크, 개방형 열교환 방식 - 효율 : 80% 이하 - 동파 방지(열 매체 이용) - 설치 시공 간단 - 부식, 코일 파손등 내구성 나쁨

1.8 조명기구의 조명방식 중에서 배광에 의한 방식과 배치에 의한 방식에 대하여 설명하시오.

1. 개요
조명 공학에서 배광에 따른 배광의 형태가 많은 중요도를 차지하고 있으며, 배광은 조명기구에 의하여 이루어지므로 조명기구와 밀접한 관계를 이루고 있으므로 장소, 사용목적에 알맞은 조명을 하기위해서는 조명기구의 의장, 배광, 배치 등을 검토하여 적절한 조명기구를 선정 하여야 하므로 조명기구의 특성과 배광 방식에 대하여 기술하기로 한다.

2. 배광에 의한 방식
직접 조명, 반 직접조명, 전반 확산 조명, 반 간접조명, 간접조명으로 분류.

직접 조명	반 직접조명	전반확산조명	반간접조명	간접조명
상방 0~10 %	상방 10~40 %	상방40~60 %	상방 60~90 %	상방90~100 %
하방100~90 %	하방 90~60 %	하방 60~40 %	하방 40~10 %	하방10~0 %
공장 다운라이트 매입등	사무실 학교 상점	사무실 학교 상점	병실 침실 다방	병실 침실 다방

3. 기구 배치에 따른 분류
전반 조명, 국부조명, 전반 국부 병용 조명등으로 분류한다.

1) 전반 조명
- 상당히 넓은 실내에 적당한 크기의 광원을 수 많이 규칙적으로 배치하여 조도 분포를 고르게 한다.
- 명시조명을 요하는 사무실, 학교, 공장 등에 적용.

2) 국부 조명
- 필요한 곳만을 강하게 조명하는 조명법.
- 정밀한 작업을 할 때, 혹은 높은 조도를 필요로 할 때는 전반조명과 병용해서 경제적인 조명으로써 쓰인다.
- 주로 정밀공장의 기계부분, 전시장, 조립공장에 적용.

3) 전반 국부 병용 조명
- 어떤 특정 위치, 예를 들면 특정한 시작업이 행하여지고 있는 장소를 그 공간의 전반 조명보다 고조도로 되도록 전반을 포함해서 설계된 조명.
- 전반조명과 국부조명의 비율은 1:10 이하가 좋다.
- 정밀공장, 실험실, 조립 및 가공공장 등에 주로 적용.

4. 기타 분류 방법
1) 용도에 따라
방수형, 방습형, 방폭형, 내진형, 내산형, 내열형등
2) 형태에 따라
브래킷형, 펜단트형, 글로브형, 갓형, 루버형, Spot형, 샹들리에형등
3) 기구 의장에 따라
- 장식적 조명 단등 방식 : 광원이 점에 가까운 모양으로 보임

  　　　　　　다등 방식 : 몇 개의 점광원을 모은 기구
- 실리적 조명 연속 열방식 : 광원의 모양이 선이나 선형으로 보임

  　　　　　　평면 방식 : 발광면이 평면으로 보임
4) 기능에 따라
백열등기구, 형광등기구, 방전등기구, 네온사인, 신호등, 항공장애등, 수중등, 무대등등

1.9 전기가열의 특징에 대하여 설명하시오.

1. 개요
 1) 전열의 정의
    전열이란 전기에너지를 열 에너지로 변환하는 것임.
 2) 열의 이동
    (1) 전도 : 고체, 액체, 기체분자가 정지한 상태에서 그 위치를 바꾸지
        않으면서 열에너지를 전달하며, 분자의 진동에 의한 에너지 전달과정임
    (2) 대류 : 액체나 기체중에서 분자가 열의 운반으로 전달되는 방식임.
    (3) 복사 : 중간 매체의 전달에 의존하지 않고 고온에서 저온의 물체로
        전자파의 형태로 열을 전달하는 방식임.

2. 전기가열의 특징
 1) 고 효율임
    (1) 타 열원에 의한 가열 : 연소가스와 공기에서 발생하는 불완전연소
        가스가 많아 열효율이 좋지 않음.
    (2) 전기가열 : 가스발생량이 없어 고 효율이며 원료의 손실을 감소시킬
        수 있음.

 2) 고온 발생
    (1) 일반 연소 : 1500℃
    (2) 아크 가열 : 5,000 ~ 6,000℃
    (3) 플라즈마 연소 : 수만 ~ 수십만℃ 의 고온 가능

 3) 내부 가열 가능
    (1) 일반 연소 : 물체의 표면 가열이므로 피열체의 내부 균일 가열이 불가.
    (2) 전기 가열 : 직접 피열체에 통전 또는 유전 유도가열이 가능하여
                   열효율이 좋다.

 4) 로기 제어 용이
    로내에서 가열이 가능하기 때문에 고기압이 가능하고 진공처리도 가능.

 5) 온도 제어가 용이함
    온도계의 지시에 따라 전력 조정을 하여 온도제어가 가능함.

6) 방사(복사)열 이용이 가능
   방사열의 방향을 임으로 조정하여 이용 할 수 있음.

7) 제품의 균일화
   온도 분포가 균일하여 제품의 균일화가 가능함.

8) 공해가 적음
   연료를 사용하지 않아 공해가 극히 적음

1.10 연료전지의 원리에 대하여 설명하시오.

1. 연료 전지 구성

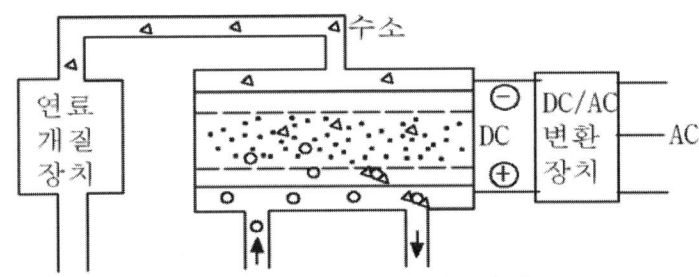

1) **연료 개질 장치**
   - 수소를 함유한 일반 연료(LPG, LNG, 메탄, 석탄가스 메탄올 등)로 부터 연료 전지가 요구하는 수소를 제조하는 장치.
2) **연료 전지 본체**
   연료 개질 장치에서 들어오는 수소와 공기 중의 산소로 직류 전기와 물 및 부산물인 열을 발생
3) **전력 변환 장치**
   연료 전지에서 나오는 직류를 교류로 변환
4) **부속장치**
   플랜트의 효율을 높이기 위해서는 연료 전지 반응에서 생기는 반응열과 연료 개질 과정에서 나오는 폐열 등을 이용하는 장치가 부수적으로 필요하다.

2. 연료 전지의 원리

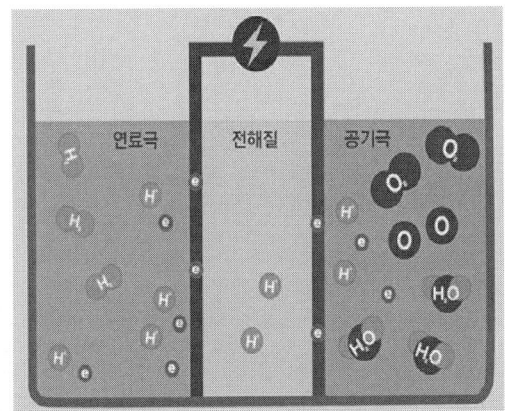 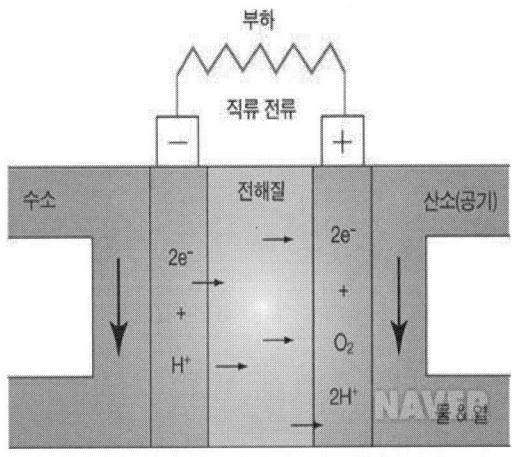

1) 연료전지는 물의 전기분해 반응을 반대로 진행하여 전기를 발생시키는 것이다.

2) 전기 분해의 경우 물에 전기를 흐르게 하면 수소와 산소가 발생하는 반면, 연료전지에서는 수소와 산소를 반응시켜 전기와 물을 발생시키는 구조인 것이다.

즉, $2H_2 + O_2^- \rightarrow 2H_2O$

3) 전극에는 두 극 모두 탄소 혹은 금속을 사용하고 있는데, 전극의 표면적을 증대시키기 위해 다공질(多孔質)로 되어 있다.
4) 전해액은 수산화칼륨(KOH) 용액이다.
5) 수소 가스는 1~10 기압으로 보내지고, 수소가 스며드는 쪽이 (-)극, 산소 쪽이 (+)극이다.
6) 수소는 음극(-)에서 산화(전자를 잃음)되고, 산소는 양극(+)에서 환원(전자를 얻음) 반응이 일어난다.
7) 이 반응식에서 볼 수 있듯이 수산화 이온(OH^-)의 농도는 변하지 않고 단지 수소와 산소로 물이 만들어진다.

1.11 교류전기철도의 특징과 문제점에 대하여 설명하시오.

1. 개요
- 교류방식은 일반적으로 변전소로부터 수전하는 3상의 상용 전원을 단상변압기 또는 3상/2상 변환장치에 의해 단상교류전기를 공급하여 운전하는 방식으로 세계전기철도의 약 57%가 이 방식을 채택하고 있다.
- 교류식 전기철도는 방식은 상별, 주파수별. 전압별로 분류되며, 급전방식에 따라 직접방식, 흡상변압기방식(BT), 단권변압기방식(AT) 으로 분류된다.

2. 직류 방식과 교류 방식 비교

구분	직류 방식	교류 방식
정의	일반 전력계통에서 수전한 특별고압 교류전력을 전철변전소의 변압기로 강압하여 정류기에 의해 직류 1,500V로 변환하여 전차선로에 공급함.	-일반 전력계통으로부터 수전한 특고압 또는 초고압의 교류전력을 전철변전소 에서 Scott변압기로 강압하여 전차선로에 공급함. -여러가지 전압과 주파수방식이 있으나 최근에는 25kV방식을 주로 사용.
장점	1.견인특성이 우수한 직류 직권전동기를 사용해 전기차 설비가 간단함 2.전압이 낮아 전차선로 및 기기의 절연이 쉽다. 3.통신선의 유도장해가 적음	1.변전소 설비 간단(변압기,차단기등) 2.전차선 전압이 높아 전압강하가 및 전력손실이 적음 3.전차선전류가 작아 보호방식이 간단하고 고장선택차단이 쉬움 4.전기차내 변압기에 의해 차내 전압을 자유롭게 사용할 수 있음 5.전류가 적어 집전이 쉬움 6.전식피해가 없음

단점	1.전차선의 전류가 크므로 전압강하 큼
	  (변전소 간격 : 3~5km)
	2.대전류이므로 사용전선이 굵어야 함
	3.고장전류 선택차단이 어려움
	3.누설전류에 의한 전식 발생
		1.고전압이므로 절연이격거리가 커야 함
		2.3상 전원 계통에 전압 불평형 발생
		  대책 : SCOTT결선
		3.터널내 단면적이 커서 건설비 증가
		4.차량이 변압장치등으로 복잡함
		5.근접 통신선로에 유도장해 우려
		  대책:BT,AT급전방식

1.12 알루미늄권선 변압기의 특징에 대하여 설명하시오.

1. 알루미늄 변압기 필요성
1) 구리 값의 폭등 구리 대신 알루미늄을 사용하는 경우가 상당히 많다.
2) 구리에 비해 알루미늄은 가볍고 가격이 저렴하지만, 고유저항이 크고 기계적 강도가 약하여 사용범위가 제한적인 면이 있다.
3) 따라서 알루미늄과 구리의 조합으로 새로운 제품들이 나오고 있지만 아직 문제점이 많다.
4) 변압기에서 알루미늄을 사용하는 경우
   - 코일의 굵기가 상대적(구리에 비해)으로 더 굵어 져야 하고
   - 발열에 의한 냉각을 검토하여야 하므로 대용량 변압기보다는 중 소형 변압기에 사용하는 것이 좋다.
5) 제조원가면에서 구리제품보다 저렴하고 내구성 부분에서도 유리하다.
6) 따라서 향후 구리 값 상승에 대비하여 알루미늄 제품이 활성화 될 것으로 예상된다.

2. 알루미늄 권선 변압기의 특징
1) 전기적 특징 (손실/효율)
   - 알루미늄 도체의 도전율은 구리의 2/3 수준이다.
   - 따라서 동일 단면에서의 발생열 손실은 알루미늄 도체가 상대적으로 높지만 알루미늄 권선을 변압기 권선으로 설계 시 동일 도전율의 도체로 제작하기 위하여는 구리단면의 1.5배 단면적으로 증분하여 사용하기 때문에 발생손실에 따른 변압기 **효율은 거의 같다고 볼 수 있다.**

2) 기계적 특징 (단락강도)
   - 알루미늄 도체는 같은 면적의 구리와 비교하여 1/3정도의 기계적 강도를 같지만 알루미늄 도체의 단면은 구리의 3/2배 크기로 설계되기 때문에 알루미늄의 기계적 강도는 전혀 문제되지 않는다.
   - 한편으로 권선 시 알루미늄과 절연물과의 결합력이 구리에 비하여 3배 정도 높기 때문에 **단락강도 측면에서 우수한 특성을 보인다.**

3) 온도특성
   - 알루미늄 권선은 표면 발생 손실이 구리 권선의 78%밖에 안 되는 장점이 있다.
   - 따라서 구리 권선을 사용하는 것보다 **유리하다.**
     표면발생손실 : 단위 길이당 같은 손실 하에서 체적 당 도체표면에서

발생하는 손실

4) 중량 및 외형
   - 알루미늄의 비중은 구리의 1/3수준으로 단면적 증가분 3/2를 감안
     하더라도 구리의 1/2 정도 밖에 되지 않는다.
   - 따라서 구리를 사용한 변압기보다 85%정도의 경량화가 가능한 것으로
     보고되고 있다.
   - 외형 치수의 경우에는 증가될 수도 있으나, 권선 도체의 형상 등을
     개량하여 권선 집적도를 높임으로서 외형치수도 거의 증가되지 않는다.
     따라서 외형과 치수에는 **거의 차이가 없다**고 보아도 좋다.

5) 수명
   - 절연유와 접촉하는 구리는 화학 반응시 촉매 작용을 하여 화학적으로
     열화를 촉진 시킬 수 있다.
   - 그러나 알루미늄은 절연유와 접촉 시 화학적으로 안정하기 때문에
     변압기의 전체 **수명을 연장할 수 있다.**

1.13 정전도장 및 정전분체도장의 원리에 대하여 설명하시오.

1. 정전 도장이란
1) 정전 도장 이란 피도물에 전기를 띄우고 도장을 하는 방법으로 도료로는 액체 도료와 분체 도료를 사용할 수 있으나 대부분 분체 도료를 사용하는 방법을 채택하고 있다.
2) 분체도장(Powder coating)은 에폭시나 폴리에틸렌계의 분말 도료를 원료로, 철이나 알루미늄 등에 정전기를 이용하여 부착시켜 고온에서 용융 & 경화시켜 도장하는 방법이다.
3) 액체 페인트보다 내식성, 접착성, 내구성이 월등히 우수하고 부식방지에 뛰어나 고품질의 제품을 만드는데 널리 사용되고 있다.
4) 유럽 등 선진국에서 최초로 개발되어 국내에 도입된 도장방법으로 수요가 지속적으로 증가하고 있다.

2. 정전분체도장의 원리
정전분체도장의 방법 중에서 주로 많이 사용되는 정전스프레이 도장법은, 분체도장기의 고전압 하에서 음극(-)으로 대전된 분체도료를 피도물에 분사하여 전기적으로 부착시킨 후 고열로 가열하여 용융/경화시키는 방법이다.

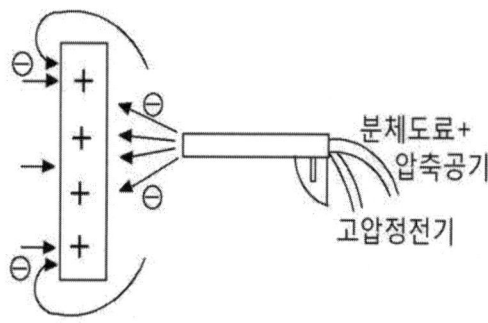

3. 정전 분체 도장의 특징
1) **장점**
   - 액체도장에 비해 작업공정이 간단하여 작업시간을 단축할 수 있으며 비용이 적게 든다.(경제적이다)
   - 1회 도장으로 균일하고 60㎛ 이상의 높은 도막을 얻을 수 있다.
   - 액체도장에 비해 부착력, 내 부식성 등 뛰어난 성능의 도막을 얻을 수 있다.
   - 일반 색상 뿐만 아니라, 고기능성(대전방지용, 고내후성 등) 및 특수무늬 도장이 가능하다.

- 분체도료는 액체도료에 비해 작업시간이나 건조시간이 적기 때문에 먼지 등에 오염되지 않은 깨끗한 도막을 얻을 수 있다.
- 인체에 해로운 용제를 함유하고 있지 않아 대기오염이나 수질오염이 없어 친환경적이다.

2) 단점
 - 주머니 모양이나 각의 내면에 도장이 안 될 수 있다.
 - 스파크의 위험성이 있다.
 - 설비비가 비싸다.
 - 액체도장에 비해 상용화되어 있는 색상이 한정되어 있고, 조색이 불가능하며, 아주 얇은 도막(30미크론 이하)의 형성이 곤란하다.

2.1 신기후 체제 파리협정(Post-2020)에 따른 에너지 신산업에 대하여 설명하시오.

1. 개요
파리협정의 목표는 온실가스 감축과 관련하여 글로벌 평균기온의 상승을 산업화 이전대비 1.5℃ 이하로 억제하기 위해 노력하는 것이다.

2. 파리협정의 주요 내용
1) 파리협정은 법적 구속력이 있는 합의이다.
2) 파리협정의 목표는 지구 평균기온 상승 억제 목표를 2℃로 하고, 1.5℃로 제한하기 위한 노력을 촉구하는 것이다.
3) 또, 기후변화 적응력을 강화하고 기후 회복력을 증진시키며, 온실가스 감축기술, 기후변화 적응, 지속가능발전, 빈곤 퇴치를 위한 지원을 마련하는 것이다.
3) "감축"과 관련해서는 선진국은 선도적 역할을 유지하고, 개도국도 스스로 결정한 기여방안(NDC)를 5년 단위로 제출토록 하여 UN기후변화협약의 기본원칙인 "공동의 책임을 따르도록 하였다.
4) 여기서 중요한 것은 기후변화협약의 모든 당사국이 감축에 참여한다는 것과 "진전원칙"에 따라 5년마다 상향된 국가별 기여방안(NDC)을 제출토록 한 것이다.

3. 교토 협정과의 차이
1) 교토체제에서는 UN기후 변화협약 중심의 탄소시장만 인정되었으나, 신 기후체제에서는 추가적으로 당사국 간 자발적인 시장형태도 인정하는등 다양한 형태의 '국제 탄소시장 매카니즘' 설립에 합의하였다.
2) 교토체제에서는 감축만을 대상으로 하였으나, 신기후 체제에서는 모든 국가가 기후변화 적응계획을 수립·이행하고 보고서를 제출토록 하였다.
3) 또한 기후변화로 인한 손실과 피해의 중요성을 인정하며, 향후 관련된 국제 협력을 강화토록 하였다.
4) 신기후 체제의 이행수단을 지원하기 위한 재원에 대한 선진국의 공급과 관련 정보제공을 의무화하고 우리나라와 같은 선진국 이외 국가에는 자발적인 참여를 장려하고 있다.
5) 온실가스 감축과 기후변화 적응 기술이 핵심이라는 장기비전을 공유하고, 기술 개발과 이전에 관한 프레임워크 수립, 관련 협력 강화와 선진국의 재정지원을 명시하였다.
6) 2023년부터 5년 단위로 파리협정 이행 전반에 대한 국제사회의 종합 점검을

실시하며, 각국의 온실가스 감축과 지원에 대한 이행 보고 및 점검을 추진하되, 개도국에는 유연성을 부여키로 하였다.

4. 에너지신산업 육성과 신재생에너지 공급 확대
   1) 미래부는 **태양전지, 바이오연료, 수소연료전지, 이차전지, 전력 IT, CCS** 등 온실가스 감축효과가 큰 '6대 핵심기술'을 개발 전략을 발표하고, '에너지 신산업법'을 통하여 이를 적극 지원하기로 하였다.
   2) 세계 7위의 온실가스 다배출국가로서, 에너지다소비 산업구조를 갖고 있는 우리나라로서는 세계 최강인 IT기술을 기존의 녹색성장에 접목한 창조경제를 활성화함으로써, 기후변화를 또 다른 성장의 기회로 삼을 수 있을 것이다.
   3) 온실가스를 줄이기 위해서 신재생에너지를 적극 도입해야한다는 데는 이의가 없지만, 현재 공급비중은 4%에 불과하고 증가율은 0.5% 정도로 더디기만 하다.
   4) 태양광발전 단가가 2030년에는 76원/kwh가 될 정도로 기술발전이 빠르게 이루어지고 있기는 하지만, 화석연료 대비 경쟁력을 갖기 전까지는 적극적인 정책 유인이 필요하다.
   5) 발전분야에 적용되고 있는 RPS제도가 잘 운영되어야 하며, 설치비, 전력 판매 단가 보조비 등 태양광발전을 활성화하기 위한 지자체 차원의 지원제도도 확대되어야 할 것이다.

2.2 온도를 측정하기 위한 온도계 중에서 광 고온도계, 복사 고온도계에 대하여 설명하시오.

1. 온도계 종류
   1) 저항온도계
      (1) 백금선 방식
         - 온도에 따라 백금의 저항이 변하는 것을 이용
         - 100Ω 위치에 0℃ 눈금 표시
           138.5Ω 위치에 100℃ 눈금표시
      (2) 니켈선 방식
   2) 열전온도계
      - 온도에 따라 기전력(직류전압)의 크기가 증감되는 원리를 이용
      - 전압대신 온도를 계기판에 그려서 표시.
   3) 광 온도계
      - 복사 고온계에 비해 정도(精度)가 높다.
      - 피측물의 크기가 0.1mm 정도인 작은 경우에도 측정할 수 있다.
   4) 복사온도계
      온도복사에 관한 스테판 볼츠만의 법칙을 이용한 것이다.
      - 온도를 직독할 수 있다.
      - 피측물에서 떨어진 위치에서 온도를 기록할 수 있다.
      - 온도의 측정범위가 넓다(600~4000℃)

2. 광 고온도계 (optical pyrometer)
   열방사를 이용하여 비접촉으로 온도를 측정하는 **방사형 온도계**와 광학상수의 온도의존성을 이용한 **광학적 온도계**로 나누어진다.
   1) 방사형 온도계
      - 물체에서 나오는 방사 에너지중 가시영역의 하나의 파장에 대한 휘도를 관측하여 휘도 온도를 측정하는 **광고온계**와
      - 방사 에너지를 열전대이나 볼로미터, 초전물질에 대어 전기 신호로 변환하는 **열변환형**이나 포토다이오드, 포토트랜지스터와 같은 **양자 변환형**이 있다.
      - 열변환형은 파장 의존성이 없지만, 감도가 낮고, 반대로 양자 변환형은 고속, 고감도지만, 파장의존성이 있다.

2) 광학적 온도계

광학적 온도 센서로써는
- 화합물 반도체의 광 흡수단 파장의 온도 의존성을 이용한 광흡수단형 온도 센서
- 형광물질에 자외선을 조사했을 때 발광하는 2종의 가시광의 상대적 강도를 가진 온도의존성을 이용한 형광온도 센서
- 결정성 광섬유의 자외선이나 가시광에 대한 투과율의 온도 의존성을 이용한 결정성 광섬유 온도센서
- 그밖에 물질의 복굴절성의 온도 의존성을 이용한 온도센서 등이 있다.

3. 복사 고온도계

이전에는 1,000℃ 이상의 고온을 측정하는 광 고온계가 주류를 이루었으나 최근에는 복사 검출기의 발달에 힘입어 고온뿐만 아니라 상온 부근까지도 측정할 수 있는 것이 개발되었다. 간단히 복사 온도계라고 한다.

1) 원리
- 모두 플랑크의 복사법칙을 이용하지만, 관측하는 복사의 파장이나 복사 측정방법에 따라 몇 가지 종류로 분류된다.
- 광고온계는 대상물이 발산하는 복사 가운데 특정한 파장의 복사(보통은 0.6μm의 적색 파장) 세기 및 휘도를 측정한다.
- 계기 내의 전구에서 발산된 복사와 대상물에서 나온 복사를 육안으로 비교하여 모두 같은 양이 되도록 전구의 밝기를 조절하고, 이 때의 전류에서 온도를 알아낸다.

2) 용도
- 광 고온계는 제철업계에서 오래 전부터 이용되어 왔다.
- 파장영역에 따라 전복사 온도계 또는 적외선 온도계로 구분된다.
- 이 방식의 복사 온도계는 비교적 낮은 온도를 측정할 수 있고 응답 속도가 빠른 비접촉 온도계이다.
- 운동하는 물체나 거대한 물체, 또한 미소한 물체의 온도계측에 효과적으로 사용되고 있다.

2.3 컨베이어 구동방식 중에서 단독구동, 탠덤(tandem)구동, 다수구동에 대하여 설명하시오.

1. 컨베이어(conveyor)
   1) 일정한 거리를 자동적·연속적으로 재료나 물품을 운반하는 기계장치. 공장 내에서 부품이나 재료의 운반, 반제품의 이동, 항만·광산 등에서 석탄·광석 화물의 운반, 건설 현장에서 모래 등의 운반에 널리 사용되고 있다.
   2) 공장에서는 운반 장치로서 뿐만 아니라 이동 작업대로 사용하며 대량 생산 방식의 기반이 되어 있다.

2. 컨베이어 종류
   Conveyor 의 종류는 크게 구분해서 아래와 같이 나눌 수 있다.
   1) Belt Conveyor
      - 일반적으로 고무(Rubber), PVC 벨트나 우레탄(Urethane)재질의 벨트를 많이 사용한다.
      - 일반적으로 폭넓게 사용하는 기종이며 박스, 쌀자루등 포대, 분말가루, PCB기판 등 제품의 형태에 구애없이 운반할 수 있는 장점이 있다.
      - 그러나 제품이 중량물일 경우와 목재, 고온 제품, 날카로운 제품 등에는 적합하지 않다.

   2) Roller Conveyor
      (1) 체인 구동 컨베이어
         - 체인 한편에 복열, 또는 단열 Chain sprocket을 장착해서 체인의 구동으로 롤러가 운전하는 컨베이어를 말한다.
         - 주로 중량물의 제품이나 Pallet 을 이송하는데 사용된다.
      (2) 띠 벨트 롤러 컨베이어
         - 롤러 하단에 구동되는 띠 벨트를 장착해 벨트의 구동으로 롤러가 구동하는 방식을 말한다.
         - 일반적으로 경량물의 박스나 제품을 이송하는데 사용된다.
      (3) 롤러 컨베이어
         - 택배회사나 물류회사, 또는 물류창고의 자동 운반라인으로 요즘 폭넓게 사용되고 있다.
         - 소음이 적고 설치가 간단하며, 라인의 확장, 축소가 용이하다.

3) 체인 컨베이어
    - 컨베이어 양쪽에 체인이 흐르고 체인 사이에 여러 가지 부가 장치를 운반물 모양에 맞추어 만들어 달아 특수한 모양의 운반물을 이송 시킬 수 있으며 변형이 가장 자유롭고 구조에 따라 종류가 가장 많다.
    - 체인의 특성상 고속 이송 시는 소음이 발생되어 분당 25m/min 이하로 주로 사용되며 내유 내구성이 강하고 체인의 종류가 다양하다.

4) 트롤리 컨베이어
    - 공업 체인 컨베이어의 하나.
    - 천장에 설치된 레일에 트롤리를 일정 간격으로 배치하여 그 사이를 체인으로 연결하고, 그 트롤리 또는 체인에 짐을 매다는 쇠 장식을 부착하여 순환식 으로 이동하여 짐을 운반한다.

3. 구동 방식에 따른 컨베이어 종류
  1) 단독 구동 컨베이어
     - 구동 모터가 1개인 컨베이어
     - 일반적으로 소형 또는 길이가 짧은 컨베이어에 적용
  2) 탠덤(tandem) 구동 컨베이어
     - 구동 모터가 2개인 컨베이어
     - 일반적으로 중형 컨베이어에 적용
  3) 다수 구동 컨베이어
     - 구동 모터가 여러개인 컨베이어
     - 일반적으로 대형 또는 길이가 긴 컨베이어에 적용

2.4 제어시스템의 안정도 판별법 중 나이퀴스트(Nyquist)의 안정도 판별법의 특징과 안정도의 조건에 대하여 설명하시오.

1. 안정도의 개념
   1) 안정도
      - 시스템이 불안정하면 과도응답과 정상상태 오차들은 논의 할 가치가 없어지고, 불안정한 시스템은 특별한 과도응답이나 정상상태 오차의 요구사항으로 설계될 수 없기 때문에 모든 제어회로는 안정한 시스템이어야 한다.
      - 절대 안정도 : 안정 여부만 판단(루스-후르비츠)
      - 상대 안정도 : 안정된 정도를 판단(나이퀴스트)
   2) 제어계의 안정조건
      특성방정식의 근이 모두 s평면의 좌반부에 존재할 것.

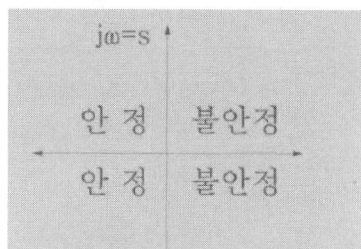

2. 제어계의 안정도 판별법
   1) 루스-후르비츠의 안정 판별법

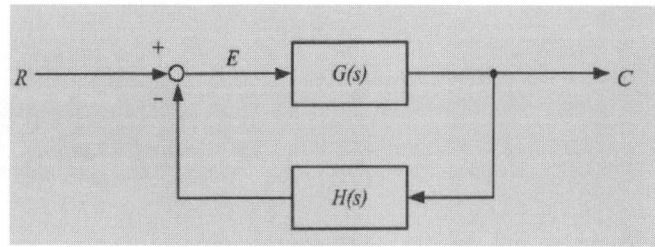

$$F(s) = 1 + G(s)H(s) = 0$$

위 식의 근이 모두 s평면의 좌반부에 있어야 할 조건은 즉, 특성근이 부(-)의 실수부를 갖는 조건은 다음과 같다.
- 특성방정식의 모든 계수의 부호가 같아야 한다.
- 계수 중 어느 하나라도 0이 되어서는 안 된다.
- 루드 수열의 제1열의 원소 부호가 같아야 한다.

   2) 나이퀴스트의 안정도 판별법
      특성방정식의 근들의 영점들이 복소 평면의 우반부에 존재하는가를 벡터 궤적에 의하여 판별하는 방법.

3) 근 궤적법
- 근궤적을 이용한 자동 조종 체계의 해석 및 설계 방법.
- 입력 신호와 출력 신호의 비나 시상수의 변동에 따르는 특성 방정식의 근의 분포 변화를 명백히 알게 해 준다.

4) 보드선도 안정도 판별법
극점과 영점을 알 필요가 없으며 나이퀴스트 선도와 같은 부류지만 형태가 다르며 계산을 하지 않고도 쉽게 그릴 수가 있어 나이퀴스트 선도를 대신하여 많이 사용한다.

3. 나이퀴스트(Nyquist)의 안정도 판별법의 특징
- 전 주파수에 걸쳐 주파수 응답 특성을 살필 수 있음.
  ω가 0에서 ∞로 변할 때 루프 이득 크기 $|H(j\omega)|$ 및 위상 $\angle H(j\omega)$을 구할 수 있음
- 안정도 정보뿐만 아니라 과도응답, 정상상태 오차와 관련된 정보 등도 제공 첨두 공진치 Mr, 공진주파수 ωr, 대역폭 BW 등 주파수 영역 특성에 대한 정보를 쉽게 얻을 수 있음.
- Routh-Hurwitz 판별법 또는 근 궤적법으로 해석하기 어려운 수 시간 지연 (위상 효과)을 갖는 시스템에도 적용 가능.

4. 나이퀴스트(Nyquist)의 안정도의 조건
$F(s) = 1 + G(s)H(s) = 0$
$G(j\omega)H(j\omega)$의 ω값을 ∞까지 증가시키면서 그 궤적을 그릴 때 그 궤적이 (-1, j0)인 점을 왼쪽으로 보면서 수렴하면 제어계는 안정.

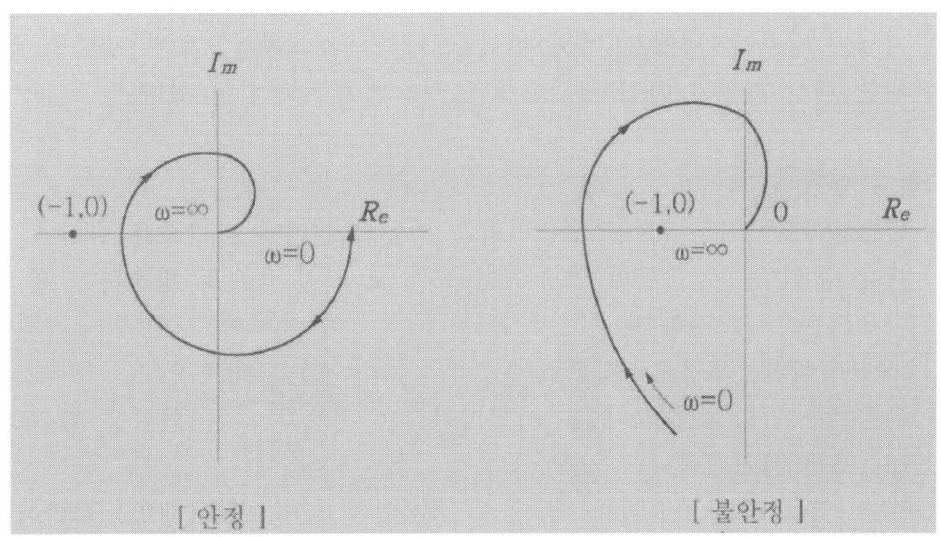

2.5 히트 펌프에 대해 다음 사항을 설명하시오.
   1) 정의   2) 구성과 원리   3) 특징   4) 용도

1. 히트 펌프 정의
   1) 냉매가 증발기내에서 증발하고, 주위에서 열을 빼앗아 기체가 되며, 다시 응축기에 의해 주위에 열을 방출하여 액화하는 냉동 사이클로서, 방출된 열을 난방이나 가열에 이용하는 경우의 냉동기를 말한다.
   2) 열을 저온부에서 고온부로 빨아올린다는 의미에서 열펌프라고 한다.
   3) 열원은 공기, 우물물, 태양열, 지열 등이 이용된다.

2. 히트 펌프 구성과 원리
   1) 히트 펌프 구성

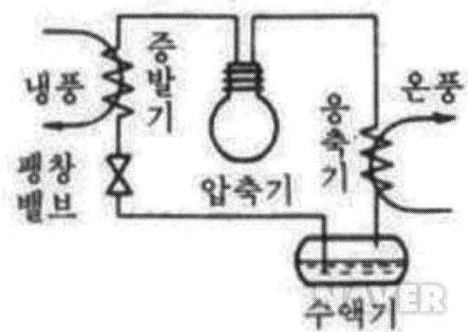

   - 구조는 압축기·증발기·응축기·팽창밸브 등으로 이루어져 있다.
   - 작동원리는 난방용의 경우, 압축기에서 고온·고압으로 압축된 냉매를 기화시킨 다음 응축기로 보내 높은 온도의 열을 온도가 낮은 바깥쪽으로 내뿜는 사이클을 반복하도록 구성되어 있다.
   - 냉방용은 이와 반대로 응축기는 증발기로, 증발기는 응축기로 작용하도록 만들어 응축된 냉매가 더운 바깥 공기와 열 교환됨으로써 냉방을 하고자 하는 대상 지점을 차갑게 만들도록 시스템이 구성되어 있다.

   2) 히트 펌프 원리
   - 히트 펌프는 기본적으로 구동원리는 냉동기 원리를 바탕으로 한다.
   - 단지 냉동기는 저열원의 열을 흡수하여 고 열원 측으로 방출하는 원리로만 사용되는 것을 말한다.
     (예: 에어컨, 냉장고, 냉동고 등)
   - 히트펌프는 말 그대로 열을 이동시켜주는 펌프와 같은 역할을 할 수 있겠끔 하는 시스템이다.
     즉, 냉동기처럼 저열원의 열 흡수 →고열원의 열 방출(냉방) 뿐만이 아니라, 그 반대인 고열원의 열 흡수 → 저열원의 열 방출(난방) 으로도 전환

이 가능하여 말 그대로 열을 원하는 방향으로 이동 시킬수 있는 시스템이다.
- 재생에너지인 지열을 이용한 냉, 난방시스템에서 핵심은 히트펌프와 열교환기라는 설비가 핵심이다.
- 여기서 지열은 말 그대로 땅속의 열을 의미하는 지중(약 1.2~1.8m 에서 약 15~20℃로 일정)의 온도는 계절에 관계없이 일정한 온도를 갖게 되는데, 이 온도가 여름에는 대기온도보다 낮고, 겨울에는 높아서 이 지열을 이용하여 냉,난방을 할 수 있는 것이다.

3. 히트 펌프 특징
- 현재 대부분의 히트펌프는 냉방과 난방을 겸용하는 구조로 되어 있다.
- 보통 공기 열원식은 외부 온도가 5℃ 이하가 되면 성능이 떨어지고, 기계적 손상도 발생해 작동이 원활하지 않게 되는 단점이 있다.
- 반면 수 열원식이나 지 열원식은 혹한 지역에서도 지속적으로 열을 공급할 수 있고, 에너지 효율도 높아 공기 열원식을 대체하는 새로운 히트펌프로 주목받고 있다.

4. 용도
1) 냉방
  저열원의 열 흡수 →고열원의 열 방출 : 냉방을 할 경우 에어컨과 같이 실내기에서 냉풍이 나오고, 실외기 역할을 열교환기가 열을 외부로 방출한다.
2) 난방
  고열원의 열 흡수 → 저열원의 열 방출 : 난방일 경우에는 반대로 외부열이 열교환기에 와서 히트펌프에 고열을 공급하여 실내 고열원으로 열을 방출하여 난방효과를 보는 원리이다.
3) 시스템 냉난방기
  요즘에 시스템 에어컨이라고 해서 냉난방이 다 되는장치가 있는데 이것이 히트펌프를 이용하는 방식이며, 단지 전기에너지를 이용하고, 겨울철 난방시 주변 공기열원에서 열을 흡수하다보니 난방효과가 모자라, 전기히터라는 보조열원을 병행하여 사용하기도 한다.

2.6 전산실에서의 정전기장해요인과 대책에 대하여 설명하시오.

1. 개요
1) 근래 전산실에서 사용되는 컴퓨터나 그의 주변기기, 그리고 건물 구내에서 사용하는 무선전화, 컴퓨터 터미널등 각종 전자기기에 불필요한 전자파, 자계, 정전기가 원인이 되는 전자장해로 인해서 사용상에 장해가 발생되고 있다.
2) 최근 특히 주목되고 있는 것 중의 하나가 정전기에 의한 장해이다.
   정전기라는 것은 일반적으로 물체에 전하가 축적되어 이것이 방전되는 것을 말한다.
3) 정전기 방전에 의하여 발생하는 전자노이즈가 컴퓨터나 자동제어를 포함한 많은 OA기기나 FA기기의 전자회로에 중대한 영향을 미치고 있다.

2. 정전기 장해 요인

No.	정전기원	정전기 발생 원인
1	작 업 자	- 의복을 입거나 벗을 때 - 걸을 때 - 의자에서 작업할 때
2	작 업 의자	- 비닐이나 폴리우레탄등으로 코팅된 의자
3	작 업 대	- 비닐등으로 코팅되거나 바니쉬, 랙카 등으로 처리된 것 - 왁스 처리한 것 등
4	의 복	- 일반적 의복 - 합성섬유로 된 모든 의복 - 비전도성 작업 신발등
5	바 닥	- 비닐 처리한 것 - 바니쉬 등으로 표면 처리한 것 - 콘크리트 바닥, 왁스 처리한 바닥
6	용 구	- 손잡이가 플라스틱 코팅된 일반용구 - solvent brush(합성섬유계통)
7	제 조 기 제조 공정	- 건조오븐, 항온조, 납땜기기 - 전자 복사기 - 냉각용 분무기

1) 접촉 전위차는 이종의 금속을 접촉시키면 접촉면에서 나타나는 전위차이며 이 접촉면에 따라 2중층이 발생한다.
2) 그런데 한쪽이 반도체이거나 절연체 또는 양쪽이 모두 반도체 이거나 절연체라면 전하의 완화는 서서히 이루어지므로 2개의 물체간의 전하의 분리가 이루어진다.
3) 이와같이 2개의 물체를 비비면 한쪽은 (+)로 다른쪽은 (-)로 대전한다.
4) 작업자가 걸을 때의 신발과 바닥의 마찰, 의복의 마찰로 인한 정전기를 발생시키는 기계등은 그 예이다.
5) 한편 작업장은 정전기를 발생시키는 물질로 구성되고 있다고 할 수 있다. 바닥 의자, 작업대등은 모두 정전기원이다.
6) 이런 동작은 15,000 (V)까지의 정전압을 발생시키는 것으로 알려지고 있다.
7) 인간이 정전기에 의하여 감전되는 전압은 대체로 500(V)이상이다.
8) 정전기의누설전류는 일반적으로 수 (μA)이고 사람이 전류를 최소한 감지하는 값은
   - 직류의 경우 : 남자 5.2(mA), 여자 3.5(mA)
   - 교류의 경우 : 남자 1.1(mA), 여자 0.7(mA)이다.
9) 고통을 동반한 쇼크, 근육강직, 호흡곤란은
   - 남자 : 교류 23(mA) 직류 80(mA)이다.

3. 정전기 장해 방지 대책
1) 정전기 발생 억제
   - 건물에서 쉽게 취할수 있는 습도의 콘트롤이다.
   - 습도와 정전기와는 불가분의 관계가 있으며 실내습도가 60(%) 이상이 되면 물체 표면에 응집된 수분의 얇은 피막이 생기고 공기중의 CO_2 가 이에 용해되어 도전성이 생겨서 정전기의 표면 누설이 일어서 정전기 축적을 미연에 방지한다.
   ① 습도의 적정치 유지
   ② 작업장소, 집무실 등의 공기 이온화를 도모한다.

2) 발생된 정전기를 신속히 분산 누설
   습도 콘트롤은 쉽기는 하지만 겨울철에는 정전기가 발생하기 쉬우므로 컴퓨터센터에서는 발생된 정전기를 신속히 방전시키는 방법의 대책이 병용된다.
   ① 바닥면에 정전기방지용 매트 또는 시트를 사용한다.
   ② 도전성구두 또는 도전성이 높은 구두를 신는다.
   ③ 보관 운반에 정전기 방지대책을 실시한 용기를 사용한다.

④ 전도성 타일 바닥으로 한다.
⑤ 건물에 대한 대책(특히 바닥)을 세운다
⑥ 대전방지는 제전 스프레이등 대전방지제를 써서 흡수성 있는 액체를 표면에 분산시켜 표면저항을 낮추는 것이다.
⑦ 바닥을 접지하여 대전된 인체를 접지시킨다.
⑧ 악세스플로아에서의 정전기 누설방식으로는 마감 재료는 전도성 타일을 사용한다.
⑨ 정전기 제거용 접지저항은 1(MΩ)이하라야 접지 효과가 있다.

3) 설비 기기
 (1) 접지 : 발생 정전기를 대지로 방류
 (2) 본딩 : 물체간을 도체로 연결, 전위차를 제거하여 등전위화
 (3) 차폐
   - 정전 유도 방지
   - 실드 케이블 사용

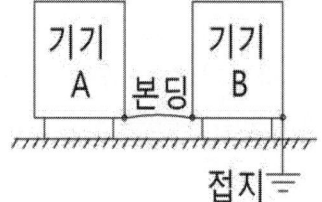

4) 작업자 대전 방지
 - 정전화 착용
 - 정전 작업복 착용
 - 손목 띠 착용(Wrist Strap)
 - 도전성 매트
 - 바닥에 도전성 타일 시공

5) 전자 장비
 정전기 내성이 강한 제품 개발

6) 제전기 사용
 - 전압인가식 제전기
 - 자기방전식 제전기

3.1 유도전동기의 속도제어방법에 대하여 설명하시오.

1. 개요
   1) 3상 농형 유도 전동기의 특징
      - 구조가 간단, 값이 저렴, 취급의 용이, 운전 특성이 양호
      - 기동시 기동 전류가 크고 역률이 20~40%로 대단히 낮음
   2) 3상 농형 유도전동기의 속도제어
      - 극수 변환법
      - 전압 제어법
      - 주파수 변환법
      - 전압 주파수 동시 변환법(VVVF)등이 있음.

2. 농형 유도 전동기 속도 제어
   1) 극수 변환법
      - 유도 전동기의 속도 $N = \dfrac{120f}{P}(1-S)$
      - 고정자 권선의 접속을 전환하여 극수를 조정
      - 간단히 속도 제어 가능하나
      - 속도제어가 선형적이 아닌 다단적인 것이 단점이다.

   2) 주파수 변환법
      - 유도 전동기의 속도 $N = \dfrac{120f}{P}(1-S)$
      - 상기식에서 주파수 f를 변환 시키는 방법
      - 주파수 f만 변환시키면 여자 전류의 증가로 경부하시 과열 우려 있어 전압도 동시에 변환 시켜야 한다.
      - 최근에는 정지형 인버터 VVVF를 많이 사용한다.

   3) 전압 제어
      전원전압을 제어하면 Slip이 변화하여 속도를 제어할수 있으나 오른쪽 토오크 곡선처럼 전압에 따라 토오크의 크기가 변하고 감속 할수록 저항손이 커져 효율이 나쁜 결점이 있어 소용량 유도 전동기 속도제어에만 사용함.

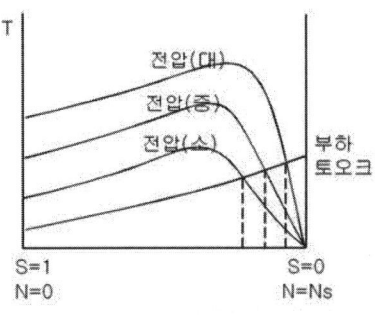

4) 전자 커플링에 의한 속도 제어

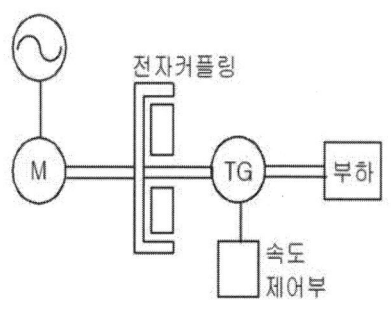

- 전동기와 부하사이에 전자 커플링과 속도 검출 발전기를 두어 속도를 검출 하여 속도 제어부에 신호를 주고 전자 커플링의 드럼 슬립을 변화 시켜 속도를 제어함.
- 최근에는 VVVF상용화에 따라 거의 사용 안 함.

5) VVVF 제어

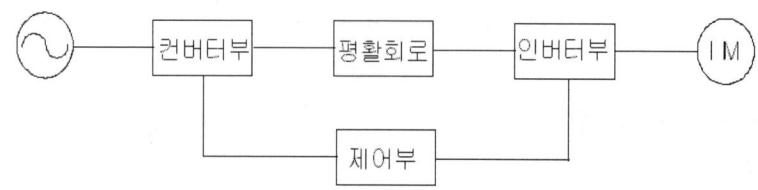

- 교류 전력을 직류 전력으로 변환하는 컨버터와
- 직류 전력을 교류전력으로 변환하는 인버터에 의해 제어하는 장치
- 이를 단순하게 인버터라고 부르기도 하며
- 주파수만을 제어하면 토오크가 감소하는 등 문제점이 발생하기 때문에 이를 보완하고
- 시동 전류를 적당히 억제하여 안전한 운전을 하기 위하여
- 주파수와 함께 출력 전압도 제어를 하며 VVVF라 함.

3. 권선형 유도 전동기 속도 제어
   1) 전압제어
      (1) 원리
         - 1차 전압을 제어하는 방법으로 1차 전압을 제어하면 Slip과 토오크가 변화되어 속도제어가 가능함.
      (2) 방법
         - 단권변압기 이용 방법
         - 위상제어 방법
         - PWM 제어 방법 등이 있음.

   2) 2차 저항 제어(비례추이)
      - 권선형 유도전동기에만 사용할 수 있는 방법으로 2차회로의 저항변화에 의한 비례추이를 이용한 방법임.

- 비례추이 : 2차 저항 r2를 m배하면 슬립도 m배가 되어 속도가 느려진다는 원리.

  즉, $\dfrac{r_2}{S} = \dfrac{mr_2}{mS}$

- 2차회로에 저항을 삽입하여 제어하므로 저항 손실에 따라 효율이 나빠진다.

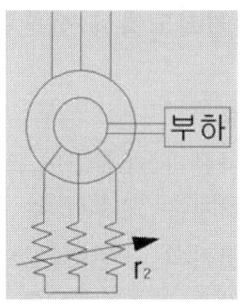

3) 2차 여자법 (2차 저항 제어법의 손실을 줄이기 위한 방법)
(1) 크래머 방식

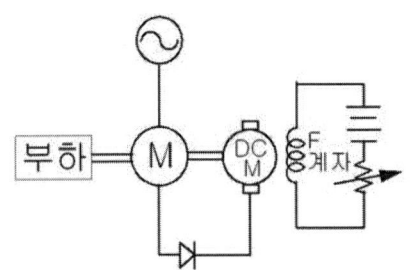

- 저항 손실분을 정류기를 통해 DC MOTOR를 회전시켜 유도 전동기와 기계적으로 직결하여 동력으로 반환하는 방법
- 속도제어 : 직류기의 계자전류를 조정하여 제어

(2) 세르비어스 방식

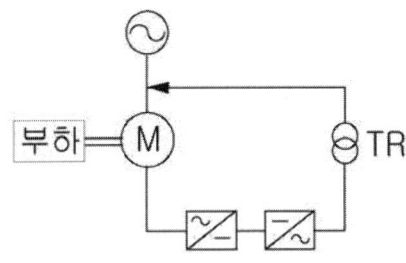

- 2차 손실분을 컨버터와 인버터, TR을 두어 1차 전원에 전원을 반환하는 정 토크 특성.
- 속도제어 : 인버터의 사이리스터로 제어

3.2 전기철도에서 점착력(adhesion)에 대하여 설명하시오.

1. 개요
   1) 차륜과 레일간에 생기는 마찰력을 말하며 차륜이 레일에서 미끄러지지 않고 회전을 계속할 수 있는 것은 점착력 때문임.
   2) 열차의 구동력(견인력)은 윤중(수직력)과 점착계수에 비례하여 나타내며 가감속 성능 향상을 위하여 점착력 이상의 힘을 가할 수는 없음.
   3) 레일위에 놓인 차륜을 회전/정지 시키려고 힘을 가하면 차륜과 레일 사이에 미소한 미끄러짐을 수반하면서 점착력이 생김.
   4) 점착력은 미끄럼 속도와 더불어 증가하지만 어떠한 값을 초과하면 미끄럼 속도가 크게 증가되어 점착력이 저하되고 가속시에는 공전, 감속시에는 활주(미끄럼)로 나타남.
      - 점착계수 : 차륜/레일 사이에 전달되는 최대 점착력을 바퀴의 수직력으로 나눈 것.

2. 점착력과 점착계수 와의 관계
   건조하고 양호한 상태 : 0.3, 젖은상태 : 0.1정도로서 차륜/레일 사이의 개재물, 표면성상, 속도, 윤중 변동 등의 운전 조건에 따라 변동함.

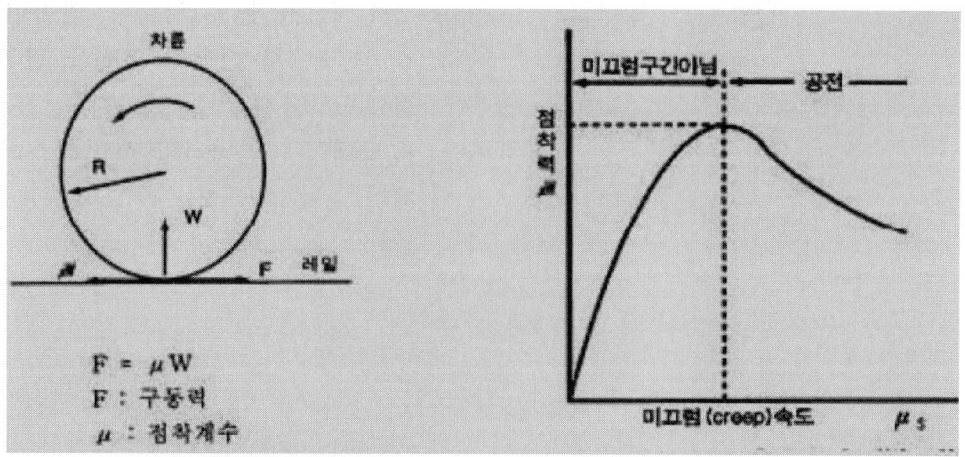

3. 점착계수 증대방법
   1) 차륜/레일 사이의 접촉면의 상태를 점착계수가 높도록 관리(표면관리)
   2) 점착력제어
      차륜에 가하는 힘(구동력, 제동력)을 점착계수가 높게 되도록 제어
   3) 공전(Slip)시 토크 감소를 검지하여 재점착 제어(전기 구동방식 유리)
   4) 열차의 구동축(driving wheel) 증가 : 분산 동력 방식
   5) 윤중 변화를 적게 하도록 함.

4. 제동 성능 개선
   1) 점착 성능과 제동 성능
      - 제동성능은 바꾸어 말하면 감속도이고, 감속도는 점착계수에 의해 결정됨.
      - 최대 제동력은 윤중과 점착계수와의 곱으로 나타낸다.
   2) 제동 성능 향상
      (1) **점착력 유효 활용**
         점착력을 너무 강하게 하면 활주(slide)가 발생하며 차륜 레일에 손상을 주므로 활주를 검지하며 일시적으로 제동력을 느슨하게 하도록 재점착 제어함으로써 제동력을 강하게 하는 활주 방지기구 채택.
      (2) **비 점착계 제동 방식 도입**
         점착제동에서는 점착성능의 한계가 있기 때문에 발전/회생제동과 와전류(Eddy current) 제동과 같이 차륜 레일 사이의 점착에 의존하지 않는 전기제동방식의 제동시스템 도입.

3.3 리튬이온(Li-ion) 전지의 동작원리와 특징에 대하여 설명하시오.

1. 개요

이차 전지는 원료에 따라 납축전지, 초고용량 커패시터 (super capacior), 리튬이차전지, NaS전지 및 레독스 플로우 전지(RFB, redox flow battery)로 나누어 진다.

2. 리튬 이온 전지
   1) 구조 및 원리

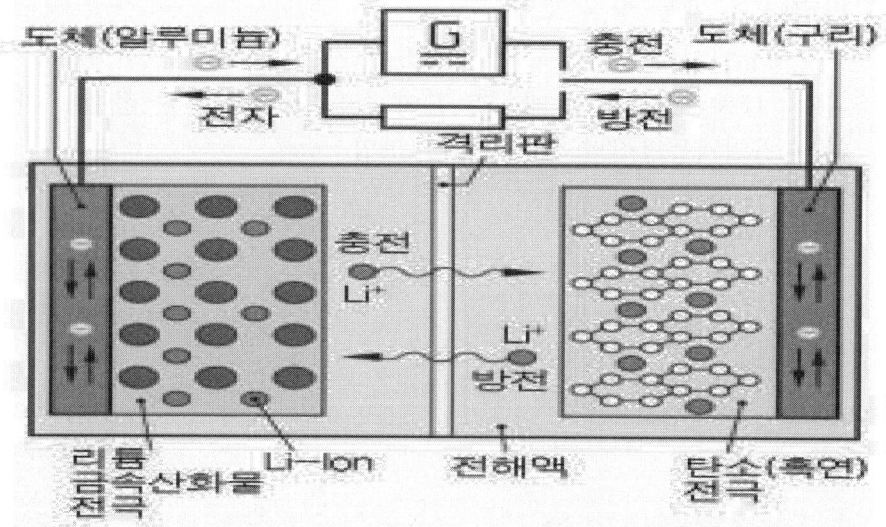

- 그림은 리튬이온 전지의 원리를 나타낸 것으로서 전지가 충전될 때 리튬 이온은 분리막을 통해 양극에서 음극으로 이동하며 이때 충전전류가 흐른다.
- 반대로 방전될 때 리튬이온은 음극에서 양극으로 이동하며 방전전류가 흐른다

   2) 특징
   - 1989년 새로운 2차전지로 음극이 MoS2인 리튬-금속 전지가 상용화되었으나 안전성 문제가 발생하였다.
   - 이를 해결하기 위해 리튬-금속 대신 음극에 탄소 물질이, 양극에 LiCoO2가 이용되었다.
   - 상용 리튬이온 전지는 니켈(Ni), 코발트(Co) 또는 망간(Mn)의 산화물을 기본으로하는 양극재료를 사용하며, 탄소를 음극재료로 사용하여 평균 전위차가 3.6V로 높은 전지 전압을 나타낸다.
   - 리튬이온 전지는 충방전에 따른 재료의 용적변화가 적은 층간화합물 재료

를 사용하기 때문에 납(Pb)이나 카드뮴(Cd) 등을 사용하는 전지에 비해 수명 특성이 현저히 개선된 전지이다.
- 리튬이온 전지의 무게당 에너지밀도는 1992년 상용화 당시에는 75Wh/kg 였으나 1999년 현재 약 150Wh/kg에 이르는 등 대폭적인 성능향상을 가져왔다.
이는 니켈 금속 수소화물 전지보다 2배, 니켈 카드뮴 전지보다 3배나 우수한 것이며 체적대비 에너지 밀도의 경우, 각각 1.5배, 2.5배 정도 뛰어나다.
- 리튬이온 전지의 이같은 성능으로 Ni-Cd, Ni-MH 등의 기존 전지를 대신하여 이동 전화, 휴대용 노트북 컴퓨터 등을 위한 동력 자원으로 광범위하게 이용되고 있다.

3. 리튬 이온 전지를 이용한 ESS 용도
1) 배전용 변전소용
    - 변전소 대규모 10MWh 급 부하평준화용 (전력회사 배전용)
    - Feeder 또는 지역별 부하 규제용(Area Regulation)
    - 에너지 비용 절감용
    - 비상시 변전소 제어전원 공급
    - 신재생 발전단지 단기/장기 출력안정화
2) 고압수용가
    - 수백 kWh~수 MWh 부하 평준화용
    - 전력품질 보상용 (공장, 호텔 병원등)
3) 주택용
    - 소용량 수십kWh 심야 전력 이용 (Time shifting용)
4) 신재생 발전단지
    - 저장 장치용
    - 신재생에너지 출력 안정화용
5) 전력 다소비 수용가
    - 전력 피크의 주요 요인이 되는 상가 건물 등

3.4 다음과 같은 질량, 스프링, 선형마찰 요소로 구성된 시스템의 전달함수를 구하시오.(단, K는 스프링상수, B는 마찰계수, M은 질량, y는 변위, f는 힘)

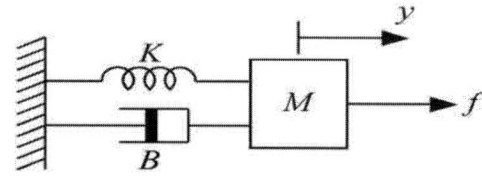

1. 개요
   1) 제어의 필요성은 기계공학분야, 전기공학분야, 화학공학분야, 항공우주분야, 기타 산업분야 등 다양한 곳에서 발생할 수 있다.
   2) 이러한 제어대상 시스템들은 몇 가지의 기본소자들로 이루어져 있다.
   3) 여기에서는 먼저 기계분야에서 등장하는 스프링-댐퍼시스템의 특성에 대하여 알아보기로 한다.

2. 스프링 - 댐퍼시스템
   1) 기계적 시스템 가운데 하나인 위 그림과 같은 스프링-댐퍼시스템의 수학적 모델을 유도하기로 한다.
   2) 여기서 M은 질량, B는 댐퍼의 점성마찰계수, K는 스프링의 탄성계수를 나타낸다.
   3) 스프링-댐퍼시스템은 다음과 같은 운동방정식을 유도할 수 있다.

   $$M\frac{d^2}{dt^2}x(t) + B\frac{d}{dt}x(t) + Kx(t) = f(t)$$

   4) 위 식을 라플라스 변환을 하면 다음과 같다.
   $$(Ms^2 + Bs + K)X(s) = F(s)$$

   5) 이 식은 질량-댐퍼-스프링으로 구성된 기계시스템의 입력 F(s)와 출력 X(s)와의 관계를 나타낸다.

   전달함수 $G(s) = \dfrac{X(s)}{F(s)} = \dfrac{1}{Ms^2 + Bs + K}$

3.5 자기부상열차의 부상원리와 부상방식의 종류에 대하여 설명하시오.

1. 자기부상열차의 부상원리
   1) 보통의 전기열차는 전기모터를 이용하여 바퀴의 추진력을 이용하여 바퀴가 레일 위를 따라 이동하는데 반해
   2) 자기부상열차는 낮은 높이로 떠서 달리기 때문에 레일과의 마찰이 없어 빠른 속도를 낼 수 있다.
   3) 자기부상열차에서 쓰이는 자석에 종류에 따라 전자석 방식, 영구자석 방식, 초전도자석 방식으로 나눌 수 있다.
   4) 전자석 방식은 그림 1과 같이 열차에 장착된 전자석의 반발력을 이용하는데 고속으로 주행할 때 레일과 열차 간의 부상 거리를 정확히 조정하는데 어려움이 있어 주로 중저속에 이용된다.
   5) 영구자석 방식은 강한 영구자석을 이용하더라도 부상력이 약한 단점이 있다.
   6) 초전도자석 방식은 최근 들어 고온 초전도체 등의 발견으로 강한 초전도자석을 만들 수 있어 이를 이용하면 부상 거리도 크게 할 수 있어 고속으로 주행 가능하다.
   7) 다만 초전도 상태를 유지하기 위해 액체 헬륨 등으로 냉각이 필요하다.

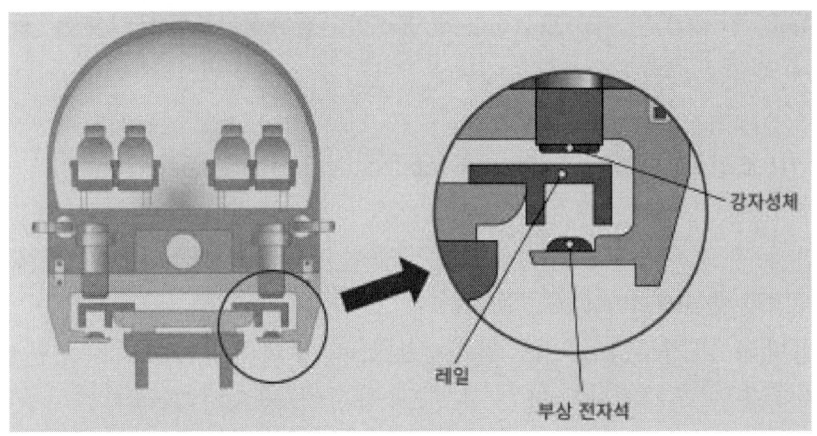

그림 1. 자기부상열차의 원리

   8) 자기부상열차는 직선적으로 가속되는데 이를 위해 직선형 전동기를 활용한다.
   9) 직선형 전동기도 원리적으로는 회전형 전동기와 같으나 지상의 코일에 보내는 전류를 계속 반전시키면서 이에 따른 전자석의 극을 바꾸면서 차량에 내장된 자석을 끌게 하는 방식이다.

2. 부상방식의 종류
  1) 흡인식(상전도 흡인식. EMS :Electro Magnetic Suspension)
    (1) 구조
      - 흡인식 자기부상열차는 열차 차체에 설치되어 있는 전자석이 철제 레일 아래까지로 연결되어
      - 전자석이 철제 레일 아래에서 위쪽으로 달라붙는 구조임.

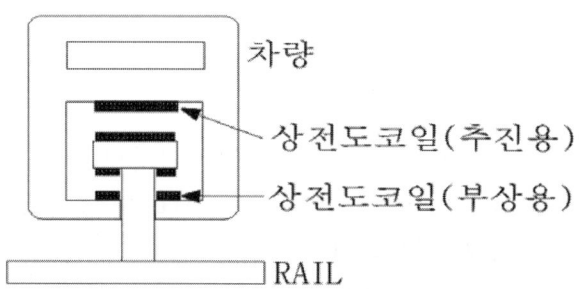

    (2) 원리
      - 전자석에 전류가 흐르면 철판에 붙으려는 힘, 즉 레일 쪽으로 흡인력이 발생하여 전자석과 함께 차체가 윗 방향으로 올라감으로써 부상되는 형태이다.
      - 간격센서 : 레일과 차체가 일정 거리 이상으로 떨어지면 전류를 흘리게 하고 일정거리 이하로 가까이 붙으면 전류를 차단시키도록 하는데 보통 이 간격은 약 1 Cm 내외이다.

  2) 반발식(초전도 반발식. EDS : Electro Dynamic Suspension)
    (1) 구조
      - 전자 유도전류에 의한 자장의 반발력에 의해 부상되는 열차를 반발식 자기부상열차라 하고
      - 반발식 자기부상열차의 전자석으로는 부피와 무게가 작으면서도 강력한 자장을 발생시킬 수 있는 초전도 자석이 필요하다.
    (2) 원리

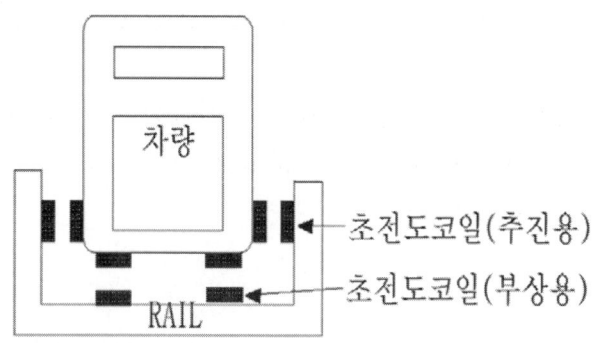

- 열차 차체에 설치되어 있는 초전도 자석이 N극일 때 레일에 있는
  전자석(코일)도 같은 N극이어서 서로 밀어내게 되고
- 이때 그 앞의 전자석은 S 극이므로 열차가 앞으로 나아가는 동안
  전자석의 전류 방향을 반대로 하여 N극으로 바꾸게 되면 열차의
  부상은 계속 유지된다.
- 이와 같이 반발식 자기부상열차는 열차와 레일 간격이 작아지면
  자동적으로 반발력이 증대하여 부상하게 되므로
  자기력 제어는 필요없다.
- 그러나 강력한 자석이 필요하므로 초전도 자석을 이용하며
  초전도 자기부상열차라고도 하는데
- 보통 부상 높이가 10 Cm 가량이며
  시스템의 안정성과 신뢰성이 높은 반면에 저속에서는 부상될 수 없어
  별도의 지지 기구를 필요로 한다.

3. 문제점
- 자기부상열차는 전자석을 사용하기 때문에
- 전자기장에 대한 인체의 유해성 문제는 계속 제기되고 있으나
- 열차 실내에서 자연 상태 정도까지의 수준으로 제작이 가능하다.

3.6 직류고속도 차단기(HSCB)의 차단원리와 종류에 대하여 설명하시오.

1. 개요
   1) 저전압 대전류인 직류 전기방식에서 직류 전기는 교류와 같이 "0"(zero)점이 되는 순간이 없으므로 차단이 곤란함.
   2) 따라서 조속한 사고 검출과 차단을 위해 직류 고속도 차단기를 고장 선택장치(50F) 및 연락 차단장치(85F)와 병용하고 있음.
   3) 직류고속도차단기는 교류 차단기와 달리 차단기 자체에 사고전류 검출기능과 차단기능을 동시에 갖는 것이 특징임.

2. 차단기 요구조건
   1) 평소 통전시 열이 발생하지 말 것
   2) 절연이 양호 할 것
   3) 사고 발생시 Setting치를 초과하면 신속히 차단하고 발호가 적을 것
      즉, 사고 전류가 최대 단락 전류 되기 전에 차단 되어야 함.
   4) 다 빈도 동작에 견디고 수명이 길 것
   5) 유지 보수가 간단 할 것
   6) 부피와 중량이 가벼울 것

3. 구조 및 특성
   1) 구조

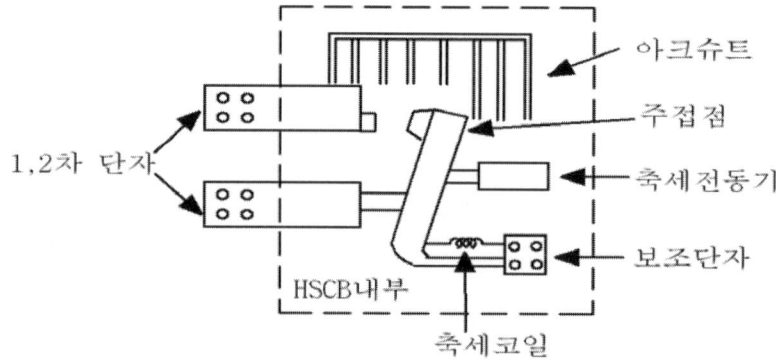

   (1) 자기 유지코일에 전원(DC110V) 투입되면 전자력 발생→
       접촉자 흡인→ 접촉자 폐로됨.
   (2) 트립 코일에 주회로 전류가 흐르면 이 흡인력을 상쇄하는 방향의
       기자력발생 그 전류가 정정값을 초과하면 흡인력 감쇄, 개방스프링에
       의해 접촉자가 고속도로 개방됨.
   (3) 접촉자 개방 시 발생한 아크전류는 소호장치에 의해 소멸됨.

2) 특성
   (1) 선택특성
      트립코일과 병렬로 유도분로설치, 정상시 분로코일로 흐르다 돌진율
      이 클 때 트립 코일측 회로로 많이 흐르게 되어 트립 함
   (2) Trip Free + Anti Pumping
      자기유지코일 여자전류에 의해 접촉자가 접촉. 투입되어 있더라도
      어느 순간, 회로상 고장지속 또는 과전류가 흐를 경우 즉시
      차단토록 되어있고, 이 경우 투입 차단이 반복되지 않도록 회로 구성
   (3) 자기유지
      변전소 내 단락사고 발생 시 역방향 대 전류가 급전 측으로 유입
      되는 경우 자기유지 코일의 전류가 영(0)으로 되어도 트립되지
      않은 경우가 있음.
      이때 수동으로 개방 유지 코일 전류를 역방향으로 함
   (4) 역방향 고속도 차단기의 오동작
      정상전류가 급격히 감소하는 경우 역방향 고속도차단기가 불요
      동작하는 수가 있는데 이의 방지를 위해 유지코일과 트립코일
      자속이 쇄교 되지 않도록 함.
   (5) 소 전류 차단
      소호코일 방식에서는 소전류 차단이 곤란 공기 소호방식을 병용함.

4. 사고전류 차단 원리

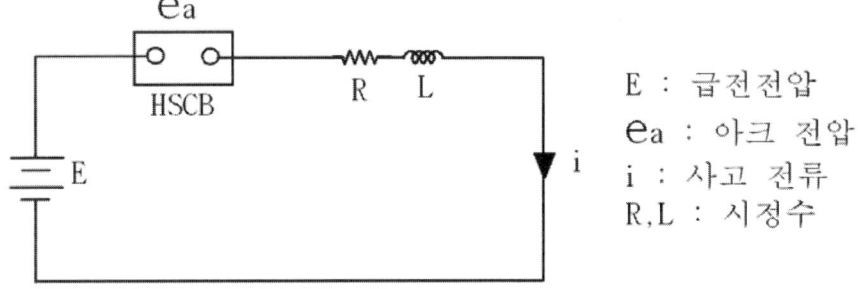

E : 급전전압
e_a : 아크 전압
i : 사고 전류
R,L : 시정수

1) 차단시 아크이론
   (1) 직류회로 차단시 아크발생회로에서 차단이 되려면
   (2) 차단 완료시 전류가 영(0) 부근에서 아크전압은 급전전압 보다
       커야 전류 차단됨.

   $E = L\dfrac{di}{dt} + R \cdot i + ea$ (ea : 아크전압)

   $-L\dfrac{di}{dt} = ea - (E - R \cdot i)$ 조건에서 차단되려면

아크전압 ea 는 (E - R·i)보다 커야 함(ea > E - R·i)
(3) 사고전류(단락전류) i 의 상승률은 사고순간인 t = 0에서 최대가 되며, 초기 상승률 $(\frac{di}{dt})_{t=0} = \frac{E}{L}$ 이고 이때 $\frac{di}{dt}$ 를 차단기의 돌진율 (돌입율) 이라 함.

즉, 돌진율 = $(\frac{di}{dt})_{t=0} = \frac{E}{L}$ 임.

2) 차단시 사고전류 감소이론
(1) 단락시 전류(i)와 접점간 아크 전압(ea)은 그림과 같고
(2) 단락전류는 $i = \frac{E}{R}(1 - e^{-\frac{R}{L}t})$ 로 급증하다 약10[ms]정도에서 급감.
(3) 사고전류가 추정단락 전류 최대값 (Is)가 되기 전에 약 20[ms]에서 차단 완료됨

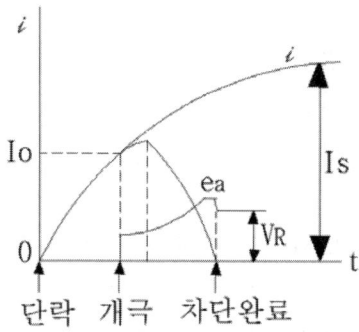

5. 결론
1) 고속도 차단기의 차단용량은 추정차단전류와 돌진율로 결정되는데
2) 단락사고 발생시 HSCB가 신속히 동작하여 사고전류를 차단할 수 있는 충분한 차단 용량이 요구됨.
3) 따라서 차단용량은 차단 최대 전류를 말하며
4) 차단 최대 전류에 따라 변전소 주회로의 통전용량, 기계적 강도, 보호 계통에 대한 종합적인 검토가 수반되도록 설계시 반영되어야 함.

4.1 연계형 태양광발전시스템의 구성요소에 대하여 설명하시오.

1. 개요

계통 연계형 태양광 발전 시스템에 전력 계통과 연계 시 필수적으로 적용되는 구성요소는 태양전지 모듈, 접속함, 인버터, 전력량계, 모니터링 시스템등 5대 구성요소가 있다.

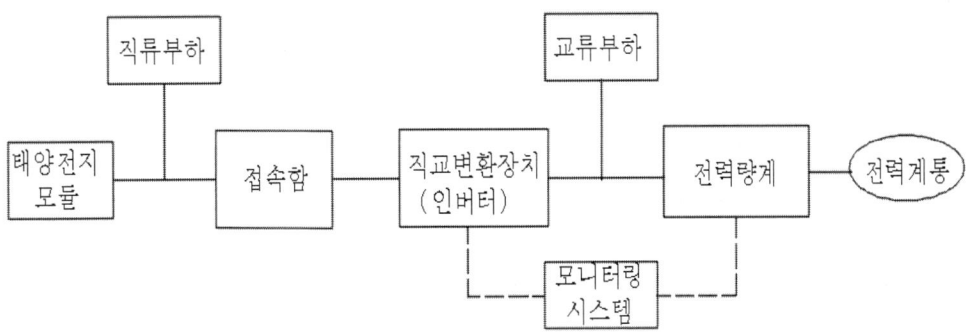

2. 연계형 태양광발전시스템의 구성요소

   1) 태양전지 모듈
      - 태양에너지가 입사되어 전류를 생성하는 부분이다.
      - 태양전지(솔라셀)를 여러 개 결합한 형태를 태양광 모듈이라 한다.
      - 각 태양 전지에서 발생된 전기는 이 모듈에 모이게 되고, 태양 전지의 수가 증가할수록 모듈의 용량은 늘어난다.
      - 보통 1개의 모듈 당 300kW이상 용량이 일반적이다.
      - 태양광 발전 시스템 중 빠져서는 안 될 필수요소 중 하나이다.
      - 모듈은 크게 단결정과 다결정 두 가지의 종류로 나뉜다.

태양전지 유형	색상	변환효율	특징
단결정 (Mono-Crystalline)		12~15%	• 수명이 길다. • 가격이 고가이다.
다결정 (Poly-Crystalline)		11~14%	• 수명이 단결정보다 짧다. • 가격이 단결정보다 저렴하다.

   (1) 단결정 모듈

   태양전지가 실리콘웨이퍼인 경우 변환 효율이 높아 단위면적당 다결정 모듈에 비해 발전량이 많은 것이 특징이며, 생산공정이 다소 까다롭고 가격이 다소 비싼 것이 단점이다.

(2) 다결정 모듈

태양전지가 다결정인 태양광 모듈로서, 요즘 일반적으로 많이 사용하는 모듈형태이다.

단결정 모듈에 비해 효율은 다소 떨어지나 비용이 저렴하여 많이 사용된다.

2) 접속함
- 모듈에서 발생된 직류 전력(DC)을 모아 인버터로 전달하는 부분이다.

- 태양전지 모듈을 통해 생산된 전력을 모아 전달하게 된다.

3) 인버터 : PCS(Power Converter System)
- 직류전기(DC)를 교류전기(AC)로 전환하는 부분이다.
- 그림자, 먼지효과 등으로 발전 손실을 최소화하는 인버터의 사용이 필수적이다.

4) 계량기 (전력량계)
얼마나 전력을 사용하는지, 사용할 수 있는지 등을 파악하고 확인하는 전력량계도 필요하다.

5) 모니터링 시스템
- 시스템의 고장 및 이상을 진단하는 부분이다.
- 이러한 태양광 발전시스템을 원활하게 작동시키기 위해 태양광을 활용해 전력을 생산하는 것부터 바꾸는 것, 그리고 실제 우리가 사용하는 전기로 바꾸기까지 모니터링 시스템도 유지되어야 한다.

3. 계통 연계시 고려할 점
1) 계통 검토
(1) 배전선로
- 분산형 전원을 전력회사의 배전선로 중간에 연계시 배전선로의 용량이 부족할 수 있어 여기에 대한 검토가 필요함.
(2) 단락 용량
- 계통 연계시 사고가 발생하면 발전기의 단락전류 증대로 단락용량이 증가함.
- 이로 인한 기존 차단기 용량등 계통 전체의 구성을 검토해야 함.
- 대책 : 한류 리액터 설치, 발전기 리액턴스등 검토

(3) 보호 협조
- 계통 사고시 분산형 전원이 입을 수 있는 사고는 단락, 지락, 낙뢰등이 있음.
- 대책 : 계통 사고(단락, 지락, 낙뢰등)로 인한 전력 계통의 사고 파급을 사전 예측 계산에 의한 보호 시스템 구성

2) 전원 상태 확인
(1) 전압 변동
- 태양광 발전은 출력이 기후, 구름 속도등에 따라서도 변함.
- 배전 선로에 분산형 전원을 연계시 연계 지점의 전압상승이 발생함.
- 대책
① 전압 변동율이 상용 전압의 규정치 이내에 들도록 설계
② 배전선로 1 Feeder에 연계하지 말고 분산하여 접속
(2) 주파수
- 분산형 전원의 주파수가 상용 전원의 주파수와 일치하도록 해야 함
  대책 : 주파수 계전기 설치
- 역율은 진상 및 지상이 발생할 수 있음.
(대책)
지상시 : 동기 조상기 진상 운전, 전력용 콘덴서 투입
진상시 : 동기 조상기 지상 운전, 전력용 콘덴서 분리

3) 전력 품질
(1) 고조파
- 주로 인버터 사용으로 발생함
- 대책 : Filter 설치
  PWM방식의 인버터 사용(고조파 5% 미만 발생)
(2) 고주파
- 주로 인버터의 Switching에 의해 발생함.
- 대책 : Active Filter 설치
(3) 상 불평형
- 연계 운전시 상 불평형이 되면 중성선의 전압이 상승하고 불평형 전류가 흐르게 된다.
- 대책 : 연가, 편단 접지, 크로스 본딩등

4.2 장대터널 조명의 설계 시 터널 조명의 구성과 설계 시 유의사항에 대하여 설명하시오.

1. 적용 기준
   이 기준은 자동차 교통에 이용되는 도로 터널 및 지하도로(이하 터널이라 한다)의 조명에 대하여 규정한다.

2. 터널 조명 계획시 유의사항
   1) 입구 부근의 시야 상황
      터널에 근접하고 있는 자동차 운전자의 기준점에서 20°시야내의 천공, 인공 구조물, 입구 부근의 경사면등의 휘도와 시야내 차지하는 비율
   2) 구조 조건
      터널 단면의 모양, 전체 길이, 터널내 노면, 벽면, 천장면의 표면상태 반사율등
   3) 교통 상황
      설계속도, 교통량, 통행방식, 대형차 혼입율등
   4) 환기 상황
      배기 설비의 유무, 환기방식, 터널내 공기의 투과율등
   5) 부대 시설
      교통 안전표지, 도로 표지, 교통 신호기, 소화기, 긴급전화, 대피소등

3. 주간 조명 설계 기준
   1) 입구부 조명
      주간에 명순응에서 암순응으로 급격한 변화가 일어나므로 내부에서 조도완화를 위하여 경계부, 이행부로 나누어서 계획하고, 주야간 효율적인 유지관리를 위하여 단계별로 점멸 할 수 있도록 한다.

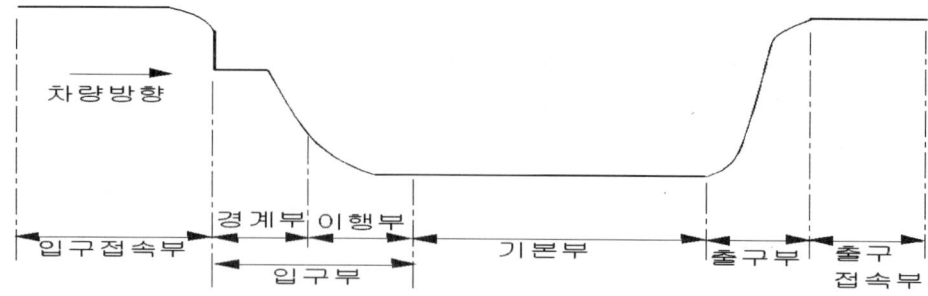

   (1) 경계부 노면 휘도
      - 터널의 설계속도에 의하여 결정한다.
      - 경계부 길이는 정지거리 이상 이어야 한다.

설계 속도(km/h)	정지 거리(m)
60	60
80	100
100	160

- 조명 수준
  ① 경계부 처음부터 중간지점 : 경계부 입구 조도와 같아야 함.
  ② 중간 지점부터 경계부 종단 : 점차적, 선형적으로 감소하여 종단에는 처음부분의 40%까지(0.4 Lth) 감소하도록 한다.
- 경계부 평균 노면 휘도 [cd/m²]

설계속도 [km/h]	20° 원추형 시야내의 하늘의 비율	
	20% 초과	10%~20%
60	200	150
80	260	200
100	370	280

① 위 표는 터널의 입구가 남쪽인 경우이며, 북쪽 입구는 이보다 속도에 따라 50 ~ 100 [cd/m²] 씩 높아짐.
② 위는 터널길이 200m 이상인 경우이며 터널길이가 짧아지면 계수를 곱하여 적게 설계 (예. 50m : 0%)
   또한 교통량이 적은 경우도 계수를 곱하여 적게 설계할 수 있다.

(2) 이행부 노면 휘도
- 경계부로부터 곡선 형태로 감소시키고, 기본부와 접속시에는 기본부 휘도의 2배 이상 이어서는 안된다.

2) 기본부 조명
- 기본부 조명의 평균 휘도는 설계속도와 교통량에 따라 결정된다.

< 주간 기본부 평균 노면 휘도 [cd/m²] >

설계속도[km/h]	교통량		
	적음	보통	많음
60	3	4.5	6
80	5	6.5	8
100	7	9	11

3) 출구부 조명
- 주간 휘도 : 정지 거리 이상의 구간에 걸쳐 점차 증가시킨다.
- 기본부 휘도에서 시작하여 출구 접속부 전방 20m 지점의 휘도가 기본부 휘도의 5배가 되도록 단계적으로 상승시킨다.

4) 입구 접속부 및 출구 접속부 조명
- 야간 조명을 실시하는 도로에서 야간에 터널 출입구 구간은 KSA 3701에 따른다.
- 야간 조명이 없고 운행속도가 50 km/h이상인 경우로서 터널내 야간조명 수준이 $1cd/m^2$ 이상인 경우
  ① 입구 접속부의 길이 : 정지거리 이상
  ② 출구 접속부의 길이 : 정지거리의 2배 이상(최장 200m)

5) 터널내 휘도 균제도
- 노면 2m 높이까지의 벽면 균제도 : 종합 균제도 0.4 이상
- 노면 차선축 균제도 : 0.6 이상

4. 야간 조명 설계 기준
1) 터널이 조명이 설치된 도로와 연결되어 있을 때 : 터널 내부의 조명이 접근 도로와 최소한 같아야 한다.
2) 터널이 조명이 설치되지 않은 도로와 연결되어 있을 때 : 터널 내부의 평균 노면 휘도가 $1cd/m^2$ 이상이어야 한다.

5. 기타 설계시 유의사항
1) 램프 및 조명기구
효율, 광색, 연색성, 동정특성, 주위온도 특성, 수명 등이 터널 조명에 적합하고 조명기구는 배광 눈부심제어, 조명율, 구조등이 터널 조명에 적합한 것을 사용.

2) 조명방식
(1) 대칭 조명
교통의 진행방향과 동일방향 및 반대방향으로 같은 크기의 빛이 투사되는 방식으로, 양 방향 같은 광도 분포를 보이는 조명 기구를 사용하며 휘도 대비 계수가 0.2 이하이다.

(2) Counter-Beam Light(카운터 빔 조명)
빛이 교통의 진행방향과 반대되는 방향으로 투사하는 방식으로 노면 휘도가 높아지고, 장해물은 노면을 배경으로 검은 실루엣으로 나타나고 휘도 대비 계수가 0.6 이상이다.

(3) Pro-Beam Lighting(프로빔 조명)
빛이 교통의 진행방향과 같은 방향으로 투사하는 방식으로 차량의 배면이나 물체의 휘도가 높아진다.

3) 터널이 긴 경우
배기가스의 축적으로 시계가 저하 되므로 환기설비를 고려

4) 글래어 제한
운전자의 쾌적성과 안전성을 확보하기 위하여 적절한 글레어 제한이 필요하다.

5) 플리커 대책
플리커는 4 ~ 11Hz 사이의 주파수가 20초 이상 지속되는 경우 대책이 필요하다.

6) 정전시 비상조명
200m 이상의 터널에서는 정전시에 대비하여 예비전원에 의한 비상용 조명을 하여야 설계되어야 하고, 평균 조도는 평균 10lx(최소 2lx) 수준의 유지를 권장함.

7) 유지 보수
램프 및 조명기구의 특성의 노화, 오손, 수명, 파손등에 따른 기능의 정지 등이 발생하지 않도록 유의하고 적절한 유지 관리가 필요하며 다음 사항에 유의해야 한다.
- 점등 상태 및 조명 기구의 오염 상태
- 노면, 벽면의 휘도 및 조도 등

6. 터널 조명 제어
1) 회로 구성
   (1) 입구부 조명 회로
   (2) 기본부 조명 회로
   (3) 출구부 조명 회로
2) 제어부 구성

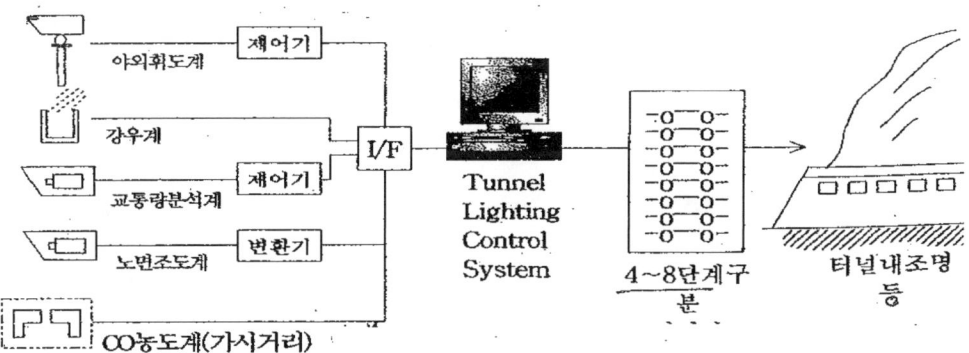

4.3 태양광발전시스템에서 바이패스(by-pass) 다이오드에 대하여 설명하시오.

1. 개요
   1) 태양광발전 시스템을 설계할 때 태양광 모듈의 위치는 상당히 중요하다.
   2) 태양광 모듈은 태양에너지를 가장 잘 흡수할 수 있는 각도로 설치되어야 가장 높은 출력을 기대 할 수 있다.
   3) 이때 또한 고려해야 할 사항이 바로 그림자에 의해 생기는 핫스팟(Hot Spot)이다.
   4) Hot Spot(열점) : 태양광 발전시 모듈에 음영이 발생하거나 결함등이 있을 때 출력 불균형이 발생하여 모듈 온도가 국부적으로 증가하는 현상

2. Hot Spot(열점) 영향
   1) 태양광 모듈은 아주 적은 일부가 그림자로 인해 가려지더라도 모듈 전체의 출력이 크게 저하된다.
   2) 모듈은 각각의 태양전지를 직렬로 연결한 구성이기 때문에 그림자로 인해 가려져 출력이 없는 태양전지에 전류가 통과하면서 출력저하를 야기하기 때문이다.
   3) 예를 들어 54개 태양전지로 구성된 모듈에서 단 한 개의 셀이 나뭇잎 등에 의해 완전히 가려졌다면 출력 값은 거의 제로에 가깝게 떨어질 수 있다.
   4) 만일 한 개의 셀이 50% 이상 가려졌다면 출력 역시 현저히 떨어질 수 있다. 이와 같은 그림자에 의한 손실을 예방하기 위해 일반적으로 바이패스 다이오드가 내장된 정션박스가 모듈에 부착된다.

3. 모듈 음영 영향

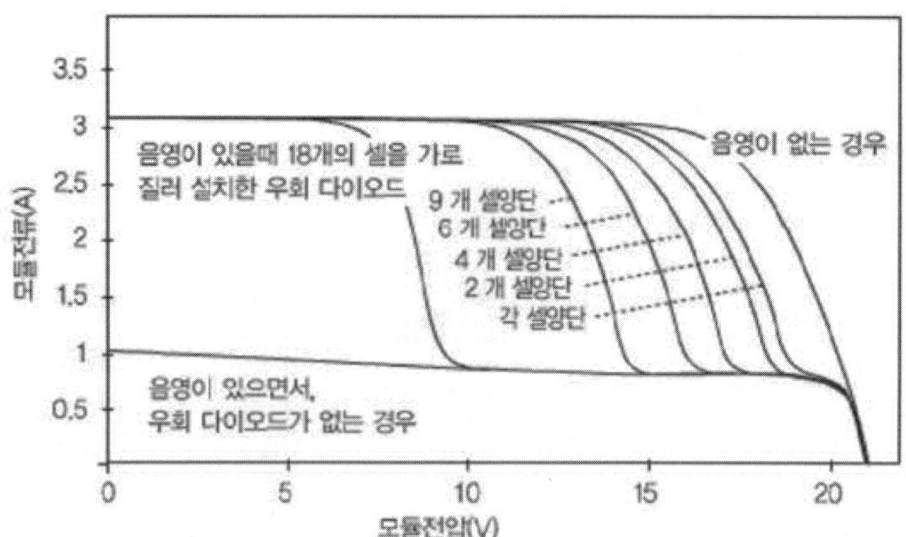

1) 부분 음영의 원인
    나뭇잎, 작은 그림자, 새의 배설물, 흙탕물 등
2) 음영의 영향
    ① 오염이 생긴 셀은 전기적으로 부하가 되어 역전류 방향의 전류를 소비한다.
    ② 셀의 재료가 손상되는 한계까지 가열되어 열점(Hot spot)을 만들고 이때 오염된 모듈의 셀을 통해 역전류가 순간적으로 흐른다.
    ③ 태양전지를 가로지르는 역 바이어스 방향의 전압을 생성하지 않는다.

5. 태양광 모듈의 전기적 특성

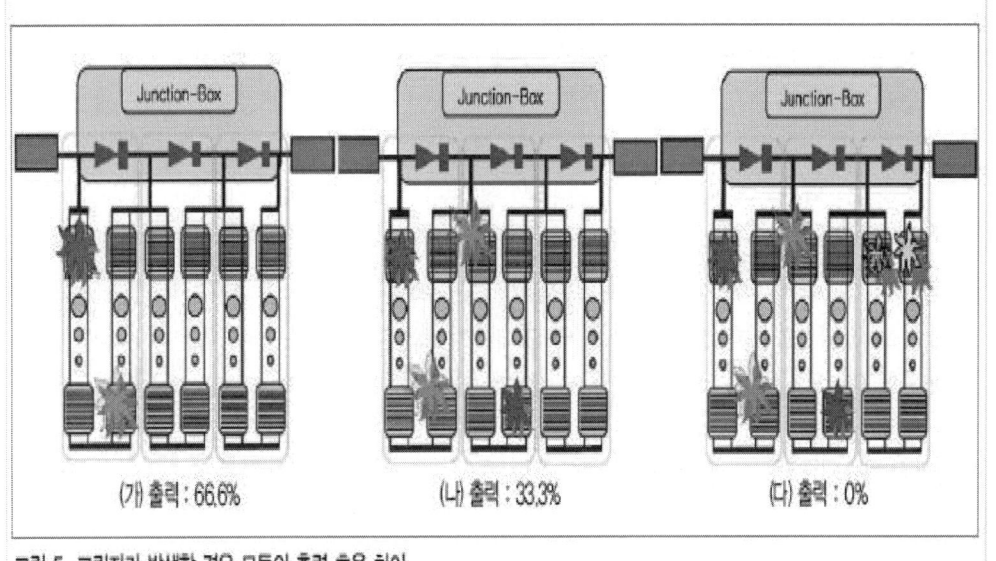

그림 5. 그림자가 발생할 경우 모듈의 출력 효율 차이

1) 태양전지는 빛에 의한 광기전력 현상을 이용해 전기에너지를 발생시키는 반도체이다.
2) 그러므로 반도체가 가지는 기본적인 성질 즉, 온도변화와 빛(광속)에 의해서 전기적인 성질이 변하게 된다.
3) 태양광 모듈은 일반적으로 5인치 또는 6인치 셀이 직렬연결로 구성되어 있다.
4) 이러한 태양광 모듈에는 출력되는 전압과 전류의 연결 고리를 만들어 주는 역할을 하는 정션박스(Junction-Box)가 모듈 후면에 부착돼있다.
5) 그리고 정션박스 내부에는 태양의 일사량에 따라 에너지를 전달하는 바이패스 다이오드가 있다.
6) 태양광 모듈의 전압과 전류 값은 셀의 온도변화에 따라 조금씩 변하는 특성이 있다.

7) 태양광 모듈은 온도와 외부 환경 요인에 따라 출력 효율이 달라진다. 모듈에 핫스팟이 생길 경우, 즉 그림자에 의해 부분 음영이 생길 경우에는 효율이 떨어진다.
8) 그런데 태양광 모듈의 부분음영이 생길 경우 정션 박스 내부의 다이오드로 효율을 개선할 수 있다.

6. 바이패스 다이오드
1) 바이패스 다이오드는 그림자로 인해 출력이 저하된 셀 또는 셀 그룹을 우회해 전류가 흐르도록 하고, 이를 통한 출력감소는 오직 그림자에 의해 가려진 셀 또는 셀 그룹에 해당되는 부분으로 제한해 출력을 유지할 수 있다.
2) 셀 중에 하나 이상의 셀에 그림자나 이물질로 인하여 특정 셀이 전력을 발생하지 못하면 그 셀의 전류가 감소하여 직렬로 연결된 전체 셀의 전류 흐름을 막게 되고, 모듈 전체 전력 손실을 가져오게 되면서 그 셀은 열을 발생하게 되어 다른 2차적인 나쁜 영향을 주게 된다.
3) 이를 피하기 위하여 전류 감소를 막고 나머지 정상적인 셀들의 전류를 원활히 흐르게 하기 위하여 일정 셀 수 마다 셀 직렬 마디에 병렬로 다이오드를 설치하게 되는데 이를 바이패스 다이오드라 한다.
4) 대부분의 모듈 제조업체에서는 바이패스 다이오드를 두개 또는 세 개 셀 군으로 묶어서 2~3개의 바이패스 다이오드를 달고 이를 정크션 박스 안에 모아두게 되는 형태이다.
5) 최대 다이오드 설치용량은 모듈내의 셀 직렬전류의 1.5~2배 정도를 기준으로 한다.
6) 현재 시중 양산 모듈 모델 기준으로 즉, 내압 1000V / 15A를 사용한다.

4.4 마그네트론 발진기의 특성과 응용분야에 대하여 설명하시오.

1. 마그네트론(magnetron)
   - 자계를 작용시켜 전자의 흐름을 제어하는 특수한 진공관으로서 극초단파
     (마이크로웨이브)의 전파를 강력히 출력하는 데 사용한다.
   - 레이더, 전자 레인지 등과 같이 대전력의 마이크로웨이브를 얻는 데
     사용된다.

2. 발진이란
   1) 발진(oscillation)이란, 진동이 일어난다는 뜻으로, 주로 전자회로에서
      전기진동이 일어날 때 쓰는 용어이다.
   2) LC 회로, RC 회로 등의 진동회로에서 나타나는 현상으로, 설계자가
      의도하지 않았고 원하지 않는 발진은 제거해야 할 대상이며, 반대로 교류
      신호 전파를 위해 발진기를 삽입하여 만든 의도적인 발진은 증폭시켜야 할
      대상이다.
   3) 발진기는 진동자(oscillator)와 거의 같은 의미이나, 회로에서 설계자의
      의도 대로 교류를 만드는 주체를 가리킬 때 주로 사용되는 단어이다.

3. 발진의 원리

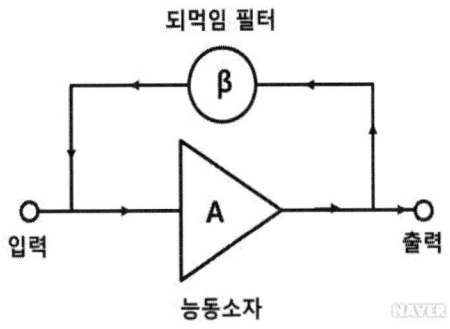

<그림1. 발진기의 구성>

   1) 발진은 교류의 신호가 반복적으로 증폭되는 현상으로, 주로 입력 전력보다
      더 큰 전력을 출력하는 능동 소자와 지속적으로 증폭이 일어나게 만드는
      되먹임 회로가 있을 때 일어난다.
   2) 능동 소자는 별도의 직류 전원을 필요로 하므로, 신호가 증폭되었다고 해서
      에너지보존법칙을 위배한 것은 아니다.
   3) 그림 1은 발진을 위해 필요한 능동 소자와 되먹임 회로의 구성을 개념적
      으로 보여준다.

4. 발진기의 종류

1) 그림 1의 되먹임 회로는, 발진을 희망하는 진동수만 증폭하기 때문에 이 되먹임 부분을 일종의 필터로 생각할 수 있다.
2) 이 부분을 일정한 진동수를 갖는 공진회로로 구성하면 일정 진동수의 교류만 발진하는 발진기가 되며, 만약 이 부분을 동조회로로 구성하여 원하는 진동수를 선택할 수 있게 하면 발진 진동수를 조절할 수 있는 발진기가 된다.
3) 발진기는 발생 파형, 공명진동수 조절 가능 여부, 회로 구성 등 여러 가지 측면에서 분류할 수 있다.
4) 발생 파형에 따라 사인파 발진기, 비 사인파 발진기로 분류하기도 하고, 공명진동수에 따라 저주파 발진기, 고주파 발진기로 분류할 수 있다.

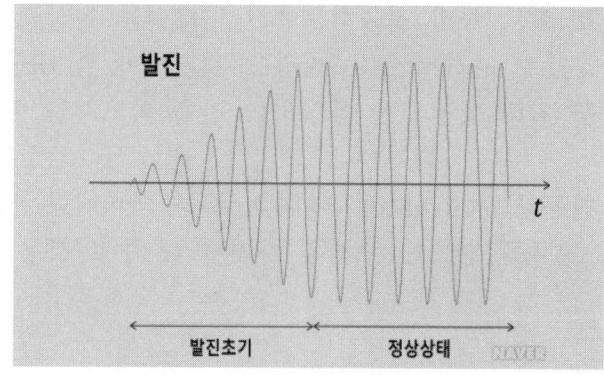

<그림2. 발진기에 의한 교류>

5) 되먹임 필터가 RLC 회로로 구성되면, 진동수가 1MHz 미만의 저주파 사인파 발진기가 된다.
6) 발진기 방식으로, 필터에 결정 진동자 또는 수정 발진기(crystal oscillator)도 있으며, 이외에도 다양한 형태의 발진기 및 발진 회로가 있다.

5. 마그네트론 발진기 특성 및 응용 분야

1) 마그네트론 발진기는 전기장과 자기장이 서로 수직으로 인가되는 교차장이 존재하는 높은 진공 공간에서 발생하는 전자빔의 전기에너지를 고출력 전자기파 에너지로 변환해 방사하는 고효율, 고출력의 전자기파 발생 장치다.
2) 고주파가열・입자가속기・레이더 등의 산업응용을 비롯하여 전자레인지와 같은 가정용 기기에도 널리 사용되는 고효율・고출력의 마이크로파 에너지원이다.
3) 1930년대 최초로 고안되었고, 제2차 세계대전을 기점으로 레이더 응용을 위해 영국과 미국을 중심으로 본격적으로 연구되었다.
4) 그 후 전자기파의 정보전달과 에너지 전달 특성을 이용한 산업, 국방, 의

료, 환경, 과학, 에너지 분야 등에 응용되어 다양하게 사용되고 있다.
5) 마그네트론 발진기는 고전압의 직류(DC) 전력을 고효율로 변환해 마이크로파(Microwave)를 발생시킬 수 있다.
6) 수십 kW 이상의 마이크로파 출력을 발생하는 마그네트론 발진기의 음극부 급전선에 마이크로파 초크 구조를 구성함으로써 2차 고조파 잡음을 1/10 수준으로 저감하여 외부 누설을 최소화한 것도 특징이다.
7) 이 기술을 적용하여 에너지 저소비형 산업용 마이크로파 가열장치에 적용하면 직접가열, 선택가열, 내부가열 등의 특성을 갖는 마이크로파 가열을 통해 에너지를 획기적으로 절감하는 기술 상용화와 신 시장 창출을 도모할 수 있다.
8) 전자레인지, 조명기기를 비롯해 대형식품 조리 및 해동, 자외선광원, 입자가속기, 레이더 등에 널리 사용된다.
9) 기술자립 및 수입대체와 기술자립 효과를 통해 국내 산업용 마이크로파 시스템 시장(가열, 건조, 플라즈마 등)의 확대에 기여할 것으로 기대된다.

4.5 운전 중인 변압기의 온도상승 원인, 절연유 구비조건, 변압기 냉각방식에 대하여 설명하시오.

1. 변압기 온도 상승 원인 및 형태

변압기 온도 상승은 크게 나누어 전기적, 열적, 화학적, 기계적, 환경적 요인 등 5개로 나뉘지만 실제는 그 사용 환경에 따라 이들이 중복 되어 복합적으로 진행해 간다.

온도 상승 요인	원 인
1. 전기적 요인	과부하 및 단락전류 이상전압 (직격뢰, 유도뢰, 개폐서지) 열 사이클 : 경부하 및 중부하 반복 발생 전력 품질 : 고조파, 전자파 등 유입
2. 열적 요인	절연유 열화 냉각장치 불량 절연물 내부 공극 발생
3. 화학적 요인	기름의 화학적 분해 수분 침투 등
4. 기계적 요인	운반도중 충격 철심 및 권선의 전자력에 의한 진동 나사 조임의 헐거워짐
5. 환경적 요인	부식성 가스 습한 장소 주위온도 영향 등

2. 변압기 절연유 구비조건

1) 절연 내력이 높을 것
   - 변압기유는 공기의 약 5배 절연내력을 가짐.
   - 수분이 소량이라도 있으면 현저히 절연내력 저하 됨.
2) 냉각 성능이 양호 할 것
   - 열/전도도가 높아 냉각 효과가 클 것.
   - 점도가 적어 유동성이 좋을 것.
3) 인화점이 높을 것
4) 응고점이 낮을 것
5) 증발량이 적을 것

6) 화학적으로 안정할 것

    화학적으로 안정하여 변압기 구성 재료인 동, 철, 절연물 등의 변질이 적어야 함.

7) 부식의 발생이 적을 것
8) 장시간 사용시 산화 변질이 적을 것
9) 환경 오염이 적고 인체에 유해성이 적을 것

    (PCBs)
    - 독성이 강하고 분해가 느려 생태계에 오랫동안 남아있는 잔류성 유기 오염 물질의 일종이다.
    - 물에 녹지 않고 유기용매(탄화 수소류, 지방 및 유기 화합물 등)에 용해된다.

3. 변압기 냉각방식

No.	냉각 방식	권선, 철심 냉각 매체		주변 냉각 매체		IEC76	ANSI C57.12
		종류	순환방식	종류	순환방식		
1	건식 자냉식	공기	자연			AN	AA
2	건식 풍냉식	공기	강제			AF	AFA
3	유입 자냉식	기름	자연	공기	자연	ONAN	OA
4	유입 풍냉식	기름	자연	공기	강제	ONAF	FA
5	유입 수냉식	기름	자연	물	강제	ONWF	OW
6	송유 자냉식	기름	강제	공기	자연	OFAN	-
7	송유 풍냉식	기름	강제	공기	강제	OFAF	FOA
8	송유 수냉식	기름	강제	물	강제	OFWF	FOW
9	건식밀폐자냉식	공기	자연	공기	자연	ANAN	GA
10	건식밀폐풍냉식	공기	자연	공기	강제	ANAF	-

1) 건식 자냉식

    -주로 소 용량에 사용

2) 건식 풍냉식

    - 권선 하부에 풍도(Air Duct) 설치하여 방열효과 향상
    - 500 KVA 이상 채택시 경제적

3) 유입 자냉식

    - 보수 간단하여 많이 사용

- 권선 및 철심의 발열이 기름의
  대류에 의해 방열
4) 유입 풍냉식
 - 유입 자냉식의 방열판에 FAN 설치
 - 자냉식보다 20~30% 정도 용량 증가 가능
5) 유입 수냉식
 - 냉각관을 기름 속에 설치, 물을 순환시켜
   기름 냉각
 - 냉각수 질이 좋지 못하면 관의 부식,
   보수가 어렵다.

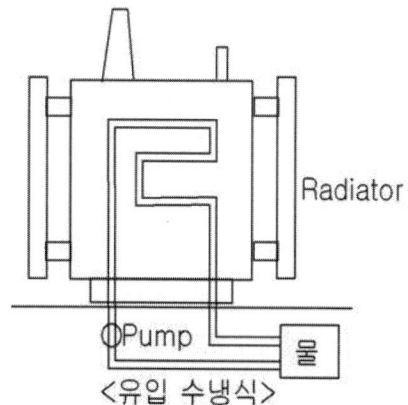
<유입 수냉식>

6) 송유 자냉식
 - 변압기 본체와 방열기(Oil Tank)
   사이에 펌프 설치하여 기름 순환
7) 송유 풍냉식
 - 송유 자냉식의 방열판에 송풍기 설치
 - 30(MVA)이상 대용량에 채택
 - 펌프 및 송풍기 손실은 전 손실의
   50% 정도임.
8) 송유 수냉식
   Unit Cooler를 변압기 주위에 두어
   물을 강제 순환하여 냉각

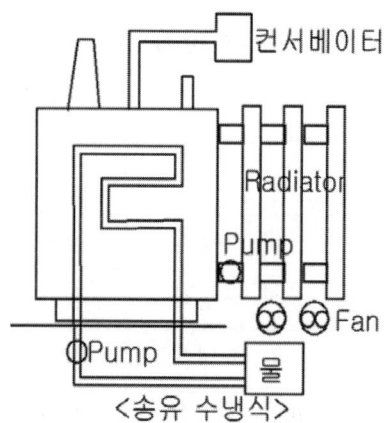
<송유 수냉식>

4.6 무정전 전원장치(UPS) 선정시 고려사항 및 2차 회로의 보호에 대하여 설명하시오.

1. UPS 선정시 고려사항
1) 부하 내용의 중요도 파악 및 UPS 공급 부하 선정
   부하 용량 3Φ $P = \sqrt{3} \, E I \times 10^{-3}$ (KVA)
              1Φ $P = E I \times 10^{-3}$ (KVA)
2) 수용율
   일반 : 0.8 ~ 1.0   통신부하 : 1.0
3) 고조파 전류 영향에 따른 여유 용량 및 억제 대책
   여유 용량 3Φ 1.2 - 1.4
            1Φ 1.3 - 2.0
4) 장래 증설 또는 여유율
5) 시동 돌입 전류 및 억제 대책
6) 과부하 내력
7) 부하 불평형율 : 단상 혼용 부하의 경우 20% 내외
8) 전압 및 전압 변동율 결정
9) 주파수 및 주파수 변동율
10) 부하 역율
11) 수전방식 및 발전기와의 협조
12) 환경 조건 검토
    - 주위온도 및 공조시스템 설치 여부
    - 소음, Noise, 내진, 방진, 먼지, 환기, 소화기 등
    - 설치 Lay Out, Space, 내하중 등
13) 경제성 등

2. UPS 용량 계산 방법
1) 일반부하 용량
   $P = \alpha \, \beta \, (\Sigma PL + PT)$
      α : 수용율 (0.8 ~ 1.0)
      β : 고조파 여유 계수 (1.25)
      PL : 부하량 (KVA)
      PT : 증설 가능 여유량 (20% 정도)

2) 돌입 전류를 고려한 용량

$$P \geq \frac{Ps}{0.5}$$

   Ps : 최대 돌입 용량

3) 과전류 내량을 고려한 용량

$$P \geq \frac{\Sigma P_L + Ps}{r}$$

   PL : 부하량,   Ps : 돌입 용량,   r : 과부하 내량
   상기 3가지 값 중에 제일 큰 값을 적용한다.

3. UPS 2차 회로 단락 보호

1) 바이패스 보호
   - 2차측에서 단락사고가 발생하면 무순단 바이패스하여 상용전원으로 전원을 공급하면서 고장 회로를 분리한다.
   - 고장 회로가 분리된 다음 UPS 회로로 복귀시킨다.
   - 바이패스용 사이리스터 스위치의 과전류내량과 고장전류의 보호협조가 이루어져야 한다.

2) 2차측 단락회로의 분리보호
   (1) 배선용 차단기 (MCCB)에 의한 보호
      가장 많이 사용하는 방식으로 단락발생으로부터 차단까지의 시간은 즉동형인 경우 10(mS) 이상 걸리는 것이 일반적이지만 최근에는 더 빨리 차단하는 제품도 시판이 되고 있다.

   (2) 속단 FUSE에 의한 보호
      - 퓨즈에는 동력용등에 사용하는 일반용 퓨즈와 주로 반도체 보호에 사용되는 속단퓨즈가 있으며, UPS보호에는 후자의 속단 퓨즈가 사용된다.
      - 2차측 단락사고등이 발생했을 때 UPS의 보호기능이 동작하기 전에 고장회로를 분리시켜야 하므로 차단시간이 짧고 한류 특성이 우수해야 한다.
      - 속단퓨즈는 MCCB에 비해 다른 부하에 영향을 미치지 않고 고장회로를 차단할 수 있는 확률이 높다.
      - 기동전류나 돌입전류에 퓨즈가 용단되지 않아야 한다.
      - 자연 열화를 고려하여 5년 정도마다 교환을 하는 것이 좋다.

(3) 반도체 차단기에 의한 보호
- 반도체 차단기는 사이리스터를 사용한 것이 실용화되고 있다.
- CT로 부하전류를 검출하고 정상이면 사이리스터를 On상태로 유지하고 과전류가 흐르면 게이트 제어에 의해 회로를 차단한다.
- 차단시간은 100~150(μS)로 빠른 편이고, 고장전류는 게이트 제어회로에서 설정한 값으로 제한된다.
- 반도체 차단기는 MCCB나 속단퓨즈에 비하여 치수가 크고 가격이 비싼 단점이 있다.

3) 특성 비교

구 분	MCCB	속단 퓨즈	반도체 차단기
회로 구성	─⌒⌒─	─⌒⌒─▱─	─⌒⌒─▶◀─W─ (게이트 제어회로, MCCB)
동작 시간 (10배 전류시)	10(mS) ~ 4(S)	2 ~ 4(mS)	0.1 ~ 0.15(mS)
한류 효과	없음	있음	없음
전류 특성	반한시 특성	반한시 특성	정한시 특성
바이패스 회로	필요 없음	필요 없음	있는 편이 좋음
가격	소	중	대

4. UPS 2차 회로 지락 보호
지락 보호의 목적은 감전 방지, 화재 방지, 기기손상 방지이며, 지락 전류의 크기는 회로의 접지 방식에 따라 수 mA ~ 수천A 까지 다양하다.

1) 누전 차단 방식
전로에 지락이 생겼을 때 발생하는 영상 전압 또는 영상 전류를 검출하여 차단하는 방식으로 전류 동작형과 전압 동작형이 있으나 대부분 전류동작형을 이용하고 있다.

2) 누전 경보 방식
- 지락 발생시 회로를 차단하는 것이 적당하지 않는 회로와 화재 경보 장치에 주로 사용
- 설치 장소 : 소방 회로, 전산장비등 전원의 차단으로 인하여 안전이나 물질상 막대한 피해를 주는 회로에 적용

불가능이 무엇인가는 말하기 어렵다.
어제의 꿈은 오늘의 희망이며
내일의 현실이기 때문이다.
-로버트고다드-

Chapter 4

제116회 전기응용기술사 문제지(2018.08)

국가기술 자격검정 시험문제

기술사 제 116 회 　　　　　　　　　제 1 교시 (시험시간: 100분)

분야	전기	자격종목	전기응용기술사	수험번호		성명	

※ 다음 문제 중 10문제를 선택하여 설명하시오. (각10점)

1. 전기설비기술기준의 제정 목적에 대하여 설명하시오.
2. 조명용어 중 균제도에 대하여 설명하시오.
3. 전기설비기술기준에서 전기자동차 전원설비의 이차전지를 이용한 전기저장장치 일반 요건을 설명하시오.
4. 정류기반의 납(연)축전지의 관리방법을 설명하시오.
5. CT(Current Transformer)의 과전류강도와 과전류정수에 대하여 설명하시오.
6. 변압기 병렬운전의 조건을 제시하고, 병렬운전이 적합하지 않은 경우를 설명하고, 임피던스전압이 다를 경우 부하분담 및 과부하 운전을 하지 않기 위한 부하제한에 대하여 설명하시오.
7. 연색성은 조명용 광원에 있어서 아주 중요한 특성 중 하나이다. 연색성을 수치로 표시한 연색평가수에 대하여 설명하시오.
8. 전기철도 레일의 복진(匍進) 방지장치에 대하여 설명하시오.
9. 전력용 반도체 소자의 과전압 보호 방안에 대하여 설명하시오.
10. 산업 현장에서 다양하게 사용되고 있는 직류전동기의 특징에 대하여 설명하시오.
11. 자동화 운전방식인 자동 열차 운전장치(ATO ; Automatic Train Operation)의 주요 기능에 대하여 설명하시오.
12. 도체에 전류를 흘리면 발생하는 줄(Joule)열이 전기화재 원인이 될 수 있다. 줄의 법칙과 줄열에 의한 전기화재에 대하여 설명하시오.
13. 전기화학산업의 발전으로 전기자동차, 에너지저장장치(ESS) 등의 발전은 주목할 만하다. 안정적 운영을 위한 직류변환장치 요구사항에 대하여 설명하시오.

국가기술 자격검정 시험문제

기술사 제 116 회　　　　　　　　　제 2 교시 (시험시간: 100분)

| 분야 | 전기 | 자격종목 | 전기응용기술사 | 수험번호 | | 성명 | |

※ 다음 문제 중 4문제를 선택하여 설명하시오.　(각25점)

1. 배전용 변압기(22.9kV-LV)로서 고조파 감쇄기능을 갖는 하이브리드 변압기의 권선법을 설명하고, 하이브리드 변압기와 K-factor 변압기의 특성을 비교하여 설명하시오.

2. 경제적 배선을 위한 송전전력과 배선전압을 결정할 때 고려사항에 대하여 설명하시오.

3. 산업현장에서 범용적으로 사용하고 있는 전기용접의 종류 및 특징에 대하여 설명하시오.

4. 사업장의 전기안전사고 예방을 위하여 저압설비 지락사고에 의한 인체 감전사고 방지대책에 대하여 설명하시오.

5. 조명설비 중 자연채광(집광) 시스템의 종류에 대하여 설명하시오.

6. CN-CV 전력케이블의 열화 발생요인, 열화형태, 활선상태의 진단방법에 대하여 설명하시오.

국가기술 자격검정 시험문제

기술사 제 116 회 제 3 교시 (시험시간: 100분)

분야	전기	자격종목	전기응용기술사	수험번호		성명	

※ 다음 문제 중 4문제를 선택하여 설명하시오. (각25점)

1. 반송설비 중 엘리베이터 설치기준과 대수 산정방법에 대하여 설명하시오.

2. 스마트 그리드(Smart Grid) 구성요소와 응용분야에 대하여 설명하시오.

3. 자가발전설비의 부하결정 시 고려사항과 RG 계수에 의한 발전기용량 산정방식에 대하여 설명하시오.

4. 교류급전방식의 전기철도에서 3상 전원을 2상으로 변환하여 급전하는 스코트(Scott) 결선방식에 대하여 설명하시오.

5. 고용량 광원을 효율적으로 사용할 수 있는 3배광법에 의한 전반조명 설계 시 검토사항을 설명하시오.

6. 전력수요를 억제하기 위한 전기요금 및 기기보급 관점의 수요관리 방법과 수요반응(Demand Response) 제도에 대하여 설명하시오.

국가기술 자격검정 시험문제

기술사 제 116 회   제 4 교시 (시험시간: 100분)

분야	전기	자격종목	전기응용기술사	수험번호		성명	

※ 다음 문제 중 4문제를 선택하여 설명하시오. (각25점)

1. 축전지 용량산정 시 고려사항에 대하여 설명하시오.

2. 공공기관 신축, 개축, 증축 시 적용해야 할 에너지이용 합리화 추진에 대한 관련 제도에 대하여 설명하시오.

3. 건축물이나 건축물에 인입하는 설비에 대한 뇌격으로 인한 손상과 보호대책에 대하여 설명하시오.

4. 태양광 발전 시스템 기획 및 설계 시 고려사항에 대하여 설명하시오.

5. 물체에 전력을 공급하여 물질 중에 함유된 수분을 증발시켜 건조시키는 전기건조의 원리, 특징 및 응용분야에 대하여 설명하시오.

6. 전기열차를 안전하고 확실하게 정지시키기 위한 제동장치와 경제적 운전 방법에 대하여 설명하시오.

Chapter 4

제116회 전기응용기술사
문제풀이(2018.08)

1.1 전기설비 기술기준의 제정 목적에 대하여 설명하시오.

1. 전기설비 기술기준의 제정 목적 : 제1조(목적)
   이 기술기준은 「전기사업법」 제67조 및 같은 법 시행령 제43조에 따라 발전·송전·변전·배전 또는 전기사용을 위하여 시설하는 기계·기구·댐·수로·저수지·전선로·보안통신선로 그 밖의 시설물의 **안전에 필요한 성능과 기술적 요건을 규정**함을 목적으로 한다.

2. 전기사업법 : 제67조(기술기준)
   산업자원부장관은 전기설비의 **안전관리**를 위하여 필요한 기술기준(이하 "기술기준"이라 한다)을 정하여 고시하여야 한다. 이를 변경하는 경우에도 또한 같다.

3. 한국전기설비규정(KEC)
   1) 제정 이유 (2018년 3월 9일. 산업통상자원부장관)
      전기산업계에서 국제표준과 다르게 운영되던 불명확·불필요한 규제 사항을 해소하고, 전기설비의 환경변화에 대한 안전성, 신뢰성 및 편의성을 확보하여 해외전력시장 진출의 장애요인을 제거하는등 전기설비기술의 선진화를 통하여 국내전력산업 기술발전과 국제표준에 부합한 사용자 중심의 전기안전규정(KEC, Korea Electro-technical Code)을 제정함.

   2) 한국전기설비규정 목적
      이 한국전기설비규정(Korea Electro-technical Code, KEC)은 전기설비기술기준 고시(이하 "기술기준"이라 한다)에서 정하는 전기설비("발전·송전·변전·배전 또는 전기사용을 위하여 설치하는 기계·기구·댐·수로·저수지·전선로·보안통신선로 및 그 밖의 설비"를 말한다)의 안전성능과 기술적 요구사항을 구체적으로 정하는 것을 목적으로 한다.

   3) 주요내용
      - 교류 1000V 이하, 직류 1500V 이하로 저압전기설비 범위 규정
      - 시설안전 및 유지관리를 위한 전선색상 식별 규정
      - 기존 종별 접지시설 규정을 폐지하고 국제표준에 부합한 접지시설로 규정
      - 과전류에 대한 보호방법 및 케이블 트렁킹 시스템등 배선공사 방법을 국제기준으로 규정
      - 기존 발전설비의 용접분야를 보일러 및 부속설비등 각 시설별로 통합하여 규정

1.2 조명용어 중 균제도에 대하여 설명하시오.

1. 개요
1) 조명의 균일한 정도를 나타내기 위하여 조명이 닿는 면 위의 최소 조도와 평균 조도와의 비.
2) 또는 최소 조도와 최대 조도와의 비.
3) 균제도에는 실내 균제도와 도로 균제도가 있다.

2. 실내면 균제도
사무실, 학교, 공장 등에서 책상, 작업면 등과 주변의 밝기가 어느 정도 고른가를 판단하고 작업자에게 시각적 피로도를 경감시키기 위하여 밝음의 차를 좁힐 수 있도록 고려해야 하며, 밝은 부분과 어두운 부분의 밝음의 비를 균제도라 하며 다음의 U_1과 U_2로 나타내고 일반적으로는 U_1을 많이 사용하고 있다.

1) 균제도 종류

$$U_1 = \frac{수평면상의\ 최소조도(lx)}{수평면상의\ 평균조도(lx)} = \frac{Emin}{Eave}$$

$$U_2 = \frac{수평면상의\ 최소조도(lx)}{수평면상의\ 최대조도(lx)} = \frac{Emin}{Emax}$$

2) 균제도 기준
- 일반 사무실이나 공장등 실내에서 인공조명으로 전반 조명을 하는 경우 조도의 균제도(U_1)는 적어도 1/3이상 이어야 한다.
- 특수한 작업으로 높은 조도를 필요로 하는 곳에서는 그 필요한 조도를 전반 조명으로 하기에는 비용이 너무 많이 소요된다.
  따라서 그 필요한 곳에 국부조명을 하며 이 경우는 균제도가 1/10정도로 하면 된다.
- 주광 조명인 경우 균제도는 1/10이상이면 보통은 지장이 없다.
  단, 낮에 창 측은 일광에 의해 너무 밝으므로 창측 1m이내의 부분은 제외한다.
- 박물관이나 미술관등 특수 조명 분야는 제외되며 오히려 밝음의 차를 많이 두어 입체감을 연출할 수 있다.

3) 균제도 측정시 작업 대상물의 높이
- 특별히 지정되지 않는 경우 : 바닥위 85 Cm
- 앉아서 하는 작업 : 바닥위 40 Cm
- 복도, 옥외 : 바닥면 또는 지면

3. 도로 조명 균제도

한국 공업 규격 KSA 3701(도로조명기준)에 의하여 종합 균제도와 차선 축 균제도로 구분한다.

종합균제도 $U_0 = \dfrac{\text{최소 노면 휘도}}{\text{평균 노면 휘도}}$

차선축 균제도 $U_1 = \dfrac{\text{차로중심선상의 최소 휘도}}{\text{차로중심선상의 최대 휘도}}$

도로 분류	종합 균제도	차선축 균제도
고속 도로	0.4	0.7
주 간선 도로		
보조 간선 도로		0.5
국지 도로		

1.3 전기설비기술기준에서 전기자동차 전원설비의 이차전지를 이용한 전기저
　　장장치 일반 요건을 설명하시오.

1. 개요
　1) 전기자동차가 움직이는 에너지 저장장치로 자리할지에 대해 귀추가 주목되
　　　고 있다.
　2) 대한무역투자 진흥공사(KOTRA)가 최근 발표한 '전기차 시대와 함께 떠오
　　　르는 차세대 에너지 솔루션, V2G'에 따르면, 전기차를 향한 도입 속도가
　　　점차 빨라짐에 따라 함께 증가하는 전력 수요를 충족할 새로운 에너지 생
　　　산 체계가 필요하다는 목소리가 짙어져 왔다.
　3) 이에 V2G가 이를 해결할 핵심 기술로 등장했다.

2. V2G란

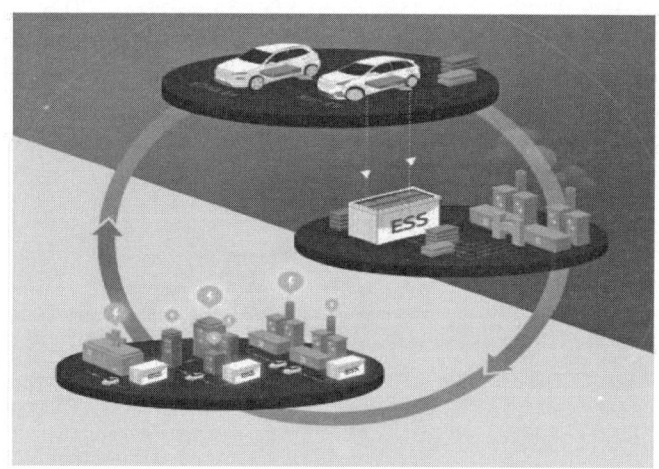

　1) Vehicle-To-Grid의 약자로, 충전식 친환경차를 전력망과 연결해 주차 중
　　　유휴 전력을 이용하게 하는 기술을 의미한다.
　2) V2G의 성공적인 실현을 위해 '양방향 전기차 충전 기술'의 중요성도 함
　　　께 확대할 전망이다.
　3) 양방향 전기차 충전 기술을 통해, 전력망으로부터 전기차를 충전해 주행한
　　　후 남은 전기를 다시 전력망으로 송전할 수 있게 됨으로써 전기차 자체가
　　　에너지의 환원을 가능케 하는 '에너지 저장 장치(ESS)'의 기능을 수행할
　　　수 있게 되기 때문이다.
　4) 글로벌 양방향 전기차 충전 시스템 시장은 2015년부터 2019년까지 연간
　　　47%의 성장률을 보여왔다.
　5) 해당 시장을 선도하는 기업은 주로 닛산(Nissan)과 현대모비스 등의 완성
　　　차 기업이다.

6) 양방향 전기차 충전기가 에너지 저장 시스템으로의 역할을 수행할 경우, 전기차 4대의 배터리 전력으로 20가구의 하루치 에너지를 공급할 수 있다.
7) 개인이 소유한 자동차가 실제로 운행되는 시간은 하루의 20%에 불과하다. V2G는 주차 되어 있는 나머지 시간을 활용해 차량을 전력 공급 수단으로 할 수 있다.

3. 향후 과제
1) 성공적인 V2G 시스템을 구현하기 위해서는 무엇보다도 정부의 규제 정책과 지원 체계에 진전이 있어야 할 것으로 보인다.
2) 무한한 잠재 가능성을 지니고 있는 V2G 시스템을 실질적으로 구현하기 위해 충전소 설치 보조금 제도를 마련하려는 정부의 적극적인 움직임과 양방향 충전기의 충전과 방전 요금 체계 구축이 선제적으로 이뤄져야 한다.

참고 : 전기설비기술기준의 판단기준 제8장 지능형 전력망
제4절 이차전지를 이용한 전기저장장치의 시설
제295조(전기저장장치 일반 요건)
① 이차전지를 이용한 전기저장장치는 다음 각 호에 따라 시설하여야 한다.
 1. 충전부분이 노출되지 않도록 시설하고, 금속제의 외함 및 이차전지의 지지대는 접지공사를 할 것.
 2. 이차전지를 시설하는 장소는 폭발성 가스의 축적을 방지하기 위한 환기시설을 갖추고 적정한 온도와 습도를 유지할 것.
 3. 이차전지를 시설하는 장소는 보수점검을 위한 충분한 작업공간을 확보하고 조명설비를 시설할 것.
 4. 이차전지의 지지물은 부식성 가스 또는 용액에 의하여 부식되지 아니하도록 하고 적재하중 또는 지진 등 기타 진동과 충격에 대하여 안전한 구조일 것.
 5. 침수의 우려가 없는 곳에 시설할 것.

② 제8장 제4절에서 정하지 않은 전기저장장치의 시설은 관련 판단기준을 준용하여 시설하여야 한다.

제296조(제어 및 보호장치)
① 전기저장장치를 계통에 연계하는 경우 제283조(계통 연계형 보호장치)에 따라 시설하여야 한다.
② 전기저장장치가 비상용 예비전원 용도를 겸하는 경우에는 다음 각 호에 따라 시설하여야 한다.

1. 상용전원이 정전되었을 때 비상용 부하에 전기를 안정적으로 공급할 수 있는 시설을 갖추어야 한다.
2. 관련 법령에서 정하는 전원유지시간 동안 비상용 부하에 전기를 공급할 수 있는 충전용량을 상시 보존하도록 시설하여야 한다.

③ 전기저장장치의 접속점에는 쉽게 개폐할 수 있는 곳에 개방상태를 육안으로 확인할 수 있는 전용의 개폐기를 시설하여야 한다.

④ 전기저장장치의 이차전지에는 다음 각 호에 따라 자동적으로 전로로부터 차단하는 장치를 시설하여야 한다.
 1. 과전압 또는 과전류가 발생한 경우
 2. 제어장치에 이상이 발생한 경우
 3. 이차전지 모듈의 내부 온도가 급격히 상승할 경우

⑤ 제38조에 의하여 직류 전로에 과전류차단기를 설치하는 경우 직류 단락 전류를 차단하는 능력을 가지는 것이어야 하고 "직류용" 표시를 하여야 한다.

⑥ 제41조에 의하여 직류전로에는 지락이 생겼을 때에 자동적으로 전로를 차단하는 장치를 시설하여야 한다.

제297조(계측장치)

① 전기저장장치를 시설하는 곳에는 다음 각 호의 사항을 계측하는 장치를 시설하여야 한다.
 1. 이차전지 집합체의 출력 단자의 전압, 전류, 전력 및 충·방전 상태
 2. 주요변압기의 전압, 전류 및 전력

② 발전소·변전소 또는 이에 준하는 장소에 전기저장장치를 시설하는 경우 전로가 차단되었을 때에 관리자가 확인할 수 있도록 경보 장치를 시설하여야 한다.

1.4 정류기반의 납(연)축전지의 관리방법을 설명하시오.

1. 축전지의 화학적 위험
납 축전지에는 황산 혹은 수산화칼륨을 포함하는 전해질 용액이 채워져 있으며, 이는 부식성이 강한 화학물질로서 눈을 영구히 손상시키거나 피부에 심각한 화학적 화상을 초래할 수 있으며, 황산과 수산화칼륨을 삼키게 되면 인체에 매우 유독하다.

2. 축전지의 전기적 위험
1) 축전지는 많은 에너지를 저장할 수 있고, 어떠한 상황 하에서도 에너지를 빠르게 방출할 수 있으나, 이때 방출된 에너지가 절연되지 않은 금속 스패너, 드라이버 등에 의해 단락이 발생하면 위험할 수 있다.
2) 단락이 발생하면 많은 양의 전기가 금속체를 통해 흘러 물체를 고온으로 만든다.
3) 만약 이것이 발화원이 되어 폭발하게 되면, 폭발로 인해 생긴 용융된 금속은 심각한 화상을 초래하거나 축전지 주위의 폭발성가스를 발화시킬 수 있으며, 전기 불꽃은 눈을 손상시키기에 충분한 자외선을 발산할 수 있다.

3. 축전지 취급 시 주의사항
1) 장갑과 적절한 눈 보호 장치, 가급적이면 보호안경을 착용한다.
2) 황산 혹은 수산화칼륨과 같은 축전지 화학물질을 다룰 때 비닐로 된 앞치마를 입고 적절한 부츠를 신는다.
3) 화염, 전기불꽃, 전기장비, 뜨거운 물체, 핸드폰과 같은 점화원을 충전되고 있는 축전지, 최근에 충전된 축전지 또는 이동 중인 축전지에 가까이 두지 않는다.
4) 절연된 손잡이가 달린 도구를 사용한다.
5) 축전지 단자 위에 임시로 절연고무 커버를 씌운다.
6) 축전지는 환기가 잘 되는 전용구역에서 충전한다.
7) 축전지 작업을 한 후에는 손을 깨끗이 씻는다.
8) 금지사항
   - 훈련을 받지 않은 상태에서 축전지 취급
   - 시계, 반지, 줄, 팔찌 혹은 다른 금속물의 착용
   - 과도한 축전지 충전

4. 충전 방식
1) 초기 충전
축전지에 전해액을 주입하여 처음으로 행하는 충전으로 비교적 소 전류로 장시간 통전하여 축전지를 활성화 하는 것을 말한다.

2) 사용 중의 충전
(1) 부동 충전

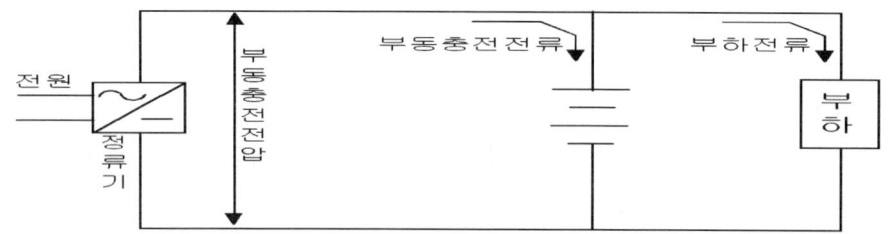

전지의 자기 방전을 보충하는 동시에 상용 부하에 대한 전력 공급은 충전기가 부담하고 충전기가 부담하기 어려운 일시적인 대 전류는 축전지가 함께 부담케 하는 방식이다.

(2) 균등 충전
- 부동 충전 방식에 의해 사용할 때 각 전지간에 전압이 불균일하게 된다. 이를 시정하기 위해 일시적으로 과 충전하는 방식이다.
- 약 1~2개월에 한 번 정도 실시
- 인가전압 : 연 축전지 2.4V ~ 2.5V
  알칼리 축전지 1.45~1.5V
- 인가시간 : 약10~15시간

(3) 자동 충전 방식
- 초기에 대전류가 흐르는 결점을 보완하여 일정전류 이상이 흐르지 않도록 자동 전류 제한 장치를 달아 충전하는 방식
- 회복 충전 시 : 균등충전 방식으로 작동
  충전 완료 후 : 자동으로 부동충전 상태로 전환됨.
- 최근에는 거의 이 방식으로 충전

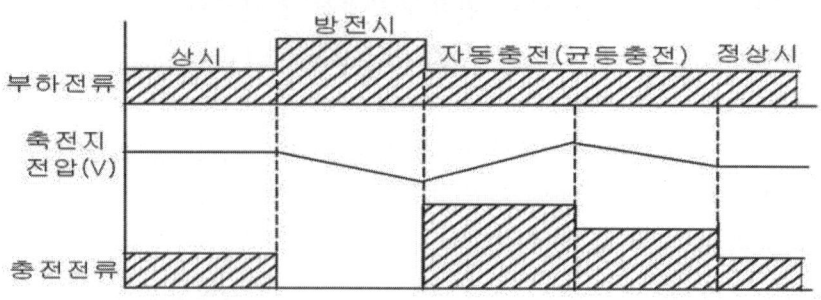

1.5 CT(Current Transformer)의 과전류강도와 과전류정수에 대하여 설명하시오.

1. 과전류 강도
1) 전력 계통에 단락이 발생하면 주 회로에 접속되는 변류기 1차 권선에는 과대한 고장 전류가 흘러서 변류기가 파괴 될 수 있다. 그 원인으로는
   - 과전류에 의해 온도 상승으로 인한 권선 용단
   - 강력한 전자력에 의한 권선 변형 등이 있다.
2) 따라서 변류기는 이런 사고에 대해서 열적, 기계적으로 어느 정도 견딜 필요가 있어 과전류 강도는 열적 과전류 강도와 기계적 과전류 강도로 나누어 생각하지 않으면 안된다.

   (1) 열적 과전류 강도
   - 열적 과전류 강도는 규격상으로 표준 시간이 1.0초로 되어 있으나 사고에 의해 과전류가 흐르는 시간은 반드시 1초라고는 할 수가 없으므로 임의의 시간에 대해서는 다음 식으로 구한다.
   - CT의 열적 과전류 강도 $Sn \geq S \cdot \sqrt{t}\ (kA)$

     여기서 S : 계통단락전류(kA)

     t : 통전시간(= 차단시간)(Sec)

   (2) 기계적 강도

   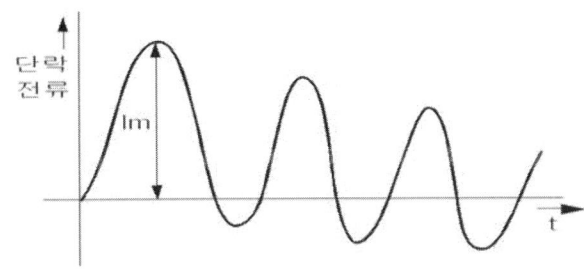

   - 단락 전류의 최대 진폭 Im, 최악의 경우는 교류 실효값의 $2\sqrt{2}$배의 진폭이 되지만 규격상으로는 직류분 감쇄(0.5Cycle 정도)를 고려하여 정격과전류의 2.5배에 상당하는 초기 최대 순시값에 견디도록 되어있고 보통은 다음식으로 구한다.

     CT의 과전류강도 = $\dfrac{단락전류}{정격1차전류}$(배)

   - 이와 같이 변류기의 과전류 강도는 열적 과전류 강도와 기계적 과전류 강도 모두를 만족해야 하고 규격에는 40In, 75In, 150In, 300In등이 있다.

(참고)
- IEC : 5P10. 10P20 (10배에서 5%, 20배에서 10% 의미)
- ANSI : C100, C200등으로 표시

2. 과전류 정수(n)

1) 어떤 2차 부담에서 1차 전압을 증가하고, 1차 전류가 어느 한도를 초과하면 자속 밀도가 포화하여 여자 전류가 급격히 증가하지만 2차 전류는 증가하지 않는다.
2) 이 경향은 2차 부담이 커질수록 심하게 나타난다.
3) 그래서 변류기의 과전류에서의 오차를 나타내기 위해서 과전류 정수가 규정되어 있다.
4) 과전류 정수란 정격 주파수, 정격 부담에서 변류기의 비오차가 -10% 될 때의 1차 전류와 정격 1차 전류의 비를 n으로 표시하고 n>5, n>10, n>20을 표준으로 하고 있다.

$$n = \frac{I_1}{I_{1n}} = \frac{비오차가\ -10\%될때의1차전류}{정격1차전류}$$

1.6 변압기 병렬운전의 조건을 제시하고, 병렬운전이 적합하지 않은 경우를 설명하고, 임피던스전압이 다를 경우 부하분담 및 과부하 운전을 하지 않기 위한 부하제한에 대하여 설명하시오.

1. 변압기 병렬운전의 조건

	병렬운전조건	단상	3상	다를 경우 문제점
1	극성이 일치할 것	O		등가적인 단락상태가 됨
2	상회전 방향이 맞을 것		O	
3	각 변위가 같을 것		O	순환전류가 흘러 TR 과열
4	정격 전압과 권수비가 같을 것	O	O	
5	%임피던스가 같을 것 (%리액턴스와 %저항의 비가 같을 것)	O	O	%임피던스가 낮은 쪽이 더 많은 부하 분담
6	정격 용량비가 1:3 이내 일 것	O	O	소 용량 변압기의 과부하

2. 병렬운전이 적합하지 않은 경우
   1) 극성(상회전)이 맞지 않을 경우

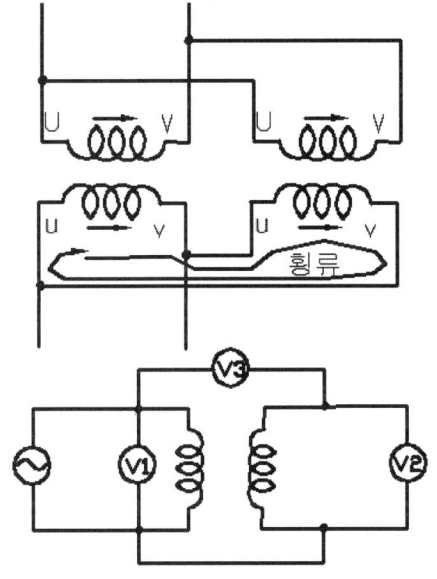

우리나라는 감극성이 표준으로 되어있어 변압기 자체의 극성은 별 문제가 없으나 1차 또는 2차 단자를 그림과 같이 저압 권선 단자에서 극성을 상호 역 접속하면, 저압 권선 단자의 폐회로에는 변압기 A와 변압기B의 유기전압의 합 $E_{2a}+E_{2b}$가 발생하여 $Ic = \dfrac{E_{2a}+E_{2b}}{Za+Zb}$ 의 과대 횡류가 흐르고 등가적인 단락상태가 된다.

이 경우 저압측 환산 임피던스 Za+ Zb는 상당히 작은 값이어서 과대한 횡류가 흘러 단락 상태가 되고 변압기를 소손 시키게 된다.

2) 상회전 방향이 맞지 않는 경우
아래 벡터도와 같이 등가적인 단락상태가 된다.

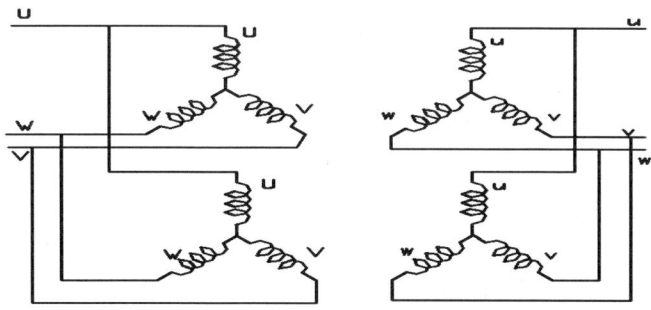

3) 각 변위가 맞지 않을 경우

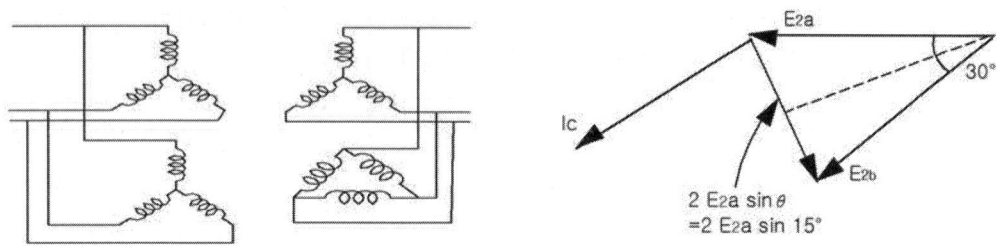

Y-Y 결선의 변압기와 Y-Δ 결선의 3상 변압기 2대를 병렬 운전 하면 2차 Y결선의 변압기가 Δ변압기보다 $30°$의 위상이 빨라 $E_{2a}+E_{2b}$의 차전압이 발생하고 이것에 의한 횡류 Ic는

$$Ic = \frac{E_{2a} - E_{2b}}{Z_{2a} + Z_{2b}}$$ 가 된다.

이 횡류의 크기는 $Ic = \frac{2 E_2 \sin 15°}{2 Z_2} ≒ 0.26 \frac{100}{\%Z_2} I_2$

여기서 E_2 : 변압기 저압측 상 전압 (V)
Z_2 : 변압기 저압측 환산 임피던스 (Ω)
$\%Z_2$: 변압기 % 임피던스 (%)
I_2 : 변압기 저압측 정격 전류 (A)

4) 정격 전압과 권수비가 같지 않을 경우
- 정격 전압이 맞지 않는 경우 소손의 원인이 될 수 있다.
  예. 3.3kV/110V 변압기를 6.6kV/220V 회로에 삽입시 권수비는 같다 해도 절연레벨이 낮아 소손이 될 수 있다.
- 또한 권수비가 상이하면 $E_2 a - E_2 b$ 의 차전압이 발생하고 이것에 의한 횡류 Ic는

$$Ic = \frac{E_{2a} - E_{2b}}{Z_a + Z_b} \text{ 가 된다.}$$

- 이 횡류는 동손을 증대시켜 변압기가 과열된다.

5) **% 임피던스가 같지 않은 경우 부하분담**

   병렬 운전 중인 양 변압기의 저압측 권선의 부하 분담을 Pa, Pb 저압 권선 측 % 임피던스를 %Za, %Zb라고 하면

   $$Pa = P \times \frac{\%Z_b}{\%Z_a + \%Z_b} \qquad Pb = P \times \frac{\%Z_a}{\%Z_a + \%Z_b}$$

   즉, 부하는 %임피던스에 반비례하여 %임피던스가 적은 변압기가 더 많은 부하를 분담하게 된다.

   %리액턴스와 %저항과의 비가 같지 않으면 양 변압기의 분담 전류 또는 분담 부하 용량간에 위상차가 생기므로, 최대 공급 부하 용량은 양 변압기 분담 부하 용량의 벡터합이 되고 동상시의 산술값 보다 작아진다.

6) **정격 용량비가 3:1 이상 클 경우**

   정격용량이 작은 변압기가 과부하 되어 소손 원인이 됨.

1.7 연색성은 조명용 광원에 있어서 아주 중요한 특성 중 하나이다. 연색성을 수치로 표시한 연색 평가수에 대하여 설명하시오.

1. 연색성 (Color Rendition)이란
같은 물체의 색이라도 낮에 태양빛 아래에서 본 경우와 밤에 형광등 밑에서 본 경우는 전혀 다른색으로 보인다. 이와 같이 빛의 분광 특성이 색의 보임에 미치는 현상을 연색성이라 하며, 연색 평가지수로 나타낸다.

2. 연색성 평가지수(Color Rendition Index)
물건의 색을 자연광(Ra:100)과 램프로 봤을 때의 차이를 평가하여 수치로 표시한 것으로 평가치가 100에 가까울수록 연색성이 좋은 것을 의미한다.

3. 평균 연색성 평가지수
기호 "Ra"로 나타내는 연색성 평가수를 "평균 연색성 평가지수"라고 부르며 8종류 시험색 (R1~R8)을 평가한 값을 평균한 것임.

연색성 그룹	연색평가지수 Ra	사 용 처
1	$Ra \geq 85$	직물공장, 도장 공장, 인쇄공장 주택, 호텔, 레스토랑 등 연색성을 중요시하는 장소
2	$85 > Ra \geq 70$	사무소, 학교, 백화점등
3	$70 > Ra$	연색성을 중요시 하지 않는 장소

4. 특수 연색성 평가지수
개개의 시험색을 기준 광원으로 조명 했을 때와 시료 광원으로 조명 하였을 때의 색 차이로 시험색은 다음과 같이 7가지가 있다.

R_9 : 적색

R_{10} : 황색

R_{11} : 녹색

R_{12} : 청색

R_{13} : 서양인 피부색

R_{14} : 나뭇잎 색

R_{15} : 동양인 피부색

1.8 전기철도 레일의 복진(匐進) 방지장치에 대하여 설명하시오.

1. 복진(crecping, rail creepage)이란
   1) 열차의 주행과 온도변화의 영향으로 레일이 종 방향으로 이동하는 현상.
   2) 열차의 주행과 온도변화의 영향으로 Rail이 전, 후방으로 이동하는 현상으로 동절기에 심하며 체결장치가 불충분한 때는 레일만이 밀리고 체결력이 충분하면 침목까지 이동한다.

2. 복진 발생 개소
   - 열차 방향이 일정한 복선 구간
   - 급한 하향 기울기 구간
   - 분기부 및 곡선부
   - 도상이 불량한 곳
   - 열차 제동 회수가 많은 곳
   - 운전 속도가 큰 성로 구간
   - 교량 전, 후의 궤도 탄성 변화가 심한 곳

3. 복진의 발생 원인
   - 열차의 견인과 제동에 있어서 차륜과 레일간의 마찰에 의한다.
   - 이음매부 레일처짐시 차륜이 레일 단부에 부딪쳐 레일을 전방으로 떠민다.
   - 열차주행시 레일에는 파상진동이 생겨 레일이 전방으로 이동되기 쉽다.
   - 온도상승에 따라 레일이 신장되어 양단부가 밀착되면 레일의 중간부가 약간 치솟아 차륜이 레일을 전방으로 떠민다.
   - 기관차 및 전동차의 구동륜이 회전시 반작용으로 레일이 후방으로 밀린다.

4. 방지 대책
   1) 레일과 침목간, 침목과 도상간의 마찰 저항을 증가시켜야 한다.
   2) 복진 방지 장치(anticreeper) 설치 : 열차의 주행과 온도변화의 영향으로 레일이 전후방향으로 이동하는 것을 방지하기 위하여 설치한 장치로서 레일과 침목간, 침목과 도상간의 마찰저항을 크게 하는 방법이 있음

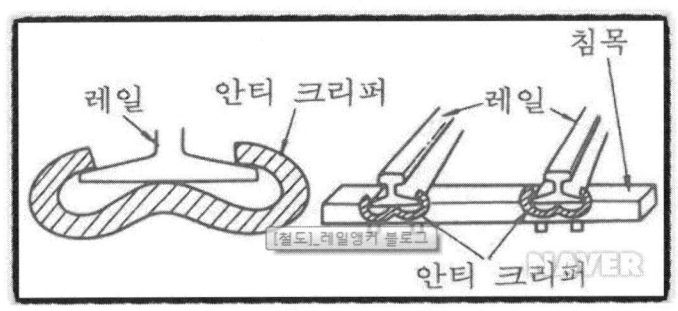

1.9 전력용 반도체 소자의 과전압 보호 방안에 대하여 설명하시오.

1. 전력용 반도체 종류
   1) SCR(Silicon Controlled Rectifier)

   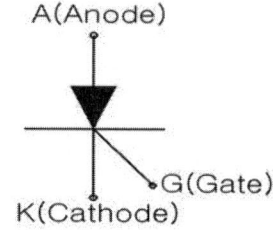

   (1) 단방향만 Gate전류에 의해 제어한다.
       Gate전류 Ig 인가시 Turn-On하고
       유지전류 I 이하일 때 Turn-Off한다.
   (2) 자기 소호가 안되고 단방향 동작.
   (3) 용도 : 정류기 회로, 위상제어에 사용

   2) TRIAC (Triode AC Switch) = 3극 쌍방향

   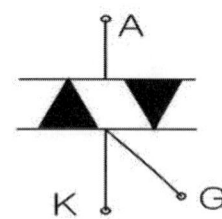

   (1) 쌍방향 모두 Gate전류에 의해 제어한다.
       Gate전류 Ig 인가시 Turn-On하고
       유지전류 I 이하일 때 Turn-Off한다.
   (2) 자기 소호가 안되고 쌍방향 동작.
   (3) 용도 : 교류 전력 제어에 사용

   3) GTO (Gate Turn-Off Thyrister)

   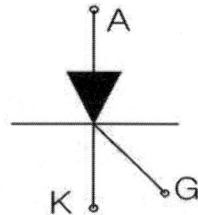

   (1) 일반적인 Thyrister와 같은 Turn-On기능을
       가지고 있으나 게이트에 음(-) 전류를 인가
       하면 Turn-Off된다.
   (2) 스너버없이는 유도성부하에 사용할 수 없다.
   (3) 용도 : 대전력(CVCF, UPS)

   4) SSS(Silicon Symmetrical Switch) = DIAC (2극 쌍방향)

   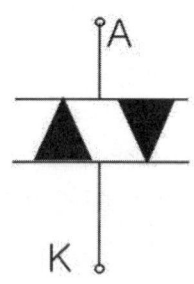

   (1) TRIAC의 PNPN 4층을 PNPNP 5층으로
       하고 게이트를 없앤 2단자 구조이다.
   (2) 게이트 전류대신 양단자간에 순시 전압을
       가하거나, 상승률이 높은 전압을 인가해서
       Break Over 시켜 제어한다.
   (3) 쌍방향성 소자임.
   (4) 용도 : 교류 스위치, 조광장치에 사용

   5) IGBT(Insulated Gate Bidirectional Transister)
      (1) MOSFET와 BJT 장점을 조합한 소자이다.
          - 입력특성 : MOSFET특성(전압구동, 고속스위칭)
            G에 전압 인가 -> On 됨.

- 출력특성 : BJT특성(전류조절, 대전류 처리용)
(2) 구동 주파수 : BJT < IGBT < MOSFET
(3) 손실이 적다
(4) 용도 : 인버터에 적용

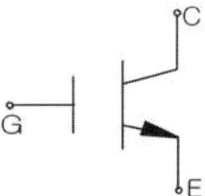

6) MOSFET (Metal Oxide Semiconductor Field Effect Transistor)

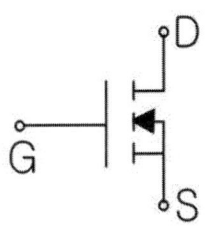

(1) Drain(D), Gate(G), Source(S)단자를 가짐.
(2) MOSFET은 Gate를 이용하여 Drain와 Source사이에 흐르는 전류를 조절하게 되며 MOSFET의 Gate에는 전류가 흐르지 않음.
(3) 전압 제어 소자로 스위칭 속도가 빠르고 작은 온저항을 가지고 있다.
(4) 정온도 특성과 함께 SOA(Safe Operation Area)가 넓다.

2. 전력용 반도체 과전압 보호 방안

1) 첨두(첨두) 역전압(PIV)이 높은 제품을 채택

PIV(Peak Inverse Voltage. 첨두 역전압) : 다이오드에 걸리는 역방향 전압의 최대값을 최대 역전압이라 한다. 정류 소자로 다이오드를 사용할 경우 PIV에 견딜 수 있는가를 확인하는 것이 중요하다.
- 반파 정류, 브리지 전파 정류 회로의 PIV : V_m
- 전파 정류 회로의 PIV : $2\,V_m$

2) 제너(정전압) 다이오드 채택

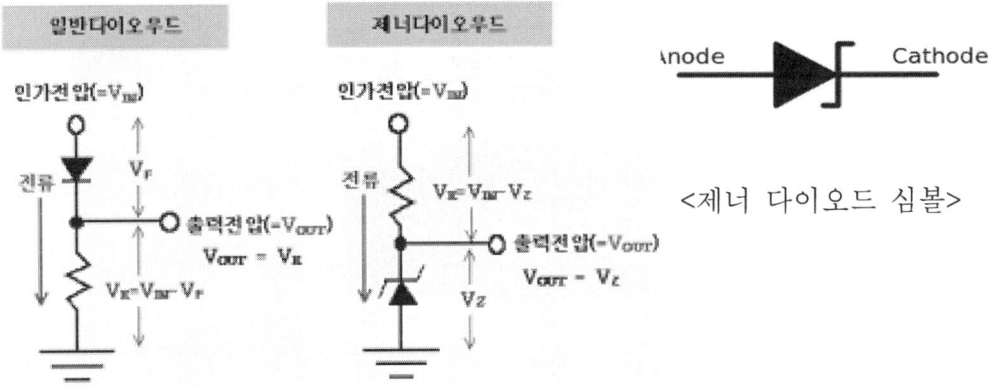

- 제너 다이오드(Zener diode)는 반도체 다이오드의 일종이다. 정전압 다이오드라고도 한다.
- 일반적인 다이오드와 유사한 PN 접합 구조이나 다른 점은 매우 낮고 일정

한 항복 전압 특성을 갖고 있어, 역방향으로 어느 일정 값 이상의 항복 전압이 가해졌을 때 전류가 흐른다.
- 정 전압을 만들거나 과전압으로부터 회로소자를 보호하는 용도로 사용된다.
- 항복전압(breakdown voltage)
다이오드의 PN 접합에 역방향 기전력을 걸었을 때 전기 저항이 파괴되어 전류가 흐르게 되는 전압

3) 클램핑 회로 구비
- 반도체 장치의 과전압 보호 회로는 전원전압 라인과 접지전압 라인 사이에 연결하여 전원전압 라인과 접지전압 라인 사이에 연결되고, 전원전압 라인을 통해 인가되는 험프(hump) 형태의 과전압을 소정의 클램핑 전압 레벨에 따라 클램핑하기 위한 클램핑 회로부를 구비한다.
- 이때 클램핑 회로부는 테스트 모드신호에 응답하여 상기 전원전압 라인에 인가되는 외부 전원전압의 전압 레벨에 대응되게 상기 클램핑 전압 레벨을 조절한다.

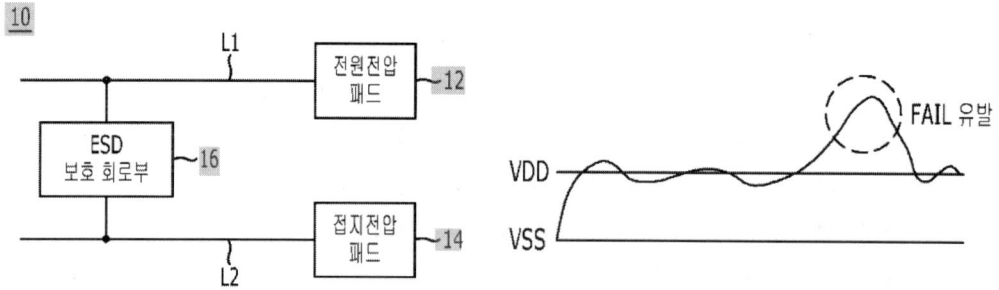

4) 써지 스토퍼와 같은 회로 보완

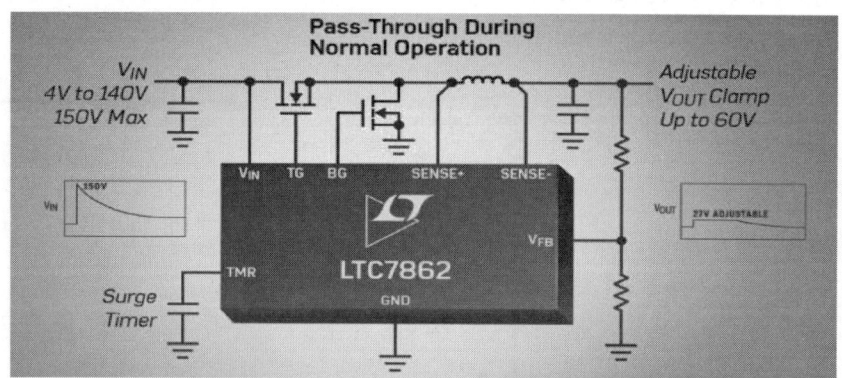

- 일반적인 동작상태에서는 최소한의 전도 손실로 입력 전압을 출력으로 지속적으로 통과시킨다.
- 입력 과전압 상태에서는 써지 스토퍼가 스위칭을 시작하여, 출력 전압 및 전류를 제한함으로써 핵심적인 다운 스트림 소자들을 보호한다.

1.10 산업 현장에서 다양하게 사용되고 있는 직류전동기의 특징에 대하여 설명하시오.

1. 구조와 원리
   1) 구조
      - 고정자측에 영구자석 또는 전자석
      - 회전자측에 도체, 정류자, 브러쉬로 구성
      - 회전자 도체에 직류 전압 인가

   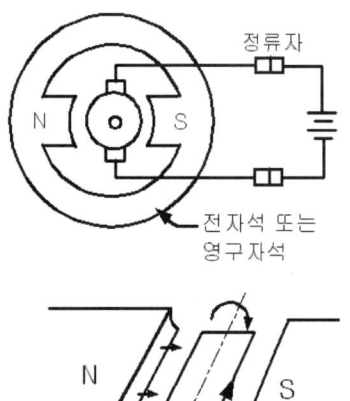

   2) 원리
      - 고정자측 자기장이 만드는 자기장속에
      - 전류가 흐르는 회전자 도체를 위치시키면
      - 플레밍의 왼손법칙에 의해 (중지:회전자전류 인지:자력, 엄지:운동(힘)) 회전하고
      - 전동기가 회전하면 플레밍의 오른손법칙에 의한 기전력이 발생하고 공급전압과 반대 방향이므로 역기전력이라 부른다.

   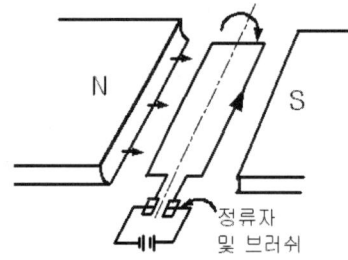

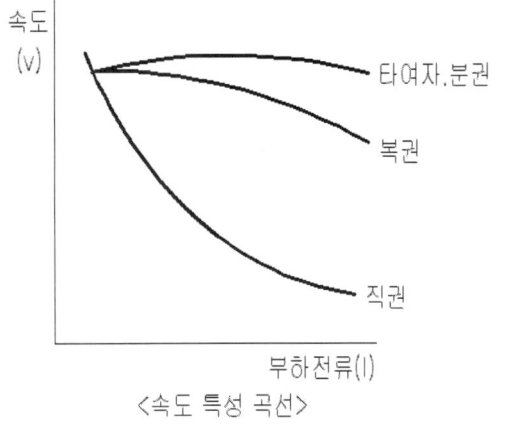
<속도 특성 곡선>

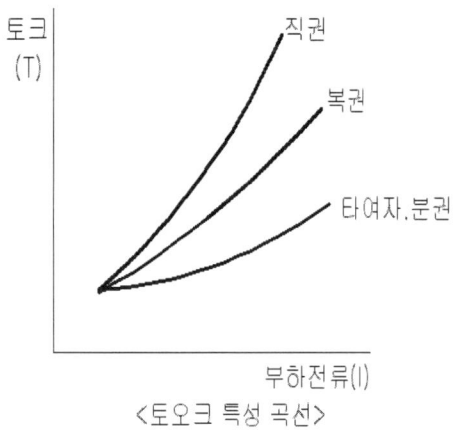
<토오크 특성 곡선>

2. 특징
   1) 장점
      - 속도 제어가 간단 (고급 엘리베이터)
      - 기동 토오크가 크다. (전차, 크레인)
   2) 단점
      - 교류->직류 변환장치 필요
      - 정류자와 브러시가 있어 구조가 복잡하고 유지보수가 번거롭다.
      - 정류자와 브러시에서 발생하는 불꽃이 통신장해의 원인이 된다.
      - 가격이 비싸다.
      - 사용율이 낮다.

3. 여자방식에 따른 종류와 특성

종류		구 조	특 성	속도제어	용 도
자여자	직권		- 기동 토크가 가장 크다 - 무부하운전시 속도가 현저히 상승	(전기자) 저항제어	전차 크레인
	분권		- 유도전동기와 특성이 비슷(거의 사용 않함) - 기동저항기로 토크 250%까지 제한	계자 (저항) 제어	공작기계 콘베이어
	복권		- 정속도특성 및 속도 변동율 큰것 - 최대 기동 토크 450%	〃	분쇄기 권상기 절단기
타여자			- 세밀하고 광범위한 속도 제어용	(전기자) 전압제어	대형 압연기 고급 승강기

1.11 자동화 운전방식인 자동 열차 운전장치(ATO ; Automatic Train Operation)
의 주요 기능에 대하여 설명하시오.

1. 개요
   1) 열차 간격 제어 시스템
      ① 궤도 회로 장치   ② 폐색장치
      ③ 자동열차 정지장치(ATS)   ④ 자동열차 제어장치(ATC)
      ⑤ 자동열차 운전장치 (ATO)
   2) ATS, ATC, ATO 비교

구 분	ATS	ATC	ATO
지상 신호 확인	필요	불필요	불필요
신호 건식 위치	제한	제한 없음	제한 없음
기상 영향	있다	없다	없다
제어 방식	점 제어	연속 제어	연속 제어
열차 보안	기관사의 Back-up	자동 감속 기능	자동 운전 기능
국내 적용 예	1~2 호선	3~8 호선	

2. 자동열차 운전장치 (ATO. Automatic Train Operation)
   1) 개념
      - 주어진 선로상에 열차가 일정한 속도로 자동 운전토록 하는 장치
      - ATC를 더욱 발전시켜 무인 운전이 될 수 있게 한 장치
   2) 방법
      - 열차의 가속, 감속, 정위치 정차등을 모든 운전을 자동화
   3) 종류
      - 지상 프로그램 방식 : 지상의 사람, 궤도회로에 운전선도를 프로그램에
        기억시켜 집중 제어
      - 중앙 제어 방식 : CTC 제어소에서 운전선도를 프로그램에 기억시켜 집중
        제어
   4) 기능
     (1) 역간 자동 주행
        ATC 신호의 제한 속도보다 3~5 (km/h)의 낮은 속도로 자동 운전
     (2) 정위치 정차
        역 진입시 ATO지상자와 통신하여 속도를 감속 자동정차

(3) 재 역행
　　본선 운전중에 속도 제한 구역을 제한속도로 통과 후
　　ATO장치에 의해 자동 재 역행함.
(4) Door 개폐
　　열차 정지시 지상에서 Zero속도와 정위치 정차 정보를
　　차상으로 보내어 Door의 자동 개폐
(5) 자동 안내 방송
　　출발 예고, 이번 역, 다음 역, 환승역등
(6) 기기 고장 기록
　　기기 고장시 열차의 운전 상태를 자동 기록하여 보관
(7) 진동 방지
　　정차중 진동방지를 위해 Brake를 지령
(8) 운전 Pattern 전송
　　지연, 회복 정상운전등을 열차에 전송하여 원활한 운전
(9) 무인 운전
　　승객의 심리를 고려하여 유인 운전, 상시 회차역에서는 무인 운전
(10) 자동 출발
　　자동문 닫침 정보와 Time 정보에 따른 자동 출발

1.12 도체에 전류를 흘리면 발생하는 줄(Joule)열이 전기화재 원인이 될 수 있다. 줄의 법칙과 줄열에 의한 전기화재에 대하여 설명하시오.

1. 줄의 법칙 (Joule's Law)
   1) 용어 설명
      도선에 전류가 흐를 때, 저항에 의한 가열에 대한 법칙
      즉, 전기 에너지가 열 에너지로 변환 방출됨

   2) 줄의 법칙 표현 식
      전류가 t초 동안에 흘러 발생한 열량(줄 열)
      $W = i^2 R t \, [J] = 0.24 \, i^2 R t \, [cal]$

2. 전기화재의 원인
   1) 단락(합선)에 의한 발화
      - 저압 옥내 배선의 경우 보통 수백~수천(A)의 단락전류가 발생하여 스파크로 발화된다.
      - 단락시 스파크로 주위의 인화성 물질에 착화한다.
      - 단락순간 적열된 전선이 인화성 물질에 접촉하여 착화한다.
      - 단락발생시 열에 의한 전선피복이 연소된다.
      - 불완전 단락시 발생열에 의해 전선피복이 직접 발화한다.
   2) 과전류에 의한 발화
      - 전선에 전류가 흐르면 Joule 열이 발생한다.
      - 정격의 200~300(%) 과전류는 피복을 변질시킨다.
      - 정격의 500~600(%) 과전류는 전열 후 용융한다.
      - 과전류 예방대책
         * 부하전류에 적합한 배선기구 사용
         * 부하용량에 적합한 과전류 차단기의 설치
         * 부하용량에 적합한 굵기의 전선을 사용.
   3) 지락에 의한 발화
      - 전선로당 1선 또는 2선이 대지에 접촉하여 전류가 대지로 통과하는 것을 지락이라 하고 이때 흐르는 전류를 지락전류라 한다.
   4) 누전에 의한 발화
      - 규정된 전로를 이탈하여 전기가 흐르는 것을 누전이라 하고 이때 흐르는 전류를 누설 전류라 한다.
      - 누전화재의 요건으로 누전점, 발화점, 접지점 등이 있다.
      - 누설전류에 의한 발열이 누적되어 발화한다.

- 발화까지의 누전전류 최소치는 300 ~ 500(mA) 이다.
- 저압누전은 누전회로의 저항이 큰 경우 국부적 미약한 누설전류라도 발열량이 1개소에 집중하여 과열 및 화재의 가능성이 있다.
- 고압누전은 네온용 변압기 2차측(고압)으로부터 누전되어 발화한다.

5) 접속부 과열에 의한 발화
- 전기화재의 95(%)를 차지한다.
- 전기적 접촉상태가 불완전할 때 접촉저항에 의한 발열 및 발화의 원인이 된다.
- 아산화동 발열현상과 접촉저항에 의해 발화한다.
- 아산화동 발열현상 : 동선과 단자의 접속부분에서 산화 및 발열하면서 아산화동을 증식시키는 현상이다.

6) 스파크에 의한 발화
- 개폐기 및 스위치 등 전기회로를 On/Off 시 또는 용접기 불꽃에 의해 발화한다.
- 스파크는 off 시 더욱 심하다.
- 스파크에 의한 최소발화 에너지전류는 0.02~0.3(mA) 이다.

7) 절연열화 또는 탄화에 의한 열화
- 절연체 등이 시간경과에 따라 절연성이 저하되고 접촉부분이 탄화되어 발열 또는 트래킹(Tracking) 현상에 의해 발화한다.
- 미소전류에 의한 국부발열과 탄화현상이 누적 되어 발열 또는 누전현상이 발생한다.

8) 열적경과에 의한 발화
열 발생 전기기기의 열 축적에 의해 발화한다.

9) 정전기에 의한 발화
정전기 스파크에 의해 가연성 가스에 착화하여 발화한다.

10) 낙뢰에 의한 발화
- 낙뢰 시 절연파괴 또는 화재의 원인이 된다.
- 낙뢰전류는 수(KA) ~ 수백(KA) 범위, 온도는 약 10,000(℃), 압력은 최고 100 기압 정도 이다.

1.13 전기화학산업의 발전으로 전기자동차, 에너지저장장치(ESS) 등의 발전은 주목할 만하다. 안정적 운영을 위한 직류변환장치 요구사항에 대하여 설명하시오.

1. 변환 장치 종류
반도체 소자(Semiconductor Device)를 이용한 전력 변환 장치에는 다음과 같은 종류가 있다.
1) 순변환 장치, 정류기, Converter   : AC -> DC
2) 역변환 장치, Inverter   : DC -> AC
3) 초퍼, DC/DC Converter   : DC -> DC
4) Cyclo Converter, 교류 전력 조정기 : AC -> AC

2. 직류변환장치 요구사항
1) 상수, 전압, 주파수, 용량 등이 필요 정격에 맞아야 한다.
2) 효율과 역율이 좋아야 한다.
3) 적절한 냉각 장치가 구비 되어야 한다.
4) 전원장치 이상 발생 시 운용자에 호출이 가능하여야 한다.
5) 전원장치의 시간대에 관한 데이터 축적 기능이 있어야 한다.
6) 운용자 요구시 전원장치 데이터 송출 기능이 있어야 한다.
7) 축전지 셀 단위 검사 기능이 있어야 한다.

2. 표시 및 보호 장치 요구사항
1) 상태표시

   교류입력, 직류출력, 축전지 전압, 전류를 계측할 수 있으며, 장비의 운전 상태를 한눈에 파악할 수 있도록, 각종 정류기, 차단기 등 장비의 상태를 발광 다이오드(LED)등을 통해 화면으로 표시해야 한다.
2) 경보 표시기능
   - 정류기의 출력이 고전압 또는 저전압의 상태가 검출되었을 때 자체적으로 직류 고전압 경보, 직류 저 전압 경보, 등을 표시해야 한다.
   - 정류기의 출력에서 지면 결함이 생겼을 때 접지 이상 경보를 해야 한다.
   - 정류기의 정류부가 교류 저전압, 고전압, 퓨즈용단, 회로차단기나 접지이상이 발생되었을 때 정류기이상 경보를 표시해야 한다.
3) 제어장치 및 조작장치
   - 교류입력차단기, 직류출력차단기, 축전지 차단기 등의 기본 스위치가 구현되어 있어야 한다.
   - 음향경보, 경보해제스위치, 운전모드 선택스위치, 램프 테스트, 정류기 ON/OFF 스위치 등이 구현 되어 있어야 한다.

- 정류기 ON/OFF 스위치 조작 회로를 장비의 전면 및 원격에서 조작 가능해야 한다.
- 전면의 스위치를 조작하여 정전압 제어모드, 정전류 제어모드를 선택할 수 있어야 한다.

4) 보호기능

정류기의 보호를 위하여 출력 과부하방지 회로, 고온방지 회로가 구현되어 있어 정류기 보호가 가능해야 한다.

2.1 배전용 변압기(22.9kV-LV)로서 고조파 감쇄기능을 갖는 하이브리드 변압기의 권선법을 설명하고, 하이브리드 변압기와 K-factor 변압기의 특성을 비교하여 설명하시오.

1. K-Factor 변압기
   1) 정의
      K-Factor Transformer 란 고조파 전류의 영향을 고려하여 설계한 변압기를 말한다.
   2) 특성
      (1) 고조파 제거로 손실과 권선온도 보상
         - 권선의 도체에서 발생하는 Eddy Current Loss는 인가되는 전류의 주파수의 제곱에 비례하여 증가하기 때문에 중요한 고려 대상이다.
         - Harmonic Current에 따라 변압기의 최대 정격 용량의 감소율을 계산하여 감소되는 비율만큼 변압기의 온도 상승 내량을 증가시켜 설계 한다.
      (2) 철손과 이상소음 억제
         - 부하단에서 발생되는 Harmonic 전류는 변압기 철심 자속 파형을 왜곡되게 하며, 소음의 증가와 철심 내부의 Eddy Loss를 증가시킨다.
         - 일반 몰드 변압기의 경우 최대 16,500 Gauss로 제작되나, Rectifier 변압기의 경우는 최대 14,000 Gauss 이하로 설계 제작되므로 상기의 현상에 의한 문제점을 개선할 수 있다.
      (3) 절연내력 증가
         - Rectifier 회로에서 정류 순간에 변압기의 단자 전압은 매우 심한 Notching 및 Oscillation이 발생하게 되어 각 전압 주기 당 몇 회의 Pulse가 발생하는 것과 동일한 형태를 취한다.
         - 이 Pulse에 의한 Peak치는 변압기의 저압 권선 절연에 손상을 줄 수 있으므로 이에 맞도록 절연을 보강해야 한다.

2. 하이브리드 변압기(지그재그 변압기)
   1) 원리
      - 일반적으로 zigzag결선 방식을 적용하는 변압기의 목적은 계통에서 중성점을 구할 수 없을 때 사용하기 위함이며, 보통 접지용 변압기라고도 한다. 또한 zigzag 결선 방식을 적용하여 3상4선식 계통에서의 중성선 영상분 고조파 전류를 제거할 수 있다.
      - 앞에서 설명한 것과 같이 엇갈린 결선은 계통의 중성점을 다른 곳에 구할 수 없을 때에 3상 4선식 운전을 위한 중성점을 인출하는데 쓰인다.
      - 3상 부하가 평형되어 있으면, 이와 같은 단권 변압기에는 전류가 흐르지

않는다. 그러나, 불평형 부하에서는 중성선의 불평형 전류가 단권변압기의 3상으로 등분되어서 각 각(脚)에 1/3씩 흐른다.

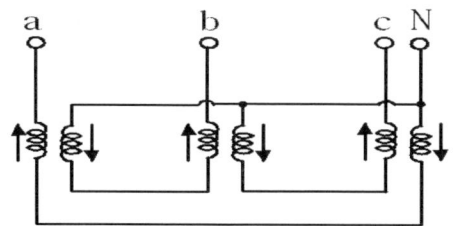

2) 특징
   (1) 고조파 저감으로 고효율, 저손실, 저소음
       일반변압기에 비해 철손과 동손을 크게 줄임으로써 변압기의 고효율, 저손실, 저소음 기능을 향상 시킨 컴팩트한 제품이다.
   (2) 에너지절약 & CO_2 저감의 친환경 제품
       하이브리드 변압기는 전력품질을 개선시켜 전력손실을 줄임으로써 에너지절약은 물론 탄소배출을 억제시키는 친환경 제품이다.
   (3) 공간절약형 배전용 변압기
       하이브리드 변압기는 입력전압 22.9KV 이하에 적용되는 배전용변압기로써 최대 3,000KVA 용량까지 생산된다.
       또한 기존변압기처럼 고조파 저감장치나 불평형 개선장치를 따로 설치할 필요가 없다.

3. 하이브리드 변압기와 K-factor 변압기의 특성 비교
   1) K-factor 변압기
       고조파 저감보다는 고조파 피해 예방에 적합하지만, 변압기 부피 증가와 투자 비용 상승으로 **경제성이 떨어지는 단점**이 있다.
   2) 하이브리드 변압기
       하이브리드 변압기는 K-factor 변압기가 안고 있는 기능적인 문제점을 해결해 효율성, 경제성까지 갖춘 변압기이다.

2.2 경제적 배선을 위한 송전전력과 배선전압을 결정할 때 고려사항에 대하여 설명하시오.

1. 개요
3상 전력 $P = \sqrt{3}\,EI\cos\theta$ 에서 높은 전력을 공급 하려면
1) 전압을 높이는 경우 : 절연재료, 지지애자 가격 상승
   변압기, 차단기 등의 절연 계급을 올려야 함.
2) 전류를 크게 하는 경우 : 도체를 굵게 해야 하므로 시설비 증가
3) 역률을 높이는 경우 : 최대 100%가 한계이므로 종합적인 경제성을 감안하여 배전 전압을 결정한다.

2. 배전 전압 결정시 고려사항
1) 도체 비용

$$- M = \alpha\,\beta\,I\,\ell = \alpha\,\beta\,\frac{P}{\sqrt{3}\,E\cos\theta}\,\ell$$

여기서 P, ℓ, $\cos\theta$가 일정하다면 $M \propto \dfrac{\alpha\,\beta}{E}$

(1) α : 전압 차이에 따른 도체 가격 변동 계수

전 압	200V	400V	3kV	6kV	20kV	70kV
가격(%)	100	100	110	120	200	500

(2) β : 도체 사이즈에 따른 전류 밀도 변화 계수
(3) ℓ : 배전 선로 길이 (m)

2) 전압 강하율

$$\epsilon = \frac{I(R\cos\theta + X\sin\theta)}{E} \times 100$$

$$\epsilon = \frac{P}{\sqrt{3}\,E\cos\theta} \times \frac{(R\cos\theta + X\sin\theta)}{E} \times 100$$

여기서 P, R, X, $\cos\theta$ 가 일정하다면 $\epsilon \propto \dfrac{1}{E^2}$

3) 전력 손실

$$W_l = I^2\,r\,l = \left(\frac{P}{\sqrt{3}\,E\cos\theta}\right)^2 r\,l$$

여기서 P, l, r, $\cos\theta$가 일정하다면 $W_l \propto \dfrac{1}{E^2}$ 임.

위에서 $M \propto \dfrac{\alpha\beta}{E}$, $\epsilon \propto \dfrac{1}{E^2}$, $W_l \propto \dfrac{1}{E^2}$ 임을 알 수 있다.

즉, 배전 전압 E에 따라서 도체 비용, 전압 강하, 전력손실이 변하고 경제적인 전압을 선정하게 되는 것을 알 수 있다.

3. 결론
1) **전압 강하율, 전력 손실** : 전압의 제곱에 반비례하므로 전압을 높이면 줄일 수 있다.

2) **도체 비용** : 전압에 반비례하나 α와 β의 영향을 받음
   (1) α의 영향 : 전압이 변해도 가격 변동 계수(α)는 크게 변하지 않는 영역이 있으므로 선로의 길이가 길 때는 배전 전압을 높이는 것이 유리 함.
   (2) β의 영역 : 전선 Size에 따라 허용전류, 단면적은 비례하지 않는다. 도체가 가늘면 효율이 증가하고 굵으면 감소하므로 도체비용은 적절한 β 값으로 결정한다.

3) 전압을 올리면 도체비용, 전압강하, 전력손실 모두 유리하나 가전기기의 전압은 한정되어 있으며, 고압의 배전 전압을 올리면 절연 비용이 늘어나므로 종합적으로 경제성을 검토해야 한다.

2.3 산업현장에서 범용적으로 사용하고 있는 전기용접의 종류 및 특징에 대하여 설명하시오.

1. 용접의 분류 <아.저.고.레 / 전.초.플로 / 가.서>
   1) 아크용접
      - 탄산가스 아크용접
      - 불활성 가스 아크 용접 (MIG)
      - 불활성 가스 텅스텐 용접(TIG)
      - 스터드 용접
   2) 저항 용접 : SPOT용접
   3) 고주파 용접
   4) 레이저빔 용접
   5) 전자빔 용접
   6) 초음파 용접
   7) 플라즈마 용접
   8) 가스 용접
   9) 서브머지드 아크용접

2. 전기용접의 종류 및 특징
   1) 아크용접 (Arc welding)
      - 전기 아크의 열을 이용하여 금속재료를 국부적으로 융해시켜 용접.
      - 전기 아크는 온도가 5000~6000K로서
        금속을 융해시키는 데 매우 효과적인 열원(熱源)이다.
      - 금속을 대기 중에서 용접하면 대기 중의 산소나 질소가 융해 금속 속으로 녹아 들어가기 때문에 응고 후 용접된 금속의 기계적 성질이 나빠지는 경우가 많이 있다.
      - 이 때문에 일반적으로 피복제나 비활성기체를 이용해 융해 금속을 대기로부터 차단하여 용접하는 각종 방법이 이용된다.
      (1) 탄산가스 아크용접
         - 미그용접의 비활성기체 대신 값싼 탄산가스를 이용해 강철을 용접
         - 탄산가스는 고온에서 산화성을 나타내므로 미리 전극선에 탈산성 성분을 첨가해 놓는다.
         - 이 방법은 자동 또는 반자동용접으로 실시하는데 최근 자동차, 조선, 교량 등 용접에 이용이 확대되고 있다.

(2) 불활성 가스 용접
- 특수 용접부를 공기와 차단한 상태에서 용접하기 위하여 특수 토오치에서 불활성 가스를 전극봉 지지기를 통하여 용접부에 공급하면서 용접하는 방법이다.
- 불활성 가스에는 아르곤이나 헬륨이 사용되며, 전극으로서는 텅스텐봉 또는 금속봉이 사용된다.

(3) 스터드용접(stud welding)
- 스터드(구리, 황동으로 만든 지름 10mm의 금속봉재) 접촉시켰다가 조금 떨어뜨려 전기아크를 발생시킨다.
- 스터드 앞끝과 모재가 적당히 용융했을 때 스터드를 눌러 붙여 용접
- 철골건축에 많이 사용된다.

2) 저항용접 (resistance welding) : 스포트 용접
- 용접부에 큰 전류를 보내면 접합부의 접촉저항으로 열이 발생하는데 이 접합부를 용융상태로 가열한 뒤 기계적 압력으로 눌러 용접
- 점 용접이라고도 하며 주로 판재의 용접에 사용된다.
- 전극 사이에 용접물을 넣고 가압하면서 전류를 통하여 그 접촉 부분의 저항 열로 가압 부분을 융합시킨다.
- 구멍을 뚫지 않고 접합할 수 있는 장점이 있다.

3) 고주파용접(high frequency welding)
- 고주파용접은 450kHz 정도까지의 높은 주파수를 이용한다
- 관의 맞대기 용접을 위하여 개발된 것으로
- 2개의 접촉자(contacts)를 통하여 성형된 관의 가장자리에 전류를 보내어 저항열로 가열시키고 roller로 압착함으로써 용접을 완료하는 고주파 저항 용접법과
- 성형된 관의 가장 자리를 고주파 유도열로 가열한 후 roller로 가압하여 용접을 완료하는 고주파 유도 용접법이 있다.

4) Laser beam 용접
- 크세논 섬광관(xenon flash tube)에서 발생하는 섬광(flash)이 Cr 원자에 의하여 발진이 일어나고 결정을 지나는 중에 증폭되어져 아주 격렬한 빛으로 된다.
- 이 빛을 lens를 통하여 집중시킨 열 energy를 이용한 용접을 laser 용접이라 한다

5) 전자빔용접 (electron beam welding)
   - 고진공(高眞空) 속에서 음극으로부터 방출된 전자를 고 압력으로 가속
   - 피용접물에 충돌시켜 그 에너지로 용접하는 방법.
   - 일반적으로 고진공 속에서 하기 때문에 공기와 반응하기 쉬운 금속도 쉽게 용접할 수 있고
   - 전자빔을 렌즈로 가늘게 좁혀서 에너지를 집중시킬 수 있으므로 지르코늄, 텅스텐, 몰리브덴 등의 녹는점이 높은 재료의 용접도 가능
   - 다른 용접법에 비해 열을 받는 부위가 좁기 때문에 정밀용접이 가능 하며, 깊이 녹여서 용접할 수 있어 후판의 고속 용접도 가능하다.
   - 결점으로는 설비비용이 많이 든다는 것과 일반적으로 진공 속에서 용접하기 때문에 피용접물의 크기에 제한이 있다는 것 등을 들 수 있다.

6) 초음파 용접
   모재를 초음파를 발생하는 두 진동 음극 사이에 지지하고 압력을 가하여 초음파를 보내고 초음파의 진동을 이용하여 접합시키는 용접

7) Plasma arc 용접(plasma arc welding)
   - 기체를 고온으로 가열하면 기체원자는 심한 운동을 하며, 마침내는 전자와 ion으로 분리된다.
   - 이 때 기체는 도전성(導電性)을 띠며, 이와 같이 전자와 ion이 혼합되어 도전성을 띤 gas체를 plasma라 하며 이 플라즈마를 이용한다.

8) 가스용접 (gas welding)
   - 연료가스와 산소의 혼합물의 연소열을 이용해서 금속을 접합하는 방법.
   - 각종 가스불꽃을 써서 금속을 용접하는 방법을 가스용접이라고 총칭
   - 산소아세틸렌불꽃을 이용하여 피용접물을 용융시켜서 용접하는 경우가 가장 많다.

9) 서브머지드 아크용접(submerged arc welding)
   - 용접 이음쇠의 표면에 쌓아올린 피복제인 입자상태 플럭스 속으로 비 피복전극선을 넣고, 이 앞 끝과 모재 사이에 아크를 발생시켜 연속적으로 용접하는 자동용접법이다.
   - 대전류에서 용접이 가능하기 때문에 매우 효율적이므로 피복아크에 비해 용접속도를 3~6배 이상으로 할 수 있다.
   - 주로 조선, 강관, 저장탱크, 교량 등 대형구조물의 용접에 이용된다.

2.4 사업장의 전기안전사고 예방을 위하여 저압설비 지락사고에 의한 인체 감전 사고 방지대책에 대하여 설명하시오.

1. KSC IEC 60364의 감전 보호(안전보호) 체계

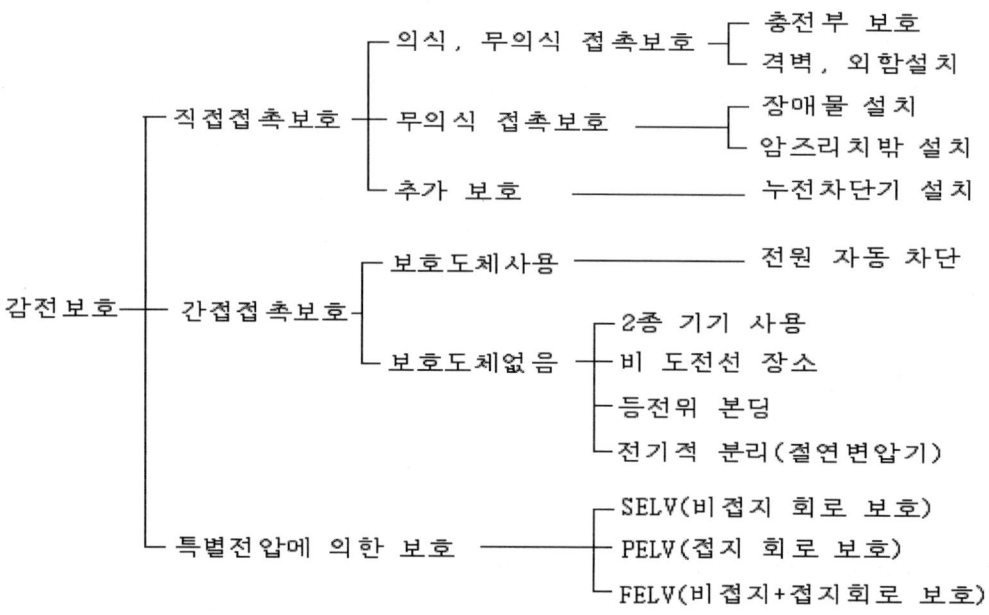

2. 지락사고에 의한 인체 감전사고 방지대책(간접 접촉 보호)
   고장시 노출 도전성 부분에 접촉해 생길지도 모르는 위험에 대한 사람 또는 가축의 보호를 말한다.
   1) 전원의 자동 차단에 의한 보호
   (1) 전원차단
      - 충전부와 노출도전성 부분 또는 보호도체 사이에 교류 50V를 초과하는 접촉전압이 발생할 경우는 그 전원을 자동 차단해야 한다.
      - 보호기의 종류 : 과전류 차단기, 누전 차단기 등
   (2) 보호 접지와 등전위 본딩
      전원의 자동 차단에 의한 보호를 한 경우 보호 접지와 등전위 본딩은 다음에 의한다.
      - 보호 접지
        노출 도전성 부분은 보호 도체에 접속하여야 한다.
      - 등전위 본딩
        사람이 접촉할 경우 위험한 접촉전압이 발생할 우려가 있는 도전성 부분과 계통외 도전성 부분(철골, 수도관, 가스관, 금속배관등)은 전기적으로 상호 접속하는 등전위 본딩을 해야 한다.

2) 2종 기기사용에 의한 보호
   이중 절연 또는 강화 절연 전기기기 사용

3) 비 도전성 장소에 의한 보호
   - 노출 도전성 부분과 계통 도전성 부분은 사람이 동시에 접촉하지 않도록 배치해야 한다.
   - 보호 도체를 시설하지 않아야 한다.
   - 전기 설비는 고정되어야 한다.
   - 해당 장소에 외부의 전위가 인입되지 않도록 해야 한다.

4) 비 접지용 등전위 본딩에 의한 보호
   비 접지용 등전위 본딩은 등전위 본딩용 도체에 의해 모두 접촉 가능한 노출 도전성 부분 및 계통외 도전성 부분을 상호 접속하여야 한다.

5) 전기적 분리에 의한 보호
   절연 변압기 또는 그와 동등 이상의 안전 등급의 전원으로 하고 전기를 공급하는 전로는 다음 조건을 만족해야 한다.
   - 회로의 전압 : 500V 이하

2.5 조명설비 중 자연채광(집광) 시스템의 종류에 대하여 설명하시오.

1. 천창을 통한 자연광 도입
   1) 일반천창
      (1) 장점
         - 비교적 적은 비용이 든다
         - 날이 맑을 경우 어두운 공간에 가장 효과적인 조명을 제공한다.
         - 태양고도가 높은 적도지방에 효과적이다.
      (2) 단점
         - 온도 변화의 영향이 크며, 특히 추운 기후에 문제가 있다.
         - 눈부심의 문제를 일으킬 수 있다.
         - 수평 유리창은 수직유리창보다 파손의 위험성이 크다.
      (3) 고려사항
         - 가능한한 경사지고 동쪽으로 향하는 천창을 계획하는 것이 좋다.
         - 투명한 유리를 사용한 작은 천창이 바람직하다.
         - 작업 면을 간접적으로 조명
         - 눈부심을 제어하고 빛을 넓은 지역으로 반사하기 위한 조절장치를 계획한다.
         - 원하지 않는 빛을 외부로 다시 반사하여 빛의 양을 조절하는 것이 바람직하다.
         - 빛을 정확히 원하는 곳으로 보내기 위하여 루버나 반사경을 사용하는 것이 바람직하다.
   2) 광정

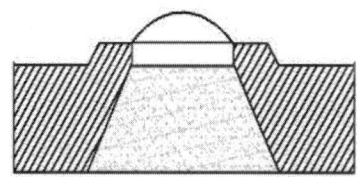

   - 경사진 면으로 형성된 광정은 하늘과 천장 부분의 휘도차를 완화시키는데 효과적임.
   - 우물 형태의 측면은 반사율이 높아야 하며, 무광택성 마감이 바람직하다.
   3) 모니터형과 톱날형 천창(Monitor Roof, Sawtooth Roof)
      - 모니터형은 반사율이 높은 지붕표면을 사용하면 내부조도를 향상시킬 수 있다.
      - 톱날형 천창은 하늘을 향하여 창을 기울이면 주광의 도입을 증가시킬 수 있으나 유리 위에 먼지가 많이 쌓이므로 장점이 상쇄한다.

2. 측창 자연광 도입
1) 빛 선반장치
창으로 유입된 태양광을 실내 천장면으로 반사시켜 자연채광을 실 안쪽 부분까지 깊숙이 장치 경사 각도를 알맞게 하여 실 깊숙한 부분까지 자연채광을 도달시켜 조명에너지의 절감을 도모.

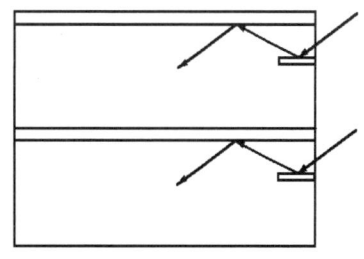

2) 프리즘 윈도우
자연채광을 적극적으로 실 안쪽 깊숙이 도입

3. 설비형 자연채광 방식
1) 추미방식 채광장치 (반사경 방식)
① 태양광 자동추미방식 채광장치
   마이크로 컴퓨터를 이용하여 태양광을 자동적으로 추미하는 방식
② 태양광 수동 추미방식 채광장치
   태양광의 위치변화를 미리 컴퓨터로 계산하고, 최적 반사각도에 적합하도록 반사거울을 설정

2) 덕트방식
곡면경이나 평면경으로 모은 태양광을 반사율이 높은 거울면으로 원하는 곳에 빛을 비추는 방법 인공조명과 함께 쓰일 수 있어 야간이나 모든 기상조건에서도 시스템이 작용한다는 장점이 있음.
 - 수직형 덕트 방식   - 수평형 덕트 방식
 - 수직, 수평 병용형 덕트 방식

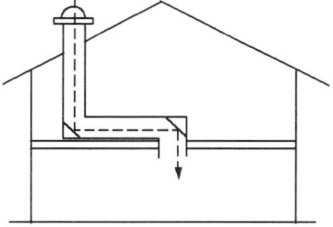

3) 광섬유 케이블 방식
광섬유 케이블은 구부릴 수 있고 기존건물에도 작은 덕트를 통해 쉽게 설치될 수 있는 우수한 장치이지만 전달되는 빛의 양에 비해 가격이 비싼 단점이 있음

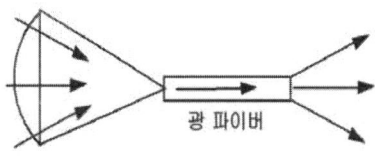

4) 설비형 자연채광방식의 비교
자연광이 인공조명과 유사한 장치로부터 제공된다면 사용자들은 변화와 자극의 부족함과 조망의 불가능으로 인하여 자연광을 접하고 있다는 느낌을 받지 못하게 될 것이고 따라서 자연광임을 느끼게 해주는 조명 디자인 및 실내디자인이 요구된다.
설비형 자연채광방식의 특성을 비교하면 다음과 같다.

<설비형 자연채광방식의 특성>

종류	구성	광 송전방식	특징
반사경 방식	- 태양광추적센서 - 경면제어장치 - 반사경	반사율이 높은 여러개의 거울이용	- 구조가 간단하다. - 평균 조도가 높다. - 값이 저렴하다.
덕트방식	- 태양광 집광장치 - 스텐레스 튜브나 금속제 덕트	광덕트를 이용하여 밀폐된 공간으로 빛을 전달	- 값이 저렴하다. - 채광장소가 실내 근거리와 지하에 국한된다.
광섬유 방식	- 태양광 집광장치 - 광추적 콘트롤러 - 조사 단말	광섬유 케이블을 이용하여 빛을 전달	- 효율이 높다. - 양질의 빛을 전송한다. - 광범위 채광 가능하다.

2.6 CN-CV 전력케이블의 열화 발생요인, 열화형태, 활선상태의 진단방법에 대하여 설명하시오.

1. 열화의 발생 요인

   고압 케이블의 열화 상태는 크게 나누어 전기적, 열적, 화학적, 기계적, 생물적 요인 등 5개로 나뉘지만 실제는 그 사용 환경에 따라 이들이 중복되어 복합적으로 진행해 간다.

   수트리는 주로 고압 케이블에서 나타나며, 온도가 높으면 열화가 촉진되고, 케이블의 구조, 반도전층의 재료에 따라서도 차이가 있다.

열화 요인	원 인	형 태
1.전기적 요인	과부하, 단락전류, 지락전류 이상전압 (뇌서지, 개폐서지) 열사이클 : 경부하 중부하 반복	전기적 트리 발생 절연 성능 저하
2.열적 요인	직사광선 고온에서의 사용	길이 방향의 열 신축에 의한 균열 반경 방향의 팽창, 신축
3.화학적 요인	화학약품, 용제, 기름 자외선, 오존, 물	변색, 경화, 용해, 분해, 균열 화학트리 발생
4.기계적 요인	굴곡, 충격, 진동, 압축, 인장	균열, 상처, 변형
5.생물적 요인	쥐, 개미, 곰팡이 등	상처, 오손

2. 열화 형태

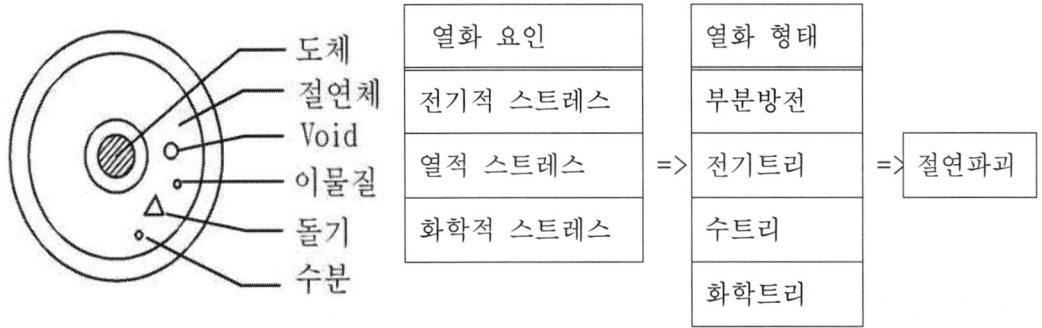

3. 활선상태의 진단방법
   1) 직류 전압 중첩법(비접지 방식에 적용)

   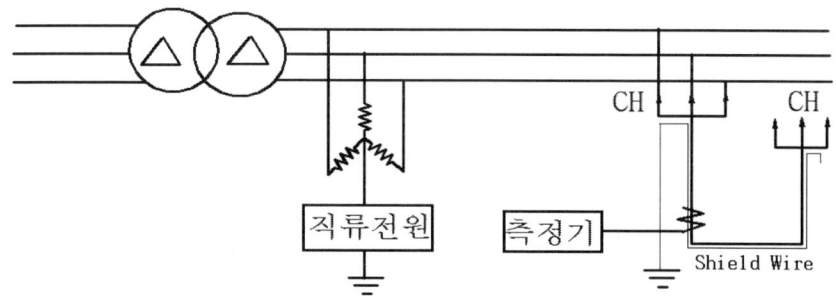

   - GPT중성점을 통해 직류 전압을 중첩
   - 절연체의 누설전류를 측정하여 절연저항을 측정함.
   - 활선 상태에서 50V정도의 낮은 직류 전압을 인가 -> 큰 누설전류 흐름
   - 전원 공급 설비 가 중량이 무겁지만 많은 케이블 동시 측정가능
   - 판정   5,000MΩ 이상 : 양호
             100MΩ 이하 : 불량

   2) 저주파 중첩법
   - 직류 전압 중첩법의 문제점을 보완하기 위하여
   - 고압선과 접지선 사이에 저전압 저주파(10~20V, 5~10Hz)인가
   - 케이블 접지선에 흐르는 저주파 전류를 검출, 절연저항치로 환산
   - 이상적 이지만 상용화에는 시간이 소요될 것으로 판단됨.

   3) 직류 성분법(수트리 진단법)
   - 수 트리가 진전되는 케이블은 교류 전압을 인가하여도
     수 트리 부위에서 평판전극의 정류작용과 같은 현상이 발생 ->
     직류 전류가 흐름

   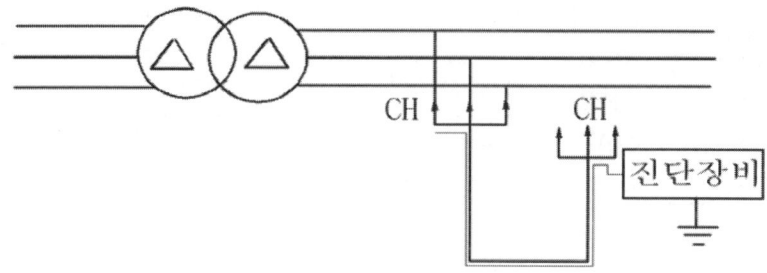

   - 동 Tape와 대지 사이 접지선에 흐르는 직류 전류 측정
   - 특별한 전원장치 불 필요 -> 간단함.

4) 활선 tan δ

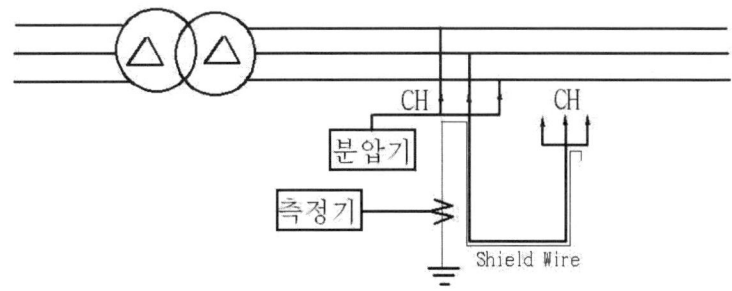

- 고압 배전선으로부터 분압기를 통해서 전압원을 검출하고
- CT를 이용하여 접지선에 흐르는 전류 측정한 후 tan δ를 측정
- 고압선을 직접 연결해야 하므로 위험하므로 감전 주의

5) OF 케이블 : 유중 가스 분석법
  - 선로 운전을 정지한 상태에서 채유하는것이 일반적이지만 최근
    에는 운전중인 선로에서도 기름을 채유하는 기술이 개발됨.
  - 주로 아세톤 가스(C_2H_2)량과 가연성 가스 총량을 측정하여 판정함.

6) 기타
 (1) 적외선 진단법
    적외선 카메라를 설치하여 기기에서 발생하는 열을 영상으로 변환하는 장치로서, 비정상적인 열이 발생하면 발열점의 위치 등을 즉각 확인할 수 있다.
 (2) 열화 센서법
    변압기 내부에 센서를 설치하여 변압기의 열화정도에 따라 경보 또는 선로를 차단하는 방식으로 다음과 같은 장점이 있다.
    - Real Time 감시
    - Data 분석, 관리 자동화
    - 수명 예측
    - 유입식의 경우 절연유
      열화상태 및 온도 관리 가능

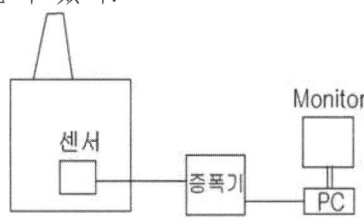

3.1 반송설비 중 엘리베이터 설치기준과 대수 산정방법에 대하여 설명하시오.

1. **엘리베이터 설치기준**
   1) 현대의 일상생활에서 기능적으로 친숙한 엘리베이터는 승객용이지만, 엘리베이터는 모두 11 종류가 있다.
   2) 건축법에서는 이 중 3가지(승객용·비상용·피난용) 엘리베이터의 설치기준을 건축규모에 따라 규정하고 있다.

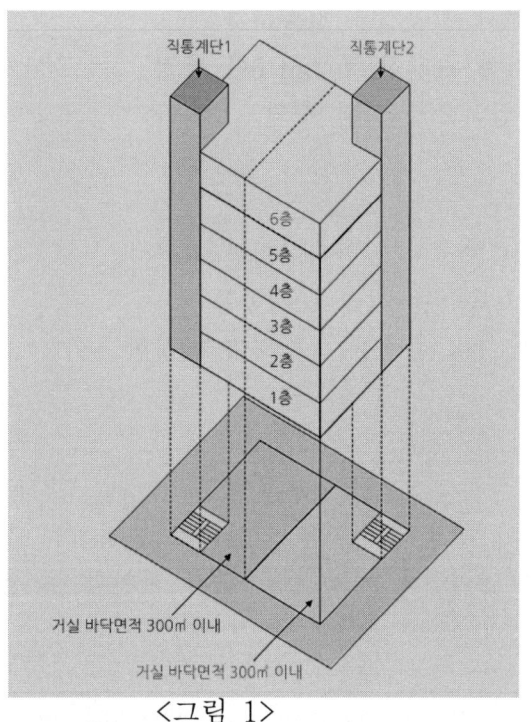
<그림 1>

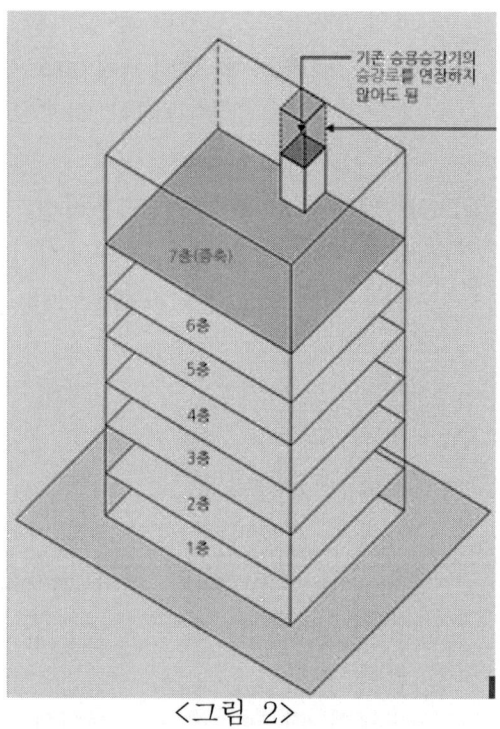
<그림 2>

   3) 이 중 6층 이상으로서 연면적이 2,000㎡ 이상인 건축물을 건축하려면 승용승강기를 의무적으로 설치하여야 한다(건축법 제64조 제1항).
   4) 그러나 예외적으로, 층수가 6층인 건축물로서 각층 거실의 바닥면적 300㎡ 이내마다 1개소 이상의 직통계단을 설치한 건축물은 승용 승강기의 설치의무를 면제받게 된다(건축법 시행령 제89조)-그림 1. 참조
   5) 또한, 승용 승강기가 설치되어 있는 건축물을 수직으로 증축하는 경우, 엘리베이터 또한 연장하여야 하지만, 1개 층만 증축하는 경우에는 승용 승강기의 승강로를 연장하여 설치하지 않아도 되도록 완화하고 있다(설비규칙 제5조 단서조항)-그림 2. 참조

2. 대수 산정방법

구 분	승용 승강기	비상용 승강기

일반 건축물	6층 이상으로서
	연면적 2,000m² 이상
		높이 31m를 초과하는 건축물
		- 최대 바닥면적 1,500m² 이하 :
		  1대 이상
		- 최대 바닥 면적이 1,500m²를 초과 :
		  1,500m²를 넘는 3,000m² 마다
		  1대씩 더한 대수

공동주택	6층 이상 (6인승 이상) - 계단실형 : 계단실마다 1대 이상 - 복 도 형 : 100세대마다 1대 이상	10층 이상인 공동주택 : 승용승강기를 비상용승강기의 구조

<건축법> 제64조(승강기)

① 건축주는 6층 이상으로서 연면적이 2,000m² 이상인 건축물을 건축하려면 승강기를 설치하여야 한다.

② 높이 31m를 초과하는 건축물에는 대통령령으로 정하는 바에 따라 제1항에 따른 승강기뿐만 아니라 비상용승강기를 추가로 설치하여야 한다.

<시행령> 제90조(비상용 승강기의 설치)

① 법 제64조제2항에 따라 높이 31m를 넘는 건축물에는 다음 각 호의 기준에 따른 대수 이상의 비상용 승강기를 설치하여야 한다. 다만, 법 제64조제1항에 따라 설치되는 승강기를 비상용 승강기의 구조로 하는 경우에는 그러하지 아니하다.

1. 높이 31m를 넘는 각 층의 바닥면적 중 최대 바닥 면적이 1,500m² 이하인 건축물: 1대 이상
2. 높이 31m를 넘는 각 층의 바닥면적 중 최대 바닥 면적이 1,500m²를 넘는 건축물: 1대에 1,500m²를 넘는 3,000m² 이내마다 1대씩 더한 대수 이상

<주택건설기준 등에 관한 규정> 제15조(승강기등)

① 6층 이상인 공동주택에는 대당 6인승 이상인 승용승강기를 설치해야 한다.

② 10층 이상인 공동주택의 경우에는 제1항의 승용승강기를 비상용승강기의 구조로 하여야 한다.

<시행규칙>
제4조(승강기) 영 제15조제1항 본문의 규정에 의하여 6층 이상인 공동주택에 설치하는 승용승강기의 설치기준은 다음 각호와 같다.
1. 계단실형인 공동주택에는 계단실마다 1대 이상을 설치하되,
2. 복도형인 공동주택에는 100세대마다 1대 이상을 설치

<건축물의 설비기준 등에 관한규칙>
　제10조 (비상용승강기의 승강장 및 승강로의 구조)
1. **승강장의 구조**
　가. 승강장의 창문·출입구 기타 개구부를 제외한 부분은 당해 건축물의 다른 부분과 내화구조의 바닥 및 벽으로 구획할 것. 다만, 공동주택의 경우에는 승강장과 특별피난계단의 부속실과의 겸용부분을 특별피난계단의 계단실과 별도로 구획하는 때에는 승강장을 특별피난계단의 부속실과 겸용할 수 있다.
　나. 피난층을 제외한 각층의 내부와 연결될 수 있도록 하되, 그 출입구에는 갑종 방화문을 설치할 것
　다. 노대 또는 외부를 향하여 열 수 있는 창문이나 배연설비를 설치할 것
　라. 벽 및 반자가 실내에 접하는 부분의 마감 재료는 불연 재료로 할 것
　마. 채광이 되는 창문이 있거나 예비전원에 의한 조명 설비를 할 것
　바. 승강장의 바닥면적은 비상용승강기 1대에 대하여 6m² 이상으로 할 것. 다만, 옥외에 승강장을 설치하는 경우에는 그러하지 아니하다.
　사. 피난층이 있는 승강장의 출입구로부터 도로 또는 공지에 이르는 거리가 30m이하일 것
　아. 승강장 출입구 부근의 잘 보이는 곳에 당해 승강기가 비상용승강기임을 알 수 있는 표지를 할 것

2. **승강로의 구조**
　가. 승강로는 당해 건축물의 다른 부분과 내화구조로 구획할 것
　나. 승강로는 전층을 단일구조로서 연결하여 설치할 것

3.2 스마트 그리드(Smart Grid) 구성요소와 응용분야에 대하여 설명하시오.

1. 개요
   1) 그리드(Grid)
      기존의 대규모 집중전원을 중심으로 한 광역적인 전력 시스템.
   2) 마이크로 그리드(Micro Grid)
      그리드로부터 독립한 분산전원을 중심으로 한 국소적인 전력 시스템으로 그리드와 상호 보완성을 가진 것을 말함.
   3) 스마트 그리드(Smart Grid)
      - 녹색 성장 전략에 부응하여 기존 전력망(Grid)에
      - 정보 기술(IT)을 접목하여
      - 전력공급자와 소비자가 양방향으로 실시간 정보를 교환하여
      - 에너지 효율을 최적화하는 차세대 전력망임.

2. 스마트 그리드 구성요소(핵심 기술 수준)

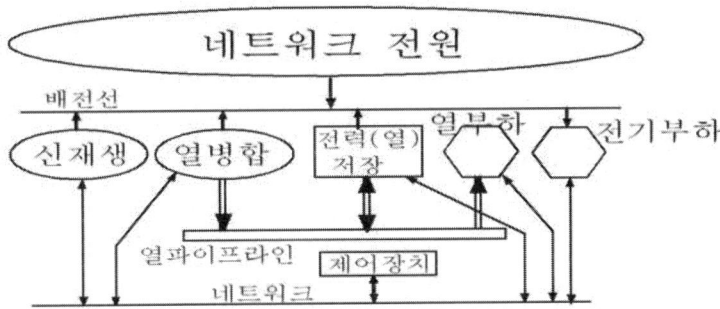

   1) 신재생에너지
   2) 지능형 송전 시스템
   3) 지능형 배전 시스템
   4) 지능형 전력기기
      - 초전도 기기
      - FACTS (유연 송전 시스템)
      - HVDC (직류 송전 시스템)
      - Smart Meter
   5) 지능형 전력 통신망
   6) 기타
      - 전기차 충방전 시스템
      - LED, 그린 가전제품 등 에너지 고효율 전력기기

3. 스마트 그리드 추진 필요성(추진배경) 및 효과

1) 국가적 차원(에너지.환경)
   - 국가 에너지 소비의 3% 절감(전기에너지의 10%)
   - 태양광, 풍력등 신재생 에너지의 보급 확대 기반 조성
   - CO_2등 온실가스 배출량 감축 및 기후 변화 대응

2) 기업 차원(신성장 동력 창출)
   - 스마트 미터, 스마트 가전 제품등 내수 시장 활성화 및 그린 일자리 창출
   - 국내 스마트 그리드 산업의 정착 및 세계 시장으로의 진출
     (2030년 세계시장 30% 점유 목표)
   - 전력, 중전, 가전, 통신등 제품의 스마트 그리드와 시너지 효과 기대
   - 전기차 보급 인프라 구축

3) 전력 회사 차원
   - 발전 시스템의 효율 과 생산성 향상
   - 전력 설비 상태의 원격감시 진단 및 고품질 전력을 안정적 공급
   - 실시간으로 전력 설비 이상 유무를 감시하여 정전 사고 예방

4) 개인 차원 (라이프 스타일 변혁)
   - 녹색 요금제, 품질별 요금제 도입으로 소비자의 에너지 선택권 제고
   - 스마트 미터 사용으로 전기 절감 및 전기 요금 절약
   - 각 가정의 분산형 전원을 전력회사에 역 판매하여 수익 창출
   - 전기 요금이 저가인 시간대 충전하여 고가인 시간대 판매
   - 아파트, 관공서등 주차장에 충전 인프라를 구축, 전기차 사용 확대 등

4. 예상 문제점
1) 보안에 취약하여 해킹에 의한 대규모 정전 우려
2) IT 기술 발전에 따른 장비의 교체 기간 단축
3) 고급 전문화된 인력 부족 현상등

5. 스마트 그리드 장래 응용 분야

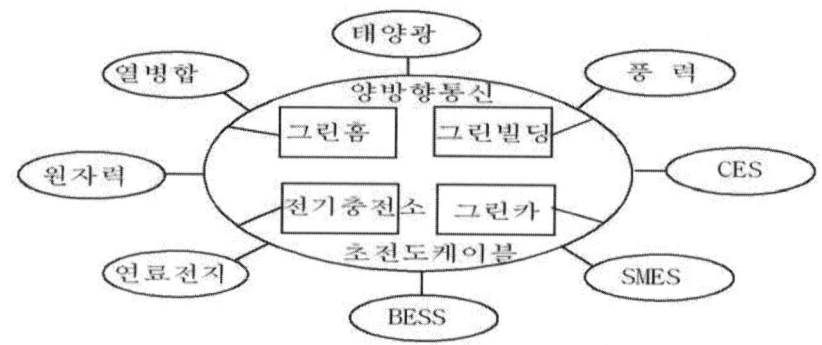

6. 현재 전력망과의 비교 <전. 고. 통 / 기. 사 / 설비 / 제. 고 >

항 목	현재 전력망	스마트 그리드
전원 공급 방식	중앙 전원	분산 전원
구 조	방사형 구조	네트워크 구조
통신 방식	단방향 통신	양방향 통신
기술 기반	아나로그	디지털
사고시 복구	수동 복구	반자동 복구 및 자기 치유
설비 점검	수동 점검	원격 점검
제어 시스템	지역적	광역적
고객의 선택	제한적 선택	다양한 선택

3.3 자가발전설비의 부하결정 시 고려사항과 RG 계수에 의한 발전기용량 산정 방식에 대하여 설명하시오.

1. 개요
최근 전동기 가동 방식이 VVVF 및 인버터 제어방식 등으로 인한 기기의 고조파 발생 및 역상 전류를 고려한 용량 산정 방법이 요구되어, 일본에서는 1983년 PG방식을 폐기하고 RG방식에 의한 용량 산출 방식을 사용하고 있으며 발전기 용량 산정시 다음 사항을 고려해야한다.
- 고조파 및 역상 전류 발생부하를 검토
- 단상 부하의 연결 상태를 검토
- 전동기 기동 방시 및 기동 전류 검토
- 변압기 돌입전류 검토

2. 발전기 용량 산정 방법 비교(국토해양부 설계기준)

1) NEC방식(미국에서 사용)
   - 전부하를 합산
   - 전동기 부하는 125%를 적용
   - 일반 부하는 100% 적용
   - 비상 대상 부하는 전부 합산
   - 수용율을 적용하지 않는다.
   - 용량 산정 방법이 간단하다.

2) PG방식

   PG방식은 한국에서 주로 사용하는 방식으로 PG1, PG2, PG3, PG4중 가장 큰 값을 채택하며, 설계 기준에 의하면 설계기준에 나와 있는 PG1, PG2, PG3방식은 사이리스터 부하가 포함되지 않은 경우에 적용한다라고 되어있어 사이리스터가 있는 부하는 PG4를 반드시 검토해야 할 필요성이 있다.

   (1) PG1 (부하의 정상 운전시에 필요한 발전기 용량)

   $$PG1 = \frac{\Sigma P_L \times Df}{\eta_L \times \cos\theta} \; (kVA)$$

   ΣP_L : 부하 출력 합계 (kW)
   Df : 부하의 종합 수용율
   η_L : 부하의 종합 효율 (분명하지 않을 경우 0.85)
   $\cos\theta$: 부하의 종합 역율 (분명하지 않을 경우 0.8)

(2) PG2 (부하중 최대 기동전류를 갖는 전동기 기동시 순시 전압 강하를 고려한 발전기 용량)

$$PG2 = Pm \times \beta \times C \times Xd'' \times \frac{100 - \Delta V}{\Delta V} \ (kVA)$$

  Pm : 최대 기동 전류를 갖는 전동기 출력 (kVA)
  β : 전동기 기동 계수 (분명하지 않을 경우 7.2)
  C : 기동 방식에 따른 계수 (직입:1.0   Y-Δ:0.67)
  Xd″ : 발전기 정수 (0.25~0.3)
  ΔV : 발전기 허용 전압 강하율(승강기 경우 20%, 기타 25%)

(3) PG3 (발전기를 가동하여 부하에 사용 중 최대 기동 전류를 갖는 전동기를 마지막으로 기동 할 때 필요한 발전기 용량)

$$PG3 = (\frac{\Sigma P_L - Pm}{\eta_L} + (Pm \times \beta \times C \times Pf)) \times \frac{1}{\cos\theta} \ (kVA)$$

  Σ PL : 부하 출력 합계 (kW)
  Pm : 최대 기동 전류를 갖는 전동기 출력(kw)
  ηL : 부하의 종합 효율 (분명하지 않을 경우 0.85)
  β : 전동기 기동 계수 (분명하지 않을 경우 7.2)
  C : 기동 방식에 따른 계수 (직입:1.0   Y-Δ:0.67)
  Pf : 최대 기동 전류를 갖는 전동기 기동시 역율
    (분명하지 않을 경우 0.4)
  cosθ : 부하의 종합 역율 (분명하지 않을 경우 0.8)

(4) PG4 (부하중 고조파 부분을 고려한 경우 발전기 용량)
  PG4 = Pc x (2~2.5) + PG1
    Pc: 고조파분 부하(제6고조파:PcX2.67, 제12고조파:PcX1.47)
- 발전기 용량분의 고조파분이 120% 미만이 될 수 있도록 발전기 용량을 선정 하는 것이 바람직함.

3) RG 방식

RG방식은 일본에서 1983년 PG방식을 폐기하고 현재 사용하는 방법으로 PG방식은 전동기 기동에 따른 전압강하만을 고려했으나, RG방식은 단시간 과전류 내력을 고려한 RG3와 허용 역상 전류를 고려한 RG4가 보완이 된 계산방식이지만 계산이 복잡한 단점이 있다.

(1) 계산 방법

발전기 출력계수(RG)를 산정하여 부하 출력 합계(K)와의 곱으로 계산.
즉, G = RG · K

여기서 G : 발전기 용량(KVA)
RG : 발전기 출력 계수
(RG_1, RG_2, RG_3, RG_4 중 가장 큰 계수)
K : 부하 출력 합계 (KW)
RG_1 : 정상 부하 출력 계수
RG_2 : 최대 기동 전류 전동기 기동에 따른 발전기 허용 전압 강하 출력 계수
RG_3 : 발전기 단시간 과전류 출력계수
RG_4 : 허용 역상전류, 고조파 전류 출력 계수

(2) 출력 계수

① 정상 부하 출력 계수 (RG_1)

$RG_1 = 1.47 \times D \times Sf$

여기서 D : 부하의 수용율
(소방부하 : 1.0, 일반부하 : 0.4~1.0, 실제값 적용)
Sf : 불평형 부하에 의한 선전류 증가 계수

② 허용 전압 강하 출력 계수 (RG_2)

$$RG_2 = \frac{1-\Delta E}{\Delta E} \cdot Xd \cdot \frac{Ks}{Zm} \cdot \frac{M_2}{K}$$

여기서 ΔE : 발전기 허용 전압 강하
Xd : 발전기 정수(부하 투입시 허용되는 임피던스)
Ks : 부하 기동방식에 따른 정수(직입:1.0, Y-Δ:0.67)
Zm : 부하 기동시 임피던스 (0.14)
M_2 : 기동시 전압강하가 최대로 되는 부하기기 출력(KW)
K : 부하 출력 합계 (KW)

③ 단시간 과전류 내력 출력계수 (RG_3)

$$RG_3 = 0.98 \cdot d + (\frac{1}{1.5} \cdot \frac{Ks}{Zm} - 0.98 \cdot d)\frac{M_3}{K}$$

여기서 d : 베이스 부하의 수용율
(소방부하 : 1.0, 일반부하 : 0.4~1.0, 실제값 적용)
Ks : 부하 기동방식에 따른 정수(직입:1.0, Y-Δ:0.67)

Zm : 부하 기동시 임피던스 (0.14)
M₃ : 단시간 과전류 내력을 최대로 하는 부하기기 출력
K : 부하 출력 합계 (KW)

④ 허용 역상전류, 고조파 전류 출력 계수 (RG_4)

$$RG_4 = \frac{1}{KG_4} \left(\frac{0.43\,R}{K} \right)^2 + \left(\frac{1.25\,\Delta P}{K} \right)^2 \cdot (1 - 3u - 3u^2)$$

여기서 KG_4 : 발전기 허용 역상 전류 계수 (0.15)
R : 고조파 발생 부하 출력 합계 (KW)
K : 부하 출력 합계 (KW)
ΔP : 단상 부하 불평형 출력값(KW)
u : 단상 불평형 계수

4. 발전기용 엔진의 선정
1) PG 계산 방식에 의한 원동기 출력

$$Pe = \frac{Pg \times \cos\theta_g}{\eta_g} \times \frac{1}{0.736} \, (PS)$$

여기서 Pe : 발전기 원동기 출력값(PS)
Pg : PG 방식에 의한 발전기 용량(KVA)
cos θg : 발전기 역율 (보통 0.8)
ηg : 발전기 효율 (0.85 ~ 0.95, 보통 0.92)

2) RG방식에 의한 원동기 출력
(1) 원동기 출력 계수 (RE)를 산정하여 부하 출력 합계(K)와의 관계식으로 계산한다.

E = 1.36 RE · K · Cp (PS)

여기서 E : 원동기 출력 (PS)
RE : 원동기 출력 계수 (RE_1 RE_2 RE_3 중 가장 큰 계수)
RE_1 RE_2 RE_3 계산 공식은 설계 기준 5.3항 참조
K : 부하 출력 합계 (KW)
Cp : 출력 보정 계수

(2) RE 계수 조정
- 실용상 바람직한 RE값의 범위는 1.3D ≤ RE ≤ 2.2 이다.
- 승강기 이외의 부하가 원인이 되어 과대한 RE값이 되는 경우 기동방식을 변경하여 실용상 범위를 만족하도록 한다.

3.4 교류급전방식의 전기철도에서 3상 전원을 2상으로 변환하여 급전하는 스코트 (Scott) 결선방식에 대하여 설명하시오.

0. 개요
 1) 3상을 2상으로 상 변환하는 목적
    3상 회로에서 불 평형을 피하면서 대용량의 단상 교류 부하를 얻기 위하여
 2) 방법
  - SCOTT 결선
  - Wood Bridge 결선
  - 역V결선
  - 리액터와 콘덴서의 조합결선
  - Meyer 결선
  - 직류화 등이 있으나
   제일 많이 사용하고 있는 방법이 SCOTT 결선이다.

1. 스코트 결선
 1) 정의
    2개의 단상변압기를 결선하여 3상을 2상으로 변환하는 방법으로 T결선이라 함.
 2) 용도
  - 전기 철도용 전원
  - 소형 전기로용 (대형 전기로용 변압기는 3권선 변압기 사용)
 3) 결선도 및 원리

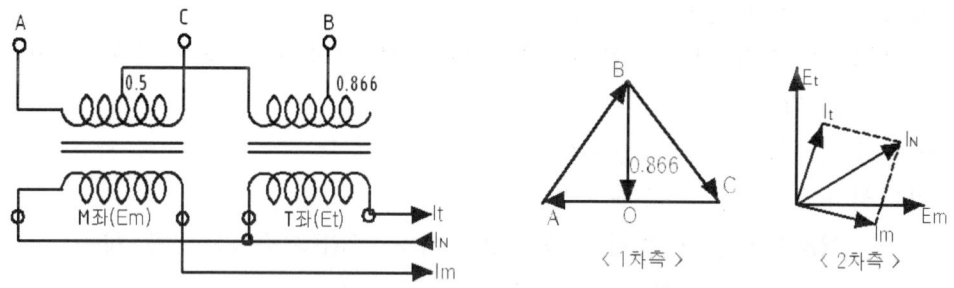

(1) 위 그림과 같이 변압기 2차측 결선을 M좌와 T좌로 구분시킨다.
(2) M좌 변압기의 1차측은 A상과 C상에 연결하고 1차권선의 50% 지점과 T좌 변압기의 한쪽 권선을 연결
(3) T좌 변압기의 1차측 나머지 권선은 $0.866(\frac{\sqrt{3}}{2})$ 지점에 연결
(4) 상기와 같이 연결하면 2차측에 유기되는 전압은 직각위상이 됨.
(5) 동일 부하라도 T좌 변압기는 M좌 변압기보다 $1.154(\frac{2}{\sqrt{3}})$배의 전류가

흐른다.
  (6) 이용율
    - 1차 전류가 1.154배가 되므로
    - 2차 전류를 과부하가 걸리지 않도록 1/1.154 로 하여야 한다.
    - 즉, 이용율 = 1/1.154 = 0.866임 됨.
  (7) 단점
    - 중성점이 존재하지 않아 계통 중성점 접지가 불가능.
    - 지락시 계통에 이상 전압 발생 가능성이 있음.

2. 우드브리지 결선
  1) 개요
    - 스코트 결선의 결점을 보완하기 위해
    - 중성점을 접지하여 계통안정도를 높이고 전압 불평형을 경감시킨 구조
  2) 결선도

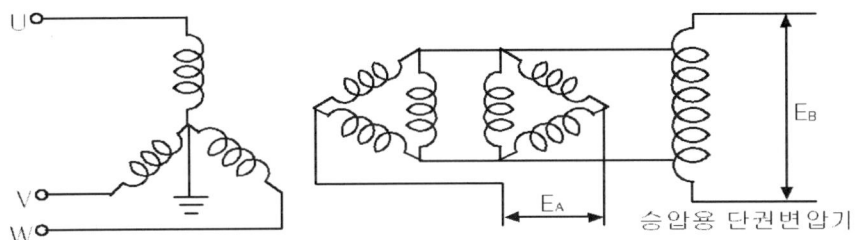

  3) 위 결선의 A좌는 스코트 결선의 M좌에, B좌는 T좌에 대응됨.
  4) 2차측은 스코트와 마찬가지로 단상 전원 2개를 얻을 수 있음.

3. 역 V 결선
  1) V 결선이란 Δ결선에서 1상을 제거한 결선방식임
  2) 역 V결선이란 3상4선식 Y 결선에서 1상을 제거한 결선임
  3) 3상 4선식 Y 결선의 정상 결선도

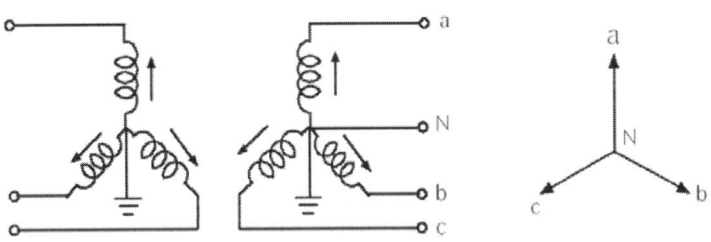

4) 3상4선식 Y 결선에서 C상을 제거한 결선도

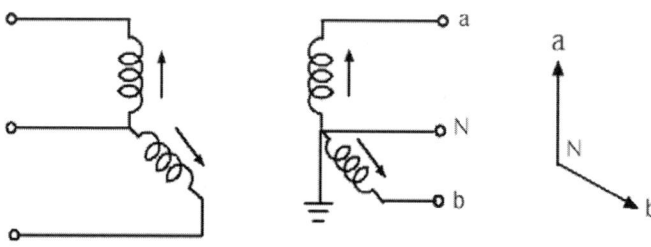

5) 위결선에서 B상의 극성을 반대로한 결선도(역 V결선)

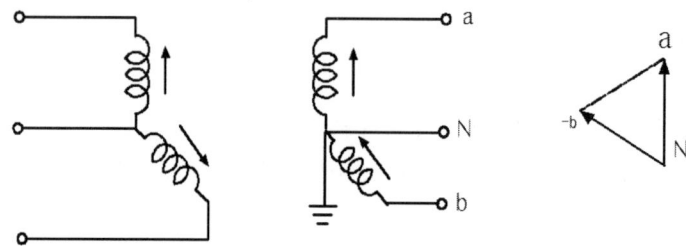

6) 즉, 3상 전원을 역V 결선하면 2차측에 단상 전원을 얻을 수 있음.

4. 리액터와 콘덴서의 조합결선
1) **원리**
   그림과 같이 임피던스 Z인 단상부하에 리액터와 콘덴서를 Δ결선하여 3상 전원을 이용하는 방법임.
2) **특징**
   사용 중 부하전류에 따라 역율 변동이 심함
3) **용도** : 단상 부하의 전기로

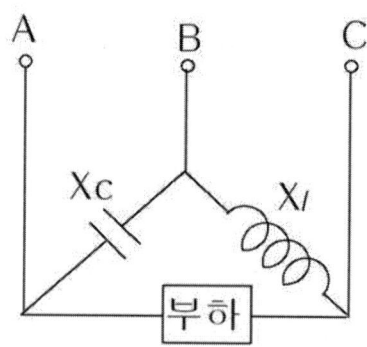

5. 직류화
최근에는 전력용 반도체인 IGBT의 대용량 개발이 되어 정류기에 의한 단상 직류 방식도 많이 사용 됨.

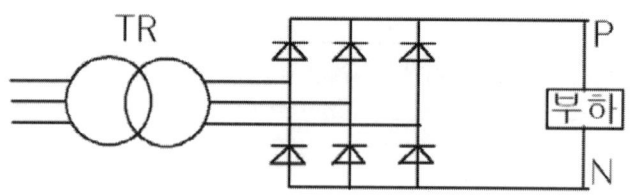

3.5 고용량 광원을 효율적으로 사용할 수 있는 3배광법에 의한 전반조명 설계 시 검토사항을 설명하시오.

1. 개요

   실내의 전반 조명에서는 광원으로부터 방사된 광속이 직사광속과 확산광속이 되며, 작업면에 도달하여 얻어지는 조도는 작업면 전체의 평균치로 구하는 일이 많다.

   옥내 조명 설계의 평균조도를 계산하는 방법에는 3배광법(광속법), ZCM법(구역공간법), CIE법(국제조명학회) 등이 있으며 정확성과 실용적인면을 고려하여 조도 계산법의 선택이 필요하다.

2. 3배광법과 ZCM법 비교

3배광법	ZCM법
1. 조도 계산 평균조도 $E = \dfrac{FUN}{AD}$ (1X) F : 램프 1개당 광속 U : 조명율 N : 램프 개수 A : 조명면적 D : 감광보상율	평균조도 $E = \dfrac{FN\,CU\,LLF}{A}$ (1X) F : 램프 1개 광속 N : 램프 개수 CU : 이용율 LLF : 광손실율 A : 조명 면적
2. 조명율(U) $U = \dfrac{\text{피조면에 입사한 광속 (lm)}}{\text{램프로부터 방사되는 전광속 (lm)}}$	이용율(CU) : 조명율과 같은의미이나 방의 공간을 나타내는 공간 계수와 바닥면, 천정면, 벽면의 유효 반사율을 조합하여 계산
3. 감광 보상율(D) - 깨끗한 사무실이나 공장 : 1.3 - 보통의 장소 : 1.5 - 먼지가 많은 장소 : 2.0	광 손실율(LLF) = 안정기 요인 * 램프 광출력 요인 * 조명기구 먼지요인 * 실내의 먼지요인 보통 0.6~0.8
4. 실지수 : 1공간으로 계산 실지수 $K = \dfrac{X \times Y}{H(X+Y)}$ H:피조면에서 광원까지의 높이 X:방의 너비 Y:방의 길이	공간계수(CR) : 천정, 바닥, 방 공간 공간계수 $CR = \dfrac{5h(a+b)}{a \times b}$
5. 정확도 : 낮음	우수함
6. 사용국가 : 한국, 일본	미국

3. 3배광법

평균 조도를 구하는 계산법으로 국내외적으로 널리 사용하는 방법이며, 비교적 계산 과정은 간단하나 정확도가 낮은 것이 단점이다.

1) 작업면의 평균 조도

평균조도 $E = \dfrac{FUN}{AD}$ (lx)

여기서 F : 램프 1개당 광속(lm) U : 조명율
　　　 N : 램프 개수　　　　　　D : 감광 보상율
　　　 A : 조명 면적(㎟)

2) 평균 조도 계산시 고려 사항

(1) 조명율
- 광원의 전광속에 다한 작업면에 도달하는 유효 광속의 비

  조명율$(U) = \dfrac{\text{피조면에 입사한 광속}(1m)}{\text{램프로부터 방사되는 전광속}(1m)} \times 100(\%)$

- 조명율은 실지수와 바닥면, 천정면, 벽면의 반사율을 조합하여 조명율 표에 의해 구한다.

(2) 감광 보상율
- 사용기간의 경과에 따라 기구의 오염등으로 평균조도가 저하될것을 미리 설계시에 반영하여 여유값을 갖게 한다.
- 조도의 감소 요인 : 램프자신의 광속감소(필라멘트 증발, 흑화현상)
　　　　　　　　　　 등기구 노화, 등기구, 천장, 벽등의 색상변화, 먼지
- 직접 조명의 경우 보통 다음 값을 반영.

  깨끗한 사무실이나 공장 : 1.3
  보통의 장소　　　　　　: 1.5
  먼지가 많은 장소　　　　: 2.0

(3) 실지수 (R)

조명율을 구하기 위해서는 먼저 방의 형태 및 천정 높이에 따라 결정 되는 계수 : (천정면적+ 바닥면적)/벽면면적

실지수$(R) = \dfrac{X \times Y}{H(X+Y)}$　　여기서 H : 피조면에서 광원까지의 높이
　　　　　　　　　　　　　　　　　　　　　 X : 방의 너비　Y : 방의 길이

방의 모양이 정사각에 가까울수록 실지수가 커진다.

4. ZCM법 (Zonal Cavity Method : 구역공간법)

작업면 또는 바닥면에서의 평균 조도를 계산하는 방법으로 조명기구에서 나오는 광속 전달 이론에 근거하고 상호 반사 효과를 고려하여 계산하며, 3배 광법에 비해 정확도가 높다.

1) 평균 조도 계산법

평균조도 $E = \dfrac{F \cdot N \cdot CU \cdot LLF}{A}$ (lx)

여기서 F : 램프 1개당 광속(lm)   N : 램프 개수
  CU : 이용율   LLF : 광 손실율
   A : 조명 면적(㎡)

2) 평균 조도 계산시 고려 사항

(1) 이용율 (CU)
- 3배광법의 조명율과 같은 의미를 가지나
- 방의 공간을 나타내는 공간 계수와 바닥면, 천정면, 벽면의 유효 반사율을 조합하여 계산한다.

(2) 광 손실율(LLF:Light Loss Factor)
조도 계산 결과를 실제 상황에 맞도록 보정하는 역할을 하며 회복 불가능한 요인과 회복 가능한 요인이 있다
- 회복 불가능한 요인 : 조명기구 주위온도, 열방출 요인
            공급 전압, 안정기, 램프 광출력 요인(열화) 등
회복 가능한 요인 : 조명기구 먼지, 실내의 먼지
         램프의 수명 요인등
광 손실율(LLF) = 안정기 요인 x 램프 광출력 요인 x
         조명기구 먼지 요인 x 실내의 먼지 요인
예, 광 손실율(LLF) = 0.95 x 0.88 x 0.93 x 0.96 = 0.75 반영

(3) 공간 계수
- 3배광법의 실지수에 반비례하는 개념이며
  반사율을 고려하는 방법이 서로 다르다
- 공간계수 $CR = \dfrac{5h(a+b)}{a \times b}$

3.6 전력수요를 억제하기 위한 전기요금 및 기기보급 관점의 수요관리 방법과 수요반응(Demand Response) 제도에 대하여 설명하시오.

인용 : 한전 전기공급약관 제3장 최대전력 관리장치 지원제도

1. 제도 개요(제24조)
   최대전력관리장치 지원제도는 고객이 최대전력수요를 억제하여 전기요금을 절감할 목적으로 최대전력 관리장치를 설치할 경우 설치비의 일부를 지원하는 제도를 말합니다.

2. 용어의 정의(제25조)
   1) 최대전력 관리장치
      고객의 최대수요전력을 감시 또는 예측하여 목표전력을 초과할 우려가 있을 때 단계적인 부하차단을 통하여 목표전력 범위 내에서 관리가 가능하도록 하는 장치 또는 시스템으로서 한전이 인정한 제품을 의미합니다.
   2) 최대 수요전력
      한전의 15분계 누산형 최대수요전력계에 의하여 계량되는 수치를 말합니다.
   3) 목표전력
      고객이 고객자체의 최대전력을 관리하기 위한목적으로 설정한 최대수요 전력값을 말합니다.
   4) 부가신호
      전자식 전력량계에서 최대전력 관리장치로 보내는 신호로서 유효전력 계량펄스 및 수요시한 펄스신호를 말합니다.

3. 적용대상(제26조)
   기본공급약관에서 정하는 계약전력 500kW(자고객 제외) 이상의 일반용, 산업용 및 교육용 전력 고객이 구내의 최대전력 관리를 위하여 한전이 지원대상 기기로 인정한 "최대전력 관리장치"를 설치하는 경우에 적용합니다.

4. 최대전력관리장치 설치(제27조)
   ① 최대전력 관리장치를 설치하고자 하는 고객은 최대전력관리장치 설치계획서를 작성하여 한전에 제출하여야 합니다.
   ② 한전은 제출한 서류를 검토하여 지원금 지급대상 여부를 확인하고 필요시 신청자에게 미비서류 등을 요청할 수 있습니다.
   ③ 한전은 서류검토 결과 지원대상기기로 확인된 경우에는 전자식전력량계의 부가신호선을 고객이 연결하도록 연결단자를 개방합니다.

④ 부가신호선과 최대전력관리장치의 연결은 한전의 입회하에 고객측이 고객의 책임으로 시공합니다.

5. 지원금의 지급(제28조)
① 한전은 고객이 최대전력 관리장치를 설치하고 지원금 지급신청을 할 경우에는 지원금을 지급할 수 있습니다. 다만, 당해 연도 전력산업기반기금 최대전력관리장치 보급지원 예산 범위 내에서 지급함을 원칙으로 합니다.
② 제1항에 의한 지원금은 대당 150만원으로 하며, 지원기준과 지급단가 적용은 설치계획서 접수일을 기준으로 합니다.
③ 최대전력 관리장치를 설치한 고객이 지원금을 지급받고자 하는 경우에는 최대전력관리장치의 설치를 완료하고 지원금 지급신청서를 한전에 제출하여야 합니다.
④ 한전은 제3항에 따라 신청서가 접수되었을 때에는 현장을 확인하고 지원금 지급조건에 부합되는 경우에 지원금을 지급합니다.

6. 지원금 지급제외(제29조)
한전은 다음 각 호의 어느 하나에 해당하는 경우 지원 대상에서 제외합니다.
1) 한전의 육지 전력계통에 연계되지 않은 고객에게 설치된 경우
2) 기본공급약관 제23조에 의거 154kV 또는 345kV를 공급 받아야 하는 고객이 최대수요전력을 제한하는 조건으로 22.9kV 또는 154kV로 공급받기 위하여 최대전력 관리장치를 설치한 경우
3) 동일 장소에서 전기사용계약을 해지하였다가 다시 사용하는 경우
4) 기 사용 중이던 최대전력 관리장치를 다른 장소에 이전하여 동일목적으로 재사용할 경우
5) 직접 제어되는 부하없이 최대전력관리장치만 시설한 경우
6) 인정승인을 받은 기기를 임의로 개조 또는 변경하여 설치한 경우
7) 사업절차와 관계없이 최대전력 관리장치를 설치한 경우
8) 최대전력관리장치와 관련된 제도의 지원을 받은 고객의 경우

<수요반응(Demand Response) 제도>
1. 수요반응 제도(DR:Demand Resource) 개요
   1) 개념
      전기사용자가 일상 속에서 전기를 아낀 만큼 전력시장에 판매하고 금전으로 보상받는 수요반응 제도
   2) 등장배경 : 공급위주 정책의 한계와 전력기반 신시장 창출 목적
      - 발전소 및 송변전 시설 등 전력공급설비 확충의 어려움 등으로 인해 수요관리를 통해 효율적인 전력수급을 위한 정책으로 전환 필요
      - 전력에 ICT 기술을 융합한 에너지 신산업 육성으로 새로운 부가가치 창출
      - 비용과 효율성 측면에서 기존의 수요관리제도 운영 한계 노출
   3) 기대효과 : 대규모 전력공급설비 회피 및 탄소배출 저감 등 기대
      - 전력공급비용 절감 : 발전연료비 및 온실가스 배출감소, 전력구입비용 감소
      - 용량가격 인하 : 중·장기 발전설비 투자회피로 용량가격 인하 효과
      - 계통운영 기여 : 발전기고장 및 수요예측오차에 신속한 대응 및 기여

2. 수요자원 거래시장 개념도

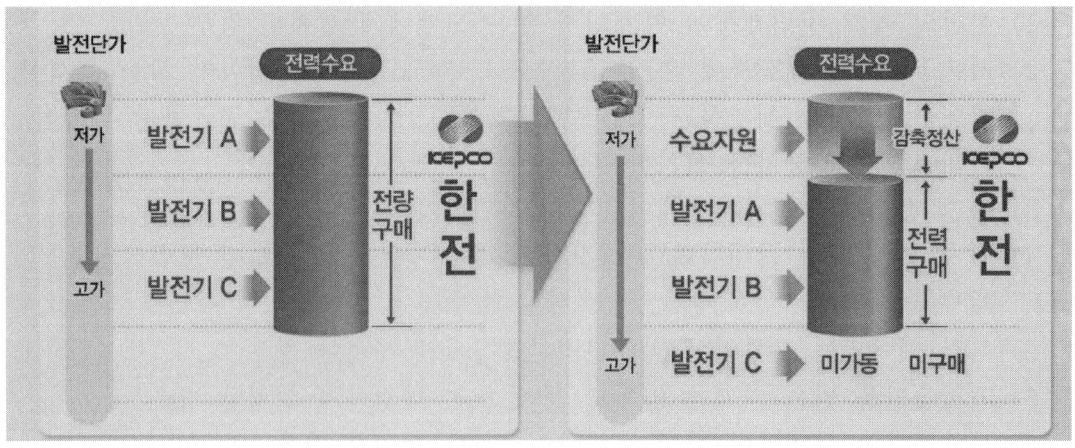

3. 운영방법
   1) 피크감축 DR
      감축지시에 1시간 이내에 감축, 수급상황이 급변할 때 긴급하게 가동되는 비싼 발전기 대체 효과)
   2) 요금절감 DR
      하루 전 전력시장에 입찰, 일반발전기 입찰가격보다 수요 감축 가격이 저렴할 경우 감축 시행

4. 참여대상
   1) 사업자
      빌딩·아파트·공장 등에서 고객이 아낀 전기를 모아 시장에 판매하고
      판매수익을 고객과 공유
   2) 전력거래소
      발전사의 전기공급 가격과 수요자원의 입찰가격을 비교하여 가격이 낮은
      쪽으로 공급되도록 시장 운영
   3) KEPCO
      발전자원과 수요자원 중 가격이 낮은 쪽을 구매, 수요와 공급을 맞추고
      비용을 지불
   4) 고객
      수요자원 참여고객은 아낀 전기를 수요관리 사업자에게 제공하고 아낀 양
      만큼의 수익 발생
   5) 기타
      수요 자원 시장 미 참여 소비자는 수요자원이 전력시장에서 거래되어
      전력공급비용이 낮아지면 전기요금 인상을 억제하는 혜택

4.1 축전지 용량산정 시 고려사항에 대하여 설명하시오.

1. 개요
   축전지 설비는 정전시 또는 비상비 신뢰할 수 있는 예비 전원이며 건축법이나 소방법의 규정에 의하여 예비 전원이나 비상 전원으로 사용되고 있다.
   예를 들면 비상용 조명, 유도등의 전원뿐만 아니라 수변전 기기의 조작 및 제어용 전원으로도 사용된다.
   구성은 축전지, 충전 장치, 제어 장치 등으로 구성된다.

2. 축전지 용량 산출 순서 < 부.축.방 / 특.셀.방 / 환산.용량 >
   1) 축전지 부하 용량 산출
   2) 축전지 종류 결정
   3) 방전 전류 및 방전 시간 결정
   4) 축전지 부하 특성 곡선 작성
   5) 축전지 셀 수 결정
   6) 방전 종지 전압 (허용 최저 전압)결정
   7) 환산계수, 보수율 결정
   8) 축전지 용량의 계산

3. 축전지 용량산정 시 고려사항
   1) 부하의 종류 결정 및 부하 용량 산출
      비상용 조명, 차단기 투입 부하 등 List 작성
      (1) 순시 부하
         차단기 조작 전원, 소방 설비용 부하 등
      (2) 상시 부하
         비상 조명등, 배전반 및 감시반의 표시등, 연속 여자 코일 등
   2) 방전 전류 및 방전 시간 결정
      (1) 방전 전류 $I = \dfrac{부하용량}{정격전압} (A)$
      (2) 방전 시간 결정
         - 작성된 부하 List에 따라 공급 시간 결정
         - 법적 규정, 발전기 설치 대수, 순시, 연속 부하여부 검토 및 결정

   3) 축전지 부하 특성 곡선 작성
      방전 전류와 방전 시간이 결정되면 최악의 조건을 고려하여 방전의 종기에 큰 방전 전류가 오도록 작성한다.

4) 축전지 종류 결정
   - 가격 면에서는 연 축전지의 급 방전형이 유리(HS형)
   - 성능 면에서는 알칼리 축전지 포켓식 급 방전형이 유리(AH형)

(1) 내부 구조에 따른 종류

구 분	연(납) 축전지		알칼리축전지	
1. 공칭 전압	2.0 V		1.2 V	
2. 구조	+극:PbO_2 -극:Pb 전해질 : H_2SO_4		+극:NiOOH(수산화니켈) -극:Cd(카드뮴) 전해질 : KOH(수산화칼륨)	
3. 충전시간	길다		짧다 (장점)	
4. 과충전 과방전	약함		강함 (장점)	
5. 수명	10~20년		30년 이상 (장점)	
6. 정격 용량	10시간		5시간 (약점)	
7. 용도	장시간, 일정 전류 부하에 적합		단시간, 대전류 부하에 적합(전류 변화 큰 부하)	
8. 가격	싸다		비싸다	
9. 온도특성	열등		우수(장점)	
10. 형식	CS 클래드식	HS 페이스트식	포켓식	소결식
	완방전식	급방전식 단시간대전류 자동차기동 엔진기동등	AL:완방전식 AM:표준형 AH:급방전식	AHS급방전식 AHH급방전식

(2) 외함의 구조에 따른 종류
   ① 개방형(Open Type) : 가스 제거 장치가 없는 것
   ② 밀폐형(Bended Type) : 배기 마개에 필터를 설치하여 산무가 나오지 못하게 한 구조
   ③ Sealed Type : 사용 중 발생하는 산소와 수소를 결합하여 물로 합성 하는 특수 구조로 물의 보충을 필요로 하지 않는 구조

5) 축전지 셀 수 결정
   축전지 셀 수는 계통 정격전압과 단위 축전지의 공칭전압이 결정되면 다음식에 의해 산출한다.

   축전지 셀수$(N) = \dfrac{계통정격전압}{1셀당공칭전압}$

6) 셀 당 허용 최저 전압 (방전 종지 전압)

축전지의 최저 전압은 각종 부하로부터 요구되는 허용 최저 전압에 축전지와 부하사이의 선로 전압강하를 더한 값이다.

$$V = \frac{Va + Vc}{n} \ (V/Cell)$$

여기서 Va : 부하의 허용 최저 전압 (V)
Vc : 축전지와 부하 사이의 전압강하 (V)
n : 축전지의 Cell 수

7) 보수율(L) 및 용량 환산 계수 결정(K)

(1) 보수율

축전지에는 수명이 있어 그 말기에 있어서도 부하를 만족하는 용량을 결정하기 위한 계수로 보통 0.8로 선정한다.

(2) 용량 환산 계수

위에서 축전지 종류, 방전시간, 방전 종지 전압을 결정하고 최저 축전지 사용 온도(보통 5℃ 기준)를 고려하여 다음 표에 의해 용량 환산 계수 K를 결정한다.

8) 축전지 용량 결정

축전지용량 $C = \dfrac{1}{L}(K_1 I_1 + K_2(I_2 - I_1) + K_3(I_3 - I_2) \cdots)$

L : 보수율 (보통 0.8)
I_1 , I_2 , I_3 : 방전 전류
K_1 , K_2 , K_3 : 용량 환산 계수

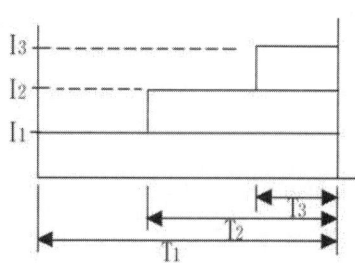

4.2 공공기관 신축, 개축, 증축 시 적용해야 할 에너지이용 합리화 추진에 대한 관련 제도에 대하여 설명하시오.

1. 개요
1) UN 기후변화협약에 의한 세계 주변국 환경의 변화와 에너지 고갈에 따른 고유가 시대에 대비하여 건축물의 에너지절약을 위한 효율강화의 역할이 필요하다.
2) 국가 및 공공기관의 대단위 사업에 대한 에너지 절약제도와 에너지 사용기기에 대한 에너지 소비 효율제도가 국가 에너지절약의 중심을 차지한다.

2. 에너지 절약의 필요성
1) 온실가스 저감으로 지구환경 보전
2) 국가 및 기업 경쟁력 강화
3) 에너지 수급개선 및 에너지 효율 향상
4) 화석 연료 고갈에 대비

3. 공공기관 에너지 절약 제도
1) 에너지 절약 설계 기준
  (1) 적용대상
   - 냉 난방을 하는 연면적의 합계가 500㎡ 이상인 경우에는 건축물의 용도에 관계없이 에너지절약 계획서를 첨부하여야 한다.
   - 건축허가 신청시 제출 의무사항임

  (2) 전기설비 대상 항목

항 목	의무 사항	권장 사항
수변전 설비	O	O
간선 및 동력 설비	O	O
조명 설비	O	O
대기 전력	O	O
제어 설비	O	X

2) 공공기관 신재생에너지 설치 의무화 제도
   (1) 대상
      공공기관이 신·증·개축하는 연면적 1,000㎡ 이상의 건축물에 대하여 예상 에너지 사용량의 일정량 이상을 신·재생 에너지 설비 설치에 투자하도록 의무화하는 제도.

   (2) 설치의무 대상기관 (법 제12조 제2항)
      ○ 국가기관 및 지방자치단체
      ○ 정부투자기관, 정부출연기관, 정부출자기업체
      ○ 지방자치단체 및 정부투자기관·정부출연기관·정부출자기업체에서
         납입 자본금의 100분의 50이상 또는 50억원 이상을 출자한 법인
      ○ 특별법에 의하여 설립된 법인

   (3) 공공기관 신재생에너지 공급의무 비율

연도	'15	'16	'17	'18	'19	'20
의무비율(%)	15	18	21	24	27	30

3) 공공기관 에너지이용합리화 추진에 관한 규정
   (1) 신축건물의 에너지이용 효율화
      ① 연면적이 3,000㎡ 이상 **업무시설**을 신축하거나 별동으로 증축하는 경우에는 건물 에너지 효율 1등급을 취득하여야 한다.
      ② 공공기관에서 공동주택(기숙사는 제외)을 신축하거나 별동으로 증축하는 경우에는 건물 에너지 효율 2등급 이상의 인증을 의무적으로 취득하여야 한다.
      ③ 공공기관에서 연면적 10,000㎡ 이상의 건축물을 신축하는 경우에는 건물 에너지 이용 효율화를 위해 건물 에너지 관리시스템(BEMS)을 구축하여 운영하도록 노력하여야 한다.
   (2) 에너지진단
      건축 연면적이 3,000㎡ 이상인 건물을 소유한 공공기관은 5년마다 에너지진단 전문 기관으로부터 에너지 진단을 받아야 한다.
   (3) **고효율 에너지 기자재 사용**
      ① 고효율 에너지 기자재 인증제품 또는 에너지 소비효율 1등급 제품을 우선 구매하여야 한다.
      ② 공공기관은 해당 기관이 소유한 조명기기를 [별표6] 연도별 보급목표에 따라 LED제품으로 교체 또는 설치하여야 하며, 지하주차장을 우선적으로

검토하여야 한다.

별표 6	'15	'17	'20
신축 건축물 (설치비율)	60%	100%	-
기존 건축물 (교체비율)	60%	80%	100%

4) 에너지 소비 효율 등급 표시 제도
 (1) 제도 개요
  - 에너지 소비 효율 증대를 위한 의무적 제도이다.
  - 에너지 소비 효율 등급 표시
   1등급부터 5등급까지 구분하여 표시함으로서, 소비자들이 효율이
   높은 에너지 절약형 제품을 손쉽게 판단하여 구입할 수 있도록 한다.
 (2) 대상 품목 : 20여 품목
   냉장고, 냉동고, 세탁기, 에어컨, 가정용 가스 보일러, 형광등, 자동차등

5) 고효율 에너지 기자재 인증제도
 (1) 제도 개요
  - 고효율 기기 보급을 위한 자발적 인증제도
  - 고효율 에너지 기자재
   지정 시험 기관에서 측정한 에너지 소비효율
   및 품질 시험 결과 전 항목을 만족하고,
   에너지 관리 공단에서 고 효율 에너지
   기자재로 인증 받은 제품

 (2) 대상 품목 : 40여 품목
   LED 램프, LED 보안등, LED 컨버터, LED 투광등, ESS, 고조도 반사갓,
   유도 전동기, UPS, M.H 안정기, 고효율 인버터, 복합지능형 수배전반등

6) 절전형 사무 가전 기기 보급 제도
 (1) 제도 개요
  - 대기 전력 감소를 위한 자발적(VA) 제도
  - 실제로 사용하지 않는 대기상태에서 소비되는 전력이 복사기와 같은 기
   기는 전체 소비 전력의 80%정도를 차지하여 이를 줄이기 위한 제도이다.
 (2) 대상 품목 : 20여 품목
   컴퓨터, 모니터, 프린터, 스캐너, 복사기, 팩시 밀리등

4.3 건축물이나 건축물에 인입하는 설비에 대한 뇌격으로 인한 손상과 보호대책에 대하여 설명하시오.

1. 개요
1) 배전 계통으로부터 전달되는 대기현성으로 인한 과도 전압 및 기기 개폐과전압에 대한 전기설비 보호를 목적으로 한다.
2) 전력공급점에 나타날 수 있는 과전압, 년간 뇌우일수, 서지보호장치의 위치 및 특성등을 고려하여 보호장치를 결정한다.
3) 여기에서는 저압 서지 보호를 주로 다루기로 한다.

2. 옥내 배전계통의 과전압 Catagory

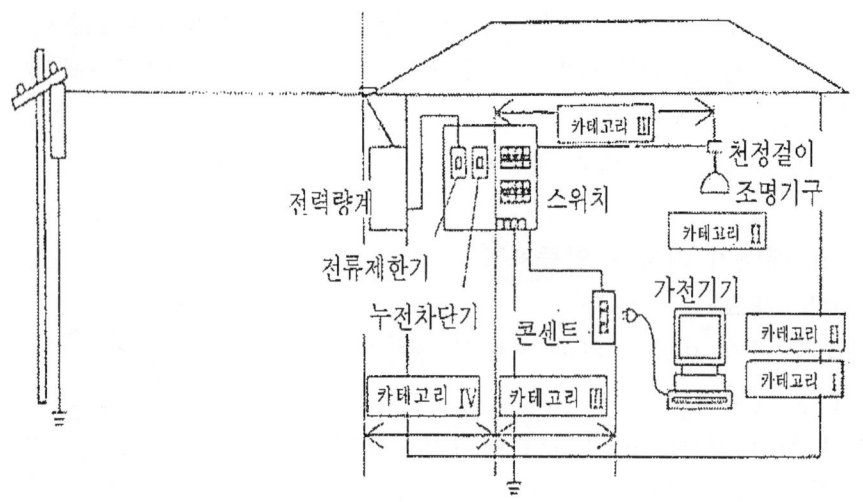

그림 443-1 주택의 옥내 배전계통과 과전압 카테고리 분류

3. SPD 형식

형 식	설치 위치 및 보호대상	시험 항목
Class I	인입구 부근, 직격뢰 보호	Iimp
Class II	인입구 부근, 유도뢰 보호	IMAX
Class III	기기 부근, 유도뢰 보호	Uoc

4. SPD 구조 및 기능
1) 동작 형태별 분류

구 조	기 능	소 자
1 포트 S P D	전압 스위치형	Air Gap형 / 가스방전관형 / Thyristor형
	전압 제한형	배리스터형 / 억제형
	복합형	직렬 조합 / 병렬 조합
2 포트 S P D	복합형	

(1) 전압 스위칭형
   서지가 인가되지 않은 경우는 높은 임피던스 상태에 있다가, 서지가 유입되면 급격히 임피던스가 낮아져 이상전압을 방전시키는 것
(2) 전압 제한(LIMIT)형
   서지가 인가되지 않은 경우는 높은 임피던스 상태에 있다가, 서지가 유입되면 연속적으로 임피던스가 낮아져 이상전압을 방전시키는 것.
(3) 복합형
   전압 스위칭 소자 및 전압 제한형 소자 모두를 갖는 TYPE으로 가스 방전관과 배리스터를 조합것이 대표적이다.

2) 용도별 분류
   (1) 전원용 SPD
      분전반, UPS, 모터 제어반, 발전기등의 입입부에 설치
   (2) 신호 제어용 SPD
      자동화 및 감시 제어 시스템의 입출력부에 설치하여 기기보호

3) SPD의 구비조건
   - 상시에는 전압강하와 손실이 적고 정상 신호에 영향을 주지 말아야 한다.
   - 이상 전압 유입시에는 가능한 낮은 동작 전압과 빠른 시간에 응답하여 이를 차단한 후
   - 이상 전압이 해소된 후에는 즉각 원래 상태로 회복되는 능력을 가지고 있어야 한다.

5. SPD 설치 방법
1) 보호 가능 모드 (KSC IEC 61643 표3)

SPD위치	TN-C	TN-S	T T	I T(중성성 있는 경우)	I T(중성성 없는 경우)
상-중성선 사이	-	①	①	①	-
상 - PE 사이	-	②	②	②	O
상-PEN 사이	O	-	-	-	-
중성선-PE 사이	-	O	O	O	-
상 - 상 사이	+	+	+	+	+

O : 적용 가능   - : 적용 불가   + : 선택사항   ①② : 둘 중 택1

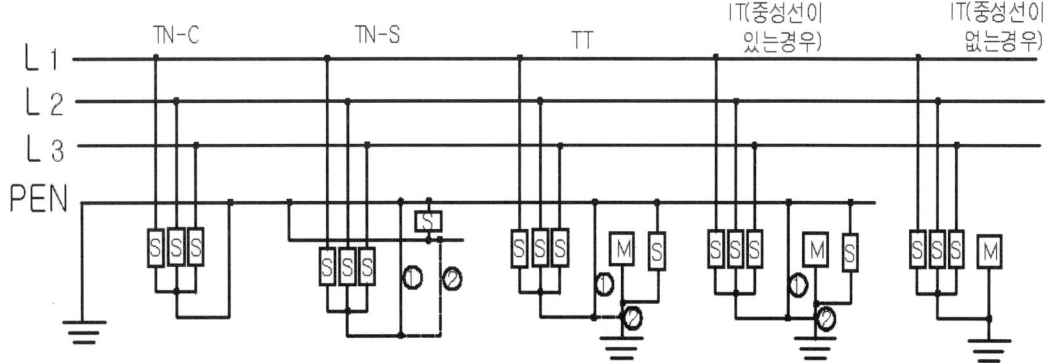

2) SPD규격이 보호 대상 기기의 특성에 적합해야 한다.
3) SPD는 건축물 인입구 또는 설비 인입구와 가까운 장소에 설치
4) SPD의 접지는 가능한 한 공통 접지를 하는 것이 좋다.
5) 접속도체는 가능한 짧게 배선하고(0.5m이하)
6) 접지극에 직접 접속하는 것이 좋다.
7) 접지도체 단면적은 10㎟ 이상의 동선 또는 이와 동등할 것
   (단, 건축물에 피뢰설비가 없는 경우는 단면적이 4㎟ 이상의 동선가능)

6. SPD 보호 장치 설치 장소

1) 전력 공급을 우선하는 회로 : SPD의 회로내에 설치
2) 기기 보호를 우선하는 회로 : SPD의 전원측에 설치
3) 위 1) 및 2)를 동시 확보하는 회로 : SPD를 병렬로 설치

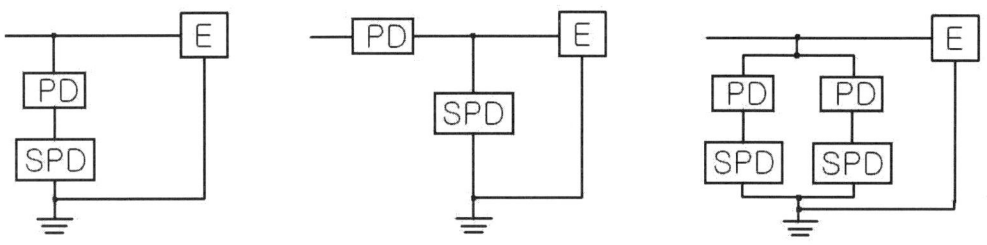

위에서 SPD : 서지보호기,   PD : SPD보호기,   E : 피보호기기임.

4.4 태양광 발전 시스템 기획 및 설계 시 고려사항에 대하여 설명하시오.

1. 개요
1) 태양광발전 시스템 설계 계획은 남향 설치 원칙으로 음영이 없는 장소를 선택해야 한다.
2) 설치 조건과 지역 특성을 고려하여 25도~35도 전후의 경사각으로 설계하는 것이 일반적이다.
3) 설치하고자 하는 면적대비 시설 용량의 결정은 중요한 요소이며 지나치게 많은 모듈 설치 시 음영의 발생으로 인한 발전량 감소의 우려가 있으므로 사전에 충분한 검토가 필요할 것이다.

2. 태양광 발전 시스템 기획 및 설계 시 고려사항
1) 태양광발전 시스템 설계는 공정별로 토목, 구조, 전기, 건축 등을 고려해야 하는 복합적인 설계이다.
2) 또한, 설계 전 지자체별 조례, 계통연계 가능 여부, 음영 발생 여부 확인 및 각종 RISK 사항을 검토해야 한다.
3) 설계 시 고려 사항
   - 모듈 면에 수직으로 태양빛 입사
   - 앞 뒤 그림자 영향이 없도록 어레이 이격 거리 산정
   - 어레이 간 거리가 멀면 설치용량 감소로 인한 부지 활용도 저하

3. 태양광발전소 설계 순서
1) 설치 장소(현장조사)
   - 한전 연계점 확인
   - 옥외, 건물 옥상, 주차장 등 현장 확인
2) 설치방법
   - 고정식
   - 고정 가변식
   - 추적식(단축, 양축) 현재는 거의 시공을 하지 않는 추세.
3) 설치 방법을 고려하여 구조물 상세도 작성(기본 배치용)
4) 설치 장소에 이격 거리를 고려하여 가능한 최대용량을 설치
   이 때 사업주가 생각한 용량보다 적을 경우 모듈 용량이 높을 것을 적용할 수 있다.
5) 계통연계형의 경우
   - 전지의 종류 선정(단결정, 다결정, 박막형 등)
   - 인버터의 종류 선정(현재는 STRING 방식을 선호)

- 모듈과 인버터의 MATCHING(호환성)
6) 시스템 결정에 따른 직병렬 계산서에 따라 정확한 발전용량 배치
7) 어레이 구성에 따른 구조물 설계 진행
8) 병렬 회로에 따른 접속반 수량 결정 후 배치 도면에 접속반 배치
9) 접속반 배치 후 전기실과 접속반간 용량 및 거리를 검토하여 전력간선 도면작성
10) 부지 여건 및 사업주 요청 사항에 따라 추가설비(전기실, 옥외등.CCTV등)

4. 태양광 발전 시스템 종류
1) 독립형 시스템

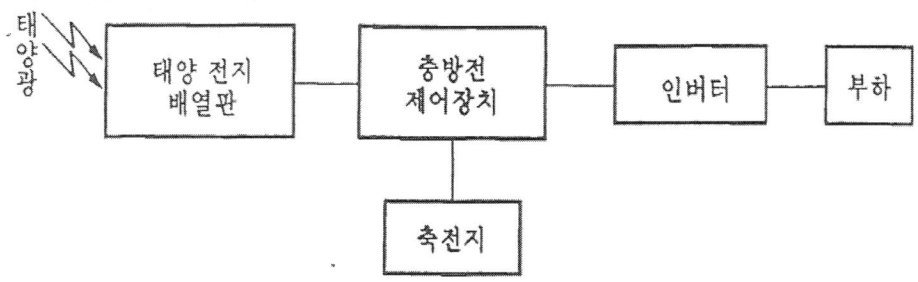

- 전력회사와 연계하지 않고 독립적으로 운전
- 전력을 축전지에 저장해 두었다가 야간이나 흐린날 이용
- 등대나 무선 중계소등에서 조명, 동력으로 사용
- 가로등, 공원등에서 이용

2) 하이브리드형 시스템

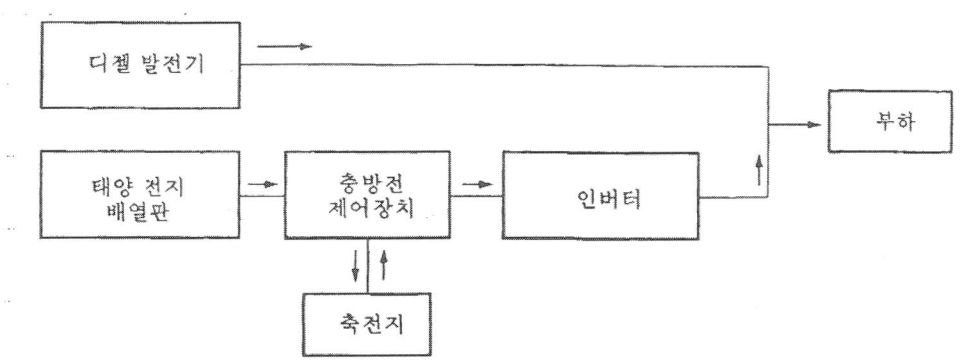

- 태양광 발전 시스템과 디젤 발전기를 조합시켜 운전하여 안정성 향상
- 디젤 발전기 대신 풍력발전, 연료전지등 신재생에너지 이용 가능

3) 계통 연계형 시스템

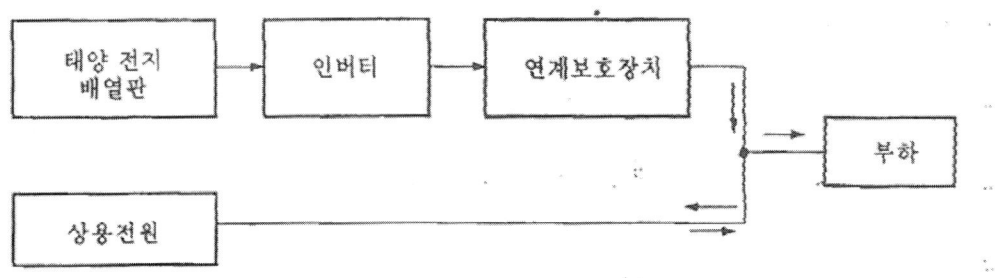

- 상용 전원과 계통 연계하여 운전
- 태양광 발전량이 부족시에는 상용전원으로 지원받고
- 남을 때는 축전지에 저장하는 Back Up방식과 남는 전력을 상용 전원에 공급하는 완전 연계형 시스템이 있음.

4.5 물체에 전력을 공급하여 물질 중에 함유된 수분을 증발시켜 건조시키는 전기건조의 원리, 특징 및 응용분야에 대하여 설명하시오.

1. 전기 건조 장치(전기로)
   1) 전기 전기 저항에 의하여 발생하는 열을 이용하여 건조하는 방법.
   2) 습기 건조, 함침 건조, 도장 건조가 있으며 방법으로는 저항식, 아크식, 유도식, 유전 가열식, 적외선식등 있다.

2. 저항식
   1) 원리
      - $R(\Omega)$의 저항에 $I(A)$의 전류가 흐르면 $Q = 0.24\ I^2\ R\ t\ (cal)$의 Joule 열이 발생하는데 이 열을 이용한다.
      - 저항가열에는 직접식과 간접식이 있다.
      - 직접식 : 피열체에 직접 전류를 흘려서 가열하는 방식
        간접식 : 니크롬선과 같은 저항체에 전류를 흘려서 발생하는 열을 피열체에 조사하는 방식
   2) 특징
      - 설비가 간단하고
      - 저온에서 고온까지 광범위하게 사용할 수 있음.
   3) 용도
      - 직접가열 : 전기로, 흑연화로, 카바아트로, 알루미늄 전해로등
      - 간접가열 : 저항로, 전기히터, 전기장판, 히팅코일등

3. 아크식
   1) 원리
      - 공기중에서 수 mm의 전극 사이에 고전압을 가하면 공기의 절연이 파괴되어 아크가 발생한다.
      - 전극간격 1Cm일때 DC30kV, AC21.2kV에서 절연파괴
      - 아크가 발생하면 아크저항 R를 통해서 아크전류 $I(A)$가 흐르는데 이때도 $Q = 0.24\ I^2\ R\ t\ (cal)$의 Joule열이 발생하여 이 열을 이용
      - 아크 가열에도 직접식과 간접식이 있음
   2) 특징
      - 아크가열의 가장 큰 특징은 매우 높은 온도를 얻을 수 있는 것이다.
      - 공기중에서 아크가열 : 3000 ~ 6000K
        플라즈마 기체중에서 10,000K 이상의 고온을 얻을 수 있음.

3) 용도
- 아크용접, 플라즈마 용접, 제강용 아크로 등

4. 유도식
　1) 원리
　　- 교번자계 내에 도전성 물체를 두면 전압이 유기되고 이 전압에 의하여 도전성 물체 내에는 유도전류에 의한 와류가 흐른다.
　　- 유도가열은 이 와류에 의한 저항손으로 발생하는 주울 열과 히스테리시스 손을 이용하는 것이다.
　2) 특징
　　- 전극을 필요로 하지 않는 무접촉 가열방식이고
　　- 급속가열 및 고온가열이 가능함.
　3) 용도
　　- 금속의 열처리, 열 가공, 표면 처리등

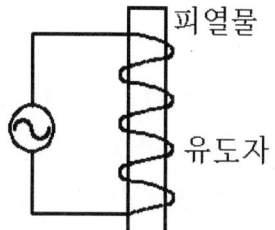

5. 유전식
　1) 원리
　　- 유전체에 고주파의 전계를 가하면 다음 식으로 표시되는 열이 발생함.
　　$P = V I_R = V I_c \tan\sigma = 2\pi f C V^2 \tan\sigma \, (W)$
　　- 이 열은 유전체 내부에서 분자간의 마찰에 의해서 발생하는 유전체 손실을 이용한 것이다.
　2) 특징
　　- 피열체 내부를 균일하게 가열할 수 있고
　　- 표면이 손상되지 않으며 가열시간이 짧아도 된다.
　3) 용도
　　목재, 합판의 건조, 비닐시트의 접착 등

6. 적외선 가열
　1) 원리
　　적외선 전구 또는 비금속 발열체에서 복사되는 열을 피열체의 표면에 조사하여 가열하는 방식
　2) 특성
　　가열된 물체의 온도방사를 이용하는 것으로 주로 저온에 사용되고 고온을 얻기 어렵다.
　3) 용도
　　난방용 적외선 히터, 페인트 도장후의 건조, 식품 가공 등

4.6 전기열차를 안전하고 확실하게 정지시키기 위한 제동장치와 경제적 운전 방법에 대하여 설명하시오.

1. 제동장치의 요구사항
   1) 철도차량에서 제동장치는 열차의 속도를 줄이거나 멈추는 역할을 한다.
   2) 열차의 승객 하중을 고려하여 제동력을 계산하고 회생제동을 통해 고속영역에서의 제동을 수행하는 것이다.
   3) 여기서 회생제동은 전동차의 운동에너지를 전기에너지로 바꿔서 전원으로 되돌려 제동하는 방법을 말한다.
   4) 철도차량 제동 시에 회생제동과 마찰제동(공기제동)을 함께 사용한다.
   5) 저속영역에 접어들면 전체 제동력에서 회생제동을 제외한 나머지 힘에 공기제동이 가해진다.

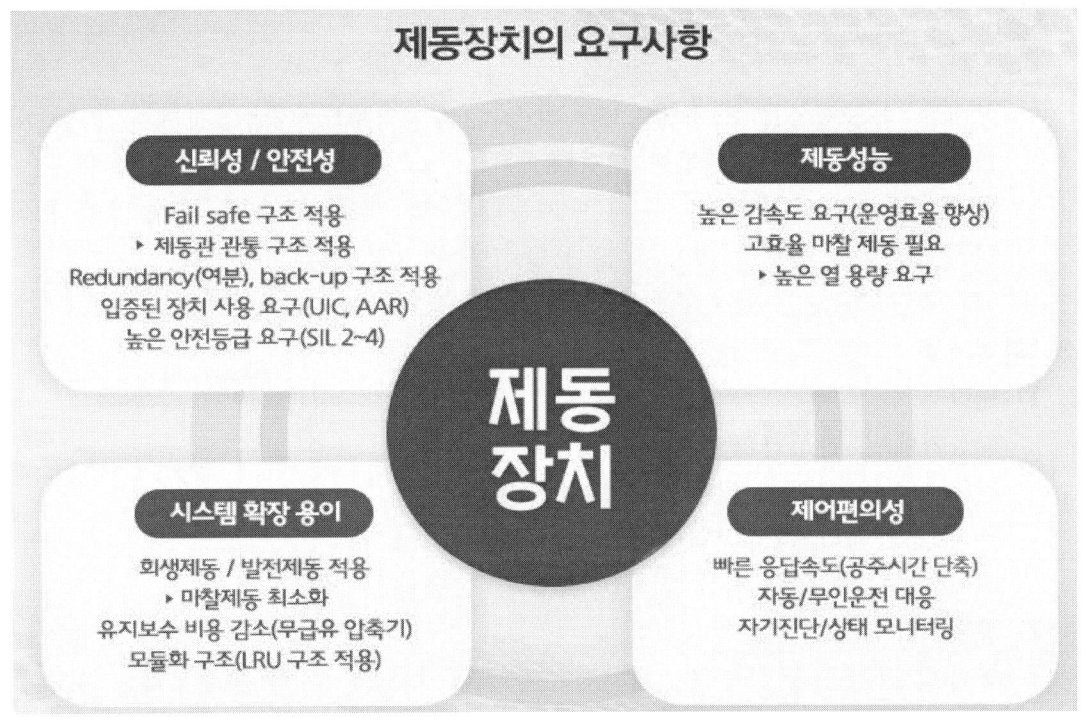

2. 제동장치의 종류
   1) 제동장치는 제동방식에 따라 크게 마찰제동과 비 마찰제동으로 구분된다. 마찰제동은 스프링력, 공압, 유압, 자기력 등을 마찰시켜 열에너지로 변환하는 제동방식이며, 비 마찰제동은 회전력과 자기력 등을 열에너지 그리고 가선으로 회귀(회생제동)시키는 등의 제동방식이다.
   2) 현재 국내외의 모든 철도차량은 제동장치로 마찰제동(공기제동, 전공제동)과 비 마찰제동(회생제동)을 함께 사용하고 있다.
   3) 여기서 철도차량의 제동은 고속영역에서 비 마찰제동을 사용하고 저속영역

철도차량용 제동장치의 종류

마찰제동	수용제동	인력 ▶ 마찰력 ▶ 열
	진공제동	스프링력 ▶ 마찰력 ▶ 열
	공기제동	공압 ▶ 마찰력 ▶ 열
	전공제동	전기신호 ▶ 공압 ▶ 마찰력 ▶ 열
	유압제동	유압 ▶ 마찰력 ▶ 열
	자기제동	전력 ▶ 자기력 ▶ 마찰력 ▶ 열
비 마찰제동	발전제동	회전력 ▶ 전력 ▶ 열
	회생제동	회전력 ▶ 전력 ▶ 가선공급
	와류제동	전력 ▶ 자기력 ▶ 열

에서는 마찰제동을 사용했는데, 최근 고속영역부터 저속영역까지 모두 비마찰제동을 사용할 수 있게 되었다.

4) 자연스럽게 마찰제동에 사용되는 제동패드 및 제동디스크 등의 수명이 늘어나 운영 및 유지보수 비용이 많이 줄어들 것으로 기대된다.

3. 회생제동

1) 원리

전동기에서 발생하는 역기전력을 전동기 단자전압보다 높게하여 발전기로서 동작시켜 회전부의 운동에너지가 전력에너지로 바뀌게 되어 전원측으로 이 에너지를 되돌려 보내는 방법임

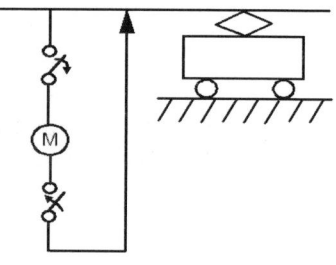

2) 방법

전기자 전압을 급감 또는 계자전류를 급히 상승시킬 때 중력부하를 하강시키는 경우 속도가 빠를 때, 전동기에서 발생하는 유기기전력이 전원전압보다 높아지면 회생제동을 함.

3) 특징
 - 제동시 손실이 가장 적고
 - 효율이 높은 제동법임.

4) 용도
 - 권상기, 엘리베이터, 기중 등으로 물건을 내릴 때
 - 전차가 언덕을 내려갈 때 과속 방지등

4. 경제적 운전 방법
   1) 가속도를 크게 한다.
      - 가속이 크면 빠른 전류 차단 가능
      - 전동기과부하, 변전소 및 급전선 첨두부하 발생
   2) 감속도를 크게 한다.
      - 제동력이 크면 빠른 전류 차단 가능
      - 전동기 과부하는 없지만 브레이크의 제동능력과 점착계수가 문제
   3) 표정속도를 작게 한다.
      - 동일한 거리를 장시간 운전
      - 정차시간을 줄이고, 정차장 간의 거리를 늘림
      - 짧은 가속시간, 빠른 전류 차단

희망은
밝고 환한 양초 불빛처럼
우리 인생의 행로를 장식하고 용기를 준다.
밤의 어둠이 짙을수록
그 빛은 더욱 밝다.

- 올리버 골드스미스 -

Chapter 5

제118회 전기응용기술사 문제지(2019.05)

국가기술 자격검정 시험문제

기술사 제 118 회   제 1 교시 (시험시간: 100분)

분야	전 기	자격종목	전기응용기술사	수험번호		성명	

※ 다음 문제 중 10문제를 선택하여 설명하시오. (각10점)

1. 직류전동기의 구조와 동작원리에 대하여 설명하시오.

2. 변압기 및 케이블의 단절연에 대하여 설명하시오.

3. 자가용 수변전설비에서 부하개폐기(LBS : Load Breaker Switch)의 적용 시 고려사항에 대하여 설명하시오.

4. 연료전지시스템의 구성요소에 대하여 설명하시오.

5. 유도전동기의 비례추이에 대하여 설명하시오.

6. 한류형 전력퓨즈(Power Fuse)의 성능을 규정하는 3가지 특성에 대하여 설명하시오.

7. 전기감리원의 업무범위와 기술검토 의견서 작성사항에 대하여 설명하시오.

8. 조명설계 시에 고려하는 눈부심의 종류와 방지대책에 대하여 설명하시오.

9. 과전류 보호계전기(OCR : Over Current Relay)의 동작특성에 대하여 설명하시오.

10. 전기가열방식 중에서 레이저가열의 특징에 대하여 설명하시오.

11. 전기용접 중에서 플라즈마 플레임용접에 대하여 설명하시오.

12. 전기철도에서 열차자동정지장치(ATS : Automatic Train Stop), 열차자동제어장치(ATC : Automatic Train Control)에 대하여 설명하시오.

13. 완전확산성 광원인 평판광원과 구면광원의 배광곡선에 대하여 설명하시오.

국가기술 자격검정 시험문제

기술사 제 118 회   제 2 교시 (시험시간: 100분)

분야	전 기	자격종목	전기응용기술사	수험번호		성명	

※ 다음 문제 중 4문제를 선택하여 설명하시오. (각25점)

1. 3상 유도전동기의 제동방법에 대하여 설명하시오.

2. 고조파가 변압기에 미치는 영향 및 저감대책에 대하여 설명하시오.

3. 터널조명 설계 시 고려할 사항 중 터널입구에서 발생하는 블랙홀 효과 및 블랙프레임 효과에 대하여 설명하시오.

4. 태양광발전시스템의 어레이(Array) 지지방식 중에서, 고정형 어레이방식, 가변식 어레이방식, 단방향추적식 어레이방식, 양방향추적식 어레이방식에 대하여 설명하시오.

5. 저압 서지보호기(SPD : Surge Protector Device)의 기본요건 및 전원장해에 대한 SPD의 효과에 대하여 설명하시오.

6. 전기철도에서 전식(Electrolytic Corrosion)의 발생원인과 매설 금속체측에서의 방지 대책에 대하여 설명하시오.

국가기술 자격검정 시험문제

기술사 제 118 회 제 3 교시 (시험시간: 100분)

분야	전기	자격종목	전기응용기술사	수험번호		성명	

※ 다음 문제 중 4문제를 선택하여 설명하시오. (각25점)

1. 변압기의 규약효율, 실측효율, 전일효율 및 최대효율에 대하여 설명하시오.

2. 차단기의 정격 선정 시 고려사항에 대하여 설명하시오.

3. 전기철도에서 사용되는 SCADA(Supervisory Control and Data Acquisition)시스템의 주요기능에 대하여 설명하시오.

4. 첨단 건축물에서의 전자기 적합성(EMC : Electromagnetic Compatibility) 발생요인 및 대책에 대하여 설명하시오.

5. 무정전 전원공급장치(UPS : Uninterruptible Power Supply)의 기본 구성요소 및 동작 특성에 대하여 설명하시오.

6. 6.6[kV] 전력용 CV케이블의 구조에서 구성요소별 기능에 대하여 설명하시오.

국가기술 자격검정 시험문제

기술사 제 118 회　　　　　　　　　제 4 교시 (시험시간: 100분)

| 분야 | 전 기 | 자격종목 | 전기응용기술사 | 수험번호 | | 성명 | |

※ 다음 문제 중 4문제를 선택하여 설명하시오.　(각25점)

1. 축전지의 용량산정 시 고려사항에 대하여 설명하시오.

2. 전력계통에서 플리커(Flicker)의 발생원인, 영향 및 저감대책에 대하여 설명하시오.

3. 콘서베이터(Conservator)방식 유입변압기에 대하여 설명하시오.

4. 표준전구 A와 측정전구 T가 있을 때, 시감(視感)측정에 의해 광도를 측정하는 방법에 대하여 설명하시오.

5. 태양전지의 전기적 특성과 변환효율에 영향을 미치는 요소에 대하여 설명하시오.

6. IoT(Internet of Thing) 기반 스마트 조명시스템에 대하여 설명하시오.

Chapter 5

제118회 전기응용기술사
문제풀이(2019.05)

1.1 직류전동기의 구조와 동작원리에 대하여 설명하시오.

1. 개요
1) 직류전동기는 속도제어를 비교적 간단하게 할 수 있고, 또한 기동 토크가 크므로 고도의 속도제어가 요구되는 장소나 기동 토크가 필요한 엘리베이터, 전차등에 많이 사용된다.
2) 그러나 전원이 직류이므로 교류를 직류로 바꾸는 장치가 필요하고 가격이 비교적 고가인 것이 단점이다.
3) 따라서 최근에는 VVVF를 이용하여 유도전동기의 기동과 속도제어가 비교적 쉽기 때문에 VVVF를 이용한 유도전동기의 사용이 많아지고 있다.

2. 구조와 동작원리
1) **구조**
   - 고정자측에 영구자석 또는 전자석
   - 회전자측에 도체, 정류자, 브러쉬로 구성
   - 회전자 도체에 직류 전압 인가

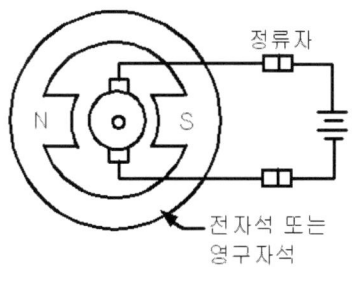

2) **동작원리**
   - 고정자측 자기장이 만드는 자기장속에
   - 전류가 흐르는 회전자 도체를 위치시키면
   - 플레밍의 왼손법칙에 의해 (중지:회전자전류 인지:자력, 엄지:운동(힘)) 회전하고
   - 전동기가 회전하면 플레밍의 오른손법칙에 의한 기전력이 발생하고 공급전압과 반대 방향이므로 역기전력이라 부른다.

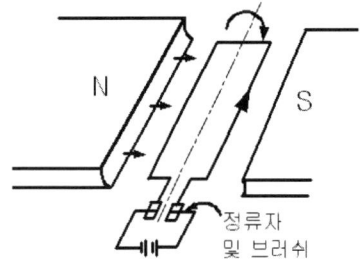

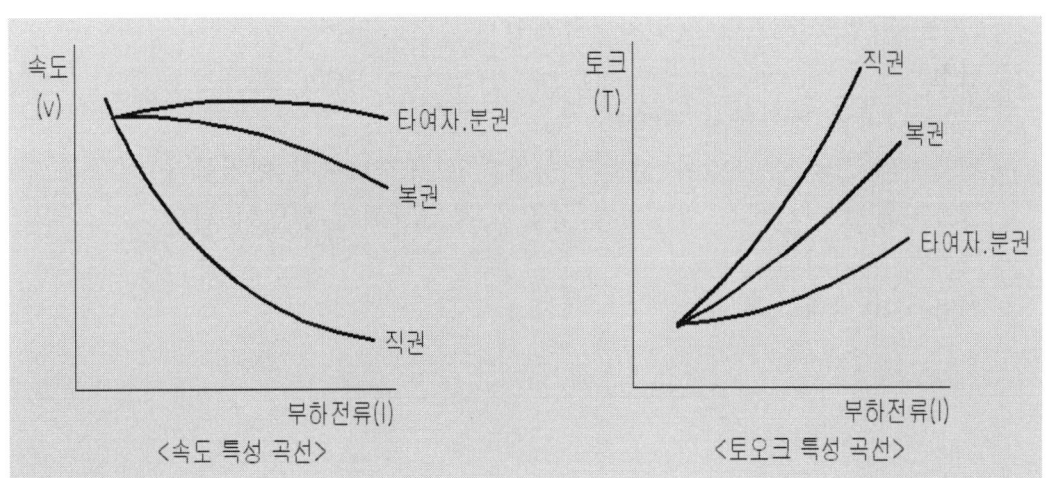

〈속도 특성 곡선〉   〈토오크 특성 곡선〉

3. 여자방식에 따른 종류와 특성

종류		구 조	특 성	속도제어	용 도
자여자	직권		- 기동 토크가 가장 크다 - 무부하운전시 속도가 현저히 상승	(전기자) 저항제어	전차 크레인
	분권		- 유도전동기와 특성이 비슷(거의 사용 않함) - 기동저항기로 토크 250%까지 제한	계자 (저항) 제어	공작기계 콘베이어
	복권		- 정속도특성 및 속도 변동율 큰것 - 최대 기동 토크 450%	〃	분쇄기 권상기 절단기
타여자			- 세밀하고 광범위한 속도 제어용	(전기자) 전압제어	대형 압연기 고급 승강기

4. 특징

1) 장점
   - 속도 제어가 간단 (고급 엘리베이터)
   - 기동 토오크가 크다. (전차, 크레인)

2) 단점
   - 교류->직류 변환장치 필요
   - 정류자와 브러시가 있어 구조가 복잡하고 유지보수가 번거롭다.
   - 정류자와 브러시에서 발생하는 불꽃이 통신장해의 원인이 된다.
   - 가격이 비싸다.
   - 사용율이 낮다.

1.2 변압기 및 케이블의 단 절연에 대하여 설명하시오.

1. 변압기 절연방식
  1) 전 절연
     비 유효 접지 계통(△결선)에서 BIL 값 전체로 절연
     (상전압과 선간전압이 같으므로)
     예. 154kV = 5E + 50 kV = 750 kV
         즉, 750 KV까지 절연한다.

  2) 저감 절연
     유효 접지 계통(Y결선)에서 1선 지락 사고시 전위상승(1.3E) 이하로 절연
     (상전압이 선간전압의 $\frac{1}{\sqrt{3}}$ 이므로)
     예. BIL = 750 kV
        - 1000 KV 이상 : -250
          1000 KV 이하 : -100
        - 1단 저감 : 650 kV

  3) 균등 절연
     비 유효 접지 계통에서 변압기 권선을 균등하게 절연

  4) 단 절연
     - 변압기를 저항접지, 소호리액터접지, 비 접지할 경우, 서지의 침입시 중성점도 선로단과 같은 충격을 받게 된다.
     - 그러나 중성점 직접접지의 경우 서지의 충격이 선로단이 크고 중성점 측에 갈수록 약해 지므로 절연강도를 선로단 측은 강하게 하고 중성점 측에 가까울수록 약하게 하여도 된다.
     - 따라서 변압기의 치수 및 중량을 5-15% 작게 할 수 있어 경제적인 설계가 된다.

2. 케이블 단절연
  1) 절연 층을 적당한 두께로 여러 층으로 나누어 내부도체에 가까울수록 유전률이 큰 절연물을 사용하는 것으로서 단 절연이라 하며
  2) 이에 따라 절연물의 최대전위경도를 합리적인 값으로 제한하여 절연내력을 크게 하고 절연물의 이용률을 높이기 위한 절연방법이다.
  3) 동심케이블 등 절연 층의 유전속 밀도는 내부도체에 가까울수록 커지므로 단일 절연물을 쓰면 도체에 인접한 점의 전위경도가 커져 전체로서의

절연내력이 저하한다.

3. 단절연 케이블
1) 절연 내량을 고르게 한 케이블.
2) 고압용 지하 케이블의 절연은 전체가 균질일지라도 더욱 충분한 절연 내력을 같게 하려면 매우 두꺼운 것으로 하지 않으면 안 된다.
3) 그러나 도체 가까이에 고유전율 물질을 쓰고, 바깥쪽에는 저유전율의 물질을 쓰면 절연 내력의 분포를 고르게 하고, 또 같은 고 절연 내력에 대하여 두께를 되도록 엷게 할 수 있다.

1.3 자가용 수변전설비에서 부하개폐기(LBS : Load Breaker Switch)의 적용 시 고려사항에 대하여 설명하시오.

1. 기능

인입 개폐기로 사용되며 부하전류를 개폐할 수 있으나 고장 전류까지 차단을 원할 때는 한류 휴즈 부착형을 사용해야 한다.
즉 PF 있는 것 : 부하전류의 개폐와 사고 전류 차단이 가능
  PF 없는 것 : 부하전류 개폐 가능하나 사고전류 차단 능력은 없음.

2) 정격

1) 정격전압 : 12, 24KV.
2) 정격 전류 : 630A
3) 정격 단시간 내전류 : 20kA
4) 정격 차단 전류 : 40KA/rms
 (한류형 Fuse 부착형)

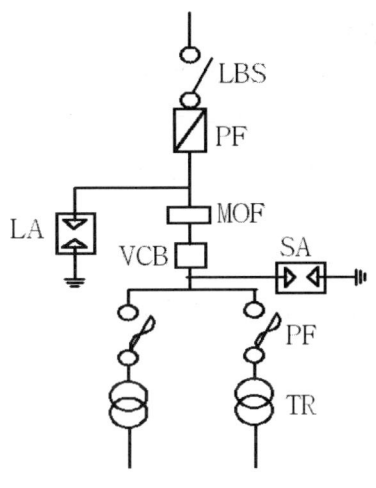

3. 특징

- 3상이 동시에 개로 되므로 결상의 우려가 없다.
- PF 부착형은 단락 전류를 한류퓨즈가 차단하므로 사고의 피해 범위를 줄일 수 있다.

4. 적용시 고려사항

- LBS정격은 사용 회로의 정격(전압, 전류, 단락전류등)보다 높아야 함.
- LBS는 MOF전단에 설치 하는것이 바람직하다.
- PF는 반드시 예비품을 준비하여야 한다.
- 수동식과 전동식이 있으며 전동식은 DC110V를 권장함.
- PF 있는 제품은 PF 용단시 결상이 되므로 3상을 동시 개방 할 수 있는 구조를 갖추어야 한다.

5. 시공시 고려사항

1) 설치는 유자격자 (전기공사기사, 전기공사산업기사)가 행한다.
2) 사양서와 같은 형식, 정격인가를 확인한다.
3) 고온 다습 분진 부식성가스 진동등 좋지 못한 환경에 설치하지 말 것.
4) 먼지 콘크리트 가루 철분등의 이물질이나 빗물등이 개폐기 내부에 들어가지 않도록 시공한다.

5) 개폐기는 수평한 면에 단단하게 취부하여 고정한다.
6) 투입상태에서 절대 설치하지 말 것.
   설치중 충격이나 설치자의 실수로 인해 개폐기가 개방될 경우 설치자가 상해를 입을 우려가 있다.
7) 절연애자에 충격을 주어 손상을 가하는 일이 없도록 주의한다.
8) 단자 BOLT는 표준 체결 Torque로 확실하게 체결한다.
9) 외관상의 손상, 파손, 구부러짐등이 없는가 또는 도전부, 접지부등의 볼트의 느슨해짐 탈락이 없는가를 점검한다.

6. 결론

- 과거에는 인입부에 Int SW를 많이 사용하였으나 최근에는 배전반을 사용하는 관계로 LBS를 많이 적용하고 있다.
- LBS는 어느 정도의 부하 개폐도 가능하며 개방시 DS처럼 개방을 눈으로 확인할 수 있는 장점이 있다.
- 또한 최근에는 가격도 저렴하여져서 일반적인 수용가의 정식 수전에는 대부분 LBS를 적용하고 있다.

1.4 연료전지시스템의 구성요소에 대하여 설명하시오.

1. 개요
1) 연료전지는 연료(수소)와 공기(산소)를 직접 전기화학 반응시켜 전기를 생산 하는 차세대 청정 발전시스템으로
2) IT · 휴대용(수W~수십W급), 가정 · 산업용(수kW~수십kW급), 수송용(수십kW급), 발전용(수백kW~수MW급)으로 구분된다.
3) 연료전지는 제1세대 PAFC(1988~1992년), 제2세대 MCFC (1996~2001년), 제3세대 SOFC(연구개발 중)로 불리우고 있다.
4) SOFC의 경우 전지효율 측면에서 600~1000℃의 고온에서 작동하기 때문에 타 연료전지보다 전기효율이 50~60%(복합발전시 70%)로서 가장 높고, CO_2, NO_x, SO_x 및 소음이 거의 없는 친환경 미래 발전시스템임.

2. 연료 전지
1) 구성 요소

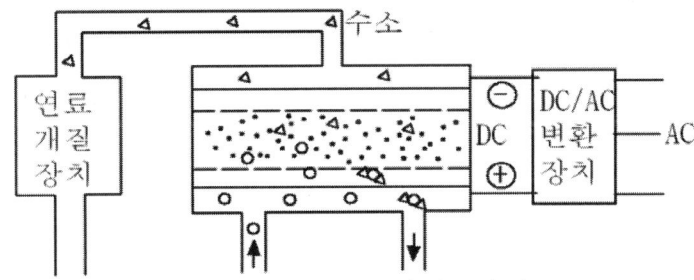

위의 그림에서 산이나 알칼리성의 전해액을 사이에 둔 두장의 전극에 각각 수소와 산소를 공급하는 장치로 되어 있다.

(1) **연료 개질 장치**
  수소를 함유한 일반 연료(LPG, LNG, 메탄, 석탄가스 메탄올 등)로 부터 연료 전지가 요구하는 수소를 제조하는 장치.

(2) **연료 전지 본체**
  연료 개질 장치에서 들어오는 수소와 공기 중의 산소로 직류 전기와 물 및 부산물인 열을 발생

(3) **전력 변환 장치**
  연료 전지에서 나오는 직류를 교류로 변환

(4) **부속장치**
  플랜트의 효율을 높이기 위해서는 연료 전지 반응에서 생기는 반응열과 연료 개질 과정에서 나오는 폐열 등을 이용하는 장치가 부수적으로 필요하다.

2) 연료 전지의 특징
   (1) 고 효율 (60 ~ 65%)
   연료의 연소과정과 열에너지를 기계적에너지로 변환시키는 과정이 없어 기존에너지원보다 효율이 10 - 20 % 정도 높아진다.
   (2) 저공해
   연료로써 화석연료를 사용하므로 개질기에 의한 조작이 반드시 필요하다. 이 경우 탈황, 분진제거를 충분히 할 수 있어서 SOx와 분진의 방출은 거의 없다.
   또, 종합 효율이 높기 때문에 이산화탄소(CO_2)의 발생도 적게 된다.
   (3) 열의 유효 이용
   - 반응의 과정에서 발생하는 열을 유효하게 이용하는 것이 가능하고,
   - 전기와 열을 동시에 발생하는 코제네레이션 시스템에 최적입니다.
   - 투입한 도시 가스의 에너지의 약 40%가 전기로, 약 40%가 온수나 증기로 되고, 종합적으로는 약 80%가 유효하게 이용할 수 있는 에너지 절약성이 뛰어난 장치이다.
   (4) 연료의 다양성
   - 신뢰도가 중요시 되는 특수목적용으로 순수소가 사용되나
   - 일반전력 공급용으로는 비교적 가격이 저렴한 탄화수소계열의 연료가 모두 사용이 가능하다.
   (5) 부지선정의 용이성
   - 연료전지를 이용해 발전을 할 경우 공해요인이 없으므로
   - 도심지 속에서의 건설이 가능하고,
   - 다른 발전방식에 비해 소요면적이 적으며
   - 지속적인 냉각수 공급이 불필요하기 때문에 발전소용 부지의 선정이 용이하다.
   (6) 저소음, 저진동
   기계적 구동부분이 없고, 가스공급기 등에 약간의 소음, 진동 등이 있을 뿐이므로 기계식의 발전기와는 비교도 안될 정도로 적다.
   (7) 단점
   - 부하변동에 따르는 반응속도가 느려서 차량 냉각시 출발과 급가속 성능이 떨어지는 것이다.
   - 시스템 가격이 약 $200/kw으로 엔진시스템($30/kw)에 비해 크게 높아 실용화에 중요한 장애요인으로 작용하고 있다.

1.5 유도전동기의 비례추이에 대하여 설명하시오.

1. 권선형 유도 전동기 원리

회전자 철심에 3상 권선을 감아 2차 권선으로 삼고 슬립링과 브러시를 통하여 2차 전류를 외부로 인출할 수 있도록 한 전동기로서 2차 저항기를 조정하여 토오크와 속도를 제어할 수 있다.

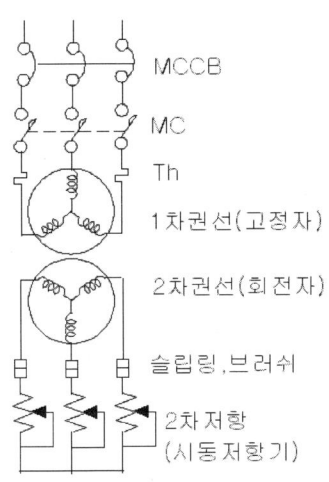
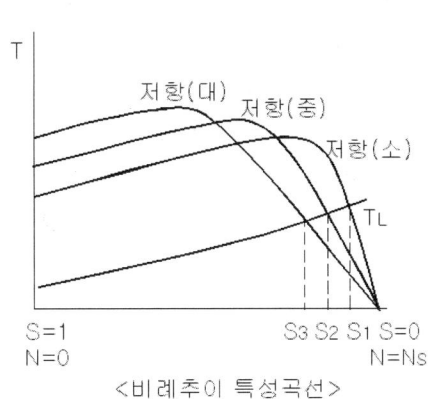

<비례추이 특성곡선>

2. 권선형 유도 전동기 비례추이 : 2차 저항과 Slip이 비례
 - 권선형 유도 전동기는 회전자 권선(2차권선)의 저항 r, 토크 T로 운전하고 그때의 slip이 S라고 하면 2차 권선저항을 K배하여 K r이 되었을 때 토크 T에 대하여 슬립이 K s 가 된다.
 - 이 모양을 나타낸 것이 그림과 같으며 이 특성을 비례추이(Proportional Shifting)라고 하고 이것이 권선형 유도전동기의 큰 특성이다.

$$\cdot \frac{R_1}{S_1} = \frac{R_2}{S_2} = \frac{R_n}{S_n}$$

3. 권선형 유도 전동기 특징
 1) 장점
  - 2차 저항으로 속도와 토오크를 조정할 수 있음.
 2) 단점
  - 운전시 손실이 크고 효율이 나쁘다.
  - 슬립링과 브러시의 유지 관리가 힘들다.
 3) 용도
  펌프, 블로워, 크레인, 압축기, 압연기, 공작기계 등

4. 기동 방법
   1) 2차 저항 시동법 (15KW 중용량 이상 규모에 적당함)
      - 2차 저항의 크기로 시동 토오크를 크게함과 동시에 시동 전류를 제한
      - 저항치 최대 위치에서 시동하여 속도가 상승함에 따라 저항을 줄여 최후에는 저항을 단락하여 운전 상태로 들어감.
      - 기동 전류는 정격전류의 100~150%
   2) 2차 임피던스 기동법
      - 기동시 2차 주파수는 1차 주파수와 같고 이때 $\omega L \gg R$로 대부분 전류는 R로 흐른다.
      - 속도가 상승하면 2차 주파수는 0 에 가까워져 $\omega L \ll R$로서 대부분 전류는 L 쪽으로 흘러 손실을 줄인다.

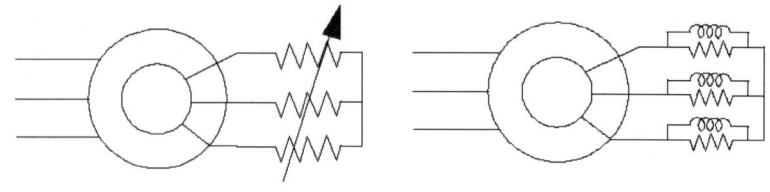

< 2차 저항 기동법 >   < 2차 임피던스 기동법 >

1.6 한류형 전력퓨즈(Power Fuse)의 성능을 규정하는 3가지 특성에 대하여 설명하시오.

1. 한류형 전력퓨즈(Power Fuse) 종류

No.	구 분	한 류 형	비 한 류 형
1	소호 재료	규소	붕산, 화이버
2	차 단 점	전압 "0"점	전류 "0"점
3	차단 원리	높은 아크 저항을 발생하여 차단	소호가스로 극간 절연내력을 재기 전압 이상으로 높여 차단
4	용 도	옥내용	옥외, 옥내용
5	장 점	1. 차단용량 크다(40kA) 2. 한류 효과 크다 3. 무 방출	1. 과전압 발생 없음 2. 저가
6	단 점	1. 과전압 발생 2. 고가	1. 차단용량 작다(20kA) 2. 용단시 가스 발생 3. 소음 발생

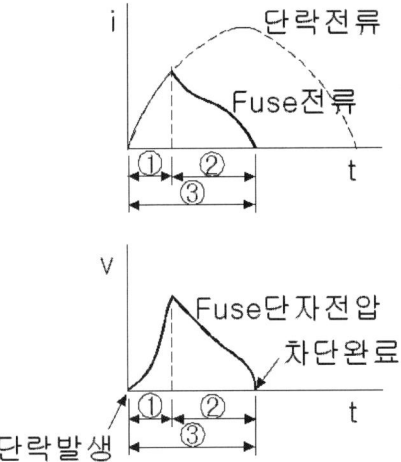

구 분	한류	비한류
① : 용단 시간	0.1Cy	0.1Cy
② : 아크 시간	0.4Cy	0.55Cy
③ : 전차단 시간	0.5Cy	0.65Cy

2. 한류형 전력퓨즈(Power Fuse)의 성능을 규정하는 3가지 특성
 1) 허용시간 전류특성
  퓨즈의 소자를 정해진 조건으로 사용했을 경우 노화시키는 일이 없이 그 퓨즈에 흐를 수 있는 전류와 시간 관계를 나타내는 특성
 2) 용단시간 전류특성
  전류가 흐르기 시작해서 퓨즈가 용단되기까지 전류와 시간과의 관계를 나타내는 특성

3) 동작시간 전류특성

정격 전압이 인가된 상태에서 퓨즈에 과전류가 흘러 소자가 용단, 발호하고 아크가 소호하기까지 시간과 전류를 나타내는 것

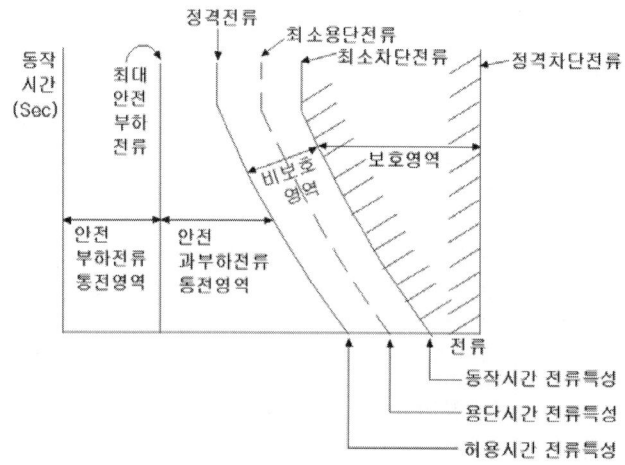

4) 기타 특성

(1) 한류 특성

퓨즈가 사고전류를 차단할 때 파고치에 이르기 전 한류 차단하는 특성

(2) I^2t 특성
- 퓨즈에 전류가 흐르고 있는 어느 일정기간 중 전류 순시치의 2승 적분치를 지시하는 것이며, 용단시간중의 것을 **용단 I^2t**, 차단 작동중의 것을 **작동 I^2t** 라 한다.
- 작동 I^2t는 콘덴서 보호 또는 개폐기나 차단기 후비보호로 퓨즈를 사용할 경우 열적 응력을 검토할 때 적용한다.

(3) 안전 통전 영역(a)
- 안전 부하 전류 통전 영역(a_1) : Fuse에 연속해서 통전되는 최대 안전 부하 전류 이하의 영역
- 안전 과부하 전류 통전 영역(a_2) : 최대 안전 부하 전류와 단시간 허용 곡선 사이의 영역

(4) **보호 영역 (b)** : 최소 차단 전류와 정격 차단 전류의 범위와 차단 곡선 우측 하단 곡선 사이의 영역

(5) **비 보호 영역 (c)** : 안전 통전 영역과 보호 영역 사이의 영역으로 P.F로는 보호가 불가하여 다른 차단장치(CB, MCCB, 저압 FUSE등)로 보호해야 함.

1.7 전기감리원의 업무범위와 기술검토 의견서 작성사항에 대하여 설명하시오.

1. 전기감리원의 업무범위
   1) 공사 착공 단계
      - 감리 업무 착수계 제출(감리원 연락처 등 기재)
      - 설계 도서 및 공사 계약서 인수 및 검토
      - 착공 신고서 검토 및 보고
      - 공사 안내판 설치 지시
      - 가설물(현장 사무실, 공사용 임시 전력 등) 검토 승인
      - 인허가 업무 지시 및 지도 감독

   2) 공사 시공 단계
      (1) 일반 행정 업무
         - 감리 문서 작성 비치(근무 상황부, 감리일지, 검사서류, 지시부등)
         - 발주자에게 수시 및 정기 보고
         - 공사 진행 상황 사진 촬영 및 보관
         - 기성 내역서 검토 및 기성 검사
      (2) 시공 관리
         - 시공 계획서 검토 및 승인
         - 시공 상세도 검토 및 승인
         - 작업 실적 및 시공 확인 (설계 도서와 일치여부)
         - 주요 기자재 검토 및 승인
         - 주요 기자재 입고 검사 및 승인
         - 매몰 부분 및 특수 공법 검토 및 시공 확인
      (3) 품질 관리
         - 품질 관리 계획서 검토 및 승인
         - 중점 관리 대상 선정 및 관리 방안 수립
         - 성능 시험 계획, 관리, 검사 및 시험 성과 검토
      (4) 공정 관리
         - 공정관리 계획서 검토 승인
         - 공사 진도 관리
         - 공사 지연시 지연 만회 대책 지시, 검토 확인
      5) 안전 관리
         - 안전 관리 계획서 검토 및 승인
         - 안전 관리 조직 편성 확인
         - 안전 관리에 관한 사항 지도

- 안전 점검 실시 여부 확인
- 안전 교육 실시 여부 확인
- 안전 관리 결과 보고 검토
- 사고시 사고 처리 지시 및 보고

3) 준공 단계
- 준공을 위한 시운전, 예비검사 실시
- 준공 검사 및 검사 조서 작성
- 준공도 작성 제출 확인
- 인계 인수 계획 수립 및 진행
- 하자 보수 분쟁시 의견 제시
- 준공후 감리 업무 인계, 인수
  (시방서, 준공도, 준공 사진첩, 준공 내역서, 시공도, 시험성적서, 기자재 구매서류, 공사 관련 기록부, 인허가 관련철, 시설물 인계 인수서, 준공 검사 조서 등)

2. 기술검토 의견서 작성사항

1) 감리원의 기술검토의견서 작성 사항
(1) 시공 중 발생되는 기술적 문제점
(2) 설계 변경 사항
(3) 공사 계획 및 공법 변경 문제
(4) 설계도면과 설계 설명서 상호 간의 차이, 모순 등의 문제점
(5) 공사 업자가 시공 중 당면하는 문제점
(6) 발주자가 해당 공사의 기술 검토를 요청한 사항
(7) 기술 검토는 반드시 기술 검토서를 작성·제출해야 하고 상세 기술 검토 내역 또는 관련 근거가 첨부되어야 한다.

2) 설계 도서 검토 시 고려 사항
(1) 현장 조건에 부합 여부
(2) 시공의 실제 가능 여부
(3) 다른 사업 또는 다른 공정과의 상호 부합 여부
(4) 설계도면, 설계 설명서, 기술 계산서, 산출 내역서 등에 대한 상호 일치 여부
(5) 설계 도서의 누락, 오류 등 불명확한 부분의 존재 여부
(6) 물량 내역서와 공사 업자가 제출한 산출 내역서의 수량 일치 여부
(7) 시공 상의 예상 문제점 및 대책 등

1.8 조명설계 시에 고려하는 눈부심의 종류와 방지대책에 대하여 설명하시오.

1. 눈부심(Glare)의 종류
   1) 감능 글래어
      보는 대상물 주위에 고 휘도 광원이
      있는 경우 망막 앞에 어떤 휘도를 갖는
      광막 커텐이 처지기 때문에 보는 대상물을
      식별하는 능력을 저하 시키는 현상.

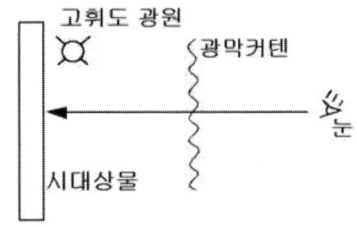

   2) 불쾌 글래어
      눈부심 때문에 심리적으로 불쾌한 분위기를 느끼는 것을 말한다.
      즉, 심한 휘도 차이로 눈의 피로, 불쾌감을 느껴서 시력에 장애를 받는 현상

   3) 직시 글래어
      휘도가 높은 광원을 직시 하였을 때 나타나는
      현상으로 눈부심을 일으키는 휘도의 한계는
      다음과 같다.
      - 항상 시야 내에 있는 광원 : 0.2 (Cd/㎠) 이하
      - 때때로 시야 내에 있는 광원 : 0.5 (Cd/㎠) 이하

   4) 반사 글래어
      고휘도 광원의 빛이 물질의 표면에서 반사하여 눈에
      들어왔을 때 일어나는 현상으로, 반사면이 평평하고
      광택이 있는 면의 경우 즉, 정반사율이 높은 면일수
      록 눈부심이 강하게 된다.

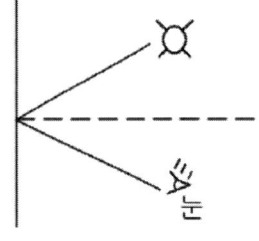

2. 눈부심 방지 대책
   1) 광원에 의한 대책
      휘도가 낮은 광원 선택

   2) 조명 기구에 의한 대책
      (1) 보호각 조절
         직사광이 광원으로부터 나오는 범위, 즉 보호각의 대소를 조정하여 직사
         광을 차단하여 휘도를 줄인다.
      (2) 아크릴 글러브 또는 아크릴 커버
         우유빛 글러브 또는 아크릴 커버(PLATE)를 조명기구 하단에 부착하여 휘
         도를 낮추는 방법으로 눈부심은 적어지지만 조명율이 저하되는 단점이
         있다.

(3) 루버 설치

파라보릭 루버등을 조명기구 하단에 부착하여 휘도를 낮추는 방법으로 보호각에 따라 루버 간격을 결정하여야 한다.

아크릴 글러브나 아크릴 커버등에 비해 조명율이 낮아지지 않는 장점이 있어 최근의 사무실 조명은 거의 이 방법을 채택하고 있다.

3) 조명 방식에 의한 대책

(1) Glare Zone을 피한다.

글래어는 시선에서 ± 30° 이내에서 발생하기 쉬우며 이 범위를 글래어존이라하고 등기구 높이를 조절하여 이 구간을 피한다.

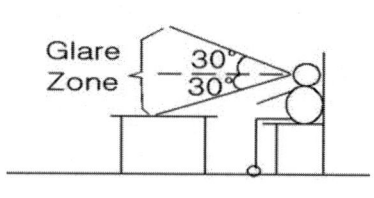

(2) 등기구의 배치를 고려한다.

형광등의 램프 방향과 시선 방향을 동일하게 하면 시선과 램프가 직각으로 배치시에 비해 눈부심을 훨씬 줄일 수 있다.

(3) 직접 조명을 피하고 간접 또는 반 간접 조명을 한다.

(4) 건축화 조명을 적용
 - 광천장 조명
 - 코오브 조명
 - 코오니스 조명
 - 코너 조명
 - 밸런스 조명등.

1.9 과전류 보호계전기(OCR : Over Current Relay)의 동작특성에 대하여 설명하시오.

1. 보호 계전기의 설치 목적
1) 계통의 사고에 대하여 보호 대상물을 보호하고 각종 기기의 손상을 최소화
2) 사고 구간을 신속히 선택 차단하여 사고의 파급을 최소화
3) 불필요한 정전을 방지하여 전력 계통의 안정도 향상

2. 보호계전기의 구비조건
1) 사고범위의 국한과 공급의 확보
2) 보호의 중첩과 협조
3) 후비보호 기능의 구비
4) 재폐로에 의한 계통 및 공급의 안정화

3. 기능별 분류
1) 전류 계전기 : 과전류 계전기(OCR)   지락 과전류 계전기(OCGR)
2) 전압 계전기 : 과전압 계전기(OVR)   부족 전압 계전기 (UVR)
3) 지락 계전기 : GR. OVGR. SGR. DGR
4) 차동 계전기 : 비율 차동 계전기 (RDR)
5) 전력 계전기 : 과전력(OPR), 역전력(RPR)
6) 기타 : 역상 계전기, 결상 계전기, 거리 계전기, 주파수 계전기, 온도 계전기, 압력 계전기 등

4. 과전류 보호계전기(OCR : Over Current Relay)의 동작특성
과전류 계전기는 변류기 2차측의 전류가 예정값(정정 전류치) 이상으로 되었을 때 동작하는 것으로 선로의 단락, 지락, 과부하용으로 사용된다.

< 과전류 계전기의 사용 예 >

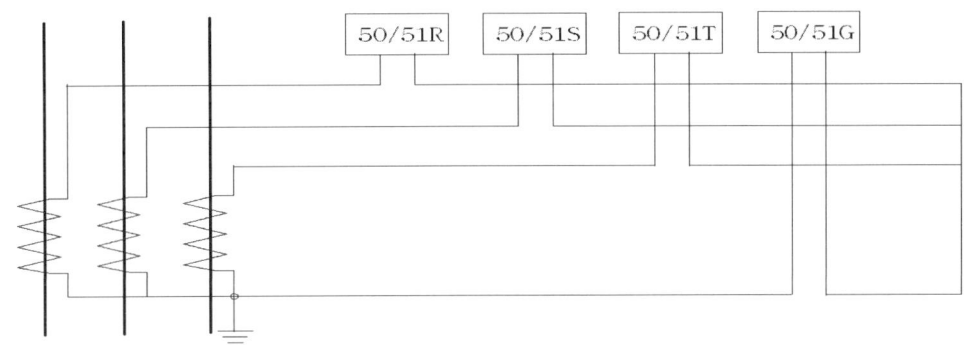

1) 순시(Instantaneous)특성
   - 동작 시간에 대해 특히 고려하지 않는 경우의 적용
   - 일반적으로 일정 입력(200%)에서 0.2초 이내로 동작하는 경우
2) 한시 특성

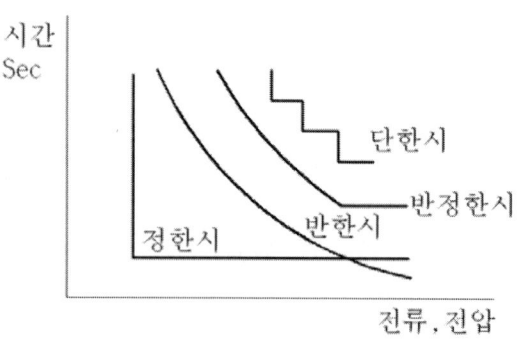

① 정한시 : 입력의 크기에 관계없이 정해진 시간에 동작하는 것
② 반한시 : 입력과 시간과 반비례하여 동작하는 것
③ 정반한시 : 입력이 커질수록 짧은 시간에 동작하나(반한시성) 입력이 어떤 범위를 넘으면 일정한 시간에 동작(정 한시성)
④ 단한시 : 동작 시간이 다른 정한시의 계전기를 조합해서 입력전류가 일정한 범위마다 정한시 특성을 갖게 한 것

1.10 전기가열방식 중에서 레이저가열의 특징에 대하여 설명하시오.

1. 개요
   1) 전기가열은 전기에너지를 열에너지로 변환하여 열로 사용하는것임.
   2) 발열 원리에 따라
      저항가열, 아크가열, 유도가열, 유전가열, 마이크로파 가열, 적외선가열,
      전자빔가열, 레이져가열, 초음파가열등이 있음
   3) 특징
      (1) 저공해 : 연료를 연소시키지 않으므로 공해가 적음
      (2) 고 효율임 : 직접 가열 방식이므로
      (3) 고온 발생 및 내부 가열 가능
      (4) 온도 제어가 용이함
      (5) 방사(복사)열 이용이 가능
      (6) 제품의 균일화 : 온도 분포가 균일하여 제품의 균일화가 가능함.

2. 레이저 가열

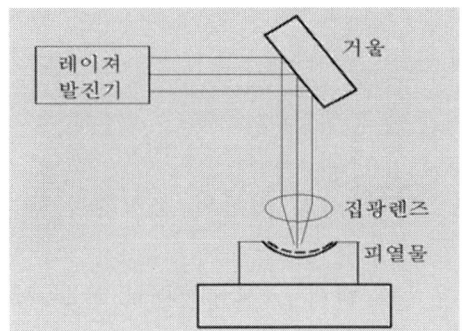

   1) 원리
      - 레이저 광선을 렌즈에 의해 아주 작은 면적에 조사하여 가열
   2) 특징
      - 미소한 면적을 국부적으로 가열 하는 것이 가능
      - 빔을 멀리까지 조사하여 원격 가공이 가능
      - 피열물이 도전성, 자성, 금속, 비금속에 관계 없음.
   3) 용도
      (1) 레이저 가공
         - 구멍 뚫기, 절단, 마킹
      (2) 레이저 용접
      (3) 표면 열처리 담금질 등

1.11 전기용접 중에서 플라즈마 플레임 용접에 대하여 설명하시오.

1. 용접의 분류 < 아.저.고.레 / 전.초.플로 / 가.서 >

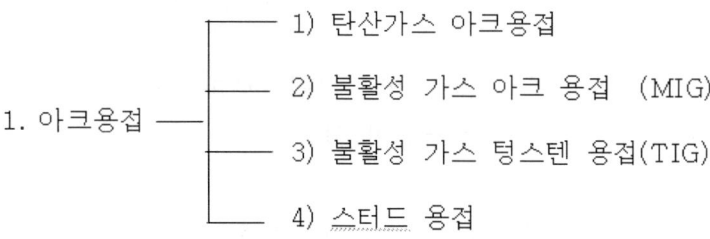

2. 저항 용접 ——— SPOT 용접
3. 고주파 용접
4. 레이저빔 용접
5. 전자빔 용접
6. 초음파 용접
7. 플라즈마 용접
8. 가스 용접
9. 서브머지드 아크용접

2. 플라즈마(Plasma)
   1) 플라즈마란 초고온에서 음전하를 가진 전자와 양전하를 띤 이온으로 분리된 기체 상태를 말한다.
   2) 이때 전하 분리도가 상당히 높으면서도 전체적으로 음과 양의 전하수가 같아서 중성을 띠게 된다.
   3) 일반적으로 물질의 상태는 고체·액체·기체 등 세가지로 나뉘진다.
      플라즈마는 흔히 '제4의 물질 상태'라고 부른다.
   5) 고체에 에너지를 가하면 액체·기체로 되고, 다시 이 기체 상태에 높은 에너지를 가하면 수만℃에서 기체는 전자와 원자핵으로 분리되어 플라즈마 상태가 되기 때문이다.
   6) 플라즈마를 만들려면 흔히 직류·초고주파·전자빔 등 전기적 방법을 가해 플라즈마를 생성한 다음, 자기장 등을 사용해 이런 상태를 유지하도록 해야 한다.
   7) 일상생활에서 플라즈마를 이용하려면 이처럼 인공적으로 만들어야 하지만, 우주 전체를 보면 플라즈마가 가장 흔한 상태라고 할 수 있다.
      우주 전체의 99%가 플라즈마 상태라고 추정된다.

3. 플라즈마 플레임 용접

1) 기체를 고온으로 가열하면 기체원자는 심한 운동을 하며, 마침내는 전자와 ion으로 분리된다.
2) 이 때 기체는 도전성을 띠며, 이와 같이 전자와 ion이 혼합되어 도전성을 띤 gas체를 plasma라 하며 이 플라즈마를 이용한다.
3) 수냉 구속(水冷 拘束) 노즐에 의해 아크를 긴축시켜 1만~2만K의 고온 플라즈마 흐름을 형성시켜 이것을 열원으로 이용하여 용접하는 방법이다.
4) 고온 플라즈마는 처음에 알루미늄·구리·스테인리스강 등의 강판절단에 이용되었는데, 그 뒤 용접에도 응용되기에 이르렀다.
5) 고온 플라즈마 발생방법에는 3가지 방식이 있으며, 플라즈마 분출을 위한 작동가스로는 보통 아르곤이 쓰인다.

   ① 플라즈마 제트방식(非 移行式이라고도 한다)
   - 전극과 노즐 사이에 발생시킨 플라즈마를 노즐에서 분출시킨다.
   - 비금속 재료의 용접 및 절단에 적용할 수 있다.

   ② 플라즈마 아크방식(이행식이라고도 한다)
   - 전극과 모재 사이에 플라즈마 아크를 형성한다.
   - 열효율이 높고 일반 금속재료 용접에 사용된다.

   ③ 중간식
   - 플라즈마 제트와 아크를 동시에 발생시킨다.
   - 안정된 작은 전류의 플라즈마 아크를 얻을 수 있으므로 얇은 판 용접에 적합하다.

1.12 전기철도에서 열차자동정지장치(ATS : Automatic Train Stop), 열차자동제어장치(ATC : Automatic Train Control)에 대하여 설명하시오.

1. 개요
1) 열차 간격 제어 시스템
   ① 궤도 회로 장치
   ② 폐색장치
   ③ 자동열차 정지장치(ATS)
   ④ 자동열차 제어장치(ATC)
   ⑤ 자동열차 운전장치(ATO)

2) ATS, ATC, ATO 비교

구 분	A T S	A T C	A T O
지상 신호 확인	필요	불필요	불필요
신호 건식 위치	제한	제한 없음	제한 없음
기상 영향	있다	없다	없다
제어 방식	점 제어	연속 제어	연속 제어
열차 보안	기관사의 Back-up	자동 감속 기능	자동 운전 기능
국내 적용 예	1 ~ 2 호선	3 ~ 8 호선	

2. 자동열차 정지장치(ATS . Automatic Train Stop)
1) 개념
   - 위험 구역에 열차가 진입하면 자동적으로 경보를 울려주고
   - 그 열차에 자동적으로 비상 제동이 걸리게 하는 장치

2) 방법
   - 점제어식이므로
   - 비상 브레이크가 일단 작동하면
   - 신호기의 현시가 허용쪽으로 변화되어도
   - 열차가 정지될 때까지 브레이크가 해제 안됨.

3) 구성
   - 지상자 제어 계전기, 차상자, 수신기, 경보 표시등, 경보기
   - 기타 : 복귀 스위치, 절체 스위치

4) ATS 설계의 기본 조건(기능)
   - 열차를 정지 신호 현시의 신호기 외방에 정지
   - 운전중인 열차의 Diagram에 지장을 주지 말 것
   - 정지 신호 현시 때 기관사가 제동을 하지 않을 경우 자동으로 제동
   - 지시(지정)된 속도 이상의 열차는 지시 신호 외방에서 속도제어

5) 특징
- 기관사가 신호기 확인이 용이
- 지상 신호기는 중복 신호 제어
- 지상자는 신호기와 동일 지점에 설치
- 정지 신호시 완전히 정지
- 지상자를 통과하면 다음 지상자 통과시까지 제한속도 기억
- 연속적으로 속도 조사 가능(지상자를 다수 설치하므로)
- 지상 설비가 간단하여 경제적이고 고장이 적다.

3. 자동열차 제어장치(ATC . Automatic Train Control)
   1) 개념
      - 속도 제한 구역에서 열차속도가 이상시 자동적으로 브레이크가 작동하여 열차 속도를 제어하는 장치
      - ATS를 더욱 발전시켜 운전 능율을 향상시킨 장치
   2) 방법
      - 열차의 현재속도와 그 구간의 허용 운전 속도를 지상으로부터 전송
      - 전방 열차와의 거리등을 항상 비교하여 열차의 속도를 지정속도 이하로 자동 제어
      - 감속 제어에 관하여 모두를 자동화 한 것
   3) ATC 구성
      (1) 지상설비 : ATC 송수신 장치, 전선로
      (2) 차상장치 : ATC 차상 수신기, 속도 발전기, 조사 회로, 표시기
   4) 종류
      (1) 궤도 회로 방식
         - 절연 궤도 회로 : 레일의 어떤 길이로 삽입하여 구분
         - 무절연 궤도   : 레일의 절연이 없음
      (2) 궤도 회로 비 이용 방식 : 루프식, 유도선 이용

4. 자동열차 운전장치 (ATO. Automatic Train Operation)
   1) 개념
      - 주어진 선로상에 열차가 일정한 속도로 자동 운전토록 하는 장치
      - ATC를 더욱 발전시켜 무인 운전이 될 수 있게 한 장치
   2) 방법
      - 열차의 가속, 감속, 정위치 정차등을 모든 운전을 자동화
   3) 종류
      - 지상 프로그램 방식 : 지상의 사람, 궤도회로에 운전선도를 프로그램에

기억시켜 집중 제어
- 중앙 제어 방식 : CTC 제어소에서 운전선도를 프로그램에 기억시켜 집중 제어

4) 기능
(1) 역간 자동 주행
ATC 신호의 제한 속도보다 3~5 (km/h)의 낮은 속도로 자동 운전
(2) 정위치 정차
역 진입시 ATO지상자와 통신하여 속도를 감속 자동정차
(3) 재 역행
본선 운전중에 속도 제한 구역을 제한속도로 통과 후 ATO장치에 의해 자동 재 역행함.
(4) Door 개폐
열차 정지시 지상에서 Zero속도와 정위치 정차 정보를 차상으로 보내어 Door의 자동 개폐
(5) 자동 안내 방송
출발 예고, 이번 역, 다음 역, 환승역등
(6) 기기 고장 기록
기기 고장시 열차의 운전 상태를 자동 기록하여 보관
(7) 진동 방지
정차중 진동방지를 위해 Brake를 지령
(8) 운전 Pattern 전송
지연, 회복 정상운전등을 열차에 전송하여 원활한 운전
(9) 무인 운전
승객의 심리를 고려하여 유인 운전, 상시 회차역에서는 무인 운전
(10) 자동 출발
자동문 닫침 정보와 Time 정보에 따른 자동 출발

1.13 완전확산성 광원인 평판광원과 구면광원의 배광곡선에 대하여 설명하시오.

1. 배광곡선
    광원 또는 조명 기구의 중심을 포함하는 어느 면내의 광도를 방향의 함수로서 나타낸 곡선.
    보통, 광원 등의 중심을 원점으로 하는 극좌표로 나타낸다.
    1) 수직 배광 곡선(vertical intensity distribution curve)
        광원 또는 조명 기구의 배광(광도 분포)을 그 중심을 지나는 연직면상에서 중심을 원점으로 하는 극좌표로 나타낸 곡선.

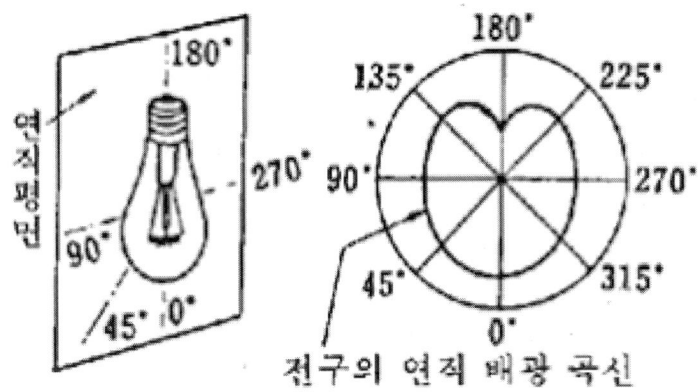

    2) 수평 배광 곡선 (Horizontal intensity distribution curve)
        - 광원의 중심을 통과하는 수평면 내의 광도분포를 나타내는 곡선.
        - 그림은 그 일례로서 광원이 발산하는 전광속 1,00lm에 대한 값을 기입한 것이다.
        - 보통 우리가 사용하는 것은 수평배광곡선이다.

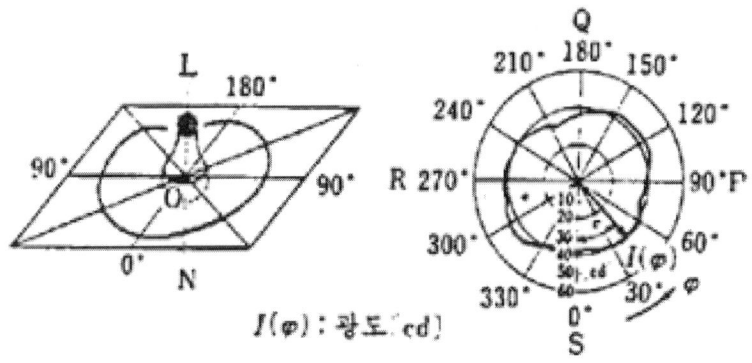

2.1 3상 유도전동기의 제동방법에 대하여 설명하시오.

1. 개요
1) 제동 종류
   - 정지제동 : 전동기의 운전을 정지하는 제동
   - 운전제동 : 전동기의 속도를 억제하는 제동
2) 제동방식
   - 기계적 제동법 : 마찰브레이크. 유압 브레이크, 공기압 브레이크
   - 전기적 제동법 : 발전제동, 회생제동, 역상제동, 직류제동, 단상제동

2. 제동방식
1) 기계적 제동법
   - 종류 : 마찰브레이크. 유압 브레이크, 공기압 브레이크
   - 장점 : 정전시에도 제동을 걸 수 있다.
            저속도 영역에서의 제동도 가능
            정지 후에도 제동력 유지 가능
   - 단점 : 브레이크 편의 마찰열에 주의해야 하고
            마모에 따른 정기적인 보수가 필요하다.

2) 전기적 제동법
   전기적인 제동은
   - 마모 부분이 없다
   - 감속에 따라 제동력이 약해질 수 있다.
   - 신속한 정지를 위해 기계적 제동과 변용할 필요가 있다.
   (1) 발전 제동(Dynamic 제동, 저항제동)

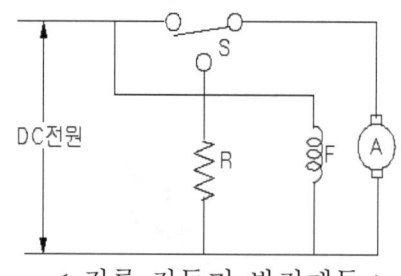
< 직류 전동기 발전제동 >

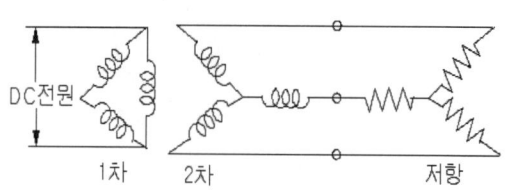
< 유도전동기 발전제동 >

① 직류 전동기 발전제동
   - 전기자 권선만 전원에서 분리하여 발전제동용 저항기에 접속
   - 전기자가 전동기에서 발전기로 작동하여 그 출력을 저항에서 소비하여 제동을 함.

② 유도전동기 발전제동
- 1차측을 교류전원에서 분리하여 직류 전원에 접속하고
- 2차측은 발전제동용 저항에 접속하여 이 저항에서 전력을 흡수토록 함.

③ 발전제동 특징
- 접속하는 저항기 값에 의해서 제동토크와 속도가 변화하고
- 흡수한 에너지는 저항기 안에서 열로 소비되기 때문에 주의가 필요하며 저항제동이라고도 함.

(2) 회생제동
① 원리
전동기에서 발생하는 역기전력을 전동기 단자전압보다 높게하여 발전기로서 동작시켜 회전부의 운동에너지가 전력에너지로 바뀌게 되어 전원측으로 이 에너지를 되돌려 보내는 방법임

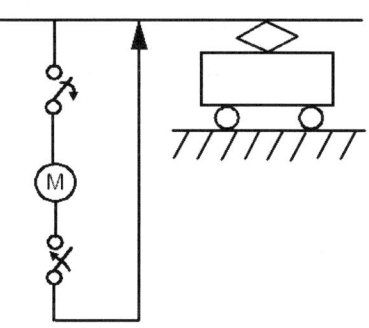

② 방법
- 전기자 전압을 급감 또는 계자전류를 급히 상승시킬 때
- 중력부하를 하강시키는 경우 속도가 빠를 때, 전동기에서 발생하는 유기기전력이 전원전압보다 높아지면 회생제동을 함.

③ 특징
- 제동시 손실이 가장 적고
- 효율이 높은 제동법임.

④ 용도
- 권상기, 엘리베이터, 기중등으로 물건을 내릴 때
- 전차가 언덕을 내려갈 때 과속 방지등

(3) 역상 제동 (Plugging)
- 유도 전동기 고정자 권선의 2상을 절환하여 회전 자계의 방향을 뒤집어 역방향의 토크를 주어 제동하는 방식임.
- 특징 : 제동 효과 우수
        역상 제동중 대전류 주의

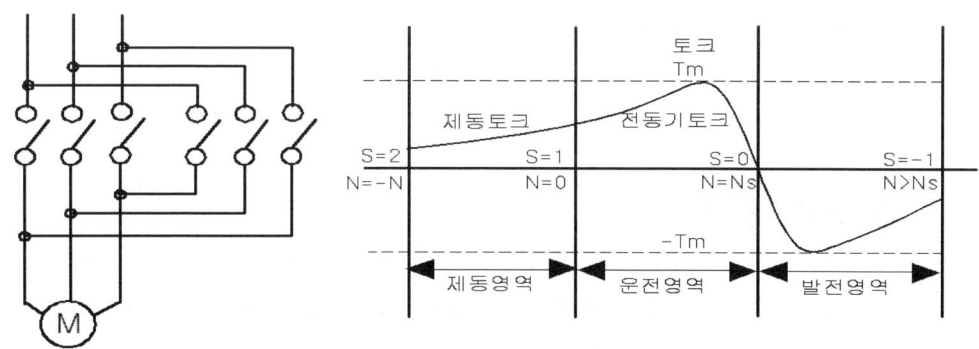

(4) 직류 제동법

공급중인 교류 전원을 차단하고 직류 전원을 공급하여 제동하는 방식임.

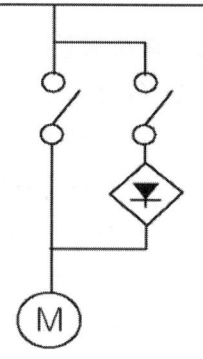

(5) 단상 제동법

- 2차 저항 R_2를 적당한 크기로 한 상태에서 고정자 권선을 3상에서 단상으로 전원을 공급 시키는 방법 (권선형에만 해당)
- 제동중 고정자 권선 전류는 25% 정도 흘러 과열되는 경우가 있으므로 중규모 이하에 주로 사용

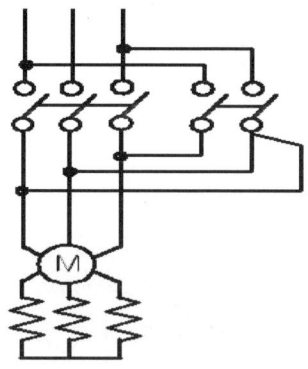

3. 결론

상기 제동 방식은 과거에 속도 제어가 어려웠을 때 사용 하였으나 최근에는 VVVF로 속도 제어 및 제동까지 해결하고 있음.

2.2 고조파가 변압기에 미치는 영향 및 저감대책에 대하여 설명하시오.

1. 개요
변압기에 고조파 전류가 흐르면 누설 자속이 고조파 영향을 받고, 이 누설 자속이 권선을 쇄교하면서 발생하는 권선의 와류손과 누설 자속이 외함과 철심을 쇄교하면서 발생하는 표류 부하손이 증가하여 변압기의 온도상승을 초래하므로 사용중인 변압기는 용량을 감소하여 운전하여야 한다.

2. 고조파가 변압기에 미치는 영향
1) 고조파 전류 중첩에 의한 변압기 손실 증가
   (1) 동손 증가
   $$P_c = K \cdot I_1^2 R (1 + CDF^2) \ (W)$$
   여기서 CDF : Current distortion factor -전류 왜형율
   고조파 전류에 의해 변압기의 동손이 증가하여 전력손실, 온도상승, 용량의 감소를 초래한다.

   (2) 철손증가
   - 히스테리시스손 $P_h = K_h \cdot f \cdot B_m^{1.6}$ (W/kg)
   - 와전류손 $P_e = K_e (f \cdot t \cdot B_m)^2$ (W/kg)
   여기서 K_h, K_e : 히스테리정수, 와전류정수
   　　　　f : 주파수,　　B_m : 자속 밀도,　　t : 철판두께
   철손 증가시 절연유 및 권선의 온도 상승 초래

2) 과열

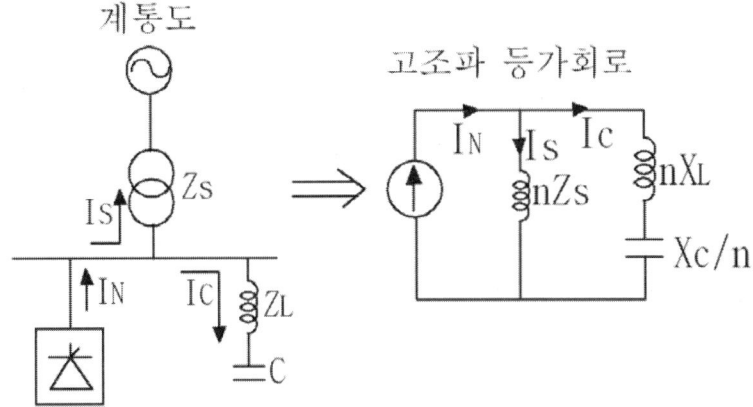

손실 증가로 권선의 온도 상승을 초래하여 변압기의 과열이 되며 심한 경우 소손의 원인이 된다.

3) 변압기 출력 감소
   (1) 단상 변압기 고조파 손실율
   $$THDF = \frac{\sqrt{2}\, Irms}{Ipeak} \times 100(\%)$$

   THDF : Trasformer Harmonics Derating Factor
   (변압기 고조파 손실율)

   예) Derating Factor (KVA) = Name Plate KVA * THDF
   Irms : 500A,
   Ipeak : 1000A 인 경우
   $$THDF = \frac{\sqrt{2}\, Irms}{Ipeak} \times 100 = \frac{\sqrt{2} \times 500}{1000} \times 100(\%) = 70.7(\%)$$
   즉, 변압기 용량이 70.7%로 감소 함.

   (2) 3상 변압기 고조파 손실율
   $$THDF = \sqrt{\frac{1 + Pe(pu)}{1 + Kf \times Pe(pu)}} \times 100(\%)$$
   여기서 Pe(pu) : 와전류손율
   　　　Kf : K- Factor
   K- Factor : 비선형 부하들에 의한 고조파의 영향에 대해 변압기가
   　　　　　　과열현상 없이 공급할 수 있는 능력

   예) MOLD TR에서 K-FACTOR가 13, 와류손 14%인 경우
   (3상 비선형 부하)
   $$THDF = \sqrt{\frac{1 + 0.14}{1 + (13 \times 0.14)}} \times 100(\%) = 64\ (\%)$$
   와류손 14% 발생하는 3상 비선형 부하가 있는 경우 TR용량의 64%만
   걸어야 안전하다.

4) 철심의 자화 현상으로 이상음 발생
   - 고조파가 변압기에 유입되면 소음 발생 및 이상음 발생
   - 10 ~ 20 dB 정도 높아짐

5) 무부하시 변압기 권선과 선로 정전용량 사이의 공진 현상
   - 병렬 공진에 의한 고조파 전압 파형 왜곡의 확대
   - 고조파 전류의 증폭
   - 병렬 공진은 반드시 피할 것

6) 절연 열화
   고조파 전압은 파고치를 증가시켜 절연 열화 원인이 된다.
   그러나 일반적으로 변압기는 고조파에 의한 과전압보다 더 높은
   고 전압 레벨로 절연되어 크게 문제가 되지는 않는다.

3) 고조파 저감 대책
 (1) 발생원에서의 대책
  - 변환 장치의 다 펄스화
    변환장치의 펄스수를 늘릴수록 고조파 전류는 현저히 감소한다.
    예) 6펄스 -> 12펄스 : 약 70% 고조파 전류 감소
  - 능동 필터 (Active Filter)
    전원측에서 유출되는 고조파 전류와 반대 위상의 고조파 전류를 발생시켜
    상쇄시킴.

 (2) 부하측에서의 대책
  - 수동 필터 (Passive Filter)
    부하단 근처에 필터를 접속하여 고조파 전류를 그 회로에 흡수.
  - 기기의 고조파 내량 증가 : 고조파 전류, 고조파 전압의 왜곡에 견딜 수
    있도록 고조파 내량을 증가 시킨다.
  - 외장 도체의 접지를 철저히 하여 좋은 차폐 효과를 얻을 수 있도록 한다.

 (3) 계통측에서의 대책
  - 병렬 공진을 일으키지 않도록 계통을 구성 (유도성이 되도록)
  - 발전기의 Hunting 현상을 방지 할 수 있는 용량 선정
  - 변압기 : 고조차 분을 고려한 변압기 용량 선정
            변압방식을 TWO-STEP방식 채택
            제3고조파를 흡수할 수 있도록 변압기 △결선
            고조파 부하용 변압기와 배전선을 일반 부하용과 분리
  - 전원 단락 용량의 증대 : 부하의 고조파 발생량은 전원 단락 용량을
    크게 하면 역비례하여 작아진다.
  - 간선의 굵기 : 정상 전류분외에 고조파 전류를 계산하여 충분한
    굵기 선정

2.3 터널조명 설계 시 고려할 사항 중 터널 입구에서 발생하는 블랙홀 효과 및 블랙프레임 효과에 대하여 설명하시오.

1. 개요
1) 터널 운전시 주간에 입구에서는 블랙 홀(Black Hall) 효과가 나타나 운전자들에게 위험이 발생하며, 출구에서는 화이트 홀(White Hall)현상이 나타나 위험이 되고 있다.
2) 이를 방지하기 위해서는 입구부와 출구부의 휘도를 기준치 이상으로 유지하여야 한다.

< 블랙 홀 >

< 화이트 홀 >

2. 터널 조명 계획시 유의사항
1) 입구 부근의 시야 상황
  터널에 근접하고 있는 자동차 운전자의 기준점에서 20° 시야내의 천공, 인공 구조물, 입구 부근의 경사면등의 휘도와 시야내 차지하는 비율
2) 구조 조건
  터널 단면의 모양, 전체 길이, 터널내 노면, 벽면, 천장면의 표면상태 반사율 등
3) 교통 상황
  설계속도, 교통량, 통행방식, 대형차 혼입율등
4) 환기 상황
  배기 설비의 유무, 환기방식, 터널내 공기의 투과율등
5) 부대 시설
  교통 안전 표지, 도로 표지, 교통 신호기, 소화기, 긴급전화, 대피소등

3. 주간 조명 설계 기준
1) 입구부 조명

주간에 명순응에서 암순응으로 급격한 변화가 일어나므로 내부에서 조도완화를 위하여 경계부, 이행부로 나누어서 계획하고, 주야간 효율적인 유지관리를 위하여 단계별로 점멸 할 수 있도록 한다.

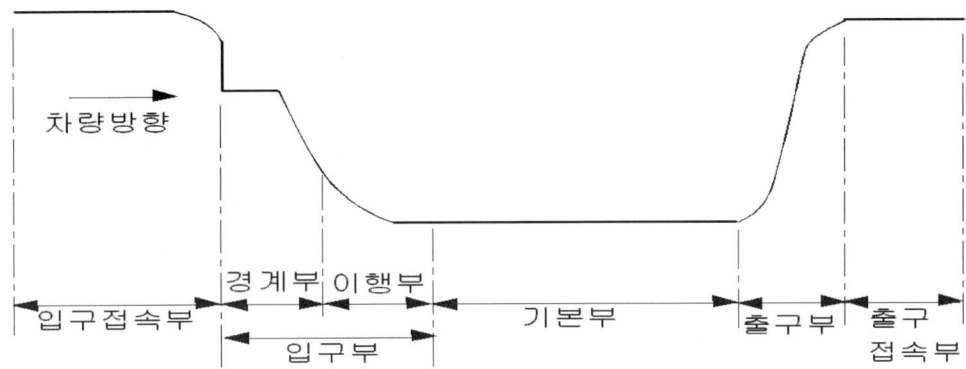

(1) 경계부 노면 휘도
- 터널의 설계속도에 의하여 결정한다.
- 경계부 길이는 정지거리 이상 이어야 한다.

설계 속도(km/h)	정지 거리(m)
60	60
80	100
100	160

- 조명 수준
  ① 경계부 처음부터 중간지점 : 경계부 입구 조도와 같아야 함.
  ② 중간 지점부터 경계부 종단 : 점차적, 선형적으로 감소하여 종단에는 처음부분의 40%까지(0.4 Lth) 감소하도록 한다.

< 경계부 평균 노면 휘도 [cd/m^2] >

설계속도 [km/h]	20° 원추형 시야내의 하늘의 비율	
	20% 초과	10%~20%
60	200	150
80	260	200
100	370	280

① 위 표는 터널의 입구가 남쪽인 경우이며, 북쪽 입구는 이보다 속도에 따라 50 ~ 100 [cd/m^2] 씩 높아짐.

② 위는 터널길이 200m 이상인 경우이며 터널길이가 짧아지면 계수를 곱하여 적게 설계 (예. 50m : 0%)
또한 교통량이 적은 경우도 계수를 곱하여 적게 설계할 수 있다.

(2) 이행부 노면 휘도
- 경계부로부터 곡선 형태로 감소시키고, 기본부와 접속시에는 기본부 휘도의 2배 이상 이어서는 안된다.

3) 출구부 조명
- 주간 휘도 : 정지 거리 이상의 구간에 걸쳐 점차 증가시킨다.
- 기본부 휘도에서 시작하여 출구 접속부 전방 20m 지점의 휘도가 기본부 휘도의 5배가 되도록 단계적으로 상승시킨다.

4. 블랙홀 효과 및 블랙프레임 효과 개선 대책

1) 밝기를 기준치 이상으로 유지
국도상 터널의 대부분이 2012년 이전에 건설돼 기존의 밝기 기준으로 운영되고 있었으나, 터널 조명기준이 개정돼 이에 미달하는 국도 터널의 전반적인 개선이 필요하게 됐다.
이에 정부에서는 기존 터널의 조명을 개선하기 위한 연구용역을 진행한 결과, 국도상 50%이상 터널이 개선이 필요한 것으로 판단됐다.

2) 조명등을 LED로 변경
기존 조명등은 개정된 밝기 기준에 충족하도록 전면 교체하되, 전기사용량 절감을 위해 조명 개선과정에서 발광다이오드(LED) 제품 등 에너지고효율 제품을 사용한다.

3) 측정 기준을 조도에서 휘도로 전환
- 아울러 터널조명 측정에 사용하는 기준도 노면에 도달하는 밝기(조도)에서 운전자가 차안에서 느끼는 밝기(휘도)로 전환되도록 추진할 예정이다.
- 그간 기준에 미달하는 터널조명으로 인해 운전자가 외부의 밝은 환경에 순응돼 있는 상태로 터널 내부로 빠르게 진입할 때 터널 내부가 일정 시간동안 암흑으로 보이게 되는 '블랙홀'이나, 시야가 터널 내부의 어두운 환경에 순응돼 있는 상태로 터널을 빠져나올 때 터널 외부를 배경으로 강한 눈부심이 동반되는 '화이트홀' 현상에 노출되는 경우가 있었다.
- 앞으로 휘도 측정값을 바탕으로 터널조명 개선이 이뤄지면 순간적으로 시야에 장애를 발생시키는 블랙홀, 화이트홀 현상도 대폭 줄어들 것으로 기대된다.

2.4 태양광발전시스템의 어레이(Array) 지지방식 중에서, 고정형 어레이방식, 가변식 어레이방식, 단방향추적식 어레이방식, 양방향추적식 어레이방식에 대하여 설명하시오.

1. 태양광 어레이
   1) 어레이란 태양전지가 모여 만들어진 하나의 판(모듈)을 여러 장 연결한 태양광 설비를 말한다.
   2) 설치되는 형태에 따라 고정형 어레이, 반고정형 어레이, 추적식 어레이 등으로 불리게 된다.

(a) 고정식 어레이-일반 PV   (b) 고정식 어레이-BIPV

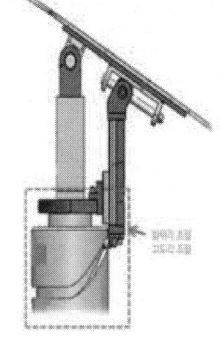

(c) 단방향 추적식 어레이   (d) 양방향 추적식 어레이   (e) 양방향 어레이 구조도

2. 고정형 어레이
   1) 고정형 어레이는 가장 흔하게 볼 수 있는 형태의 어레이이다.
   2) 구조 자체가 안정된다는 장점을 가지고 있으며, 값이 비교적 저렴하다는 특징이 있다.
   3) 또한 설치 환경에 큰 제약이 없어 설치 면적을 많이 확보하지 않아도 설치가 가능하며, 바람이 세차게 부는 환경에서도 튼튼히 버틸 수 있다.
   4) 발전효율은 다른 어레이의 형태보단 조금 낮을 수 있지만, 값이 저렴하여 투자 비용이 상대적으로 적으며, 관리하는데도 크게 까다롭지 않다.

3. 가변식 어레이
   1) 완전하게 고정되어 있지 않은 형태의 어레이를 뜻한다.
   2) 계절에 따라 어레이의 경사를 조절할 수 있어, 계절별 최대 경사면 일사량을 갖도록 하는 어레이라 할 수 있다.
   3) 가변식 어레이는 고정형 어레이와 추적식 어레이의 중간 형태이다.
   4) 태양광 발전시 가장 많이 쓰이는 고정형 어레이에 비해 평균 20% 정도 더 높은 발전량을 낼 수 있다는 점이 큰 장점이다.

4. 단방향 추적방식
   - 태양은 계절별로 위도가 다르고 하루 중 시간대별로 위치가 변하므로 추적식 어레이도 태양의 이동에 따라 방향을 상하, 좌우로 변할수 있어야 한다.
   - 단방향 추적방식은 어레이가 상하 또는 좌우 중에서 하나만 변화가 가능한 추적방식이다.
   - 따라서 단방향 추적방식은 상하 추적방식과 좌우 추적방식으로 구분되며 공정형과 비교하여 발전 효율이 높으나 양방향보다는 발전효율이 떨어진다.

5. 양방향 추적방식
   - 양방향 추적방식은 단방향 추적식과 다르게 상하, 좌우 양방향을 변화시킬수 있는 구조로 되어 있다.
   - 양방향 추적식은 어레이 종류 중에서 시설비가 가장 비싼 반면에 발전 효율이 고정식과 비교하여 발전량이 약 30% 이상 높다.
   - 그러나 이 방식은 바람이 강하게 부는 지역이나 태풍이 잦은 지역에서는 설치를 하지 않는 것이 바람직하며 대규모 발전사업장에서는 경제성과 유지 관리성 등을 충분히 고려하여 설치 여부를 결정하여야 한다.
   - 또한 자동으로 태양을 추적하는 시스템에서 추적시스템이 고장이 나게 되면 태양 전지 방향이 발전이 낮은 위치로 될 수 있고 고정부분을 수리하는 시간동안 발전을 못 할 수도 있다.

구 분	고정형 발전시스템	추적형 발전시스템
특 징	Flat plate System	Flat plate system 일반형 대비 약30~50%발전량 증가
태양추적장치 (2축 추적)	없 음	- 태양쎈서 및 프로그램 복합 방식 - 실시간 정확한 태양위치 추적 - 일출/일몰시 편차없이 완전추적
발전 시간	약 3.5~4시간/일	약 6.5 ~9시간/일
연간 발전량	약 126,000 kW	약 189,000 kW
비교 분석	추적형 발전시스템은 고정식 대비 연간 약 63,000 kW의 발전량 증가	

6. 기타 제어 방식
   1) 센서 제어방식
      - 센서제어 방식은 광센서를 사용하여 광센서로 최대 일사량을 추적하여 어레이의 방향이 항상 태양을 향하도록 제어하는 방식이다.
      - 이 방식은 태양이 구름에 의해 가려지거나 주변에 물체의 의해 그늘이 지는 경우에는 정확한 태양추적이 어렵게 되며 완전히 흐린 날에는 태양전지가 수평상태를 유지하도록 되어 있다.
   2) 프로그램 제어방식
      - 태양전지가 설치되는 지역에서 태양의 연중 이동경로를 추적하는 프로그램을 만들어 컴퓨터나 마이크로프로세서를 사용하여 태양의 위치를 추적하는 방식이다.
      - 설치 지역마다 프로그램이 조금씩 달라지며 대체적으로 안정된 추적이 가능하다.
   3) 혼합 제어방식
      이 방식은 센서 제어방식과 프로그램 제어방식을 혼합한 방식으로 두 가지 제어방식 상호간의 보완적인 방식이며 프로그램 제어방식이 중심이 되어 운영되고 설치 위치에 의한 편차를 센서를 이용하여 보정해 주는 방식이다.

2.5 저압 서지보호기(SPD : Surge Protector Device)의 기본요건 및 전원장해에 대한 SPD의 효과에 대하여 설명하시오.

1. SPD 기본요건
SPD의 기본요건은 생존(survival), 보호(protection) 그리고 적합성(compatibility)이다

1) 생존(survival)
   - SPD는 설계된 환경조건에서 잘 견디어야 한다.
     단 한번의 낙뢰 서지에 의해 파괴되면 곤란하다.
   - 생존시험은 매우 큰 서지전류로 확인한다.
   - 가끔 SPD는 설계레벨보다 낮은 수준에서 파괴되는 경우가 있다.
   - 이것은 설계나 규격 구조의 잘못 때문이다.

2) 보호protection)
   - SPD는 보호 대상기기가 파괴되지 않을 정도로 과도를 감소시켜야 한다.
   - 한번의 낙뢰로 보호 대상기기가 파괴되어서는 안 된다.
   - 보호성능 관련 유용한 판단 수단은 서지 제한전압이다.
   - 보호 대상기기는 손상한계 전압이 있다.

3) 적합성(compatibility)
   - SPD는 보호 대상시스템에 대하여 물리적 및 법률적 요구조건을 만족하여야 한다.
   - SPD가 시스템의 동작을 방해해서는 안 된다.
   - 통신라인의 저항이 너무 높으면 통신품질이 떨어지거나 두절된다.
   - 적합성은 고주파용 SPD에 특히 중요하다.

2. 전원장해에 대한 SPD의 효과
1) 전압 서지에 대한 응답
   - SPD의 서지응답은 3가지 특징이 있다.
   - 첫째 SPD는 서지전류를 전환시킨다.
     둘째 SPD는 아래 단계 기기로 건너가는 피크전압을 제한한다.
     셋째 서지 에너지 일부는 비선형 소자에서 열로 변환된다.

2) Swell에 대한 응답
   - Swell에 대한 SPD의 응답은 크기와 지속시간 및 장치의 보호특성에 의존한다.
   - 만약 swell 동안 전압 피크가 SPD의 동작전압을 초과하지 않으면 SPD는 영향을 받지 않는다.
     - Swell의 전압이 동작전압을 초과하는 경우 SPD는 swell을 억제하려고 한다

3) 순간 과전압(TOV)에 대한 응답
 - 순간 과전압에 대한 응답은 전압서지 또는 swell과 비슷하다.
 - 만약 전압이 SPD의 turn-on 전압을 초과하면 SPD는 자기능력을 다하여 과전압을 억제하려고 할 것이다.
 - SPD 관점에서 전압서지 및 swell보다 더 긴 순간 과전압은 대부분의 서지 및 swell 보다 더 파괴적인 에너지를 가지고 있을 수 있다.

4) Sag에 대한 응답
 - 병렬 연결 SPD는 만약 이들이 단지 비선형소자만 포함하고 있다면 저전압 조건에 응답하지 않을 것이다.
 - 더욱 복잡한 직렬 연결 SPD는 병렬 및 직렬 비선형 소자를 사용하고 있다.
 - 직렬 연결 SPD가 일정 전력 부하를 보호하기 위하여 사용된 경우 SPD는 영향을 받을 수 있다.
 - 전압이 감소하면 전류는 증가하여야 한다.
 - 이 때 SPD를 흐르는 부하전류가 전류정격을 초과할 수 있기 때문이다.

5. 순간 저전압(TUV)에 대한 응답
 SPD의 저전압에 대한 응답은 sag에 대한 응답과 같다.

6) 노치(Notch)에 대한 응답
 - 비선형소자만 포함한 SPD는 교류전압 파형의 노치에 반응하지 않는다.
 - 일반적으로 SPD는 노치에 효과가 없다.

7) 고조파(harmonics)에 대한 응답
 - 일반적으로 고조파 문제를 발생시키는 요인은 고조파전류이다.
 - 직렬연결 SPD는 콘덴서를 포함하지 않아 고조파전류에 반응을 하지 않는다.
 - 고조파 전압의 크기가 보호소자의 한계 또는 동작개시전압을 초과하면 보호소자는 통전상태로 되고 전압을 억제하려고 한다.
 - 일부 조건에서 콘덴서가 포함된 SPD는 고조파에 의해 콘덴서가 파괴된다.
 - 만약 고조파가 콘덴서 회로에서 병렬공진 조건을 형성하면 드물지만 매우 큰 전류가 발생할 수 있다.

8) 잡음(noise)에 대한 응답
 - 잡음에 대한 응답은 SPD의 설계 및 잡음 펄스의 크기 및 지속시간에 의존한다.
 - 단순히 비선형소자만 사용한 SPD는 보호소자의 스위칭 또는 제한전압을 초과하지 않은 크기의 잡음에는 거의 응답하지 않는다.
 - 배리스터와 같이 자체 정전용량이 큰 소자는 잡음 펄스를 약간 감소시킬 수 있다.
  인용 : 조명설비학회지 2004.08월호(건축물에서의 SPD와 최신 기술)

2.6 전기철도에서 전식(Electrolytic Corrosion)의 발생원인과 매설 금속체측에서의 방지 대책에 대하여 설명하시오.

1. 부식의 종류
   1) 국부 전지 부식 (마이크로 셀 부식)
      금속 표면은 불순물, 산화물, 기타피막, 결정구조등에 의해 매우 불균일하여 전극 전위는 동일 금속이라도 부분적으로 전위차가 존재하여 국부전지가 형성되어 부식이 진행된다.
   2) 농담 전지 (濃淡 電池) 부식 (마이크로 셀 부식)
      동일 금속의 다른 부분에서 대지의 염류 농도나 용존 가스(O_2)량이 다른 경우 금속 표면에 양극 부분과 음극부분을 형성하고 양극 부분의 부식이 촉진된다.
   3) 세균 부식
      매설 금속체의 부식은 토양중에 있는 세균 때문에 현저히 촉진된다.
      그중 대표적인 유산염, 환원 박테리아이고 산소 농도 PH 6~8의 점토질에 가장 번식하기 쉽다.
   4) 이종 금속 접촉 부식(갈바닉 부식)
      이종 금속이 결합하여 부식되는 것으로 고전위 금속과 저전위 금속이 접촉할 경우, 전극전위가 낮은 금속이 양극화되어 양극부분이 부식한다.
      토양중에서 이 부식이 일어나는 사례로는 황동과 직결된 철판, 동제 접지체와 연결된 철 구조물 등이다.
   5) 전식(미주전류 부식)
      - 매설 금속체에 외부 전원의 누설 전류에 의해서 발생
      - 도시의 지하와 같이 여러 종류의 매설물이 혼합하여 있을 때 심함.
      - 전식에는 교류 전식과 직류 전식이 있으며, 직류 전식이 심함.
      - 자연부식은 금속표면이 전부 부식하는데 전식은 국부적으로 부식한다.

2. 부식 방지 대책
   1) 희생 양극법(유전 양극법)
      (1) 원리
         - 금속체에 상대적으로 전위가 낮은 금속을 도선에 의해 접속
         - 이종 금속간 이온화 경향을 이용
         - 금속체가 음극이 되고 접속시킨 금속이 양극이 됨.
         - 희생 양극 : 철보다 저전위인 Mg, Al, Zn 등을 이용

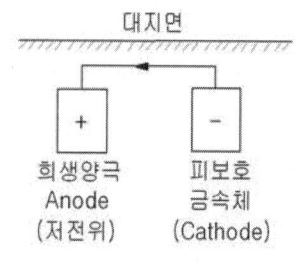

(2) 장점
- 별도의 전원이 불필요
- 설계, 설치가 매우 쉽다.
- 유지보수가 거의 불필요
- 주위 시설물 간섭이 적음
- 전류 분포가 거의 균일
- 다수로 분포된 배관 등에 적합

(3) 단점
- 방식 전류가 적은 경우만 사용 가능
- 토양 저항이 큰 경우와 수중에는 부 적합
- 유효 범위가 제한적

2) 외부 전원법(강제 전원법)

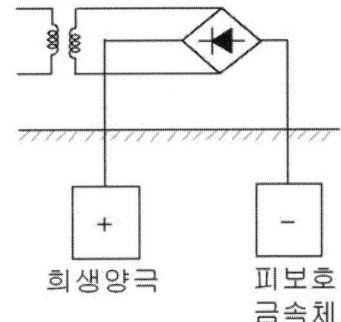

(1) 원리
- 금속체에 외부에서 전원을 연결
- 희생양극(Anode)은 부식이 심하므로 내구성이 강한 재질을 사용

(2) 장점
- 대용량의 방식 전류 가능
- 전압 전류 조정 가능
- 자동화 가능
- 토양의 저항 영향을 적게 받음
- 내 소모성 양극을 사용시 장 수명 가능

(3) 단점
- 설계, 설치 복잡
- 타시설물에 방식전류 간섭 우려
- 유지 관리 비용이 필요
- 과도한 방식이 될 수도 있음.

3) 배류 방식
   - 전철에서 누설전류를 대지에 유출시키지 않고 직접 레일에 되돌려 주는 방식임.
   - 종류 : 직접법, 선택 배류법, 강제 배류법

   (1) 직접 배류법

   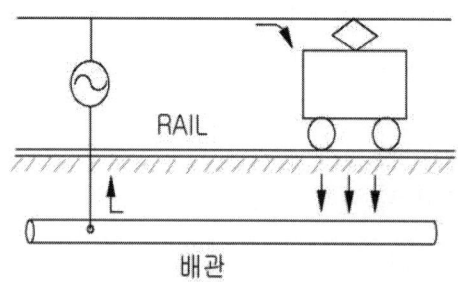

   - 그림과 같이 금속체와 레일을 도선으로 연결
   - 시설은 비교적 간단하나 효과가 적어 많이 사용 안함.

장 점	단 점
1. 별도의 전원을 공급하지 않으므로 시설비 유지비 저렴	1. 전철의 위치에 따라 효과에 차이날 수 있다. 2. 전철이 운행하지 않을 때는 효과가 없을 수 있다.

   (2) 선택 배류법
   변전소의 (-)극과 매설관 사이에 다이오드를 연결하여 누설전류 방향을 선택하여 부식 방지

   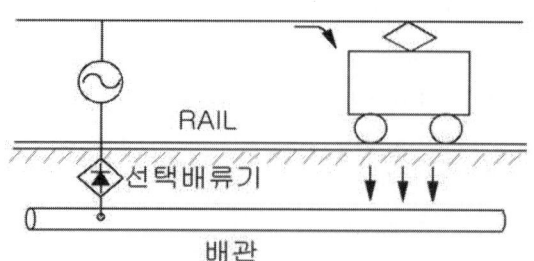

장 점	단 점
1. 전철의 전류를 이용하므로 유지비 저렴 2. 전철의 운행시에도 자연부식 방지	1. 전철의 위치에 따라 효과에 차이날 수 있다. 2. 전철이 운행하지 않을 때는 효과가 없을 수 있다.

(3) 강제 배류법
    레일에 직류를 강제적으로 전원 공급장치가 필요

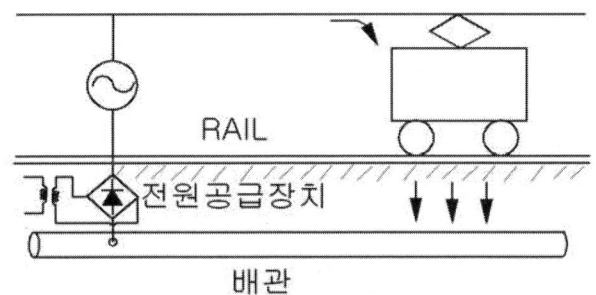

장 점	단 점
1. 효과 범위가 넓다. 2. 전압 전류 조정이 용이 3. 전철의 휴지기간에도 효과 있음	1. 전원을 필요로 하기 때문에 시설비, 유지비 고가 2. 타 설비에 대한 영향을 미칠 수 있음 3. 신호 장해를 일으킬 수 있음.

3. 전기 부식의 방지 대책
  1) 레일측 대책
    - 전식 방지용 귀선 설치
    - 귀선의 가공 배선 방식 채택
    - 궤도 전류의 저감
    - 레일의 저항 감소
    - 누설 저항을 증대
    - 변전소간 간격을 짧게

  2) 매설 금속측 대책
    - 이격 거리 증대
    - 금속 도체에 의한 차폐
    - 매설관 표면, 접속부를 피복절연 -> 절연저항 증대 -> 누설전류 감소
    - 레일과 금속관 간에 전기적 방식 설비 시설 등

3.1 변압기의 규약효율, 실측효율, 전일효율 및 최대효율에 대하여 설명하시오.

1. 변압기 효율

1) 규약효율 $= \dfrac{\text{출력}}{\text{입력}} \times 100 = \dfrac{\text{출력}}{\text{출력} + \text{손실}} \times 100 (\%)$

2) 실측효율 $= \dfrac{\text{출력의 측정값}}{\text{입력의 측정값}} \times 100 (\%)$

3) 전일효율 $= \dfrac{1\text{일 출력 전력량}(kWh)}{1\text{일 출력 전력량}(kWh) + 1\text{일 손실 전력량}(kWh)} \times 100 (\%)$

$$= \dfrac{P}{P + Pi + Pc} \times 100 (\%)$$

P : 1일 출력 전력량 (KWh)

Pi : 1일 철손량 (KWh)

Pc : 1일 동손량 (KWh)

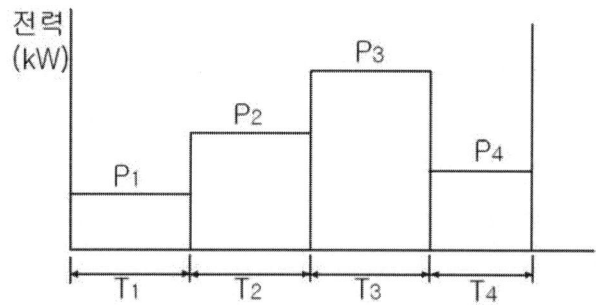

4) 전일 효율 계산
   (1) 1일 출력 전력량 (KWh)
       P = P1 t1 + P2 t2 + P3 t3 + …(kWh)
   (2) 철손량
       Pi = 시간당 철손량 x 24시 (kWh)
   (3) 동손량
       $Pc = \text{시간당 동손량} \times \left(\left(\dfrac{P_1}{P_T}\right)^2 t_1 + \left(\dfrac{P_2}{P_T}\right)^2 t_2 + \left(\dfrac{P_3}{P_T}\right)^2 t_3 + \cdots \right)$
   (4) 전일 효율
       $\eta = \dfrac{P}{P + Pi + Pc} \times 100 (\%)$

2. 변압기 최대 효율

$$\eta = \frac{출력}{입력} = \frac{출력}{출력 + 손실}$$

$$= \frac{mP\cos\theta}{mP\cos\theta + Pi + m^2 Pc}$$ 에서 분자 분모를 m으로 나누면

$$= \frac{P\cos\theta}{P\cos\theta + \frac{Pi}{m} + mPc}$$ 이 된다.

3. 최대 효율 조건

1) 최대 효율이 되기 위하여는 분모가 최소가 되어야 하며 $\frac{P_i}{m} + mPc$ 가 최소가 되는 조건을 찾는다.

2) 위 식을 미분 $\frac{d}{dm}(\frac{P_i}{m} + mPc) = 0$

3) $-\frac{Pi}{m^2} + Pc = 0$ 이 되므로 $P_i = m^2 Pc$ 가 된다.

   즉, 철손과 동손이 같을 때 효율은 최대가 된다.

4) 최대 효율을 내는 부하율
   $m = \sqrt{\frac{Pi}{Pc}}$ 가 된다.

4) 손실과 부하전류 관계 그래프

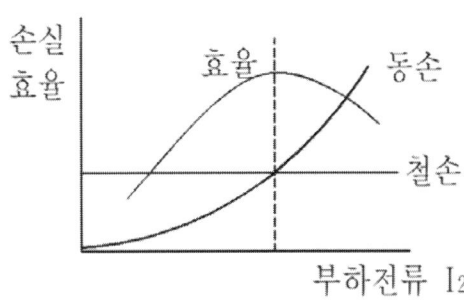

3.2 차단기의 정격 선정 시 고려사항에 대하여 설명하시오.

1. 차단기의 선정 시 고려사항
1) 사고전류 차단이 가능할 것
2) 부하전류를 안전하게 통전할 수 있을 것
3) 부하 시동시 불 필요하게 동작하지 않을 것
4) 목적으로 하는 보호가 가능할 것
5) 회로전압에 적합한 정격장치의 것을 선정할 것
6) 그 시설 개소를 통과하는 단락전류를 차단할 수 있을 것
  단락 전류치 이상의 정격 차단용량을 가지는 것을 선정할 것.
7) 정격전류는 부하전류 이상의 것을 선정할 것
8) 기타 2항의 각 정격에 적합할 것

2. 차단기의 정격
1) **정격 전압 (Rated Voltage)**
  - 규정된 조건 아래에서 그 차단기에 가할 수 있는 사용회로 전압의 상한 값.
  - 선간 전압 실효치로 나타냄.
  - 정격 전압 = 공칭전압 x $\frac{1.2}{1.1}$ (kv)

공칭전압(kv)	3.3	6.6	22.9	154	345	765
정격전압(kv)	3.6	7.2	25.8	170	362	800

2) **정격 전류 (Rated Current)**
  정격 전압, 정격 주파수에서 규정치의 온도 상승 한도를 초과하지 않고 연속적으로 흐를 수 있는 전류의 한도.

  정격전류 $(In) = \dfrac{P}{\sqrt{3} \times V \times \cos\theta}$ (A)

3) **정격 차단 전류 (Rated Breaking Current)**
  - 정격 전압, 정격 주파수에서 규정된 동작책무에 따라 차단할 수 있는 차단전류 한도
  - 교류 실효치로 나타냄.
  - 한전 표준 : 12.5, 25, 31.5, 40kA

4) **정격 차단 용량 (Rated Breaking Capacity)**
  정격 차단 용량 = $\sqrt{3}$ x 정격전압 (kV) x 정격차단전류(kA) (MVA)

5) 정격 단시간 전류 (Short Time Withstand Current)
- 규정 시간 동안 통하여도 열적, 기계적으로 이상이 발생하지 않는 전류의 최대 한도
- 교류 실효치로 나타냄.

6) 정격 투입전류 (Rated Making Current)
- 정격 전압, 정격 주파수에서 표준 동작책무에 따라 투입할 수 있는 투입 전류의 한도
- 투입전류 최초 주파의 순시 최대치로 표시
- 크기 : 정격 차단 전류의 2.5배 정도임.
- 여기서 I : 투입전류
    MM' : 투입순간
    Im : 투입전류의 최대치

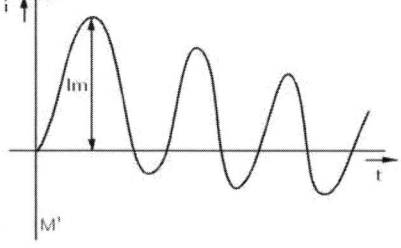

7) 개극 시간 (Opening Time)
차단기의 코일이 여자되는 순간부터 접촉자가 개리 될 때 까지의 시간

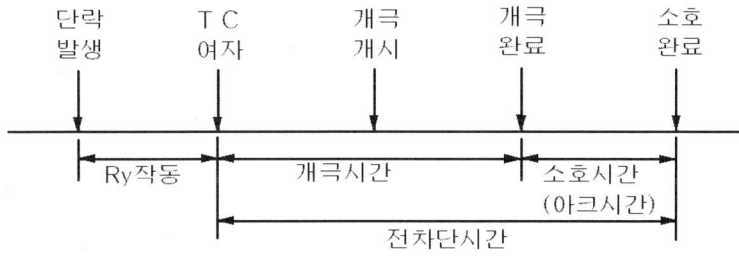

8) 차단 시간 (Breaking Time)(Interrupting Time)
- 개극시간과 아크시간을 합한 것

정격전압(kv)	7.2	25.8	170	362	800
정격차단시간 (Cycle)	5	5	3	3	2

9) 투입시간 (Closing Time)
차단기가 여자된 순간부터 접촉자가 접촉할 때까지의 시간.

10) 동작 책무 (Duty Cycle)
규정된 회로조건에서 정격 차단 전류 및 정격 투입 전류를 차단 또는 투입할 수 있는 조건과 횟수

기 준	구 분	동작 책무
KSC 4611 고압 교류 차단기	B형	CO - 15초 - CO
	A형	O - 1분 - CO - 3분 - CO
	C형	O - 0.3초 - CO - 3분 - CO
ES150(한전 표준) I E C	일반	CO - 15초 - CO
	고속재폐로용	O - 0.3초 - CO - 3분 - CO

3.3 전기철도에서 사용되는 SCADA(Supervisory Control and Data Acquisition)시스템의 주요기능에 대하여 설명하시오.

1. 전철 전력 설비
   1) 송전선로 설비
      한전변전소에서 전철변전소까지의 전력수송을 위하여 시설된 특고압(154kV) 전선로를 말하며 2회선을 가공 또는 지중으로 시설
   2) 변전 설비
   (1) 개요
      송전선로에서 공급 받은 특고압(154kV) 전기를 전기철도에 적합한 전기(55kV)로 변성하여 전차선로에 공급하거나 끊어주는 역할을 하는 설비.
   (2) 주요 설비
      ① 변전소(S/S)
         송전선로에서 공급 받은 특고압(154kV) 전기를 전차 선로에 공급하기 위하여 55kV로 변성해주는 설비.
      ② 급전 구분소(SP)
         변전소와 변전소 중간에 설치하여 양쪽 전기를 끊어주거나 연장해 주는 설비
      ③ 병렬 급전소(PP)
         교류 전차선로에서 발생하는 통신유도장해를 경감시키고 전압강하를 보상해주기 위해 약 8 ~ 10Km 간격으로 단권변압기를 설치한 장소
   3) 전차선로 설비
   (1) 개요
      - 철도차량의 팬터그래프와 접촉하여 철도차량에 전기를 공급하는 전차선 등의 전선로.
      - 전차선과 팬터그래프의 동적 특성이 전기차량의 속도를 좌우하는 중요한 요소로 국내에서 각 속도별 전차선로 시스템의 노하우 보유함.
   (2) 전차선로 주요 부속품
      - 철도차량의 팬터그래프와 접촉하여 철도차량에 전기를 공급하는 전차선 등의 전선로
      - 전차선과 팬터그래프의 동적 특성이 전기차량의 속도를 좌우하는 중요한 요소로 국내에서 각 속도별 전차선로 시스템의 노하우 보유함.
      - 전차선로 주요 부속품 종류 : 급전선, 전차선, 조가선, 가동브래킷, 드로퍼, 애자류, 장력 조정장치 등

4) 배전 설비

철도역사, 터널설비, 신호설비, 통신설비 등에 필요한 전기를 공급하는 설비로 배전선로, 개폐장치 및 이에 부속하는 설비를 지칭.

5) SCADA 시스템

철도교통 관제센터에 설치된 전기관제 시스템으로, 전국 철도 현장의 변전소, 전차선로의 전기설비의 운용정보를 실시간으로 수집·분석하여 전철·전력계통을 원격으로 감시·제어하는 시스템

2. SCADA 시스템의 주요기능

무인으로 운영되는 각 역사 전기실 및 변전소의 전력기기 운전정보를 수집하여 전력사령에서 기기운전상태, 부하 변동상태등 도시철도 전력공급계통 전반을 종합 감시토록 하여, 장애발생시 신속한 원격제어를 가능토록 함으로서 전력공급계통의 응급복구와 도시철도 전력공급 업무를 차질 없이 수행하기 위한 주요설비이다.

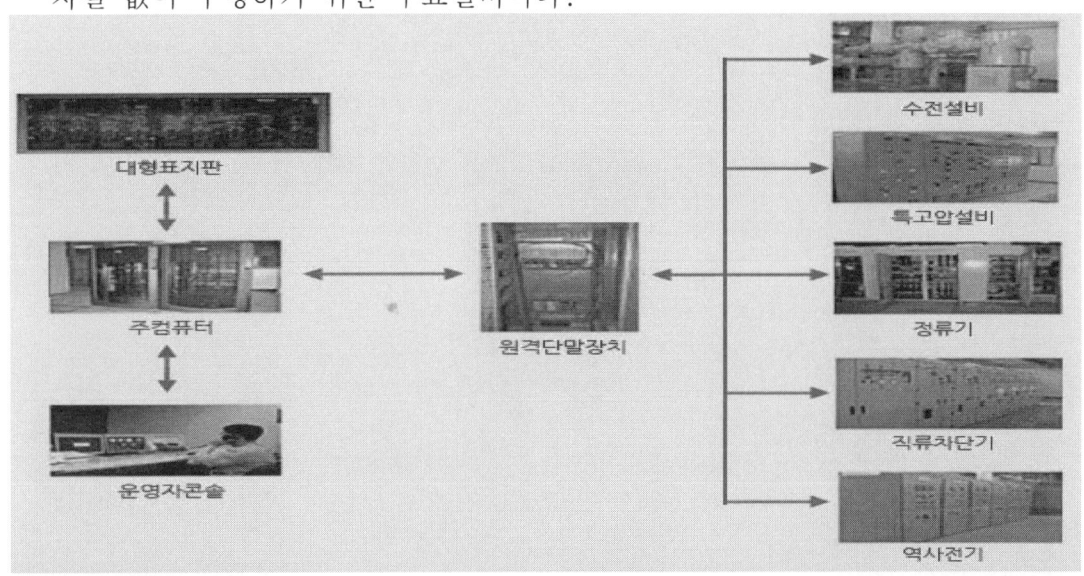

1) 주 컴퓨터(main computer)
   운영시스템, 실시간데이터베이스, 데이터전송, 근거리통신등
   원격제어시스템 전반을 통제 및 감시하는 서버로서 이중계로 구성되어
   있으며 현장단말장치와 데이터 송수신을 제어하는 전송장치를 포함한다.

2) 대형감시반(DLP : Digital Lighting Processing)
   도시철도 노선별 전력공급계통을 다양한 심볼과 선으로 표시하여
   설비운영자가 한눈에 급·단전 상황을 파악 할 수 있게 함으로서, 전력공급
   장애 발생시 신속한 대응조치를 할 수 있도록 하는 표시반이다.

3) 운영자 콘솔(Operator console)
   운영자에 의해 전력공급설비의 상태감시 및 제어를 직접수행하기 위한
   인간-기계 연락 장치(MMI:Man Machine Interface)로서 워크스테이션급
   컴퓨터와 관련 소프트웨어로 구현되고, 또한 DLP 제어도 수행 할 수 있는
   운영자 탁자이다.

4) 원격 단말 장치(RTU : Remote Terminal Unit)
   역사 전기실 및 변전소에 설치되어 있으며, 현장 전력기기의 운전 상태,
   전압, 전류등 운영 정보를 수집 및 가공하여 전력사령실로 전송하고,
   사령원에 의한 기기제어 명령을 출력하는 현장 단말 장치이다.

3.4 첨단 건축물에서의 전자기 적합성(EMC : Electromagnetic Compatibility) 발생요인 및 대책에 대하여 설명하시오.

1. 개요
   1) EMI (Electro Magnetic Interference) 전자파 장해
   2) EMS (Electro Magnetic Susceptibility) 전자파 내성
   3) EMC (Electro Magnetic Compatibility) 전자파 합성

2. 전자파 종류
   1) EMI (전자파간섭 또는 전자파장해)
      - EMI는 전기·전자기기로부터 직접방사, 또는 전도되는 전자파가 다른 기기의 전자기 수신 기능에 장해를 주는 것을 말하며 Electro Magnetic Interference의 줄임말이다.
      - 각종 전자기기의 사용이 폭발적으로 증가함과 동시에 디지털기술과 반도체 기술 등의 발달로 정밀전자기기의 응용분야가 광범위해지면서 이들로부터 발생하는 전자파 장해가 전파잡음 간섭을 비롯해 정밀전자 기기의 상호 오동작, 인체등 생체에 미치는 생체악영향(Biological hazard)등을 낳게 되어 전자에너지의 영향이 큰 문제로 대두되었다.

   2) EMS
      기기가 외부로부터 전자파 간섭을 받을 때 영향 받는 정도를 나타낸 것, 즉 전자파 감수성 또는 민감성을 나타낸다.
      정확히 말하면 전자파 간섭으로부터 정상적으로 동작할 수 있는 능력인 내성과는 반대 개념이지만, 일반적으로 동일 개념으로 사용되고 있음.

   3) EMC
      - EMC는 EMI와 EMS를 총칭하는 개념임.
      - 전자기로 인한 전자파장애 등 전자환경 문제에는 많은 문제들이 있으며 무선통신에서의 채널간 상호간섭문제, 주파수 스펙트럼 효용문제, 방송전파의 고스트(ghost)문제, 로봇시스템 등 컴퓨터 응용기기의 오동작 및 안전성문제, 정보통신 네트워크의 신뢰성 문제 등이 있으며 나아가 인체 등 생물생태계에 대한 전자에너지의 영향이 보다 중요한 EMC의 문제로 돼 있다.
      - 예를 들면 텔레비전의 수신장애에서는 고층빌딩, 송전선, 고가교탑 등으로부터 반사되는 전파에 의한 고스트발생, 정보통신 네트워크에서는 무선이동통신에서의 도시전파 잡음에 의한 오동작, 사람을 비롯한 생물체에 미치는 생체장해 등 많은 문제들이 있다.

2. EMC 발생요인
1) 전력설비 : 송배전 설비 및 선로, 변전 설비 및 선로
2) 가전제품 : 전자렌지, 드라이어, 전기장판, 믹서, TV, 컴퓨터 등
3) 무선제품 : 휴대폰 단말기, 기지국
4) 산업용 기기 : 인버터, UPS등 전력전자 기기
5) 사무 정보 처리 기기 : 컴퓨터, FAX, 프린터, 복사기 등
6) 조명기기 : 전자식 안정기, 3파장 형광등, 방전램프용 안정기 등

3. EMC 대책
1) 차폐
 - 공간을 통하여 침입하는 방사성 전자파에 대한 대책
 - 자기 차폐 [magnetic shield, magnetic screen, 磁氣遮蔽]
  전기 기기의 일부 또는 전부를, 이것을 둘러싼 외계와 자기적으로
  차폐하여 자력선의 통과를 차단하는 것. 주로 철을 사용한다.
 - 전자 차폐 [electromagnetic shielding, 電磁遮蔽]
  한정된 공간 또는 전선등을 전자적으로 차단하여 전자력을 외부와 차단
  하는 것. (실드룸, 실드와이어) 차단에는 동이 주로 사용된다.

2) 접지
 (1) 안전 접지
   - 기기의 외함을 직접접지 또는 저 저항 접지하여 기기의 전위를
    낮추는 방법
   - 정전기 방지용 접지 (도전 바닥, 도전상 접지, 실내 금속체 접지)
 (2) 신호 접지
   - 대지에 반드시 접지할 필요는 없으나 기기끼리 공동 접지를
    하여 등 전위를 만들어 주는 방법(기준 전위 확보용)
   - Noise 방지용 접지 (금속판, Shield room, Shield TR, LA접지)

3) 와이어링(배선에 의한 대책)
   - 배선의 길이를 최소로 한다.
   - 전선 길이가 긴 경우 차폐 케이블을 사용한다.
   - 배선을 대 전류 개폐기등 노이즈원으로 부터 멀리한다.
   - 유니트간 배선을 직선적으로 한다.
   - 배선을 동작 에너지 별로 분류 배선한다.
   - Two Pair Wire 사용

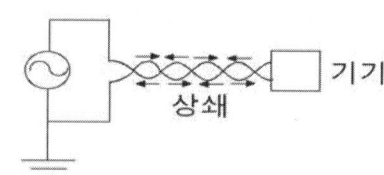

4) 필터 설치
   전원에서 침입하는 전도 노이즈를 방지하기 위한 것으로
   신호 주파수와 노이즈 주파수가 다른 성질을 이용한다.

5) 흡수에 의한 방법
   전자파를 내부에서 흡수하여 열에너지로 변환시켜 감쇄 하는 방법
   으로 저항형, 자기형, 복합형등이 있다.

3.5 무정전 전원공급장치(UPS : Uninterruptible Power Supply)의 기본 구성요소 및 동작 특성에 대하여 설명하시오.

1. UPS 구성 요소

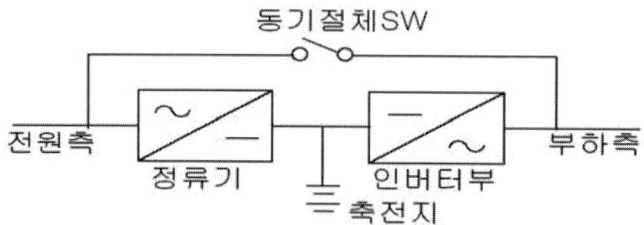

1) 컨버터(정류기, 충전기)
   3상 또는 단상 입력 전원을 공급받아 직류 전원으로 변환하는 동시에 축전지를 충전시킨다.
2) 인버터
   직류 전원을 양질의 교류 전원으로 변환하는 장치
3) 동기 절체 스위치(BY PASS SW)
   UPS의 과부하 및 이상시 상용전원이나 발전기 전원으로 절체
4) 축전지
   정전시 인버터부에 직류 전원을 공급하여 부하에 일정시간 동안 무 정전으로 전원을 공급하는 설비

2. 동작 원리
   1) 정상시 운전
      3상 또는 단상 입력 전원(상용 또는 발전기 전원)을 공급받아 정류부에 의해 정류된 뒤 인버터에서 AC로 변환되어 전력을 공급.
   2) 정전시 운전
      인버터가 축전지에서 전력을 공급받아 부하에 무 순단으로 전력을 공급하며 축전지는 UPS가 저전압(방전 종기 전압)으로 트립이 될 때까지 방전을 계속함.
   3) 복전시 운전
      저 전압으로 UPS가 저전압으로 트립 되기 전에 AC입력 전원이 공급되면 UPS는 정류기로부터 전력을 공급받아 부하에 연속적으로 전력을 공급하고 축전지는 재충전된다.
   4) BY PASS 운전
      UPS에 고장이 발생했을 경우 절체 S/W는 부하를 인버터로부터 입력 전원으로 절체하여 공급하며, BY PASS 방식에는 무 BY PAS 방식, 절단 절환 방식, 무순단 절환 방식 등이 있다.

3. UPS의 동작 특성(예)

항목		성능 및 특성
일반적 사항	냉각방식	강제 풍냉식
	사용정격	100[%] 연속 사용
	ST/SW 절체방식	무순단 동기절체
	변압기 절연계급	H 종
	충전/인버터부 사용소자	IGBT 및 동등이상
전기적 특성	입력	
	역률	0.99 Lag 이상
	상수	3상 3선식
	정격전압	AC 380[V]
	출력	
	상수	1상 2선식
	정격전압	AC 220[V] / DC 110[V]
	전압 안정도	± 2[%] 이내
	과도 전압변동	± 5[%] 이내
	과도 응답속도	40[ms] 이내 (± 2[%] 이내로 복귀기준)
	출력전압조정	± 5[%]
	파형 왜율	THD 3[%] 이하 (LINEAR 부하 100[%] 기준)
	과부하 내량	125[%] 10분간
	전류제한	110[%] (90~125[%] 조정가능)
	역률	0.8 Lag 이상
	동기절체 스위치	
	동기절체 시간	4 [ms] 이내
	절체조건	1) 인버터 비정상 시 2) 출력 과부하 시 3) 직류 저전압 시 4) 수동 절체 시
	SID 출력전압	
	부동 충전 시	± 5[%] 이내 (전 부하 시)
종합특성	온도상승	트랜스 및 리액터류 : 125 DEG. 이하
		전력 반도체 소자류 : 80 DEG. 이하
		기타 스위치류 : 40 DEG. 이하
	소음	65[dBA] 이하
	효율	정류부 : 86[%] 이상 (단, SID부 제외 시)
		인버터부 : 80[%] 이상

3.6 6.6[kV] 전력용 CV케이블의 구조에서 구성요소별 기능에 대하여 설명하시오.

1. 개요

CV케이블은 1950년대 후반부터 실용화되기 시작하였다. 기름을 사용하지 않기 때문에 취급성, 보수관리가 용이해 급속히 보급이 확대되고, 1980년대에는 154kV XLPE 케이블이 개발된 이후 현재는 500kV까지 개발되었다.

2. CV 케이블의 구조 및 종류

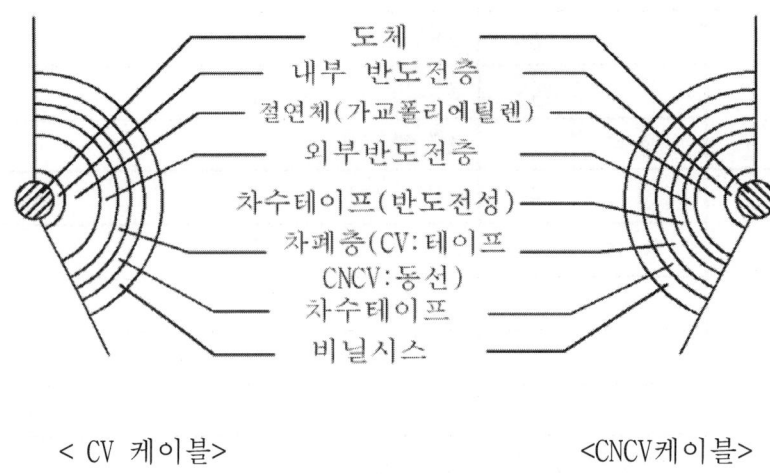

< CV 케이블>   <CNCV케이블>

- 수밀형(CNCV-W) : 도체와 내부 반도체 사이에 수밀 컴파운드 처리
- NFR-CNCO-W : 비닐시스에 저독성 난연 폴리에틸렌 시스 사용
- TR-CNCV-W : 절연층에 수트리 억제용 가교 폴리에틸렌 사용

3. 구성 요소별 기능

1) 도체

전기 도체로는 단선과 연선방식이 있지만 CV케이블은 도체의 굵기가 굵은 이유로 모두 연선방식을 사용하며 재질로는 알루미늄보다는 동을 사용한다.

2) 절연체(가교 폴리에틸렌)

- 폴리에틸렌은 플라스틱의 일종으로 전기적, 기계적 성질이 우수하며 가요성, 내마모성, 내오존성, 내코로나성, 내수성등도 우수한 특성을 가지고 있다.
- 그러나 이것은 내열성에 결점이 있어 이 결점을 개선한 것이 가교 폴리에틸렌이다.
- 가교 폴리에틸렌(XLPE)을 사용

XLPE : CrossLinked PolyEthyline의 약자이다.

- 요구조건 : 절연 내력이 높고 유전 손실이 적으며 코로나에 강하며 내열성, 내 오존성을 가질 것.
- 연속 사용온도 : 90℃ (OF : 80℃)
  단시간 사용온도 : 130℃(IEC 기준)
  단락시 사용온도 : 250℃(IEC 기준)
- 가교 폴리에틸렌의 특성 구조

   (폴리에틸렌 : PE)   (가교 폴리에틸렌 : XLPE)

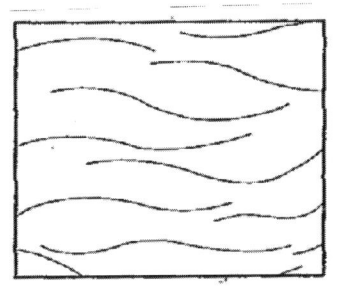
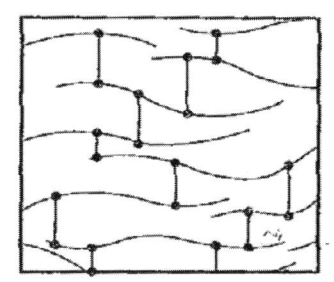

- EV케이블과 CV케이블 특징 비교

구 분	EV 케이블	CV 케이블
도체 최고 허용 온도 (단락시.1초)	75℃ (140℃)	90℃ (250℃)
장점	굽히기 쉽고 충격에 강하다.	내열성, 내수성, 내약품성 우수하다.
단점	내열성이 약하다.	단단하여 취급이 어렵다. 기름 알칼리에 경화되기 쉽다.

3) 반 도전층
   - 도체면의 전하분포를 고르게 하여 절연체의 절연 내력 향상

   - 케이블 제조시 절연물이 도체내로 침투하는 것을 방지
   - 도체와 절연체의 틈을 없애 코로나 방전을 방지
4) 차수 테이프
   - 수분이 침투하면 수분을 흡수하여 부푸는 특성 가진 테이프를 사용함.
   - 내부 차수 테이프 : 반도전성
     외부 차수 테이프 : 비 도전성 사용

- 접지 계통에서는 동선으로 되어 있어 고장 전류를 흘릴 수 있도록 중성선으로 이용할 수 있다.
  (보통 중성선의 단면적은 도체 단면적의 1/3정도이다.)
- 비 접지 계통에서는 동 테이프로 되어 있음.
- 정전 차폐 역할(통신 선로에 유도 장해 방지)
- 절연체의 내전압 향상

4.1 축전지의 용량산정 시 고려사항에 대하여 설명하시오.

1. 개요
   축전지 설비는 정전시 또는 비상비 신뢰할 수 있는 예비 전원이며 건축법이나 소방법의 규정에 의하여 예비 전원이나 비상 전원으로 사용되고 있다.
   예를 들면 비상용 조명, 유도등의 전원뿐만 아니라 수변전 기기의 조작 및 제어용 전원으로도 사용된다.
   구성은 축전지, 충전 장치, 제어 장치 등으로 구성된다.

2. 축전지 용량 산출 순서 < 부.축.방 / 특.셀.방 / 환산.용량 >
   1) 축전지 부하 용량 산출
   2) 축전지 종류 결정
   3) 방전 전류 및 방전 시간 결정
   4) 축전지 부하 특성 곡선 작성
   5) 축전지 셀 수 결정
   6) 방전 종지 전압 (허용 최저 전압) 결정
   7) 환산계수, 보수율 결정
   8) 축전지 용량의 계산

3. 축전지 용량산정 시 고려사항
   1) 부하의 종류 결정 및 부하 용량 산출
      비상용 조명, 차단기 투입 부하 등 List 작성
      (1) 순시 부하
         차단기 조작 전원, 소방 설비용 부하 등
      (2) 상시 부하
         비상 조명등, 배전반 및 감시반의 표시등, 연속 여자 코일 등
   2) 방전 전류 및 방전 시간 결정
      (1) 방전 전류 $I = \dfrac{부하용량}{정격전압} (A)$
      (2) 방전 시간 결정
         - 작성된 부하 List에 따라 공급 시간 결정
         - 법적 규정, 발전기 설치 대수, 순시, 연속 부하여부 검토 및 결정

   3) 축전지 부하 특성 곡선 작성
      방전 전류와 방전 시간이 결정되면 최악의 조건을 고려하여 방전의 종기에 큰 방전 전류가 오도록 작성한다.

4) 축전지 종류 결정
- 가격 면에서는 연 축전지의 급 방전형이 유리(HS형)
- 성능 면에서는 알칼리 축전지 포켓식 급 방전형이 유리(AH형)

(1) 내부 구조에 따른 종류

구 분	연(납) 축전지		알칼리축전지	
1. 공칭 전압	2.0 V		1.2 V	
2. 구조	+극:PbO_2 -극:Pb 전해질 : H_2SO_4		+극:NiOOH(수산화니켈) -극:Cd(카드뮴) 전해질 : KOH(수산화칼륨)	
3. 충전시간	길다		짧다 (장점)	
4. 과충전 과방전	약함		강함 (장점)	
5. 수명	10~20년		30년 이상 (장점)	
6. 정격 용량	10시간		5시간 (약점)	
7. 용도	장시간, 일정 전류 부하에 적합		단시간, 대전류 부하에 적합(전류 변화 큰 부하)	
8. 가격	싸다		비싸다	
9. 온도특성	열등		우수(장점)	
10. 형식	CS 클래드식	HS 페이스트식	포켓식	소결식
	완방전식	급방전식 단시간대전류 자동차기동 엔진기동등	AL:완방전식 AM:표준형 AH:급방전식	AHS급방전식 AHH급방전식

(2) 외함의 구조에 따른 종류
① 개방형(Open Type) : 가스 제거 장치가 없는 것
② 밀폐형(Bended Type) : 배기 마개에 필터를 설치하여 산무가 나오지 못하게 한 구조
③ Sealed Type : 사용 중 발생하는 산소와 수소를 결합하여 물로 합성 하는 특수 구조로 물의 보충을 필요로 하지 않는 구조

5) 축전지 셀 수 결정
축전지 셀 수는 계통 정격전압과 단위 축전지의 공칭전압이 결정되면 다음식에 의해 산출한다.

$$축전지 셀수(N) = \frac{계통정격전압}{1셀당공칭전압}$$

6) 셀 당 허용 최저 전압 (방전 종지 전압)

축전지의 최저 전압은 각종 부하로부터 요구되는 허용 최저 전압에 축전지와 부하사이의 선로 전압강하를 더한 값이다.

$$V = \frac{Va + Vc}{n} \ (V/Cell)$$

여기서 Va : 부하의 허용 최저 전압 (V)
Vc : 축전지와 부하 사이의 전압강하 (V)
n : 축전지의 Cell 수

7) 보수율(L) 및 용량 환산 계수 결정(K)
 (1) 보수율
  축전지에는 수명이 있어 그 말기에 있어서도 부하를 만족하는 용량을 결정하기 위한 계수로 보통 0.8로 선정한다.
 (2) 용량 환산 계수
  위에서 축전지 종류, 방전시간, 방전 종지 전압을 결정하고 최저 축전지 사용 온도(보통 5℃ 기준)를 고려하여 다음 표에 의해 용량 환산 계수 K를 결정한다.

8) 축전지 용량 결정

축전지용량 $C = \dfrac{1}{L}(K_1 I_1 + K_2(I_2 - I_1) + K_3(I_3 - I_2) \cdots)$

L : 보수율 (보통 0.8)
I_1, I_2, I_3 : 방전 전류
K_1, K_2, K_3 : 용량 환산 계수

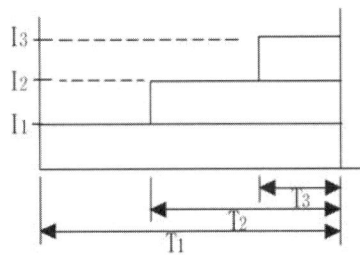

4.2 전력계통에서 플리커(Flicker)의 발생원인, 영향 및 저감대책에 대하여 설명하시오.

1. 플리커의 현상 및 특성
1) 플리커 현상은 Sag가 반복되는 현상을 말하며, 그 크기는 ANSI 규정에서 0.9PU ~ 1.1PU로 정하고 있다.
2) 무효전력의 소비가 클 경우 부하에서 플리커가 발생하게 된다.

2. 크기해석
1) 깜박임감은 변동주기에 따라 달라지므로 모두 10Hz로 환산한 전압변동을 기준으로 하고 있다.

$$\text{플리커의 크기 } \triangle V10 = \sqrt{\sum_{n=1}^{n}(a_n \triangle V_n)^2}$$

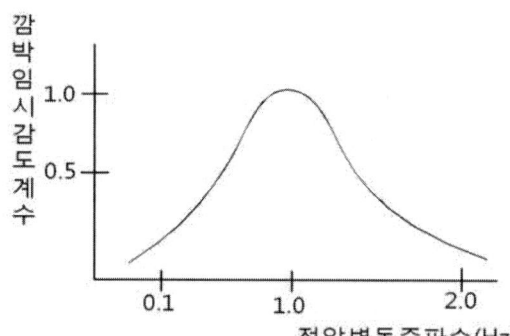

<깜박임 시감도 계수>

2) $\triangle V10$: 교류 전압 100V부터 99V까지 1초 동안 10회 변화한 것으로 $\triangle V10 = 1\%$ 를 의미한다.
　여기서 $\triangle Vn$: 전압변동의 크기
　　　　a_n : 깜박임 시감도 계수

3. 기준(전기공급규정 시행지침)
1) 플리커가 2%이하 : 별도의 대책을 세우지 않아도 무방.
2) 플리커가 2~2.5% : 조건부로 사용
3) 플리커가 2.5%이상 : Flicker에 대한 대책 강구

4. Flicker의 발생원인
1) 아크, 방전기기의 운전, 정지의 반복 : 전기로, 아크로, 용접기등
2) 뇌에 의한 영향 : 직격뢰, 유도뢰 등
3) 전동기의 빈번한 운전, 정지 : 압연기, 반송기계 등
4) 개폐기의 개폐동작 : 변압기 여자 돌입 전류 등

5) 전력전자기기(SMPS)의 고속 스위칭 : 인버터 등
6) 고장시의 대전류 및 그 차단 : 단락, 지락사고 등

5. 플리커의 영향
1) 조명의 깜빡거림 및 불쾌감 조성
2) 전동기의 회전수 변화, 과열등
3) 정밀 기기의 오동작, 기기 및 회로의 소손
4) 변압기 보호용 퓨즈 융단

6. 플리커에 대한 대책
1) 플리커 발생 부하는 독립된 주상 변압기로부터 직접 공급받도록 한다.
2) 변압기 용량을 크게 하고 배전선을 굵은 전선을 사용
3) 부하말단에 콘덴서를 설치
4) 정지형 무효전력 보상장치(SVC)의 설치 : 무효전력 변동을 억제.
   (SVC는 응답속도가 0.04Sec로서 플리커 대책용으로 매우 효과적임)

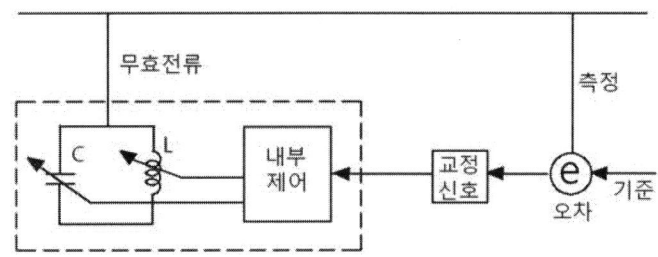

5) 3상 전원에 단상부하를 접속할 때는 부하 불평형이 최소가 되도록
6) 직렬리액터(SR)삽입
   리액터를 비직선형의 가포화 리액터로 하여 아크로 단락시에 있어서의 전류의 급증을 억제한다.
7) 동기조상기와 완충리액터 병용
   아크로에 발생하는 전류 변동분을 동기기에 공급하고, 계통으로부터 전류 변동분의 유입을 억제하는 방법
8) 단상 3선 배전선에서 기동빈도가 많은 단상전동기 사용시는 Balancer를 설치하여 기동전류를 각 상에 분산 평형 시킨다.
9) 조명 : 램프를 1/3씩 3상 접속
10) 직렬 콘덴서 또는 필터회로의 설치

4.3 콘서베이터(Conservator)방식 유입변압기에 대하여 설명하시오.

1. 개요
   1) 변압기는 크게 분류하여 유입식과 건식으로 분류할 수 있다.
   2) 이중에 유입 변압기는 기름을 이용하여 냉각을 하는 방식으로 공기에 의해 냉각할 때 공기중의 수분과 기름과의 접촉을 최소화하기 위하여 콘서베이터 라는 장치를 설치하게 된다.

2. 변압기 호흡 작용
   1) 변압기 내부에는 절연유로 차 있는데, 열이 발생하기 때문에 절연유가 팽창하거나 식으면 축소를 반복하게 된다.
   2) 따라서 이러한 부피 변화에 대응하기 위해서 공기가 들어가고 나오는 장치를 사용하게 됩니다. 이와 같은 작용을 '호흡작용'이라고 부른다.
   3) 이와 같이 공기를 접촉하기 때문에 공기로 인해 발생하는 문제점을 해결하기 위해서 콘서베이터와 브리더를 설치한다.

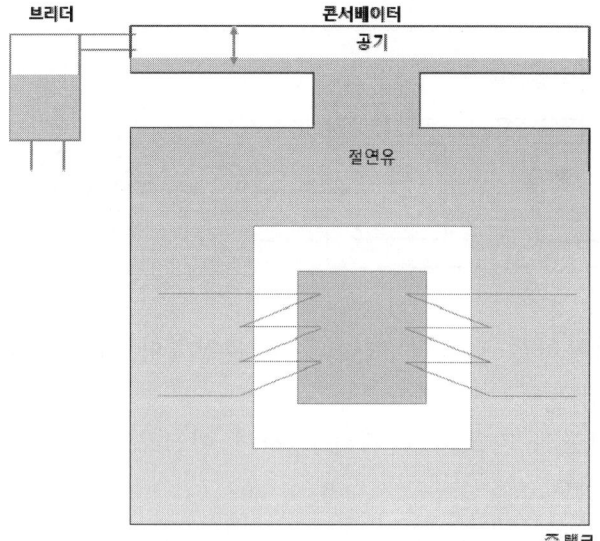

   4) 콘서베이터 : 접촉면적 감소
      절연유가 공기와 직접적으로 닿는 곳으로, 공기중의 산소와 접촉하는 것을 줄이기 위해 공기와 절연유 사이의 접촉면적을 줄여주는 곳이다.
   5) 브리더: 공기중 수분 감소
      공기중에 존재하는 수분에 의해 절연유가 산화되는 것을 줄이기 위해서 공기가 들어오는 입구 쪽에 수분을 흡수하는 실리카겔 등을 담은 곳이다.

3. 변압기 냉각 방식
1) 변압기에서 열이 발생하여 냉각하기 위해서는 2개의 단계를 거치게 된다.
2) 권선에서 주 탱크로, 그리고 주 탱크에서 외부로의 열 배출이 되어야 한다.
3) 이러한 2개 냉각을 각각 어떤 방식으로 사용하느냐에 따라서 냉각방식이 결정된다.
4) 먼저 냉각 방식의 분류는 2가지로 나뉜다.
   ① 냉각 매체: 공기(A), 기름(O), 물(W)
   ② 냉각 방법: 자연적으로(N), 강제적으로(F)
5) 각각의 냉각 조합에 따라서 다음과 같이 냉각 방식이 결정된다.
   ① 유입 자냉식: ONAN- 권선은 기름으로, 주탱크는 공기로 냉각
   ② 유입 풍냉식: ONAF- 권선은 기름으로, 주탱크는 바람으로 냉각
   ③ 유입 수냉식: ONWF- 권선은 기름으로, 주탱크는 순환되는 물로 냉각
   ④ 송유 자냉식: OFAN- 권선은 순환되는 기름으로, 주탱크는 공기로 냉각
   ⑤ 송유 풍냉식: OFWF- 권선은 순환되는 기름으로, 주탱크는 바람으로 냉각
   ⑥ 송유 수냉식: OFWF- 권선은 순환되는 기름으로, 주탱크는 순환되는 물로 냉각

4. 유입 변압기의 종류별 특징
1) 유입 자냉식
   보수 간단하여 많이 사용하고 권선 및 철심의 발열이 기름의 대류에 의해 방열
2) 유입 풍냉식
   유입 자냉식의 방열판에 FAN 설치하고 자냉식보다 20~30% 정도 용량 증가 가능
3) 유입 수냉식
   냉각관을 기름 속에 설치, 물을 순환시켜 기름 냉각하며 냉각수 질이 좋지 못하면 관의 부식, 보수가 어렵다.
4) 송유 자냉식
   변압기 본체와 방열기(Oil Tank) 사이에 펌프 설치하여 기름 순환
5) 송유 풍냉식
   송유 자냉식의 방열판에 송풍기 설치하며 30(MVA)이상 대용량에 채택하고 펌프 및 송풍기 손실은 전 손실의 50% 정도임.
6) 송유 수냉식
   Unit Cooler를 변압기 주위에 두어 물을 강제 순환하여 냉각함.

4.4 표준전구 A와 측정전구 T가 있을 때, 시감(視感)측정에 의해 광도를 측정하는 방법에 대하여 설명하시오.

1. 개요
   1) 우리가 흔히 광도를 측정하는 방법에는 조도계를 이용한 방법을 주로 사용하지만 이 방법 외에도 여러 가지 방법이 있다.
   2) 문제의 표준전구 A와 측정전구 T가 있을 때, 시감 측정에 의해 광도를 측정하는 방법은 아래 여러 방법 중 치환법에 해당한다.

2. 표준 전구
   1) 1차 표준기 : 백금 흑체로
      - 광도 단위 칸델라[cd]의 기준
      - 60 cd = 1,769 ℃ 응고점에 있는 백금 1cm²의 표면이 수직방향으로 내는 광도

   2) 2차 표준기 : 텅스텐 전구
      - 백금 흑체로는 제작이나 측광이 어려움
      - 백금 흑체로와 비교하여 광도를 미리 정한 텅스텐 전구를 사용
      - 에이징 후에 사용

2. 광도 측정 방법
   1) 직접법
      직접 눈으로 측정하려는 전구와 표준전구를 비교하는 방법
   2) 치환법

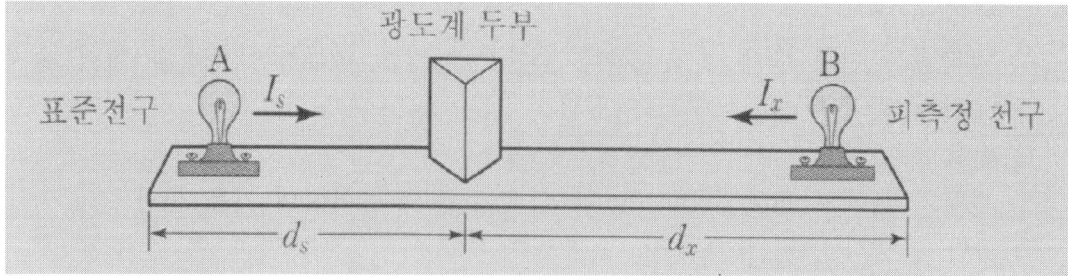

   - 비교전구를 표준전구와 비교한 후, 측정하고자 하는 전구를 비교전구와 비교
   - 측정기의 오차가 영향을 미치지 않음
   - 표준전구의 점등시간을 줄여 표준전구의 특성 변동이 적음

3) 수광기에 의한 측광법
   - 실제 눈으로 측광하는 것이 아니라 수광기에 도달한 조도에 의해 발생하는 광전류를 측정
   - 광전류가 동일하도록 거리 조정
   - 또는, 동일한 위치에서 광전류 측정
   - 수광기에서 조도와 광전류의 비례관계가 성립해야 적용 가능

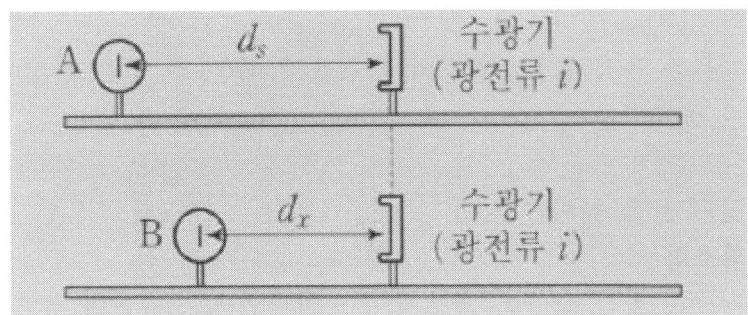

4) 광도계에 의한 방법
 (1) 등휘형
   - 왼쪽 전구의 빛은 중심부에 오른쪽 전구의 빛은 그 주위에 나타남
   - 중심부와 주위의 경계선이 없어질 때 양쪽 전구에 의한 조도는 동일
 (2) 대비형
     등휘형보다 양쪽 전구에 의한 조도 차이를 구분하기 쉬움

5) 광속계에 의한 방법
   - 미리 전 광속을 알고 있는 표준전구와 비교전구를 비교한 후
   - 측정하고자 하는 전구와 비교전구를 비교하여 전 광속으로 환산.

6) 조도계에 의한 방법
 (1) 맥베스 조도계
     반사율을 알고 있는 완전확산성 측정판의 조도와 내부전구에 의한 조도가 동일하도록 조정하면서 측정
 (2) 광전지 조도계
     조도의 크기(수광창에 입사한 광속의 크기)에 따라 전기출력 발생

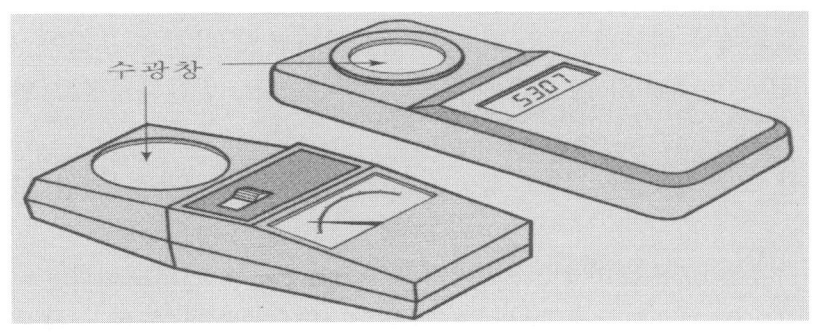

4.5 태양전지의 전기적 특성과 변환효율에 영향을 미치는 요소에 대하여 설명하시오.

1. 개요
   1) 태양광 발전 시스템에서 발전 효율을 높이기 위해서는 일반적으로 높은 변환 효율을 갖는 태양전지를 사용하는 방법, 변환기의 변환 효율을 높이는 방법 등 여러 가지가 있다.
   2) 그러나 그 효율을 유지하기 위해, 최대 효율로 나올 수 있는 환경을 만들어 주는 것 또한 중요하다.

2. 전기적 특성 및 효율을 높이는 방법
   1) 음영 발생 최소화
      - 태양광 발전시설, 특히 모듈은 구조상 음영이지면 발전효율이 급격하게 떨어진다.
      - 하나가 막히면 한 부분에만 영향이 있는 것이 아니라 연결되어 있는 모듈의 일정 부분이 모두 발전이 안 되는 경우가 많다.
      - 이를 열점 효과라 하는데, 태양전지에 음영이 존재하여 셀과 모듈에 지속적으로 나쁜 영향을 주는 것을 말한다.
      - 이에 대비하여 바이패스 다이오드 등을 활용 하는 등 음영 손실을 제거하거나 추적식 태양광 모듈을 사용화는 등의 방법을 활용하기도 한다.

   2) 효율이 좋은 태양전지(모듈) 사용
      - 태양광 모듈도 냉장고, 에어컨처럼 전기제품과 같다.
        즉, 수많은 제품들이 있고 모두 에너지 소비효율이나 크기, 가격등이 다르다.
      - 태양광을 효율적으로 모아 발전할 수 있는 가장 간단한 방법중의 하나는 효율이 좋은 모듈을 사용하는 것이다.

   3) 고품질 인버터 사용
      - 태양광 모듈에서 아무리 많은 전기를 생산하더라도 이것을 우리가 사용할 수 있는 또는 전력회사로 보내야 하는 전기 형태로 변환하지 않으면 안 된다.
      - 즉 태양광 모듈에서는 직류로 생산을 하는데 우리가 사용하는 전기는 교류이다
      - 이렇게 직류를 교류로 변환시키는 역할을 하는 것이 인버터이다.
      - 좋은 인버터를 사용한다는 것은 그 만큼 발전한 직류의 양의 대부분을

교류로 바꾸어 주게 되는 것이다.

4) 일사량이 좋은 곳에 설치
- 태양광은 기본적으로 일사량에 의해 좌우된다.
- 우리나라는 대체로 일사량이 좋은 편이므로 앞서 설명했던 것처럼 주변에 산이나 건물에 의해 지는 음영을 잘 관찰해야한다.
- 그러나 작은 내라임에도 불구하고 일사량이 더 좋은 곳은 있을 수 있다.
- 태양광 발전량에 대한 시뮬레이션을 설치하시려는 곳에 테스트 해보는것도 좋은 방법이다.

5) 설치한 후 철저한 유지 관리
- 정기점검과 일상점검을 통해 오랜기간 태양광 효율(발전량)이 잘 나올수 있도록 유지할 수 있어야 한다.
- 유지 관리 요령
  ① 어레이
  - 모듈을 연결해 주는 케이블에 손상은 없는지
  - 가대(지지대)에 녹이나 부식이 생기지 않은지
  - 먼지나 낙엽이 쌓여 있지 않은지

  ② 인버터
  - 인버터 함에 부식이나 파손이 생기지 않았는지
  - 인버터에 연결된 케이블에 이상이 생겼는지
  - 환기는 잘 되고 있는지 (환기 구멍이나 필터확인)
  - 인버터 작용시 이상음, 악취, 과열, 진동 등이 없는지
  - 인버터 표시부에 이상이 없는지 (발전상황 이상은 없는지)

  ③ 접속함
  - 접속함 외부에 부식이나 파손이 생기지 않았는지
  - 접속함에 연결되는 케이블에 손상은 없는지 등

4.6 IoT(Internet of Thing) 기반 스마트 조명시스템에 대하여 설명하시오.

1. 사물인터넷 (IoT. Internet of Thing)
1) 사물인터넷 (IoT)란 용어는 Internet Of Things를 줄임말로, 미국 매사추세츠공대(MIT) 케빈 애시튼 교수가 "센서가 부착된 사물을 유무선 통신망으로 연결, 이를 통해 발생하는 실시간 데이터를 사람 개입 없이 인터넷으로 주고받는 환경"이라는 말로 처음 사용하였다.
2) 즉 사물인터넷 (IoT)은 인간, 사물, 공간, 서비스 등 모든 사물을 하나로 연결시켜 새로운 부가가치를 창출하는 것이라 할 수 있다.

2. 사물인터넷 핵심 기술
1) 사물인터넷 (IoT) 발전을 이끄는 핵심 기술로는 센서, 통신 및 네트워크 인프라, 인터페이스 기술 3가지가 있다.
2) 센서(Sensor)기술은 온도, 습도, 열 등 전통적인 센서부터 레이더, 위치, 모션, 영상 등 현대적 장비에 이르기까지 주위 환경으로부터 정보를 얻을 수 있는 물리적 센서를 말한다.
3) 통신 및 네트워크 인프라 기술은 WPAN, Wifi, 4G/LTE, Bluetooth 등 인간, 사물, 서비스 등을 연결시켜주는 유 무선 연결망을 의미한다.
4) 인터페이스 기술은 인간, 사물, 서비스 등이 특정 기능을 수행(정보의 저장, 처리, 변환 등)하는 응용서비스를 수행할 수 있는 능력을 말한다.

3. 사물인터넷 (IoT)을 주목해야 하는 이유
1) 그렇다면 왜 사물인터넷 (IoT)에 주목해야 하는 것일까?
2) 그 이유는 무엇보다 다양한 분야에서 활용할 수 있는 가능성이 무궁무진하기 때문이다.
3) 세계 주요기관들은 사물인터넷 (IoT) 시장이 빠르게 성장해 엄청난 경제적 가치를 창출할 것으로 전망하고 있다.
4) 조사 기관에 따라 조금씩 다르지만, Gartner는 31.4%, IDC는 12.5%, Machina Research는 26.2%의 연평균 성장률로 사물인터넷 (IoT) 시장이 성장할 것으로 예측하고 있다.
5) 또한 Gartner는 IT기술이 빠르게 발전하면서 사물인터넷(IoT) 핵심 기술인 센서와 통신 대역폭 비용이 낮아짐에 따라 사물인터넷 (IoT) 제품이 2020년에는 약 250억 대에 이를 것이라는 긍정적 전망을 내놓고 있다.
6) 그에 따라 현재 스마트 에너지(Smart Energy), 스마트 팩토리(Smart Factory), 스마트 헬스(Smart Health), 스마트 교통(Smart Transportation) 등 다양한 산업에서 빠르게 적용되고 있다.

4. 사물인터넷 제품
   1) 사물인터넷 (IoT)의 Things에 해당하는 제품은 크게 생활 가전류와 신성장 제품류로 구분할 수 있다.
   2) TV,냉장고,세탁기,전자레인지 등으로 대표되는 생활가전 제품류는 GE, 하이얼, 삼성, LG 등 글로벌 기업들을 중심으로 시장이 형성되어 있다.
   3) 그러나 생활가전 제품류와 달리 스마트 밴드, 의료, 조명, 난방 등 신성장 제품류는 아직 확실한 사업 지배자가 존재하지 않는다.
   4) 그렇기 때문에 가전, 통신, IT 등 많은 기업들이 사물인터넷 (IoT) 시장에 참여함에 따라 경쟁을 토대로 빠르게 성장할 것으로 전망된다.

5. 스마트 조명시스템
   1) 기본 개념
      (1) 다양한 컨텐츠 제공
          스마트 조명 시스템은 명이 IT기술과 결합하여 에너지절감, 인간중심의 맞춤형조명 및 다양한 컨텐츠 제공할 수 있는 신개념 조명솔루션이다.
      (2) 에너지 절감화
          스마트 조명 시스템은 조명의 시스템화를 통해 사람, 공간에 관계없이 개별/중앙제어 등을 통해 에너지 절감 효과를 극대화할 수 있다.
      (3) 인간 중심화
          환경 변화에 따른 조명, 사용자 중심의 인간심리, 생리적특성 등을 고려한 인간 중심의 특화된 조명 분야를 확대한다.
      (4) 다기능화
          조명이 IT와 결합하여 날씨, 환경, 교통 등 다양한 컨텐츠 제공등 조명의 다기능화를 통한 고부가가치화로 확대할 수 있다.
   2) 스마트 조명 시스템 시스템 구현

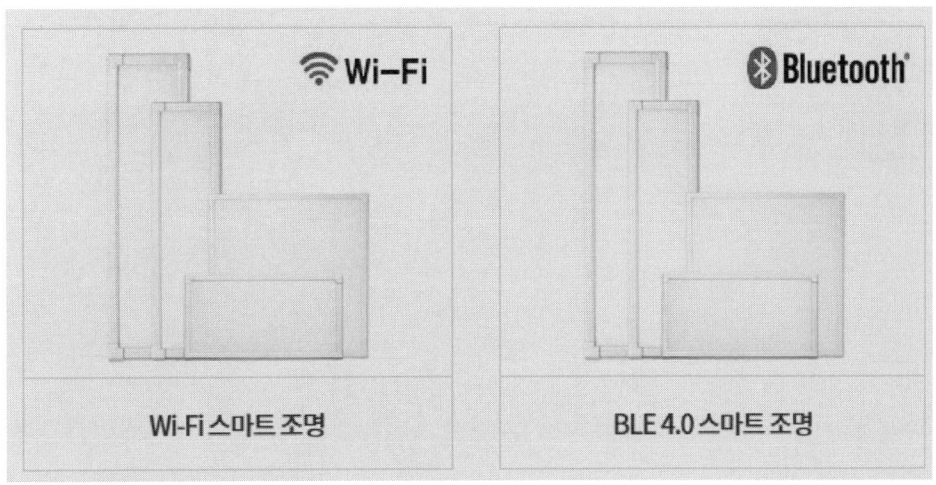

(1) 스마트 조명에는 와이파이와 연동되는 제품과 블루투스와 연동시키는 방법들이 적용되고 있다.
(2) 기능으로는
① 취침모드 : 취침 시간에 따라 소등 예약이 가능
② 간편 제어 : 와이파이 연결시 옥외에서도 제어가 가능
③ Flicker Free : 눈 떨림을 해치는 빛 떨림을 없앨 수 있다.
④ 음성 명령으로 밝기와 색온도를 조절할 수 있다.
⑤ 사용자별로 원하는 색과 밝기를 조절해 독서, 음악, 식사 등의 상황에 맞춰 조절할 수 있다.
⑥ 음악과 동기화시키면 리듬이나 음악에 따라 색이 변화할 수 있다.
⑦ 사용자의 바이오 리듬과 감정 체크리스트를 분석해 사용자에게 필요한 컬러를 자동으로 밝혀준다.
⑧ 일상에서 겪는 수유, 학습, 휴식, 취침, 집중력 향상 등의 상황에 맞는 조도와 컬러를 제시할 수 있다.

3) 조명 시스템 시스템 비교

	과거 조명	현재 조명	미래 조명
형태	백열등, 형광등	LED 조명	LED 시스템 조명
기능	어둠을 밝힘	어둠을 밝힘 인식, 경관, 전광판	어둠을 밝힘 인식, 경관, 전광판, 통신, 인간감성/심리 반영, 컨텐츠(농생명, 환경, 의료 등), 생활패턴
중점연구	효율화	효율화/에너지절감	기술의 융합화/컨텐츠/에너지절감 개선/소비자중심
구성요소	전기, 발광체	전기, 발광체, 디밍	전기, 발광체, 디밍 스마트드라이버(프로세서, 메모리)
제품	아날로그 조명	디지털 조명 LED TV	그린 빌딩/홈/공장/백화점용 시스템조명, 각종 LED조명응용시스템

Chapter 6

제119회 전기응용기술사 문제지(2019.08)

국가기술 자격검정 시험문제

기술사 제 119 회 　　　제 1 교시 (시험시간: 100분)

| 분야 | 전기 | 자격종목 | 전기응용기술사 | 수험번호 | | 성명 | |

※ 다음 문제 중 10문제를 선택하여 설명하시오. (각10점)

1. 플레밍(Fleming)의 왼손법칙과 오른손법칙에 대하여 설명하시오.

2. 동기전동기의 탈출토크(Pull-out Torque)에 대하여 설명하시오.

3. 직류전동기와 유도전동기의 역전(역회전)법에 대하여 설명하시오.

4. 태양광발전용 PCS(Power Conditioning System)의 회로방식을 분류하고 설명하시오.

5. 전동기가 부하운전 상태에서 과열되는 경우 그 원인과 대책에 대하여 설명하시오.

6. IGBT(Insulated Gate Bipolar Transistor)의 동작원리와 구조, 특성에 대하여 설명하시오.

7. 전기가열의 특징과 종류에 대하여 설명하시오.

8. 교류전기철도의 통신유도장해 발생원인과 대책을 설명하시오.

9. 조도의 측정방법에 대하여 설명하시오.

10. 고속열차(KTX)의 동력차 시스템 구성과 그 기능에 대하여 설명하시오.

11. 특고압케이블 중 CV, CNCV의 차이점과 적용 시 주의점에 대하여 설명하시오.

12. 레이저 저소음 고효율(자구미세화) 변압기의 특징에 대하여 설명하시오.

13. 정전분체도장의 원리와 특징에 대하여 설명하시오.

국가기술 자격검정 시험문제

기술사 제 119 회   제 2 교시 (시험시간: 100분)

분야	전 기	자격종목	전기응용기술사	수험번호		성명	

※ 다음 문제 중 4문제를 선택하여 설명하시오. (각25점)

1. BLDC(Brushless DC)모터의 동작원리와 특징에 대하여 설명하시오.

2. 압전체의 압전효과 및 응용분야에 대하여 설명하시오.

3. 리튬이온 전지(Li-ion Battery)의 동작원리와 특징을 쓰고, 이것을 전기에너지 저장장치(ESS)에 사용할 경우 안전대책에 대하여 설명하시오.

4. 전기철도의 전기 공급방식 종류와 선정 시 고려사항에 대하여 설명하시오.

5. 중앙감시설비 설치를 계획하려할 때 기본기능, 배선, 중앙감시실의 위치, 배치 및 환경조건에 대하여 설명하시오.

6. 초고압 수변전설비를 계획할 때 가스절연변전소의 장·단점, 설비진단기술 적용 시 유의사항에 대하여 설명하시오.

국가기술 자격검정 시험문제

기술사 제 119 회 　　　　　　　　 제 3 교시 (시험시간: 100분)

분야	전기	자격종목	전기응용기술사	수험번호		성명	

※ 다음 문제 중 4문제를 선택하여 설명하시오. (각25점)

1. 태양광발전시스템 구성에서 독립형, 계통연계형 시스템에 대하여 설명하시오.

2. 3상 권선형유도전동기와 농형유도전동기의 기동방법에 대하여 설명하시오.

3. 전기자동차 전원공급설비에 대하여 설명하시오.

4. 에너지절감을 위한 조명설계에 대하여 설명하시오.

5. 특별고압전로에 사용되는 기중절연 자동 고장구간개폐기(AISS)의 적용과 기능에 대하여 설명하시오.

6. 60Hz에서 사용하는 변압기를 50Hz 계통에 사용하였을 때 고려할 사항에 대하여 설명하시오.

국가기술 자격검정 시험문제

기술사 제 119 회 제 4 교시 (시험시간: 100분)

분야	전 기	자격종목	전기응용기술사	수험번호		성명	

※ 다음 문제 중 4문제를 선택하여 설명하시오. (각25점)

1. 직류직권전동기의 속도특성과 토크특성, 용도에 대하여 설명하시오.

2. 전동기에서 발생한 동력을 부하에 전달하기 위한 기계적 동력전달장치와 전자적 동력 전달장치에 대하여 설명하시오.

3. 디지털계전기의 설치환경, 노이즈 영향과 대책에 대하여 설명하시오.

4. 무정전 전원장치(UPS)의 동작특성, 정격 및 선정 시 고려사항에 대하여 설명하시오.

5. 전력용변압기 효율관리 방안에 대하여 설명하시오.

6. 누전차단기 설치기준에 대하여 설명하시오.

Chapter 6

제119회 전기응용기술사
문제풀이(2019.08)

1.1 플레밍(Fleming)의 왼손법칙과 오른손법칙에 대하여 설명하시오.

1. 플레밍의 왼손법칙

1) 자기장 속에 있는 도선에 전류가 흐를 때
   자기장의 방향과 도선에 흐르는 전류의 방향으로
   도선이 받는 힘의 방향을 결정하는 규칙.
2) 자기장 속에 있는 도선에 전류가 흐르면
   움직이는 전하에 작용하는 로런츠 힘에
   의해 도선도 힘을 받는다.

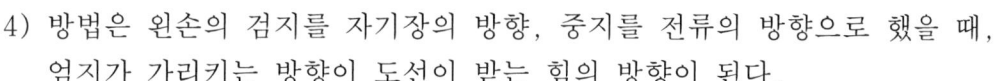

3) 플레밍의 왼손법칙을 사용하면 자기장의 방향과
   전류가 흐르는 방향을 알 때 도선이 받는 힘의
   방향을 결정할 수 있다.
4) 방법은 왼손의 검지를 자기장의 방향, 중지를 전류의 방향으로 했을 때,
   엄지가 가리키는 방향이 도선이 받는 힘의 방향이 된다.
5) 전동기의 원리
   - 플레밍의 왼손 법칙에 따르면 도선 내의 전기에너지는 자기장 속에서
     운동에너지의 형태로 전환될 수 있다.
   - 이것이 전기에너지를 사용하여 회전운동을 하는 전동기의 기본 원리이다.

2. 플레밍의 오른손법칙

1) 자기장 속에서 도선이 움직일 때
   자기장의 방향과 도선이 움직이는 방향으로
   유도기전력의 방향을 결정하는 규칙.
   발전기의 원리와도 관계가 깊다.
2) 자기장 속에서 도선이 움직이면 도선 속의
   전하가 로런츠힘 을 받아 움직이므로 도선
   내부에 전류가 흐른다.

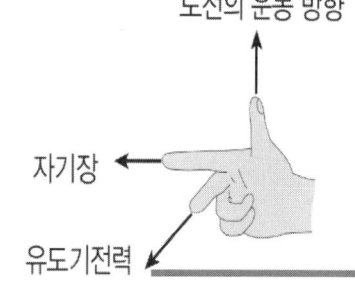

3) 이는 도선에 유도기전력이 생긴 것으로 해석할 수 있다.
4) 플레밍의 오른손법칙을 사용하면 자기장의 방향과 도선이 움직이는 방향을
   알 때 유도기전력 또는 유도전류의 방향을 결정할 수 있다.
5) 방법은 오른손 엄지를 도선의 운동방향, 검지를 자기장의 방향으로 했을
   때, 중지가 가리키는 방향이 유도기전력 또는 유도전류의 방향이 된다.
6) 발전기의 원리
   - 플레밍의 오른손 법칙에 따르면 도선의 운동에너지는 자기장 속에서
     전기에너지의 형태로 전환될 수 있다.
   - 이것이 발전기의 기본 원리이다.

1.2 동기전동기의 탈출토크(Pull-out Torque)에 대하여 설명하시오.

1. 동기전동기의 구조와 원리

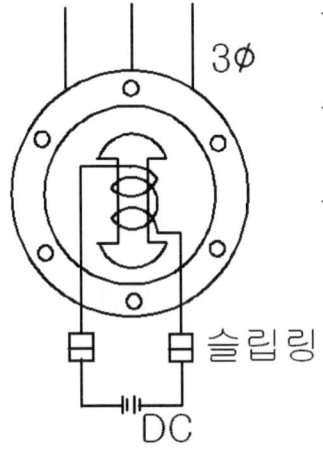

- 고정자는 유도 전동기와 동일하나 회전자가 돌극형이다.
- 회전자에 여자 코일이 있으며 직류를 흘리기 위한 슬립링이 있다.
- 3상 권선의 고정자 코일에 3상 전류가 흐르면 회전자계가 생긴다.
  (동기 발전기의 원리)
  위에서 3상 전원을 제거하고 회전자를 다른 전동기로 회전 시키면 기전력 발생함.

2. 탈출 토크(pull-out torque)
   1) 동기 전동기가 정격 주파수와 정격 전압 및 규정된 여자에서 동기 운전 할 수 있는 최대 토크.
   2) 공급 전압과 여자의 크기에 따라 달라진다.

2. 탈출 토크를 이용한 전동기
   1) 초 동기전동기(super-synchronous motor)
   - 특수한 동기 전동기로, 고정자를 지지하는 축받이와 회전자를 지지하는 축받이의 두 축받이를 가지며, 고정자도 회전하는 구조이다.
   - 부하를 연결한 그대로 기동이 되는 것이 특징이며, 이것은 동기전동기의 탈출 토크가 기동 토크보다도 크기 때문에 이용되는 것이다.
   2) 스테핑 모터
   - 펄스 신호를 줄 때마다 일정한 각도씩 회전하는 모터.
   - 입력 펄스 수에 대응하여 일정 각도씩 움직이는 모터로 펄스 모터 혹은 스텝 모터라고도 한다.
   - 입력 펄스 수와 모터의 회전각도가 완전히 비례하므로 회전각도를 정확하게 제어할 수 있다.
   - 이런 특징 때문에 NC공작기계나 산업용 로봇, 프린터나 복사기 등의 OA 기기에 사용된다.
   - 메카트로닉스 기계에서 중요한 전기 모터의 한 가지이다.
     특히 선형운동을 하는 것을 리니어 스테핑모터라고 한다.

1.3 직류전동기와 유도전동기의 역전(역회전)법에 대하여 설명하시오.

1. 직류전동기 역전 방법
   1) 직류 전동기의 구조
      - 고정자측에 영구자석 또는 전자석
      - 회전자측에 도체, 정류자, 브러쉬로 구성
      - 회전자 도체에 직류 전압 인가

   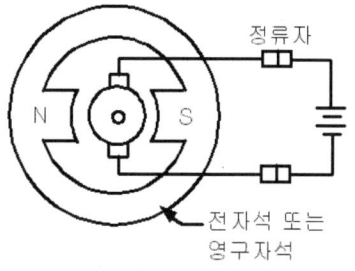

   2) 원리
      - 고정자측 자기장이 만드는 자기장속에
      - 전류가 흐르는 회전자 도체를 위치시키면
      - 플레밍의 왼손법칙에 의해 (중지:회전자전류
        인지:자력, 엄지:운동(힘)) 회전하고
      - 전동기가 회전하면 플레밍의 오른손법칙에
        의한 기전력이 발생하고 공급전압과 반대
        방향이므로 역기전력이라 부른다.

   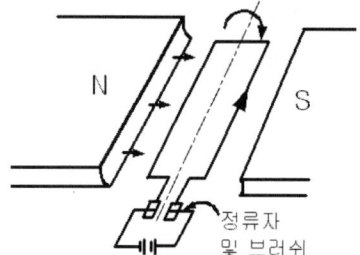

   3) 역전 방법
      계자 회로나 전기자 회로 중 한쪽의 접속을 바꾸면 됨.

2. 단상 유도전동기 역전 방법

   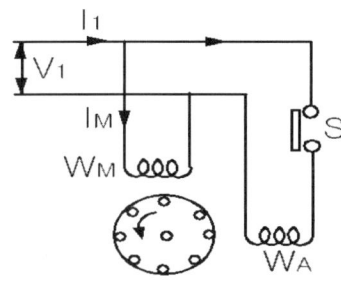

   1) 단상 유도 전동기의 권선은 운전을
      위한 주 권선(W_M)과 시동을 위한
      시동 권선이 있다.
   2) 단상 유도 전동기를 역전 시키려면
      이 권선중 하나의 결선을 반대로
      하면 회전 방향을 반대로 할 수 있다.

3. 삼상 유도전동기 역전 방법
   1) 고정자 권선 중 2선을 바꾸어주면 회전자계의 회전방향이 역전되어
      회전자가 역전된다.
   2) 3상 유도 전동기의 역전은 기기의 운전 방향을 반대로 하기 위해서
      이용하지만 역전 제동에도 활용할 수 있다.

1.4 태양광발전용 PCS(Power Conditioning System)의 회로방식을 분류하고 설명하시오.

1. 개요

태양광 발전 시스템에서 가장 중요한 파워콘디셔너는 아래와 같이 구성됨.
1) 인버터부 : 태양전지의 직류출력을 교류로 변환하여 전력을 공급하는 장치
2) 보호장치 : 계통측에 이상 발생시 안전하게 정지
3) 필터부 : 인버터에서 발생되는 고주파를 제거

2. 인버터(POWER CONDITIONER)의 기능과 회로방식
1) 기능
- 태양전지에서 출력된 직류전력을 교류 전력으로 변환
- 한전의 전력 계통 (22.9KV 또는 380/220V)에 역 송전
- 태양전지의 성능을 최대한으로 하는 설비
- 이상시나 고장시 보호기능 등을 종합적으로 갖춤.
2) 회로방식

POWER CONDITIONER의 회로 방식에는 여러 가지가 있으나 크게 나누어 상용주파 변압기 절연방식, 고주파 변압기 절연방식, Transless 방식등이 있음.

(1) 상용주파 변압기 방식

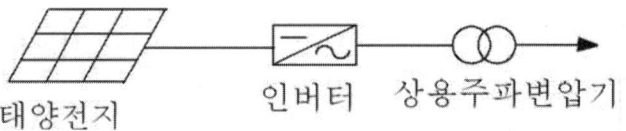

- 태양전지의 직류 출력을 상용주파의 교류로 변환 후 변압기로 전압을 변환하는 방식임.
- 내부 신뢰성이나 Noise Cut 성능은 우수하지만
- 상용주파 변압기를 이용하기 때문에 중량이 무겁고 부피가 커지며
- 변압기 효율이 떨어지는 단점이 있음.

(2) 고주파 변압기 방식

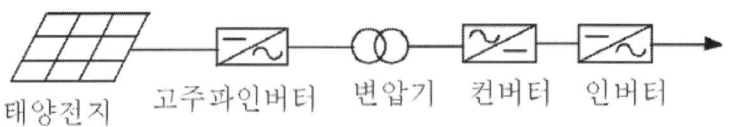

- 태양전지의 직류 출력을 고주파의 교류로 변환한 후 고주파 변압기로 변압한다.

　　　　　이후 고주파 교류->직류, 직류->상용주파 교류로 변환하는 방식임.
　　- 소형 경량이지만 회로가 복잡하고 가격이 고가임

(3) Transless 방식

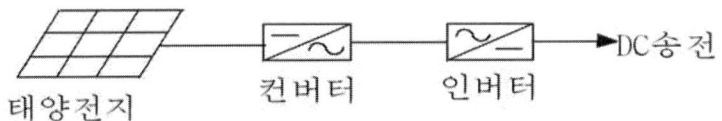

　　- 2차 회로에 변압기를 사용하지 않는 방식으로
　　- 소형 경량이며 저가임.
　　- 신뢰성은 높은편 이지만 상용전원과의 사이에 비 절연임.
　　- 이 방식이 신뢰도와 효율이 높아 발전 사업용으로 유리하다.

1.5 전동기가 부하운전 상태에서 과열되는 경우 그 원인과 대책에 대하여 설명하시오.

1. 전동기의 과열(소손) 원인
   1) 전기적 원인

종 류	원 인	현 상	보호 대책
1. 과부하	기계의 과중한 부하	과열->절연파괴->소손	OCR, EOCR
2. 결 상	연결부위나 접점등의 결함에 의해 3상중 1상이 결상	토오크 부족으로 회전 중지 ->과열->소손	결상계전기 (POR)
3. 층간 단락	한상 권선의 절연 취약	코일 단락->소손	PF
4. 선간 단락	권선의 열화로 선간 절연파괴	선간 단락->소손	PF
5. 권선 지락	절연 취약 부분에서 몸체로 누설 전류 발생	완전지락으로발전-> 소손	지락 계전기 (GR)
6. 과전압	전선로 이상	심할 경우 절연파괴, 소손	과전압 계전기 (OVR)
7. 저전압	전선로 이상	심할 경우 토오크 저하로 정격 전류 이상의 전류가 흘러 소손	부족전압 계전기 (UVR)

   2) 기계적 원인

종 류	원 인	현 상	보호 대책
1. 구 속	과부하로 정지된 상태	정격전류의 수배 전류가 흘러 과열->소손	과전류 계전기
2. 회전자와 고정자 마찰	전동기 축의 이상	기계적 마찰에 의한 열 발생 또는 권선 마모로 과열->소손	과전류 계전기 정기적인 유지 보수
3. 베어링 마모 윤활유, 그리스부족	베어링의 노후, 윤활유, 그리스 미보충	기계적 열로 인한 과열, 소손	정기적인 유지 보수

2. 전동기 보호 대책

1) 고압 전동기

(1) 단락 보호 : 고압 PF 또는 OCR의 순시 요소
(2) 과전류 보호 : OCR의 한시 요소
(3) 지락 보호
  접지계통 - OCGR
  비접지 계통 : OVGR, DGR(SGR)
(4) 과전압 보호 : OVR
(5) 저전압 보호 : UVR
(6) 결상 보호 : POR
(7) 역상 보호 : RPR
  상기 계전기들중
 - 전류용은 CT(비접지 계통은 ZCT)
 - 전압용은 PT를 계전기 입력단에 설치해야 하며
 - 계전기 동작 신호(접점)를 차단기(주로 VC사용)에 주어 트립을 시킴.

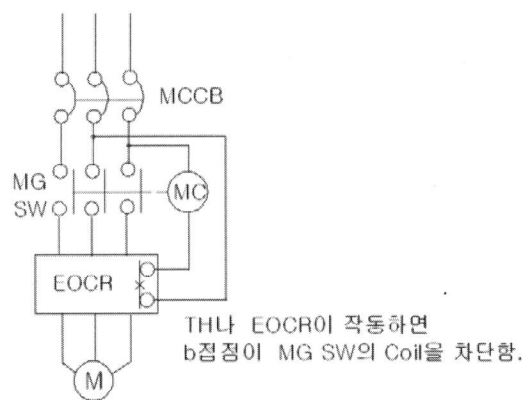

<고압전동기 보호예>

2) 저압 전동기

<저압 전동기 보호 예>

TH나 EOCR이 작동하면 b접점이 MG SW의 Coil을 차단함.

기 능	Fuse	MCCB	ELB	TH	EOCR		
					2E	3E	4E
단락	O	O	선택	선택			
과전류	Δ	O	선택	O	O	O	O
결상					O	O	O
역상						O	O
지락			O				O

1.6 IGBT(Insulated Gate Bipolar Transistor)의 동작원리와 구조, 특성에 대하여 설명하시오.

1. IGBT의 동작원리와 구조

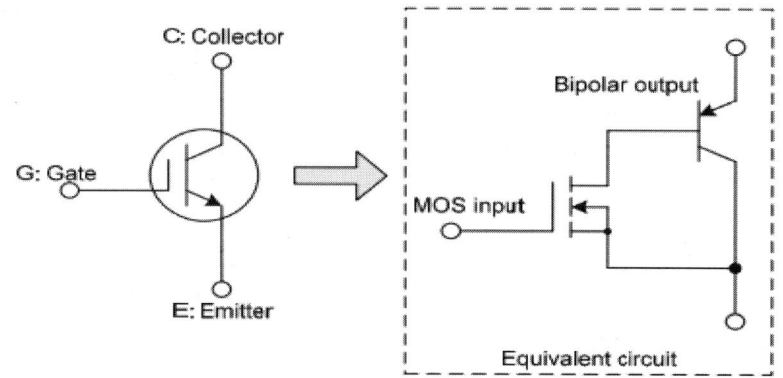

1) 절연 게이트 양극성 트랜지스터(Insulated gate bipolar transistor, IGBT)는 금속 산화막 반도체 전계효과 트랜지스터 (MOSFET)을 게이트부에 짜 넣은 접합형 트랜지스터이다.
2) 게이트-이미터간의 전압이 구동되어 입력 신호에 의해서 온/오프가 생기는 자기소호형이므로, 대전력의 고속 스위칭이 가능한 반도체 소자이다.
3) IGBT는 입력은 MOSFET 처럼 만들고 출력은 TR(BJT)로 만든 것이다.
   즉, TR과 MOSFET의 장점만 따서 만든 소자가 IGBT이다.
4) 그래서 기호도 입력은 MOSFET처럼 생겼고, 출력은 TR처럼 생겼다.
   BJT는 우리가 흔히 말하는 TR이다.

2. IGBT(Insulated Gate Bipolar Transistor)의 특성
1) IGBT의 MOSFET는 전압으로 제어하고, BJT는 전류로 제어한다.
   - 입력저항 : MOSFET >> BJT (높은것이 유리.)
   - 동작주파수 : MOSFET > IGBT > BJT (높을수록 유리)
   - 스위칭 속도 : MOSFET > IGBT > BJT (높을수록 유리)
2) 입력특성은 MOSFET와 비슷하고, 출력형태는 TR과 비슷함.
3) 과거에 전력용 반도체로 많이 사용하던 SCR, GTO, SSS등에 비하여 효율이 월등히 높다.

3. 용도
- 대전력 인버터의 주변환 소자, 무정전 전원 장치
- 교류전동기의 가변전압 가변주파수 제어(철도차량용) : VVVF

1.7 전기가열의 특징과 종류에 대하여 설명하시오.

1. 전기가열의 특징
1) 열효율이 고 효율임
2) 고온 발생
   - 일반 연소 : 1500℃
   - 아크 가열 : 5,000 ~ 6,000℃
   - 플라즈마 연소 : 수만 ~ 수십만℃ 의 고온 가능
3) 내부 가열 가능
   - 일반 연소 : 물체의 표면 가열이므로 피열체의 내부 균일 가열이 불가.
   - 전기 가열 : 직접 피열체에 통전 또는 유전 유도가열이 가능하여 열효율이 좋다.
4) 로기제어 용이
   로내에서 가열이 가능하기 때문에 고기압이 가능하고 진공처리도 가능.
5) 온도 제어가 용이함
   온도계의 지시에 따라 전력 조정을 하여 온도제어가 가능함.
6) 방사(복사)열 이용이 가능
7) 제품의 균일화
8) 공해가 적음

2. 전기 가열의 종류
1) **저항 가열**
   - $R(\Omega)$의 저항에 $I(A)$의 전류가 흐르면 $Q = 0.24 \, I^2 R t \, (cal)$의 Joule 열이 발생하는데 이 열을 이용한다.
   - 설비가 간단하고 저온에서 고온까지 광범위하게 사용할 수 있음.
2) **아크 가열**
   - 공기 중에서 수 ㎜의 전극 사이에 고전압을 가하면 공기의 절연이 파괴되어 아크가 발생한다.
   - 아크가열의 가장 큰 특징은 매우 높은 온도를 얻을 수 있는 것이다.
3) **유도 가열**
   - 교번 자계내에 도전성 물체를 두면 전압이 유기되고 이 전압에 의하여 도전성 물체내에는 유도전류에 의한 와류가 흐른다.
   - 유도가열은 이 와류에 의한 저항손으로 발생하는 주울열과 히스테리시스손을 이용하는 것이다.
   - 전극을 필요로 하지 않는 무접촉 가열방식이고 급속가열 및 고온가열이 가능함.

4) 유전 가열
   - 유전체에 고주파의 전계를 가하면 다음식으로 표시되는 열이 발생함.
     $P = V \, IR = V \, Ic \tan\sigma = 2\pi f C V^2 \tan\sigma \, (W)$
   - 이 열은 유전체 내부에서 분자간의 마찰에 의해서 발생하는 유전체 손실을 이용한 것이다.
   - 피열체 내부를 균일하게 가열할 수 있고 표면이 손상되지 않으며, 가열시간이 짧아도 된다.

5) 마이크로파
   마이크로파 영역(300MHz ~ 300GHz)의 고조파를 발생하는 마그네트론으로 전자파가 방사되면 해당 물체 내에서 분자운동에 의해 가열되는 것.

6) 적외선 가열
   - 적외선 전구 또는 비금속 발열체에서 복사되는 열을 피열체의 표면에 조사하여 가열하는 방식
   - 가열된 물체의 온도방사를 이용하는 것으로 주로 저온에 사용되고 고온을 얻기 어렵다.

7) 전자빔 가열
   고 진공중에서 직류 고전압에 의해 발생된 전자를 가속기로 가속시켜 피열체 표면에 투사하면 투사된 부분에 전자의 충돌에 의한 열이 발생

8) 레이저 가열
   - 레이저 광선을 렌즈에 의해 아주 작은 면적에 조사하여 가열
   - 미소한 면적을 국부적으로 가열하는 것이 가능

9) 초음파 가열
   - 초음파의 진동이 가해지면 가열면의 표면이 매우 빠르게 발열된다.
   - 이 표면이 다른 곳보다 많은 응력이 집중되어 진동에너지의 대부분을 소모하게 되어 가열 부위가 가열 된다.

1.8 교류전기철도의 통신유도장해 발생원인과 대책을 설명하시오.

1. 개요
   1) 유도 장해 정의
      전력선이 통신선에 근접 했을 때 통신선에 전압, 전류를 유도해서 통화 잡음 발생, 통신 설비의 절연 파괴, 기기 오동작, 인체 감전등을 유발하는 현상
   2) 유도 장해 종류
      (1) 정전 유도 장해
         - 전력선이 통신선의 상호간의 정전용량에 의한 유도 전압이 원인
         - 평상시 장해 고려
      (2) 전자 유도 장해
         - 고장시 고장전류에 의하여 발생하는 전력선과 통신선의 상호 인덕턴스 (M)에 의한 유도 전압이 원인
         - 고장시 장해 고려해야 하며 피해 정도가 더 심함.

2. 유도 장해 제한 기준(유도 위험 전압. 전기 통신 기본법)
   1) 이상시 유도위험전압   : 650 V
      다만, 고장시 0.1초 이하 차단시 : 430 V.
   2) 상시 유도 위험 종전압   : 60 V
   3) 기기 오동작 유도 종전압   : 15 V
   4) 잡음전압   : 1 mV

3. 정전 유도 전압 발생 원인

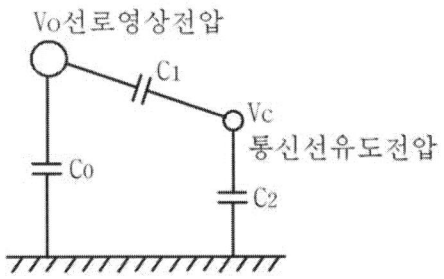

V_c : 정전 유도 전압 (V)
V_0 : 전력선 전압 (V)
C_0 : 전력선의 대지정전용량
C_1 : 전력선과 통신선의 대지정전용량
C_2 : 통신선의 대지정전용량

1) 그림과 같이 전력선로의 영상전압과 통신선의 상호 정전용량에 의한 것으로 통신선에 정전적으로 유도되는 전압
2) 정전유도전압은 전력선의 대지전압에 비례하고 주파수나 부하전류와는 무관함.

3) 분압법칙에 따라 정전유도전압 Vc = $\dfrac{C_1}{C_1 + C_2} \times V_0$

4. 전자 유도 전압 발생 원인
1) 전력선에 1선지락사고등이 발생하여 영상전류가 흐르면 통신선의 전자적인 결합에 의하여 통신선에 커다란 유도전압이 발생함
   - $e = \dfrac{d\Phi}{dt} = \dfrac{d\,Mi}{dt}$
2) 전력선과 평행인 통신선에는 전력선 전류의 변화에 따라 전자유도전압이 유기된다.
3) 통신선에 발생하는 전자유도전압 크기
   - $Vm = -j\omega M \cdot 3I_0 \cdot l = -2\pi f \cdot Zm \cdot Ig \cdot l\,(V)$

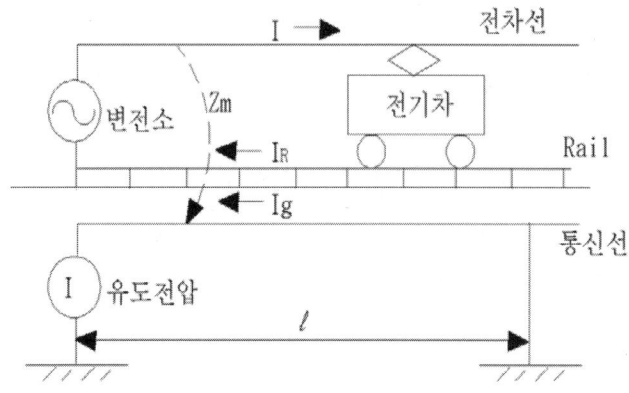

I : 전력선 전류
I_R : 레일전류
Ig : 누설전류
Zm : 상호 임피던스

5. 유도장해 대책
1) **전력 공급 측에서의 대책**
   - 통신선과의 이격거리 확보 및 통신선과의 사이에 차폐선 설치
   - 고조파 발생원에 능동 필터 설치
   - 고속도 차단방식을 적용하여 사고시 신속 차단
   - 전차선의 급전방식을 BT방식 또는 AT방식 적용하여 귀선 전류를 흡상시켜 대지 누설전류(I_g)를 최소화
2) **통신선로 측에서의 대책**
   - 전력선과 통신선의 이격거리 확보 및 전력선과의 병행거리 단축
   - 전력선과의 사이에 차폐선 설치
   - 통신선의 차폐 케이블화 및 광케이블 사용
   - 통신 설비에 수동 필터 설치
   - 회선 중간에 절연변압기 설치하여 유도 구간을 분할
   - 대지 전류를 억제토록 귀선 저항 감소

1.9 조도의 측정방법에 대하여 설명하시오.

인용 : KOSHA GUIDE G-121-2015(조도계 사용에 관한 기술지침)

1. 조도 측정시 주의 사항
   1) 측정 개시 전, 전구는 5분간 방전등은 30분간 점등시켜 놓는다.
   2) 조도계 수광부의 측정 기준면을 조도를 측정하려고 하는 면에 가급적
      일치시킨다.
   3) 측정자의 그림자나 복장에 의한 반사가 측정에 영향을 주지 않도록
      주의한다.

2. 조도측정의 방법
   1) 측정 점의 결정 방법
      - 조도계는 측정위치와 수평이 되도록 한다.
      - 측정 위치는 서서하는 작업의 경우 바닥 위 80±5 ㎝, 앉아서하는 작업의
        경우 바닥 위 40±5 ㎝, 복도·옥외인 경우는 마루면 또는 지면위 15 ㎝
        이하로 한다.
      - 측정점의 위치는 측정영역을 정하고, 영역을 동등한 크기의 면적으로
        분할하여 분할선의 교차점을 측정점으로 선정하되 10~50점이 되도록
        결정한다.

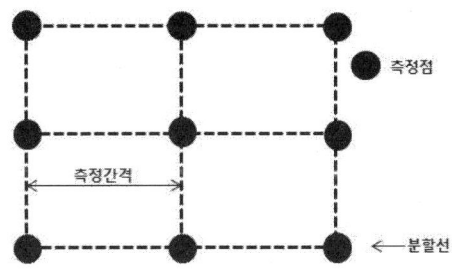

그림1 측정점의 결정방법

   2) 전체조명에서 평균 조도의 산출법
      - 측정범위의 평균조도는 단위구역마다 평균조도로 구하고 측정범위의
        평균치를 평균조도로 한다.
      - 그림과 같이 실내 중앙에 조명기구가 1등 설치되어 있는 경우 평균조도의
        산출은 다음의 식과 같이 5점법을 사용한다.

$$E = 1/6(\Sigma E_{mi} + 2E_g)$$

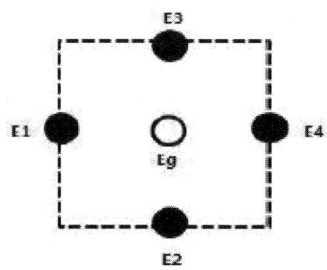

그림2. 5점법에 의한 평균조도 산출방법

3) 그 밖의 조도측정

연직면 조도, 법선 조도, 작업면의 조도 등을 구할 때는 조도계를 측정 지점에 놓고 조도를 측정하고, 연직면 조도의 측정높이는 좌식 또는 입식 작업면을 기준으로 120±5 cm로 한다.

4) 국부 조명의 조도측정

- 조명되는 장소가 좁은 경우에는 적절한 1점 또는 몇 점을 측정해서 대표시킨다.
- 조도 분포가 특별히 문제 되는 경우에는 전체조명 측정의 방법에 따라 측정을 실시한다.

3. 조도측정의 기록

1) 조명조건(전압, 측정장소, 광원, 조명 기구의 배치 등), 측정방법(조도계, 측정점 및 높이, 수평, 연직, 법선, 경사면 등의 측정면, 측정자), 환경조건(측정일, 시간 등) 등을 기록한다.
2) 측정결과는 측정점수, 평균조도, 최대조도와 최소조도 및 그 위치 등의 계산 결과를 표시한다.

1.10 고속열차(KTX)의 동력차 시스템 구성과 그 기능에 대하여 설명하시오.

1. 개요
   1) 열차를 고속으로 달릴 수 있게 하는 가장 중요한 장치는 동력시스템이다.
   2) 고속열차의 동력시스템은 구성 방식에 따라 크게 동력집중식(Concentrative Power Type)과 동력분산식(Distributed Power Type)으로 나뉜다.

2. 동력 집중식
   1) 동력집중식은 KTX, KTX-산천과 같이 열차의 동력을 열차의 일부 위치, 즉 별도의 동력차에 집중 배치하여 열차를 견인하는 방식을 말한다.
   2) 동력차는 전체 열차 편성의 전·후부 또는 전부에 위치한다.
   3) 동력차를 제외한 차량은 승객탑승을 위한 객차와 기타 서비스를 위한 차량(식당차 등)으로, 추진시스템이 탑재되지 않는다.
   4) 큰 추진력을 얻기 위해 동력차에 대용량의 추진시스템을 집중 설치한다. 따라서 구성이 단순하며, 부품수가 비교적 적고, 차량의 유지·보수가 편리하다. 반면, 가속성능이 낮으며, 궤도에 부담을 주어 유지·보수 비용이 증가한다.

3. 동력 분산식
   1) 동력분산식은 최근 국내에서 개발된 차세대 고속열차(HEMU-430X)와 같이 동력을 차량에 분산 배치해 열차를 견인하는 방식으로, EMU(Electric Multiple Unit) 차량을 말한다.
   2) 견인전동기의 수와 용량은 열차가 운행될 노선에 대한 선로 조건, 수송여객 수, 가속성능 등에 따라 결정한다.
   3) 열차의 추진시스템은 주로 승객을 위한 객실 하부에 설치되어 있다.
   4) 따라서 별도의 동력차가 필요한 동력집중식보다 열차 한 편성당 좌석 수가 늘어 승객 수송력 측면에서 경제적이다.
   5) 또한 교통수송량이 높은 구간, 지반이 연약해 축중을 낮춰 건설해야 하는 지역, 역 간 거리가 짧아 큰 가속성능이 필요한 노선 등에서는 동력분산식이 적합하다.
   6) 반면 차량가격이 높고, 소음·진동이 크며, 유지·보수 비용이 많이 들어간다는 단점이 있다.

4. 동력집중식과 동력분산식 비교
   1) 동력집중식과 동력분산식은 각각의 장점과 단점을 갖고 있기 때문에 단순 비교로 그 우수성을 결정하는 것은 어렵다.

2) 어떤 방식을 채택할지는 열차가 운행될 노선의 선로 환경 및 여객수송 요구에 따라 결정될 수 있다.
3) 일본의 경우 태평양 연안에 위치한 화산국으로서 지반이 연약하기 때문에 열차의 무게를 여러 차량에 나누어 분산시켜야 할 필요성이 있어 도입 초기부터 주로 동력분산식 고속열차를 운영하고 있다.
4) 프랑스와 독일 등 유럽지역에서는 도시 간 거리가 비교적 멀고 평야지역과 산악지역을 장거리로 운행해야 할 필요에 따라 주로 동력집중식을 운용하고 있다.
5) 최근 고속철도의 개발은 동력분산식을 채택하는 추세이다.
6) 속도 300km/h를 초과하는 고속영역에서의 점착력 한계, 궤도 유지·보수 비용 증가, 수송용량 증대의 필요성 등의 이유로 동력분산식이 주목받고 있다.
7) 지금까지 동력집중식 고속열차를 고수해 왔던 독일과 프랑스가 최근 신규 고속열차 개발 시 동력분산식으로 전환한 일본, 중국 등의 최근 건설 노선들과 브라질, 터키 등 고속철도 건설 계획 국가 등에서 동력분산식 고속열차 적용을 검토하고 있다는 사실에서 그 흐름을 알 수 있다.

구 분	동력 집중식	동력 분산식
장 점	• 동력차에 동력시스템을 집약하여 설치함으로써, 열차 전체의 부품수가 적어 차량 가격이 낮다 • 동력시스템의 구조가 간단하고, 부품수가 적어 제작비가 낮다 • 동력시스템의 대용량이 가능해 큰 추진력을 얻을 수 있다 • 객실이 동력차와 분리되어 소음과 진동이 작다 • 동력시스템의 유지보수가 용이하며, 비용이 적게 든다	• 편성조성이 다양해 수송 수요에 쉽게 대응할 수 있다 • 구동축이 많아져 가·감속 성능이 우수하다 • 동력 구동축이 분산되어 차축 중량이 작아 궤도 손상이 적다 • 편성당 좌석수가 많아 경제적이며, 동력 구동측이 많아 전기제동의 분담율이 높다 • 일부 동력시스템 고장 시에도 정상 운전이 가능하다
단 점	• 동력시스템이 동력차에 집중되어 차축 중량이 무겁다 • 차축 하중이 커져 궤도파손으로 인한 보수비가 증가한다 • 동력시스템 고장 시 정상운행이 어렵다 • 편성당 동력을 전달하는 차축수가 적어 가속력이 작다 • 제동장치의 분담률이 커서 유지·보수비가 많이 든다	• 동력장치가 분산되어 있고, 전기장치 부품 수량이 많아 유지보수비가 많이 든다 • 객실 하부에 추진시스템이 설치되어 소음 및 진동이 크다 • 추진시스템이 복잡해 제작이 어렵고, 고가이다

1.11 특고압케이블 중 CV, CNCV의 차이점과 적용 시 주의점에 대하여 설명하시오.

1. 개요
1) Cable 을 선정하는 방법도 특별한 규정이나 강제 조항은 없으며 절연성능, 냉각효과 및 환경에 대한 내성, 중간접속, 유지보수 등의 유리한 점을 고려하여 선정하는 것이다.
2) 예전에는 OF (Oil Filled) Cable 등이 범용으로 사용되었다고 하나 지금은 CV (Cross Linked Polyethylene Insulated Vinyl Sheath) Cable이 개발되어 주로 적용되고 있다.

2. 케이블 종류

용도	명칭		특징 및 구조	
전력용	CV	가교 폴리에틸렌 절연 PVC시스 케이블	도체 : 연동선 절연체 : XLPE	피복 : PVC
	CE	가교 폴리에틸렌 절연 PE시스 케이블		피복 : PE
	CN/CV	동심중성선 케이블	도체로 유입되는 수분 차단이 불가함.	
	CN/CV-W	동심중성선 수밀형 케이블	도체에 도전성 컴파운드를 충진하여 도체 수밀 구조로 개선함.(수명:23년)	
	FR-CN/CO-W	저독난연성 동심중성선 수밀형케이블	도체 : 수밀형 시스층 : 난연 무독성 폴리에틸렌 (난연성, 무독성, 저부식성, 저연성)	
	TR-CN/CV-W	트리억제형 동심중성선 수밀형케이블	XLPE에 수트리억제용 첨가물 첨가 피복 : PVC (수명연장:33년)	
	TR-CN/CE-W	트리억제형 충실 동심중성선 수밀형케이블	외피PE을 충실(Encapsulated)피복 : PE을 充實(단단)하게 압출한 구조 로서 기대 수명을 38년으로 연장	
난연성	FR-CV	난연성 전력 케이블	PVC절연 피복을 난연성 구조로 개선 (Flame Retardant PVC Sheath)	
	TFR-CV	트레이용 난연성 케이블		
	FR-8	소방용 내화 케이블 (Fire-Proof Cable)	옥내 소화전등 소화 전력용에 사용 내화측, 내열 보강층 구비	
	FR-3	화재 경보용 내열전선 (Heat Resistant)	100v이하의 비상 경보회로에 사용 내열 보강층만 구비	
저독성	HFCO	저독성 난연 전력용 케이블	피복에 Halogen Free Flame Retardant Poly-Olefin 사용	
	NFR-8	저독성 난연 폴리올레핀시스 난연 내화 케이블	FR-8의 피복에 무독성 처리	
	NFR-3	저독성 난연 폴리올레핀시스 화재경보용 내열케이블	FR-3의 피복에 무독성 처리	

2. CV, CNCV의 구조

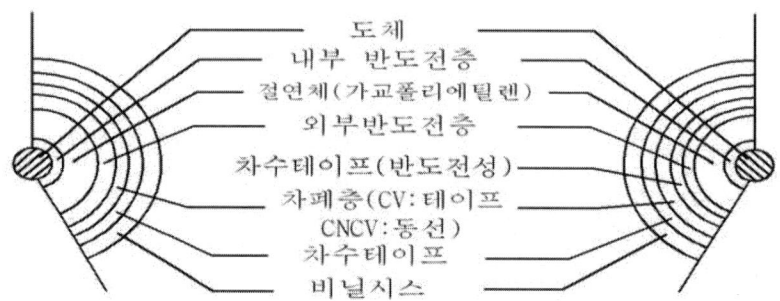

- 접지 계통(CNCV)에서는 동선으로 되어 있어 고장 전류를 흘릴 수 있도록 중성선으로 이용할 수 있다.
  (보통 중성선의 단면적은 도체 단면적의 1/3정도이다.)
- 비 접지 계통(CV)에서는 동 테이프로 되어 있음.

3. CV, CNCV의 적용 시 주의점

1) 지락 전류의 크기와 Cable Shield 의 선정
- Cable 선정시의 고려할 점은 지락 전류의 통로가 되는 Shield 가 매우 중요한 역할을 하므로 계통의 지락 전류 크기에 따라 Shield 의 구조가 달라져야 하는 것에 대하여 알아야 한다.
- Shield 가 Copper Tape 이나 Copper Braid 를 사용하지만 한전의 계통은 직접 접지 방식을 채택하므로 실제로 Conductor 의 단면적보다 Shield 의 단면적이 더 크게 되는 경우가 있다.

2) 차단 시간
- Cable 의 용량은 3상 단락 고장전류의 크기 및 차단시간, Normal Load Current 와 밀접한 관계가 있다.
- 차단시간이 짧으면 짧을수록 계통의 안정도적인 측면 이외에도 여러 가지 부수적인 면에서도 유리하므로 고속 차단기가 지속적으로 개발되어 적용되고 있는 추세이다.

1.12 레이저 저소음 고효율(자구미세화) 변압기의 특징에 대하여 설명하시오.

1. 변압기 변천 과정
1) 유입 변압기 : 기름을 사용하므로 폭발 우려와 환경 파괴우려 있음.
2) 몰드 변압기 : 주로 Epoxy 몰드형으로 유입 변압기의 단점을 보완하였으나 손실과 용량 한계가 있음
3) 아몰퍼스 변압기 : 철심의 두께를 얇게하여 무부하손을 절감할 수 있으나 가공이 어렵고 소음이 크고 용량의 한계가 있고 고가임.
4) 자구 미세화 변압기 : 아몰퍼스 변압기의 상당히 많은 단점을 보완하여 가공이 쉽고, 소음도 적고, 용량한계도 적으며 가격도 상당히 낮출 수 있는 차세대형 고효율 저소음 변압기라 할 수 있음.

2. 자구 미세화 변압기
1) 원리
   - 자구 미세화 변압기 : 철심을 일반규소강판(CGO) 또는 아몰퍼스 대신 레이저 처리한 자구 미세화 철심을 이용하여 고효율, 저소음을 가능케 한 차세대 변압기임.
   - 자구 미세화 철심 : 철심의 자구(磁區, Domain)를 아래의 방법으로 강제적으로 분할하여 철손을 개선한 것임.
     (1) 레이저 처리 방법
         규소강판을 500℃ 이상으로 열처리하여 철손을 열화 시킴.
     (2) Geared Roll에 의한 기계적 방법
     (3) 화학적 방법 등
   - 제품별 철손 비교

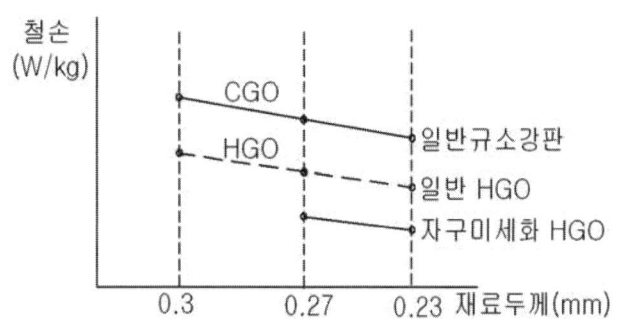

2) 특징
   (1) 저손실, 고효율
       기존의 규소 강판 철심을 레이저빔으로 가공 분자구조를 미세하게 분할하여 손실을 적게 함.
       부하손 : 30% 저감, 무부하손 : 60~70% 저감

(2) 저 소음

　　아몰퍼스 변압기는 얇은 강판 여러장을 겹쳐서 소음이 크지만 자구 미세화 변압기는 기존 규소 강판과 같은 두께여서 저 소음임.

(3) 가공이 용이

(4) 대용량 제작 가능

　　아몰퍼스 : 1,250kVA한계, 자구 미세화 변압기 : 20MVA 가능

(5) 과부하 내량 증가로 UPS, 정류기 등 변압기로도 적합

(6) 고효율 기자재로 인증되어 보급 확대 기대

(7) 아몰퍼스 변압기에 비해 저가

3. 변압기별 특성 비교

구 분	유입형 일반변압기	몰 드	아몰퍼스	자구 미세형
1. 무부하손/ 전력손실	보통	보통	작다.	작다.
2. 소음	보통	크다.	매우 크다.	아주 작다.
3. 과부하내량	보통	크다.	조금 크다.	아주 크다. 115% 연속가능
4. 제작용량	소형~대용량	비교적 소용량	1,250kVA 소용량	20MVA대용량
5. 가격	저렴	보통. 100%	비싸다. 200%	중간. 150%
5. 장점	-소음이 적다 -SA 불필요 -옥내외 가능	-절연특성 우수 -유지보수 용이 -난연성	-저손실, 고효율 -저 고조파 -과부하내량 우수	-저손실, 고효율 -저 고조파 -과부하내량 우수 -저소음 -가공용이 -대용량 가능
6. 단점	-오일유출 우려 -과부하내량 약함	-소음이 큼 -무부하손실 큼 -VCB2차 사용시 서지 영향 우려	-소음이 상당히 큼 -가공이 어려움 -고가 -용량한계	

4. 적용

1) 계절별 부하사용의 편차가 크지 않은 수용가에 유리

2) 과부하 내량 증가로 UPS, 정류기, 전산센터 등 적합

3) 고조파 발생이 심한 부하용

4) 아파트, 빌딩 등 모든 부하에 적용 가능

1.13 정전분체도장의 원리와 특징에 대하여 설명하시오.

1. 정전 도장이란
1) 정전 도장 이란 피도물에 전기를 띄우고 도장을 하는 방법으로 도료로는 액체 도료와 분체 도료를 사용할 수 있으나 대부분 분체 도료를 사용하는 방법을 채택하고 있다.
2) 분체도장(Powder coating)은 에폭시나 폴리에틸렌계의 분말 도료를 원료로, 철이나 알루미늄 등에 정전기를 이용하여 부착시켜 고온에서 용융 & 경화시켜 도장하는 방법이다.
3) 액체 페인트보다 내식성, 접착성, 내구성이 월등히 우수하고 부식방지에 뛰어나 고품질의 제품을 만드는데 널리 사용되고 있다.
4) 유럽 등 선진국에서 최초로 개발되어 국내에 도입된 도장방법으로 수요가 지속적으로 증가하고 있다.

2. 정전분체도장의 원리
정전분체도장의 방법 중에서 주로 많이 사용되는 정전스프레이 도장법은, 분체도장기의 고전압 하에서 음극(-)으로 대전된 분체도료를 피도물에 분사하여 전기적으로 부착시킨 후 고열로 가열하여 용융/경화시키는 방법이다.

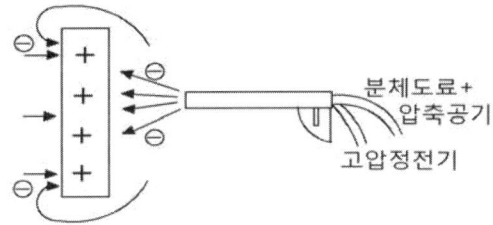

3. 정전 분체 도장의 특징
1) 장점
- 액체도장에 비해 작업공정이 간단하여 작업시간을 단축할 수 있으며 비용이 적게 든다.(경제적이다)
- 1회 도장으로 균일하고 60㎛ 이상의 높은 도막을 얻을 수 있다.
- 액체도장에 비해 부착력, 내 부식성 등 뛰어난 성능의 도막을 얻을 수 있다.
- 일반 색상 뿐만 아니라, 고기능성(대전방지용, 고내후성 등) 및 특수무늬 도장이 가능하다.
- 분체도료는 액체도료에 비해 작업시간이나 건조시간이 적기 때문에 먼지 등에 오염되지 않은 깨끗한 도막을 얻을 수 있다.
- 인체에 해로운 용제를 함유하고 있지 않아 대기오염이나 수질오염이 없어 친환경적이다.

2) 단점
   - 주머니 모양이나 각의 내면에 도장이 안 될 수 있다.
   - 스파크의 위험성이 있다.
   - 설비비가 비싸다.
   - 액체도장에 비해 상용화되어 있는 색상이 한정되어 있고, 조색이 불가능하며, 아주 얇은 도막(30미크론 이하)의 형성이 곤란하다.

2.1 BLDC(Brushless DC)모터의 동작원리와 특징에 대하여 설명하시오.

1. 개요
1) 종래의 일반 DC 모터는 효율 및 동작특성이 우수하여 동력용은 물론 서보 모터로서 널리 사용되어 왔다.
2) 하지만 브러시와 정류자의 접촉에 의한 기계적인 스위칭으로 인하여 수명이 길지 못하고 정기적인 보수를 필요로 하며 브러시에서의 전기 및 자기적인 잡음 등이 발생하여 전기기기에 장애를 주는 일 등이 발생했다.
3) BLDC(Brushless DC) 모터의 경우 이러한 DC 모터의 결점을 보완하기 위해서 브러시와 정류자 등의 기계적인 스위칭을 반도체 소자를 이용한 전자적인 스위칭을 하는 모터이다.

2. BLDC 모터의 구조 및 동작 특성
1) BLDC 모터는 계자가 회전하는 회전 계자형이다.

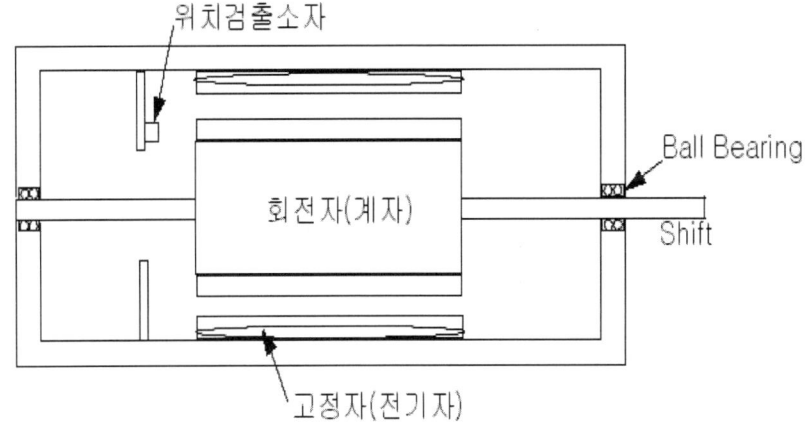

2) BLDC 모터의 동작에 있어 가장 큰 특징은 DC 모터와 같이 속도/토크 특성이 선형적으로 감소한다는 것이다.
다음은 BLDC 모터의 속도/토크 특성 곡선을 나타내었다.

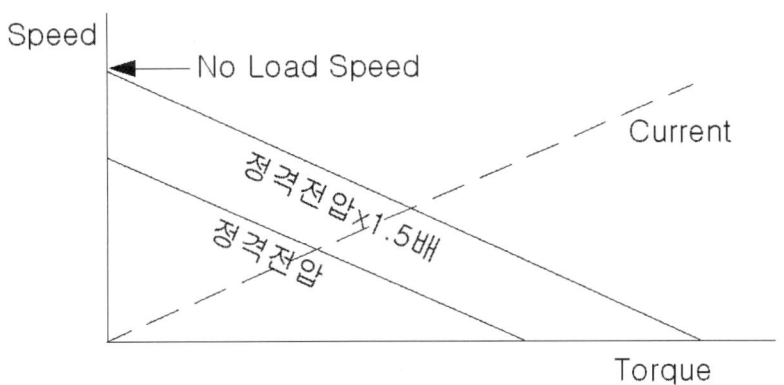

3. BLDC 모터의 동작 원리

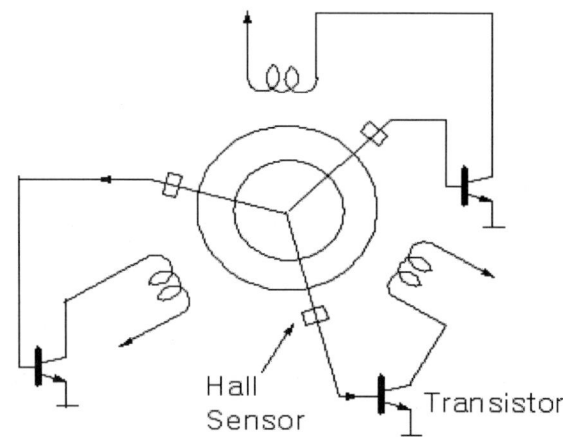

1) BLDC 모터에서는 정류작용을 위해서 브러시 및 정류자 대신에
2) 회전자의 위치를 검출하는 소자와 이 위치 정보에 따라 해당하는 고정자 코일의 전류를 스위칭하는 소자가 필요하다.
3) 위 그림은 위치 검출 소자로 홀(Hall) 소자를 사용하고 스위칭 소자로 트랜지스터를 사용한 예이다.
4) 회전자가 회전을 함에 따라서 홀 소자는 회전자의 위치 신호를 트랜지스터에 인가하고 여기서 회전 토크가 발생하도록 스위칭한다.

4. BLDC 모터의 특징
1) 신뢰성이 높고 수명이 길다.
2) 제어성이 우수하다.
3) 효율이 좋다.(브러시의 전압강하나 마찰 손실이 없으므로)
4) 전기적(불꽃 발생), 자기적 잡음이나 기계적 소음이 거의 없다.
5) 소형화, 박형화가 용이하다.
6) 고속운전이 가능하다.
7) 순간허용 최대토크와 정격토크의 비가 크다.
  - 일반 DC 모터의 경우에는 정류한계가 있지만, BLDC 모터는 정류한계가 없으므로 순간허용 최대토크를 크게 잡을 수 있다.
8) 냉각이 용이하다.
  - 일반 DC 모터에서는 회전자 측에서 열이 많이 발생하지만, BLDC 모터에서는 고정자에만 열이 발생하므로

5. 용도
테이프 레코드, 음향기기, 전산 주변기기, 의료기기등

2.2 압전체의 압전효과 및 응용분야에 대하여 설명하시오.

1. 압전 효과(Piezoelectric effect)
1) 압전(piezoelectricity)이란 가해진 기계적 압력(strain)에 대응하여 특정 고체물질(결정 혹은 특정한 반도체등)에 축적되는 전하를 말한다.
2) 이 단어는 짜거나 누르는 것을 뜻하는 그리스 단어인 piezein과 고대 전하의 원천인 호박이라는 뜻의 elektron에서 유래되었다.
3) 압전 효과란 물체에 압력(strain)을 가했을 때 분극(polarization)이 변하는 것을 말한다.
4) 압전효과가 일어나기 위해서는 그림 1과 같이 압력이 가해졌을 때 물질의 이온결정 구조가 변해서 +이온들의 중심과 -이온들의 중심이 어긋나 대칭이 깨져 쌍극자 모멘트가 생성되고 물질 전체에 걸쳐 분극(polarization)이 형성 되어야 한다. 이를 central symmetry breaking이라 한다.
3) 예를 들어 석영은 처음 상태에선 분극이 없지만, 압력(strain)이 가해지면 분극이 형성되면서 압전 효과가 나온다.
4) 만약 강유전체(ferroelectric)와 같이 이미 분극이 존재한다면 압력이 가해짐으로써 분극이 커지거나 작아지게 된다.

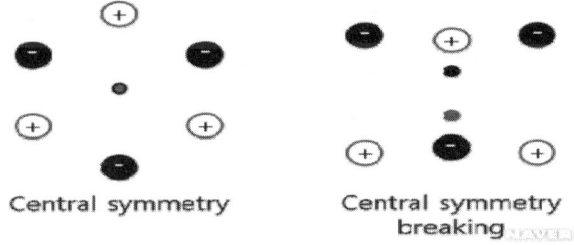

그림 1. Central symmetry 와 Central symmetry breaking에 대한 간단한 모식도

2. 압전효과 응용분야
1) 발전기
- 압전효과를 이용하여 유전체를 발전기로 이용할 수 있다.
- 이미 분극이 있는 물질에 전극을 달았다고 생각할 때 물질의 분극방향이 한쪽 전극에는 +전하가 쌓이고, 또 다른 전극에는 -전하가 쌓인다.
- 한편 물질에 압력(strain)을 걸어준다면, 물체의 모양이 변하면서 분극사이의 거리가 벌어져 쌍극자모멘트의 크기가 커지므로 분극의 크기 또한 변하게 된다.
- 분극의 크기가 변하게 되면 한쪽의 전극은 분극의 +전하가 멀어지고 -전하가 가까워졌으므로 +전하가 더 많이 쌓일 것이고, 마찬가지로 다른 한쪽의 전극은 -전하가 더 많이 쌓이게 된다.

- 이것이 압전효과를 이용한 발전기의 간단한 원리이다.
- 압전효과가 물체에 기계적 힘을 가해서 전기적인 현상을 일으켰다면, 반대로 전기적 힘을 가해주어 물질의 기계적 변형을 일으키는 것도 가능하다.

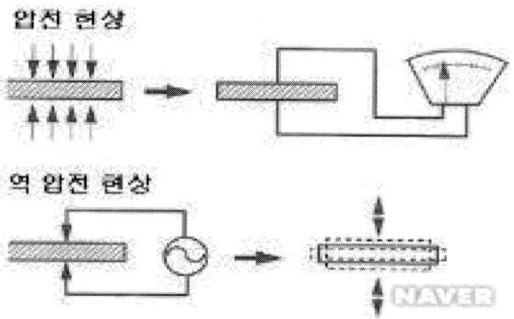

- 이를 역압전효과(converse piezoelectric effect) 혹은 2차 압전효과라고 하는데, 물질에 전기장을 가하면 물질의 이온들이 전기장의 영향을 받아 이온결정구조가 변화하게 된다.
- 따라서 분극이 변화하게 되고 물질의 결정 구조가 변화하였으므로 물질의 모양이 변하게 된다.

2) 압전 마이크
   얇은 진동판과 고정 전극판이 마주 보고 있는 구조로 소리의 진동에 의해 축전기 사이가 변하여 전압이 변하는 원리 이용

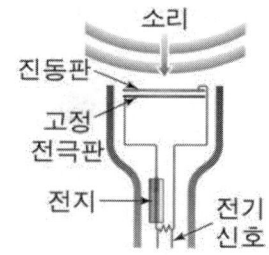

3) 압전 스피커
   진동판 역할을 하는 금속판에 압전성 세라믹을 붙여 만드는 평판스티커를 말한다.

4) 기타 응용분야
   - 잉크젯 프린터(piezoelectric inkjet printing)
   - 고전압 생성
   - 전자 주파수 생성
   - 미량 천칭(저울)
   - 초음파 노즐의 구동
   - 광학 어셈블리의 미세한 초점조절 등에 이용된다.

2.3 리튬이온 전지(Li-ion Battery)의 동작원리와 특징을 쓰고, 이것을
    전기에너지 저장장치(ESS)에 사용할 경우 안전대책에 대하여 설명하시오.

1. 리튬 이온 전지
  1) 구조 및 원리

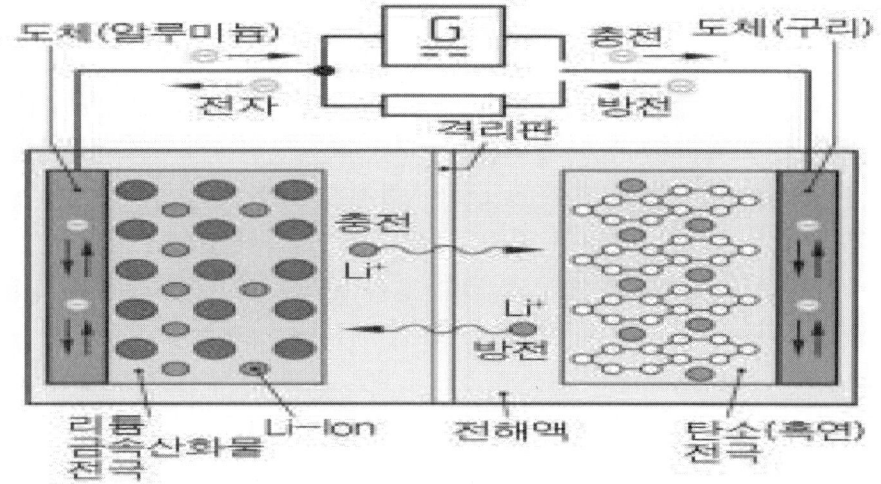

  - 그림은 리튬이온 전지의 원리를 나타낸 것으로서 전지가 충전될 때 리튬
    이온은 분리막을 통해 양극에서 음극으로 이동하며 이때 충전전류가 흐른
    다.
  - 반대로 방전될 때 리튬이온은 음극에서 양극으로 이동하며 방전전류가
    흐른다

  2) 특징
    - 1989년 새로운 2차전지로 음극이 MoS2인 리튬-금속 전지가 상용화되었으나
      안전성 문제가 발생하였다.
    - 이를 해결하기 위해 리튬-금속 대신 음극에 탄소 물질이, 양극에 LiCoO2가
      이용되었다.
    - 상용 리튬이온 전지는 니켈(Ni), 코발트(Co) 또는 망간(Mn)의 산화물을 기
      본으로하는 양극재료를 사용하며, 탄소를 음극재료로 사용하여 평균 전위
      차가 3.6V로 높은 전지 전압을 나타낸다.
    - 리튬이온 전지는 충방전에 따른 재료의 용적변화가 적은 층간화합물 재료
      를 사용하기 때문에 납(Pb)이나 카드뮴(Cd) 등을 사용하는 전지에 비해 수
      명 특성이 현저히 개선된 전지이다.
    - 리튬이온 전지의 무게당 에너지밀도는 1992년 상용화 당시에는 75Wh/kg 였
      으나 1999년 현재 약 150Wh/kg에 이르는 등 대폭적인 성능향상을 가져왔
      다.

이는 니켈 금속 수소화물 전지보다 2배, 니켈 카드뮴 전지보다 3배나 우수한 것이며 체적대비 에너지 밀도의 경우, 각각 1.5배, 2.5배 정도 뛰어나다.
- 리튬이온 전지의 이같은 성능으로 Ni-Cd, Ni-MH 등의 기존 전지를 대신하여 이동 전화, 휴대용 노트북 컴퓨터 등을 위한 동력 자원으로 광범위하게 이용되고 있다.

2. 리튬이온 전지를 사용한 전기에너지 저장장치(ESS) 안전대책

1) ESS 화재 원인
- 최근에 에너지 저장 장치인, ESS의 화재가 자주 발생한고 있다.
- 그 중에서 4건은 '배터리 결함'이라는 조사 결과가 나왔다.
- 따라서 정부는 ESS 화재사고 조사 결과 보고서를 발표하였고, 신규 설비의 충전율 제한 조치를 의무화하고 안전 대책을 시행한다고 밝혔다.
- 충전율 제한 조치는 옥내 80%, 옥외 90%로 최근 발생한 화재 중에서 여러건이 배터리 이상으로 화재 원인을 추정하고 있다.

2) ESS 화재 안전 대책
① 정부측의 충전율 제한 조치(80% 또는 90%)
② 옥내 설비의 옥외 이전
③ 사고 원인 규명을 위한 운영 데이터 보관(블랙박스 설치)
④ 지락감시장치 설치 : 절연성능에 이상 발생시 이를 감지하고, 절연상태를 실시간 모니터링
⑤ 소프트웨어 업데이트를 통해 안전성을 강화
⑥ 온도·습도·먼지 등 ESS 사이트 운영환경의 철저한 관리
⑦ 원격 모니터링 : 원격으로 배터리 진단, 분석, 예측
⑧ 모듈퓨즈, 랙퓨즈, 서지 프로텍터 등의 안전장치 설치
  · 모듈퓨즈, 랙퓨즈 : 전류가 세게 흐르면 전기 부품보다 먼저 녹아서 전류의 흐름을 끊어주는 안전장치
  · 서지 프로텍터 : 외부 이상전압이나 전기적인 과도 신호로부터 제품을 보호하는 장치
⑨ 정기교육 등

2.4 전기철도의 전기 공급방식 종류와 선정 시 고려사항에 대하여 설명하시오.

1. 개요
- 교류방식은 일반적으로 변전소로부터 수전하는 3상의 상용 전원을 단상변압기 또는 3상/2상 변환장치에 의해 단상교류전기를 공급하여 운전하는 방식으로 세계전기철도의 약 57%가 이 방식을 채택하고 있다.
- 교류식 전기철도는 방식은 상별, 주파수별, 전압별로 분류되며, 급전방식에 따라 직접방식, 흡상변압기방식(BT), 단권변압기방식(AT) 으로 분류된다.

2. 전기철도 분류

전기방식	주파수	전압종별	비 고
직류방식	-	600, 750, 1500, 3000V	1500V를 많이 사용
3상 교류식		사용 않함	
단상 교류식	$16\frac{2}{3}$, 25[Hz]	6.6kV, 11kV, 15kV	일부 사용
	50[Hz]	6.6kV, 16kV, 20kV, 25kV	60Hz, 25kV를 많이 사용
	60[Hz]	25kV	

3. 전기 방식 선정시 고려사항 < 전. 인. 수/ 선. 장이 경. 기를 한다>
1) 전력 수급 조건
    공급받는 계통의 표준전압, 공급가능 용량등
2) 인접 구간의 전기 방식
    인접 구간의 표준 전압, 연계 가능성, 운영 효율성 등을 고려
3) 수송 조건
    - 수송 대상이 여객, 화물, 여객 화물 동시
    - 수송량의 대소관계등
4) 선로 조건
    선로가 지상, 지하, 터널인지 여부와 지장물등과의 이격거리등
5) 장래 계획
    도시 개발, 공업화등 교통 수용 예측과 장래 전철 확장 계획등
6) 경제성
    초기 투자비 와 투자 효과등
7) 기타
    통신 유도 장해, 전식 장해등

4. 직류 방식과 교류 방식 비교

구분	직류 방식	교류 방식
정의	일반 전력계통에서 수전한 특별고압 교류전력을 전철변전소의 변압기로 강압하여 정류기에 의해 직류 1,500V로 변환하여 전차선로에 공급함.	-일반 전력계통으로부터 수전한 특고압 또는 초고압의 교류전력을 전철변전소에서 Scott변압기로 강압하여 전차선로에 공급함. -여러가지 전압과 주파수방식이 있으나 최근에는 25kV방식을 주로 사용.
장점	1. 견인특성이 우수한 직류 직권전동기를 사용해 전기차 설비가 간단함 2. 전압이 낮아 전차선로 및 기기의 절연이 쉽다. 3. 통신선의 유도장해가 적음	1. 변전소 설비 간단(변압기,차단기등) 2. 전차선 전압이 높아 전압강하가 및 전력손실이 적음 3. 전차선전류가 작아 보호방식이 간단하고 고장선택차단이 쉬움 4. 전기차내 변압기에 의해 차내 전압을 자유롭게 사용할 수 있음 5. 전류가 적어 집전이 쉬움 6. 전식피해가 없음

단점	1. 전차선의 전류가 크므로 전압강하 큼 (변전소 간격 : 3~5km)
	2. 대전류이므로 사용전선이 굵어야 함
	3. 고장전류 선택차단이 어려움
	3. 누설전류에 의한 전식 발생
		1. 고전압이므로 절연이격거리가 커야 함
		2. 3상 전원 계통에 전압 불평형 발생
		   대책 : SCOTT결선
		3. 터널내 단면적이 커서 건설비 증가
		4. 차량이 변압장치등으로 복잡함
		5. 근접 통신선로에 유도장해 우려
		   대책:BT,AT급전방식

5. 결론
1) 철도를 전철화 함으로써 철도운영은 경영 합리화 할 수 있으며, 수송서비스 향상은 물론 친환경 적인 교통수단으로 전기 철도의 특성을 살릴 수 있다.
2) 그러나 철도 전철화는 많은 초기투자비를 필요로 하기 때문에 수송수요에 따른 전반적인 건설비, 유지보수비, 에너지 이용효율 등 종합적인 경제성, 도시 및 지역 특성을 분석하여 직류방식으로 할 것인지, 교류방식으로 할 것인지 결정해야 한다.

2.5 중앙감시설비 설치를 계획하려할 때 기본기능, 배선, 중앙감시실의 위치,
배치 및 환경조건에 대하여 설명하시오.

1. 중앙감시설비 기본기능
   1) 원격계정(Tele-metering) 및 자동기록(Logging)
      모든 자료를 주기적 또는 기록을 요하는 사항 발생시 자동으로 측정 기록한
      다. (전압, 부하량, 무효전력, 역율, 전력량, 주파수, 운전시간 등)
   2) 원격감시(Super vision)
      전력계통 및 송, 배전선의 각종 차단기, 보호계전기, 주 변압기 등의 TAP
      위치, 소비전원의 상태 등을 원방 감시.
   3) 원격제어(Remote Control)
      변전실의 무인운전이 가능하도록 차단기의 원격투입 조작과 변압기의 전압
      조정 등을 원격지에서 조작.
   4) 자동경보기능(Alarming)
      변전실의 화재, 출입문의 상태 등 보안상태와 전력계통의 이상발생, 사고
      등을 분석하여 경보 및 상태를 기록.

2. 중앙감시설비 배선

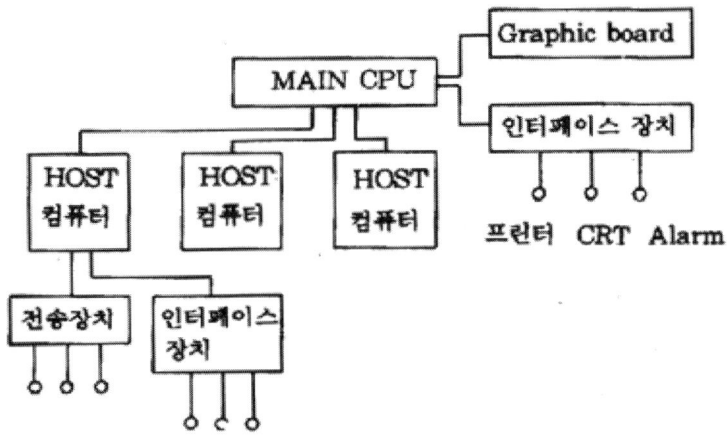

   1) 외부 배선과 패널 간의 배선은 전자유도 등의 전기적인 노이즈에 의한
      장애를 일으키지 않도록 시공한다.
   2) 특수한 케이블을 사용하는 경우는 제조자가 지정하는 공법으로 시공한다
   3) 전력선에 의한 간섭 현상을 줄이기 위해서는 다음사항에 따라 시공한다.
      - 신호선과 전력선과의 병행배선은 피한다.
      - 병행 배선이 불가피할 시에는 최소 30 cm 이상 이격한다.
      - 실드선일 경우에는 실드를 계기반 측에서 완전히 접지시킨다. 다. 터미널
        및 배선의 접속 시에는 접촉 저항이 최소가 되도록 하고 터미널 접속
        시에는 터미널 러그, 스프링 와셔 등을 사용하여 조인다.

- 전선끼리의 중간접속은 피해야 하며 접속이 불가피할 경우에는 열 수축형 튜브를 사용한다.
- 전선관에 전선을 입선할 시에는 전선에 너무 큰 인장력이 가해지지 않도록 한다.
- 전선의 입선 시에는 전선을 미리 자르지 말고 전선드럼을 직접 돌려가게 하여 전선에 낭비가 없도록 한다.

4) 모든 전선에는 식별번호를 표기한다.
5) 차폐용 케이블은 접지를 해야 한다.

3. 중앙감시실의 위치 및 배치

1) 건축적 고려사항
   - 장비의 반. 출입이 용이할것
   - 유지 보수에 충분하게 벽, 천정과 이격 시킬 것
   - 전기 기기실끼리 집합되어 있을 것
   - 불연재료 재료로 건축되고 출입문은 방화문을 사용할 것
   - 배수가 가능할 것

2) 전기적 고려사항
   - 부하의 중심에 있고 전원 인입, 간선 배선이 편리 한 곳
   - 장래 증설이 가능 할 것
   - 기술 발달에 따른 신 제품을 사용하여 효율성, 편리성을 기할 것

4. 중앙감시실의 환경조건

1) 환기가 잘되는 곳 또는 환기 시설을 할 것
2) 고온의 장소를 피하고 필요시 냉, 난방을 할 것
3) 다습한 장소를 피하고 필요시 제습 장치를 할 것
4) 화재나 폭발의 위험이 없는 장소
5) 염해에 대하여 고려할 것
6) 부식성 가스나 유해성 가스가 없는 곳
7) 홍수, 침수의 우려가 없는 곳
8) 배수나 배기가 용이 할 것
9) 방음 시설을 갖출 것

5. 기타 고려사항

1) 가능한 전력설비, 소방설비, 약전설비등을 한곳에서 감시 및 제어가 가능 하도록하여 관리비용 및 에너지 절감이 되도록 한다.
2) 근무자의 휴식공간을 고려한다.

3) 방재센타와 공용하는 경우는 방화구획을 하고 지하1층 또는 피난층에 위치하여야 하고 기타 지하층일때는 특별 피난 계단으로부터 5M 이내에 설치하여야한다.
4) 조명, 환기, 공조를 일반 사무실에 준하여 설계하고 바닥은 배선과 장비효율을 고려하여 액세스 플로워로 시설한다.
5) 수변전실, 발전실등과 가까이 배치한다.

2.6 초고압 수변전설비를 계획할 때 가스절연변전소의 장·단점, 설비진단기술 적용 시 유의사항에 대하여 설명하시오.

1. GIS 구성

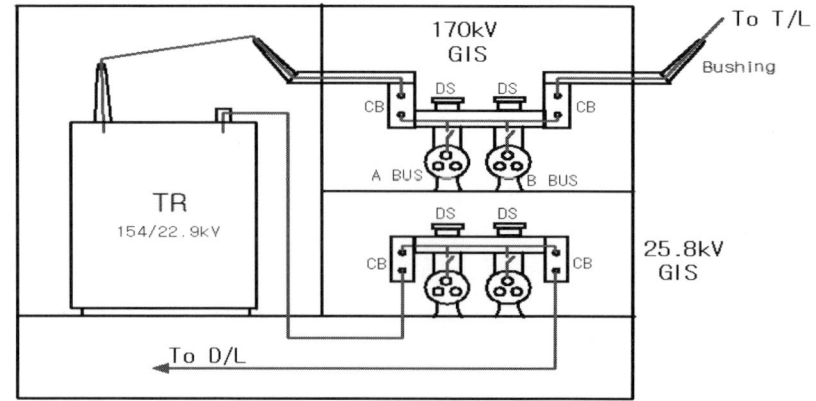

1) 가스 차단기 (C.B)
   SF6를 이용하여 차단 성능이 우수하다.
2) 단로기 (D.S)
   금속 용기내에 절연 Spacer로 지지하는 고정 도체와 절연 막대에 의하여 움직이는 이동 도체로 구성됨
3) 접지 개폐기 (E.S)
   GIS의 접지 상태를 유지하는 개폐기로서 절연 Spacer로 지지하는 도체인 고정 접촉자와 스프링 조작으로 움직이는 가동 접촉자로 구성 됨.
4) 피뢰기 (L.A)
   SiC소자를 이용한 Gap형과 ZnO를 이용한 Gapless방식이 있음
5) 기타
   - 계기용 변압기 (P.T)
   - 계기용 변류기 (C.T)
   - Bus Bar
   - Cable Bushing등

2. GIS의 특징
 1) 장점
   (1) 설치 면적의 축소
      절연 내력이 우수한 가스를 이용하여 설비를 대폭 축소하여 종래의 변전설비에 비하여 면적이 1/10~1/20까지 축소되었고 특히 옥내 설치도 가능하다.

(2) 안전성
  모든 충전부를 접지된 탱크 안에 내장하여 SF_6 Gas로 격리하여 감전의 위험이 없다. 또한 SF_6 Gas는 불연성이므로 화재의 위험성도 적다.
(3) 신뢰성
  염해, 먼지 등에 의한 오손이 적고, 내부 사고시 격실간 구획이 되어있어 사고 확대가 방지되므로 그만큼 신뢰성이 높아진다.
(4) 친 환경
  - 개폐기 등 기기가 거의 밀폐되어 있으므로 조작 중에 소음이 적다.
  - 기름을 사용하지 않아 화재의 염려가 적어진다.
(5) 공기 단축 : 조립 및 시험이 완료된 상태에서 수송, 반입 되므로 현장에서 설치가 간단하고 공기 단축이 가능하다.
(6) 유지 보수 간단 : 기기가 밀폐 용기 내에 내장 되므로 열화나 마모가 적어 보수가 거의 필요 없다.
(7) 종합적인 경제성 : GIS 기기는 비싸지만 용지의 고가 및 환경 대책 비용 등을 고려하면 오히려 경제적이다.

2) 단점
(1) 내부를 들여다 볼 수 없어 육안 점검이 불가능
(2) SF_6 가스의 압력, 수분 함량 등에 세심한 주의가 필요
(3) 사고의 대응이 부 적절할 경우 대형사고 유발 염려가 있음.
(4) 고장 발생시 조기 복구가 어려움
(5) 한냉지에서는 가스 액화 방지 장치가 필요함.
(6) SF_6 가스가 오존층을 파괴 할 수 있으므로 절대 누기가 되지 않도록 주의해야 한다.

3. GIS 진단 기술
1) 부분 방전 검출법
GIS내부의 미립자 또는 돌기부에서 발생하는 미소코로나 측정 방법으로 측정하는 방법으로는 다음과 같은 것이 있다.
- UHF 센서 이용 검출
- GPT법
- 진동 검출법
- 연피 전극법
- 전자 커플링법

2) 초음파 검출법
- 탱크내 도전성 이물질이 있는 경우 내부에서 운동을 일으킴.

- 이물질이 탱크와 충돌하면 초음파가 발생하므로 이 초음파를 측정하여 내부 확인

3) SF_6 가스 압력 측정법

    SF_6 가스 압력 측정하여 가스 누기 확인

4) SF_6 가스 성분 분석

    부분방전 발생 및 콘택트 접촉 불량에 의한 국부 과열 때문에 SF_6 가스가 분해되어 여러 종류의 분해가스가 생성된다.
    이 분해가스를 센서로 검출하여 측정 감도를 측정한다.

5) X선 촬영법

    내부 기기 파손, 볼트이완, 접촉부 개극 상태, 접촉자 소모 상태 등 확인

6) 저속 구동법
    - GIS 구동부를 외부에서 저속으로 조작하여 기계부분의 이상 유무 확인
    - 평상시의 약 1/100속도로 조작 구동력과 스트로크 등을 측정

7) 절연 스페이서법
    - GIS 내 전계를 완화하기 위해 절연 스페이서에 금속 링이 매입된 장소가 있다.
    - 그 링(매입 센서)을 이용하여 정전용량 분압의 원리로 부분 방전 펄스를 검출하는 방법이다.

3.1 태양광발전시스템 구성에서 독립형, 계통연계형 시스템에 대하여 설명하시오.

1. 독립형 시스템
 1) 개요
    - 독립형 태양광(Off-Grid)시스템은 외딴 섬과 같이 전기가 들어오지 않는 지역에서 계통연계하지 않고 독립적으로 태양광발전으로만 전기를 저장하고 공급하는 시스템이다.
    - 독립형 시스템은 전기를 발전하는 태양광모듈, 심야나 악천후에도 전기를 쓰기 위해서는 발전된 전기를 저장해 둘 축전지(battery), 그리고 발전된 직류를 우리가 사용하는 교류로 변화해주는 인버터(inverter)로 구성되어 있다.

 2) 독립형 태양광 발전시스템 구성기기

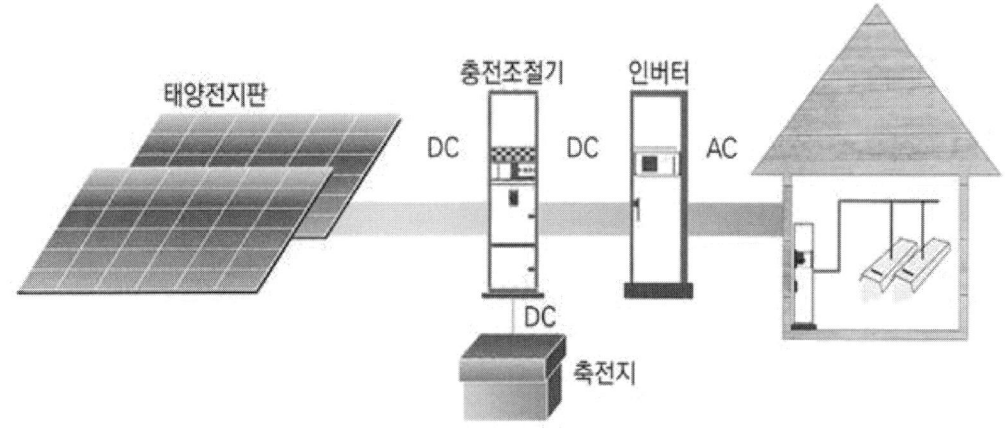

① 태양전지 : 태양에너지가 입사되어 전류를 생성시키는 곳
② 접속함 : 모듈에서 발산된 직류(DC)전력을 모아 인버터로 전달하는 기기
③ 인버터(Inverter) : 태양전지에서 생산된 직류전기(DC)를 교류전기(AC)로 바꾸는 기기
④ 축전지(Battery) : 낮에 생산된 전기를 밤에 사용할 수 있도록 전기를 저장하는 기기
⑤ 모니터링 시스템 : 시스템의 상태를 파악하고 고장 및 이상을 진단

 3) 적용
    ① 상용전력이 없는 산악지대 및 섬지역에서는 전력배전선과 연계하지 않은 독립형 시스템이 사용된다.
    ② 소규모로는 가로등이나 방재무선시스템, 도로 정보표지판 등에 적용
    ③ 상용개통의 지원이 없기 때문에 부하 소비량은 태양광 발전량 이하로 제

한된다.
④ 연속 강우시에는 태양광발전이 되지 않으므로 축전지 방전으로 부하급전을 하며 부조일수를 계산하여 축전지의 양을 결정한다.
⑤ 독립형 태양광 시스템에 적용되는 축전지는 매일 충방전을 반복하고 기계적으로 조합하여 유지보수가 곤란한 지역에 설치되는 경우가 많다.
⑥ 축전지의 기대수명은 베터리의 방전심도, 방전횟수, 사용온도에 의해 크게 변할 수 있다.

2. 계통 연계형 시스템
1) 상계 처리형 및 자가용형

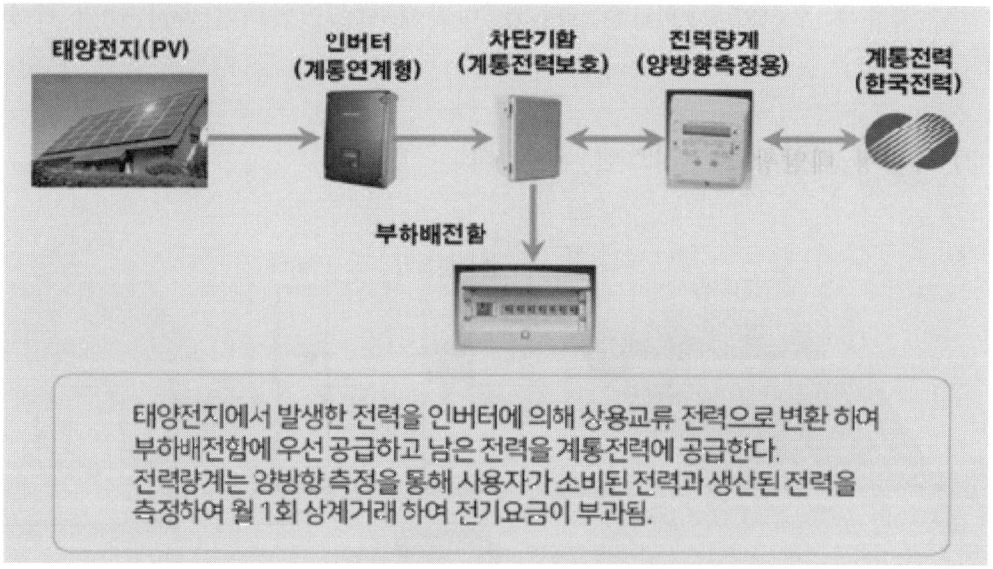

2) 발전 사업형

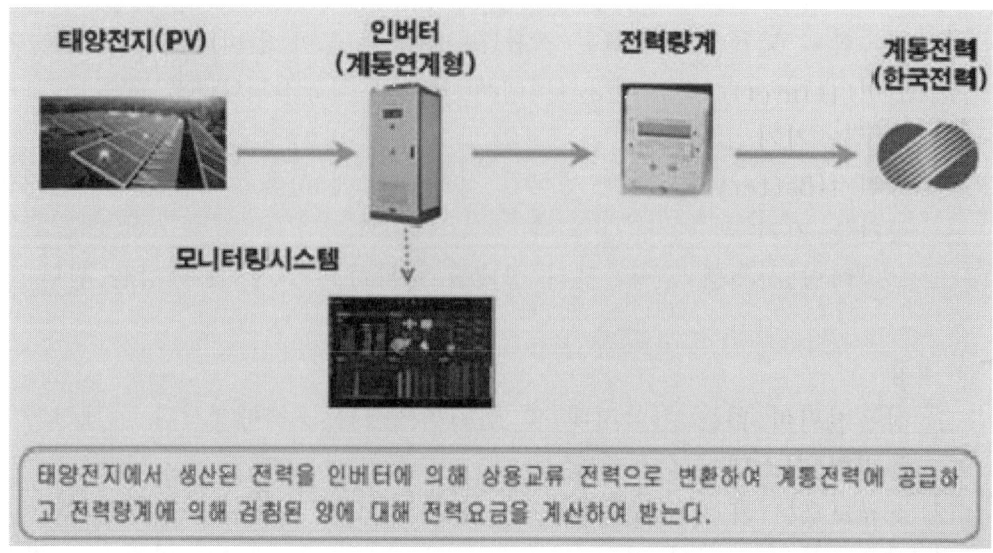

3) 계통연계형 한전계약 유형

구 분	상계 처리형	자가용 형	발전 사업형
목 적	전기요금 절감	전기요금 절감 + 전력판매	전력판매
설비용량	1kW~1,000kW이하	10kW초과~1,000kW이하	1kW~
장 점	인허가 없이 쉽게 설비 가능하고 10kw 초과 설비시 고객희망에 따라 SMP를 연1회 현금정산 가능 ※현금 정산시 사업자 발급 필요	인허가 없이 쉽게 설치 가능하고 생산된 전기를 직접 사용할 수 있고 남은 전력을 판매할 수 있음.	건물 REC 가중치가 높음 ※가중치:건물:1.5, 토지:1.2, 임야:0.7
단 점	현금 정산시 REC지급 없음	부하에 우선사용하고 잉여량 송전 생산 시 부하에 즉시 소비되는 전력량을 제외하고 한전송전전량 SMP/REC 판매. REC가중치 낮음(1.0)	인허가 절차에 따른 기간이 많이 소요됨 (3~5개월) ※생산전력을 직접사용 불가
전력수익 형태	한전과 상계거래약정 (월1회 상계거래) ※10kW초과 시 잉여량 연1회 현금지급	한전과 전력수급계약 (자가소비 후 잔여량 송전 월1회 판매)	한전과 전력수급 계약 (발전된 전력전량 송전 월1회 판매)

※ 넓은 의미의 분류로 보면 상계거래형도 자가용으로 볼 수 있음.

3. 하이브리드형 시스템

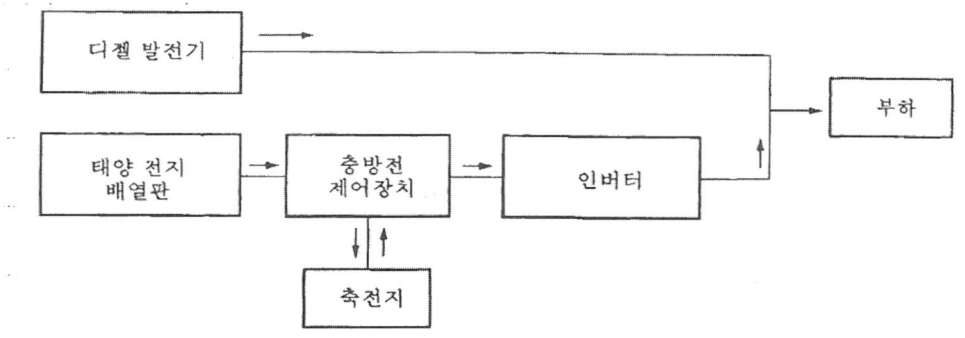

- 태양광 발전 시스템과 디젤 발전기를 조합시켜 운전하여 안정성 향상
- 디젤 발전기 대신 풍력발전, 연료전지 등 신재생에너지 이용 가능.

3.2 3상 권선형 유도전동기와 농형 유도전동기의 기동방법에 대하여 설명하시오.

1. 전동기 종류

종 류	구 성	기동. 제어방식	원 리
직류전동기		직권전동기 분권전동기 복권전동기 타여자전동기	고정자:영구자석or전자석 회전자:코일,정류자,브러쉬 　　　:직류공급
3상농형 유도전동기		<기동법>	회전자:단락링 회전자계에 의해 역기전력과 전자력 발생(운동)
권선형 유도전동기		비례추이 :저항값과 　슬립이 비례 2차저항법, 2차임피던스법	1차:농형과 동일 2차:권선을 감고 슬립링과 　　브러쉬통해 외부로 인출
단상 유도전동기		분상시동형 콘덴서 시동형 반발시동형 쉐이딩코일형	교번자계이므로 회전자계를 얻을 수 없어 시동 권선을 둠
동기전동기		V곡선:여자전류에 따른 Ia관계 난조,탈조	고정자:유도전동기와 동일 회전자:돌극형,여자코일을 감고 직류 공급

슬립링	브러쉬	정류자
권선형 유도전동기의 회전자 2차 저항 인출	슬립링, 정류자에 사용	직류전동기 회전자에 직류공급 정류자를 거치면 직류가 교 류처럼 동작

2. 권선형 유도 전동기 기동 방법

1) 2차 저항 시동법 (15KW 중용량 이상 규모에 적당함)
- 2차 저항의 크기로 시동 토오크를 크게함과 동시에 시동 전류를 제한
- 저항치 최대 위치에서 시동하여 속도가 상승함에 따라 저항을 줄여 최후에는 저항을 단락하여 운전 상태로 들어감.
- 기동 전류는 정격전류의 100~150%

2) 2차 임피던스 기동법
- 기동시 2차 주파수는 1차 주파수와 같고 이때 $\omega L \gg R$로 대부분 전류는 R로 흐른다.
- 속도가 상승하면 2차 주파수는 0에 가까워져 $\omega L \ll R$로서 대부분 전류는 L 쪽으로 흘러 손실을 줄인다.

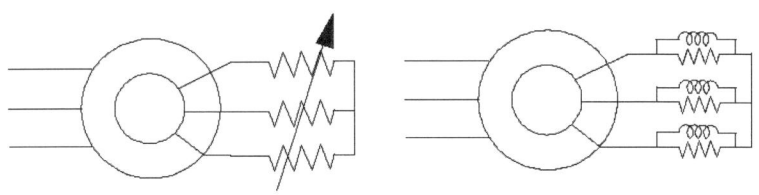

< 2차 저항 기동법 >   < 2차 임피던스 기동법 >

3. 3상 농형 유도 전동기 기동 방법

기동방식	220V	380V	적 용
전전압 기동	7.5kW 이하	11kW 이하	소용량
Y-△ 기동	22kW 이하	55kW 이하	중규모 부하
리액터 기동	22kW 초과	55kW 초과	대용량 부하
기동 보상기 (콘돌퍼 기동)			
크샤 기동	소용량		
VVVF 기동방식	기동전류가 적고 안정적 기동 및 속도제어 가능		

1) 직입(전 전압) 기동 방식

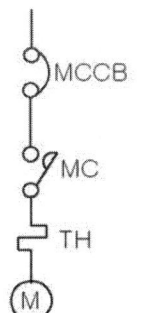

- 별도의 기동기를 사용하지 않고 선로 전압 전전압으로 기동
- 장점 : 작동 방법 간단
  설치비 저렴
- 단점 : 기동전류 크다(전부하 전류의 5~7배)
  기동시 선로에 전압강하등 악영향.
- 적용 : 11kW이하(380V급)의 소용량

2) Y-△ 기동 방식

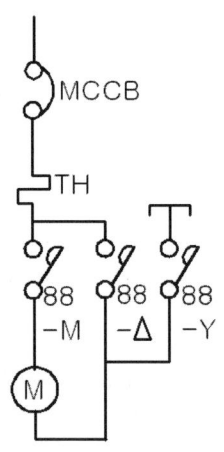

- 전동기 각상에 $\frac{1}{\sqrt{3}}$ 의 전압이 걸림
- 토오크는 전압의 제곱에 비례하므로 $\frac{1}{3}$ 이 됨
- 기동전류 : 전전압 시동시의 $\frac{1}{3}$
  (즉, 정격 전류의 약2배)
- 장점 : 기동장치가 비교적 간단
- 단점 : 별도의 기동장치 필요
  Y에서 △로 변환시 무전압 시간 발생
- 적용 : 15kW 이상 55kW이하 중규모 부하

3) 리액터 기동 방식

- REACTOR기동시 TAP을 80%로 낮추면 전압이 80%로 낮춘 결과가 되고 전압이 80%로 낮춰지므로 전류도 80%로 낮춰지고 토르크는 전전압의 64%가 됨.
- TAP을 60%로 낮추면 전류는 60%가 되고 토르크는 36%가 됨.

- 장점 : 기동 보상기 방식보다 간단.
- 적용 : 대용량 부하 (55kW이상)
  기동시 저 잡음을 요하는 장소
- TAP : 50-65-80 형을 주로 사용함

4) 기동 보상기(콘돌퍼) 기동 방식

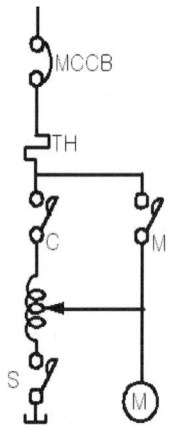

	M	C	S	V	I	T
기동보상기	X	O	O	$1/\alpha$	$1/\alpha^2$	$1/\alpha^2$
리액터	X	O	X	$1/\alpha$	$1/\alpha$	$1/\alpha^2$
운 전	O	X	X	1	1	1

- 기동시 단권변압기를 이용하여 전동기의 단자전압을 50~80%로 저감하여 기동한 후 일정시간 후 전전압으로 전환 운전 방식
- 기동전류 : 직입기동전류 × (보상기TAP(%))²
- 기동토크 : 직입기동토크 × (보상기TAP(%))²
- 장점 : 광범위한 기동토오크를 얻을 수 있다.
         선로에 기동에 의한 영향이 적다.
- 단점 : 시동에서 운전으로 전환시 무전압 구간이 발생
         큰 돌입전류 발생
         기동 보상기 소비전력으로 효율 낮음
         기동 보상기의 유지 보수 어려움.
- 적용 : 75kW 이상 대용량부하
- 기동전류를 특히 억제해야 되는 곳 또는 전원 용량의 부족한 곳
- 대용량의 송풍기, 펌프, 원심분리기등 기동 TORQUE가 크고 GD² 값(관성 모멘트)이 큰 대용량 모터 기동에 사용.

5) 크샤 기동 방식

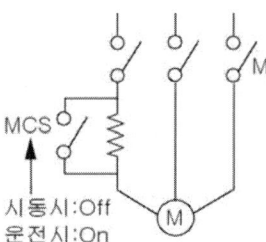

- 고정자 권선 3상중 1상에 저항 또는 리액터를 삽입하여 시동하는 방식.
- 장점 : 합성 벡터를 작게 하여 시동한다.
- 단점 : 1차 불평형 기동이 된다.
- 적용 : 기동시의 충격방지 목적

6) VVVF
 - 주파수나 전압만을 제어하면 토오크가 감소하는 등 문제점이 발생하기 때문에 이를 보완하고 시동 전류를 적당히 억제하여 안전한 운전을 하기 위하여 주파수와 함께 출력 전압도 제어하는 최신 속도제어 방식이다.

4. 속도 제어 비교

기동법	Y-△ 기동	리액터 기동	콘돌파 기동	소프트 기동
기동전압	$\frac{1}{\sqrt{3}}$	$\frac{1}{\alpha}$	$\frac{1}{\alpha}$	0 ~ 100%
기동전류	$\frac{1}{3}$	$\frac{1}{\alpha}$	$\frac{1}{\alpha^2}$ -> $\frac{1}{\alpha}$	0 ~ 100%
기동토오크	$\frac{1}{3}$	$\frac{1}{\alpha^2}$	$\frac{1}{\alpha^2}$ -> $\frac{1}{\alpha^2}$	0 ~ 100%

3.3 전기자동차 전원공급설비에 대하여 설명하시오.

1. 개요
1) 전기자동차 충전장치는 스마트 그리드에 필수 요건이며
2) 전기설비 판단기준에도 2011년 1월 추가 제정되어 필수적으로 익혀야 하는 내용이 되었다.

2. 자동차 전원공급설비
전기자동차에 전기를 공급하기 위한 저압전로는 다음 각 호에 따라 시설하여야 한다.
1) 전용의 개폐기 및 과전류차단기를 각 극에 시설하고 또한 전로에 지락이 생겼을 때 자동적으로 그 전로를 차단하는 장치를 시설할 것.
   단, 과전류차단기는 다선식 전로의 중성극을 제외한다.
2) 배선기구는 제170조 및 제221조에 따라 시설할 것.(붙임참조)

3. 전기자동차 충전장치
1) 충전부분이 노출되지 않도록 시설하고, 외함은 접지공사를 할 것.
2) 외부 기계적 충격에 대한 충분한 기계적 강도를 갖는 구조일 것.
3) 침수 등의 위험이 있는 곳에 시설하지 말아야 하며, 옥외에 설치시 강우, 강설에 대하여 충분한 방수 보호등급(IPX4 이상)을 갖는 것일 것.
4) 분진이 많은 장소, 가연성 가스나 부식성 가스 또는 위험물 등이 있는 장소에 시설하는 경우에는 통상의 사용 상태에서 부식이나 감전, 화재, 폭발의 위험이 없도록 시설할 것.
5) 충전장치에는 전기자동차 전용임을 나타내는 표지를 쉽게 보이는 곳에 설치할 것.

4. 충전 케이블 및 부속품(플러그와 커플러등)
1) 충전장치와 전기자동차의 접속에는 연장코드를 사용하지 말 것.
2) 충전 케이블은 유연성이 있는 것으로서 통상의 충전전류를 흘릴 수 있는 충분한 굵기의 것일 것.
3) 커플러는 다음 각 목에 적합할 것.
   가. 다른 배선기구와 대체 불가능한 구조로서 극성의 구분이 되고 접지극이 있는 것일 것.
   나. 접지극은 투입 시 먼저 접속되고, 차단 시 나중에 분리되는 구조일 것.
   다. 의도하지 않은 부하의 차단을 방지하기 위해 잠금 또는 탈부착을 위한 기계적 장치가 있는 것일 것.

라. 커넥터(충전 케이블에 부착되어 있으며, 전기자동차 접속구에 접속하기 위한 장치)가 전기자동차 접속구로부터 분리될 때 충전 케이블의 전원공급을 중단시키는 인터록 기능이 있는 것일 것.
4) 커넥터 및 플러그는 낙하 충격 및 눌림에 대한 충분한 기계적 강도를 가진 것일 것.

5. 충전장치의 부대설비
1) 충전 중 차량의 유동을 방지하기 위한 장치를 갖추어야 하며, 자동차 등에 의한 물리적 충격의 우려가 있는 경우에는 이를 방호하는 장치를 시설할 것.
2) 충전 중 환기가 필요한 경우에는 충분한 환기설비를 갖추어야 하며, 환기설비임을 나타내는 표지를 쉽게 보이는 곳에 설치할 것.
3) 충전 중에는 충전상태를 확인할 수 있는 표시장치를 쉽게 보이는 곳에 설치할 것.
4) 충전 중 안전과 편리를 위하여 적절한 밝기의 조명설비를 설치할 것.
5) 그 밖에 전기자동차 전원공급설비와 관련된 사항은 KS C IEC 61851-1, KS C IEC 61851-21 및 KS C IEC 61851-22 표준을 참조한다.

6. 전기자동차 충전설비의 종류
전기자동차 충전인프라는 충전장소에 따라 구성과 기능이 다르며, 현재 언급되고 있는 충전설비는 <그림1>과 같이 크게 주택용 충전설비, 주차장용 충전스탠드, 충전소용 충전설비, 배터리교환소의 4가지 정도로 구분할 수 있다.

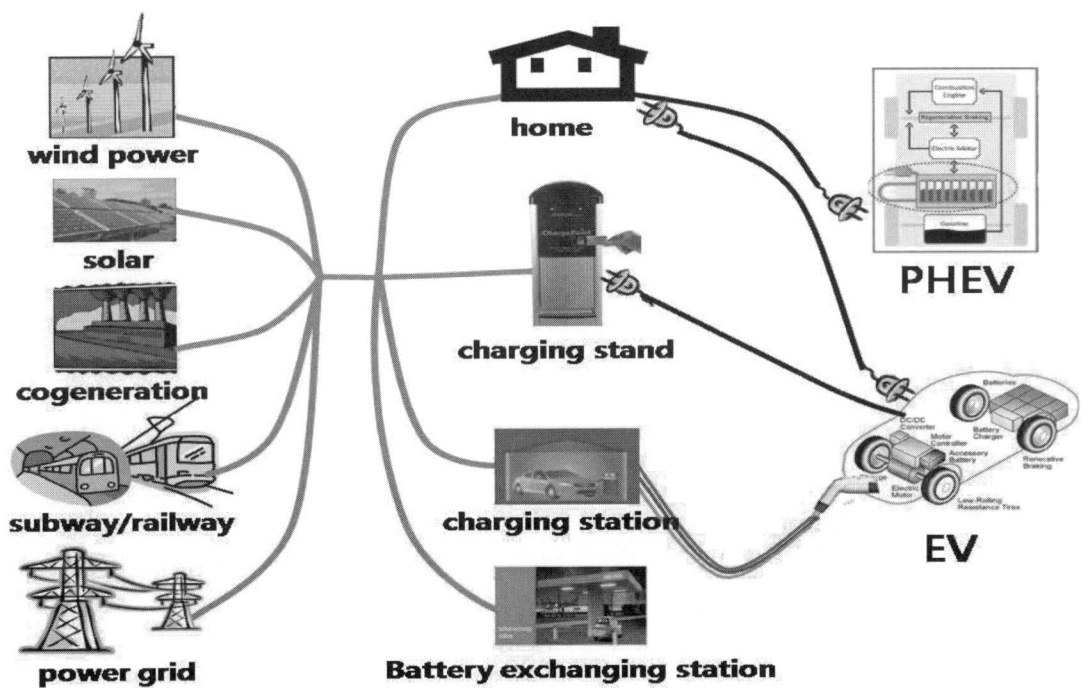

1) 주택용 충전설비
   차고에서 직접 충 방전
2) 주차장용 충전설비 (공동 주택용 포함)
   주차장에 충전스탠드의 충전설비를 갖추고 교류전원을 EV 차량에 공급하면 차량내의 On-board charger에서 AC/DC변환하여 배터리에 전원을 공급하는 시스템 안전장치, 통신, 과금 등을 위한 장치 필요
3) 충전소용 급속충전설비
   단시간에 대전력을 차량에 공급하기 때문에 차량과의 통신이 필수적 이며, 주로 급속충전설비에서 AC/DC 변환하여 차량에 DC로 공급하는 방식을 채택
4) 배터리 교환소
   배터리 부착위치와 형상 및 크기를 표준화하고 배터리를 임대 또는 공유한다는 개념으로서 EV 차량운전자는 주행거리에 따라 요금을 지불하는 시스템이다.
   차량제조회사, 운영회사, 표준화 등의 이해관계와 배터리 열화에 대한 책임 문제 등 현실적인 어려움이 많다.

3.4 에너지절감을 위한 조명설계에 대하여 설명하시오.

1. 개요
- 조명 에너지는 전력에너지의 약20%이며
- 건축물에서는 전력소모량의 약30%를 조명이 차지한다.
- 따라서 조명 분야의 전력 절감은 필수적인 과제라 할 수 있다.
- 에너지 절감 설계 7대 Point

$$전력량(kWh) = 가구당소비전력(\downarrow) \times 점등시간(\downarrow) \times \frac{조도(\downarrow) \times 면적(\downarrow)}{광속(\uparrow) \times 조명율(\uparrow) \times 보수율(\uparrow)}$$

2. 조명 설비의 에너지 절감 방안
1) 최적의 설계 조도 결정
- 작업의 종류, 시 대상물의 크기, 정확도, 작업속도, 작업시간, 작업자 연령, 눈부심등을 고려하여 설계 조도 결정
- 작업면 조명 (F~H.3단계) : 150~ 1500 (lx)
- 전반조명+국부조명 작업면(I~K.3단계) : 1500 ~ 15000 (lx)

단순 작업	150-300	큰 물체 대상 작업장
보통 작업	300-600	작은 물체 대상 작업장
정밀작업	600-1500	매우 작은 물체 대상 작업장

2) 고효율 광원 선정
  (1) 전자식 안정기 사용 형광등
  (2) 3파장 형광등 사용
  (3) 슬림화 형광등 사용
  (4) 백열전구 대신 LED램프 사용

3) 고효율 조명기구 사용
  (1) 저휘도 고조도 반사갓 사용 조명기구 사용
  (2) 직접 조명
  (3) 개방형 조명기구 사용
  (4) 램프 및 반사갓의 주기적인 청소 및 교체

4) 효과적인 조명 제어 및 조광제어
  (1) 시간 스케쥴에 의한 제어
  (2) 점멸 구간을 세분화
  (3) 조도 검지기를 이용한 조명 제어
  (4) 재실 감지기 설치
  (5) 센서 부착 또는 타이머 부착형 조명기구를 채택

(6) 필요에 따라 부분조명이 가능하도록 점멸회로를 구분

(7) 일사광이 들어오는 창측의 전등군 : 부분점멸이 가능하도록 설치

5) 높은 보수율 유지

(1) 적절한 램프 교환
- 이상시 개별 교환
- 일정 시간 경과 후 집단 교환

(2) 정기적인 청소 실시

(3) 적절한 보수율 설정

6) 실내 마감재를 밝게 계획

쾌적성을 고려 천장>벽>바닥의 순서로 반사율을 높임.

7) PSALI 조명

- 지하 공간에 채광이 유효한 창문을 가급적 많이 설치
- 주광을 최대한 이용

8) 적정 전압 유지

- 정격 전압 1% 감소시 : 광속은 2~3% 감소
- 부하측 전압강하 : 공칭전압 ± 2% 유지

9) 조광제어

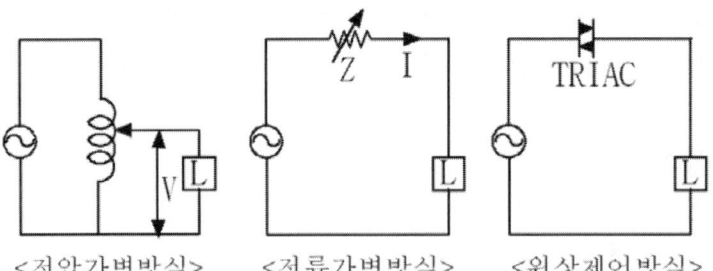

<전압가변방식>　　<전류가변방식>　　<위상제어방식>

3.5 특별고압전로에 사용되는 기중절연 자동 고장구간개폐기(AISS)의 적용과 기능에 대하여 설명하시오.

1. 개요
1) 자동 고장구간 개폐기 종류는 유입식과 공기식이 있으며 이 두가지 모두를 AS라 부른다.
2) 그러나 일부 제조업체에서는 이를 구분하기 위하여 유입식은 ASS라 하고 공기식은 AISS라 부르기도 한다.
3) 여기에서는 흔히 AISS라 부르는 공기식에 대하여 기술하기로 하고 이하 ASS라 호칭을 통일하기로 한다.
4) ASS는 수용가의 수전단에 설치하여 과부하, 단락, 지락 등의 고장사고 발생 시 타기기(Recloser, 한전 차단기)와 협조하여 고장 구간만을 신속, 정확하게 차단 또는 개방하여 고장 구간의 확대를 방지하고 피해를 극소화시키기 위하여 설치한다.

2. 정격, 기능, 특징
1) 정격
   - 정격 전압 : 25.8 KV
   - 정격 전류 : 200A
   - 정격차단전류 : 800A
   - 최대 Lock 전류 : 800A
   - 정격차단용량 : 40MVA

2) 기능
   (1) 부하 개폐기 기능
   - 정격 전류에서 200회 개폐가 가능하며, 정격전류 이하의 부하전류에 대하여는 부하 전류가 적을수록 개폐회수 성능은 늘어나게 된다.
   - 무부하 개폐 성능 : 1100회 정도
   (2) 고장 구간의 자동 분리 기능
   공급 변전소의 CB 및 선로 Recloser와 협조하여 순간 정전 후 고장 구간을 자동 분리한다.
   (3) 과부하 및 지락 보호 기능
   변압기 고장에 대해 내장된 OCR, OCGR에 의한 과부하 및 지락보호 기능을 가지고 있다.
   최소동작전류는 1.5배에서 2.5초 이상의 강반한시 특성을 가지고 있으므로 변압기 여자전류, 순간적 과부하에 내성을 갖고 있다.

(4) 돌입전류에 의한 오동작 방지 기능
최근의 ASS는 기존의 문제되었던 돌입 전류에 대한 오동작을 보완하여 다른 수용가 또는 전원측 선로의 고장으로 인해 후비 보호 장치가 동작할 때 발생하는 돌입전류로 인해 오동작 하지 않도록 되어 있다.

(5) 경부하 운전시의 부동작 해결
기존의 전류방식의 경우 부하전류가 작은 상태에서 고장이 발생하면 돌입전류 억제기능이 해제되지 않아 ASS가 동작치 않을 수가 있으나 최근에는 전압 및 전류방식을 채택하여 이러한 문제를 예방함.

(6) 과전류 LOCK 기능
정격차단전류(800A) 이상의 고장 발생시 개폐기를 보호하면서 고장을 제거할 수 있도록 과전류 LOCK(800±10%) 기능을 가지고 있다.

(7) 기능 정정의 간편
최소동작 전류의 정정은 제어함에 부착된 Selector Switch의 선택에 의해서 내장된 OCR, OCGR과 자동으로 정합되므로 설비용량의 증가에 따른 재정정이 용이하다.

3) 특징
(1) 안전성이 높다.
수용가 차단기 1차 측의 기기나 모선 사고로 인한 사고 파급이 한전 선로에 영향을 주지 않으므로 한전은 수용가 측의 사고로 인한 정전 사고를 단축할 수 있다.

(2) 호환성
부하 용량 증가시 LBS로 교환이 가능하다.

(3) 경제성
비슷한 기능의 LBS에 비하여 가격이 저렴하다.

(4) 동작의 신속성
개폐조작은 스프링축력에 의한 구조이므로 확실하고 신속성이 있다.

(5) 문제점
 - 차단능력이 약함
차단 능력이 최대 900A밖에 되지 않아 단락 보호에 한계가 있다.
 - 과도 고장시 오동작 가능성
수용가에 낙뢰, 수목지락, 소동물 등으로 인한 과도 고장 전류가 흐를때 선로의 리크로져가 순시 동작할 때 완전 개방될 수 있다.

3. 설치 기준(적용)

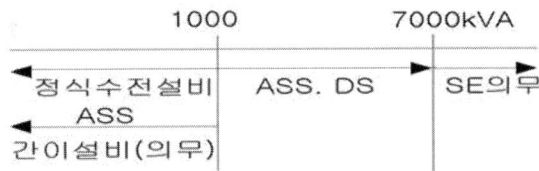

- 내선 규정 3220에 의하여 22.9 kV 7,000kVA 초과시는 Sectionalizer를 사용해야 함
- 간이 수전설비의 용량 1,000KVA이하에는 의무적으로 설치하도록 규정됨.
- 설치 장소
  전기 사업자 공급 선로 분기점
  수전실 구내 입구 및 자가용 선로 등

4. ASS 동작 협조
   1) 배전 계통의 Recloser와의 협조

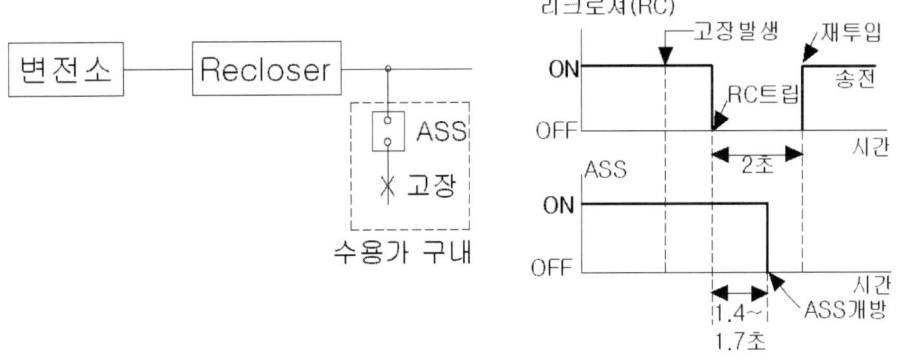

(1) 수용가에서 800A 이상의 고장전류가 발생하면 한전의 배전 선로상에 설치된 Recloser가 이를 감지하여 Trip된다.
(2) Recloser가 Open되면 ASS는 1.4초~1.7초(84~102Hz)의 개로 준비 시간을 거쳐 자동으로 Trip된다.
(3) Trip된 Recloser는 약 120Hz후에 재투입되어 배전선로에서 고장 개소인 수용가는 분리시키고 송전 가능하다.

2) 변전소 CB와의 보호 협조

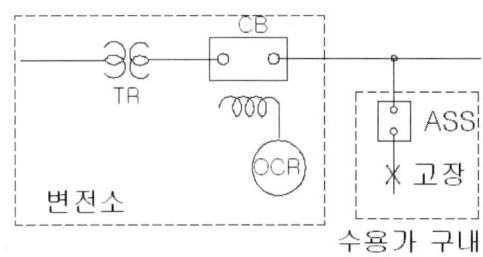 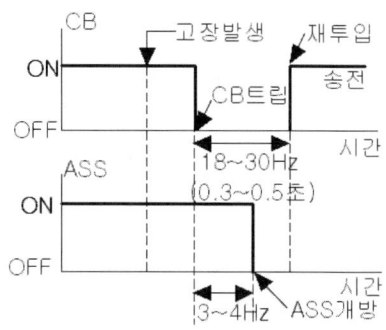

(1) 수용가에서 800A 이상의 고장전류가 발생하면 변전소 차단기 Trip.
(2) 차단기가 Trip되면 ASS는 3~4Hz의 개로준비시간을 거쳐 자동Trip
(3) Trip 된 차단기는 약 18~30Hz후 재투입 되어 배전선로에서 고장 개소인 수용가는 분리시키고 송전가능.

3.6 60Hz에서 사용하는 변압기를 50Hz 계통에 사용하였을 때 고려할 사항에 대하여 설명하시오.

1. 60Hz에서 사용하는 변압기를 50Hz 계통에 사용하였을 때 고려할 사항
   1) 변압기 유기 기전력의 일반식
      - 유기전압 $E_1 = 4.44 f N_2 \Phi$ 이므로
      - 자속밀도 $B = \dfrac{1}{4.44 f A} \dfrac{E}{N_2}$

      여기서 E1 : 유기전압(V),   F : 주파수(Hz)
              N_2 : 2차 권선수 Φ : 자속(wb)
              B : 자속밀도(wb/㎡)   A : 철심단면적(㎡)
   2) 자속밀도와 주파수는 반비례 관계에 있으므로 60Hz 설계의 변압기를 50Hz에 사용하면
   ① 자속밀도 증가하고 이에 따라 무 부하손은 1.25 - 1.35배 증가
      $W_i = W_h + W_e = k_h f B_m^{1.6} + k_e (t f B_m)^{2.0}$ (W/kg)
   ② 무 부하손의 증가로 온도상승
   ③ 용   량 : 83.5%로 감소(무 부하손이 증가하므로)
   ④ 자속밀도의 증가로 소음이 커지게 된다.
   ⑤ 임피던스 : 83.3%로 감소 (임피던스(ωL)는 주파수와 비례 관계)
   ⑥ % 임피던스
      $Z = R + jX$ 에서 주파수 감소에 따라 X가 감소하므로 %Z도 감소
   ⑦ 전압 변동율
      전동기의 무부하 전압에 대한 전부하 전압의 비인 전압 변동율
      - 전압변동율 $\varepsilon = p \cos\Theta + q \sin\Theta$ (%)
         $\%Z = \sqrt{p^2 + q^2}$
      - %Z가 작아지면 전압 변동율이 작아져 유리해짐.
   ⑧ 단락 전류 및 단락 용량
      - 단락용량(차단용량)은 다음식으로 구해지며 그 값은 %Z에 반비례한다.
      - $I_s = I_n * \dfrac{100}{\%Z}$ (MVA) $P_s = P_n * \dfrac{100}{\%Z}$ (MVA)
         이 공식에서 %Z 가 작아지면 단락용량 Ps는 커져서 불리해짐.
   ⑨ 전자 기계력
      위식에서 %Z가 작아지면 단락용량이 커진다.
      따라서 사고시 사고전류가 커지고 권선에 미치는 전자력도 커진다.
      $F = 2.04 \times 10^{-s} \times \dfrac{I_1 I_2}{D}$

여기서 F : 도체에 작용하는 힘 (kg/m)
I_1 I_2 : 각 도체의 전류 순시값
D : 도체 간격 (m)

2. **주파수가 감소시(60Hz에서 50Hz로 감소) 전동기 현상**
   ① 자속밀도 증가
   $E = 4.44 \Phi N f$ 이므로 $\Phi = K \frac{1}{f}$ 에서
   자속밀도는 주파수에 반비례
   ② 무부하손 증가 (1.25 - 1.35배)
   Wi = Wh + We = kh f Bm$^{1.6}$ + ke (t f Bm)$^{2.0}$ (W/kg)
   ③ 온도 상승 : 손실에 의한 온도 상승
   ④ 효율
   손실이 증가하므로 효율 저하
   ⑤ 자속밀도의 증가로 소음이 커지게 된다.
   ⑥ 회전수 감소
   $N = \frac{120 f}{P} (1 - s)$
   즉, 전동기의 속도는 주파수에 비례하여 감소
   ⑦ 최대 토오크
   $T = \frac{P}{\omega} = \frac{P}{2\pi f}$ 에서
   토오크 T는 주파수에 반비례하므로 증가
   ⑧ 2차 전류 및 기동 전류
   $I_2 = \frac{s E_2}{\sqrt{R^2 + (s X)^2}}$
   (XL = ωL = 2 π f L)에서 주파수가 작아지면 XL는 작아지므로 I_2는 증가하여서 불리함.

3. **결론**
   60Hz 변압기를 50Hz 전원에 사용시 손실증가, 냉각효과 감소 등으로 온도 상승이 되므로 문제가 됨

4.1 직류직권전동기의 속도특성과 토크특성, 용도에 대하여 설명하시오.

1. 직류 전동기 개요
  1) 직류전동기는 속도제어를 비교적 간단하게 할 수 있고, 또한 기동 토크가 크므로 고도의 속도제어가 요구되는 장소나 기동 토크가 필요한 엘리베이터, 전차등에 많이 사용된다.
  2) 그러나 전원이 직류이므로 교류를 직류로 바꾸는 장치가 필요하고 가격이 비교적 고가인 것이 단점이다.
  3) 따라서 최근에는 VVVF를 이용하여 유도전동기의 기동과 속도제어가 비교적 쉽기 때문에 VVVF를 이용한 유도전동기의 사용이 많아지고 있다.

2. 직류 전동기 구조와 원리
  1) 구조
      - 고정자측에 영구자석 또는 전자석
      - 회전자측에 도체, 정류자, 브러쉬로 구성
      - 회전자 도체에 직류 전압 인가

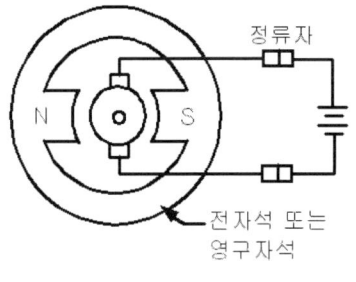

  2) 원리
      - 고정자측 자기장이 만드는 자기장속에
      - 전류가 흐르는 회전자 도체를 위치시키면
      - 플레밍의 왼손법칙에 의해 (중지:회전자전류 인지:자력, 엄지:운동(힘)) 회전하고
      - 전동기가 회전하면 플레밍의 오른손법칙에 의한 기전력이 발생하고 공급전압과 반대 방향이므로 역기전력이라 부른다.

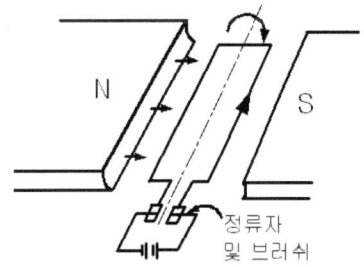

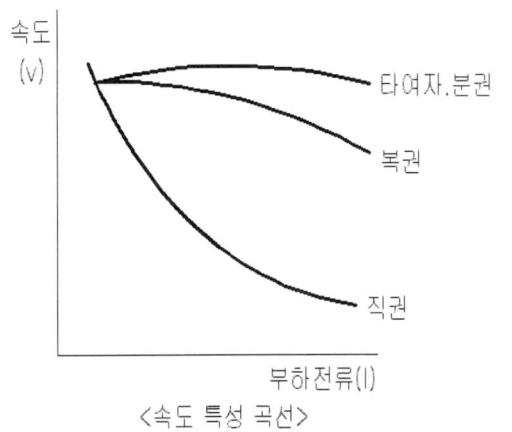

〈속도 특성 곡선〉

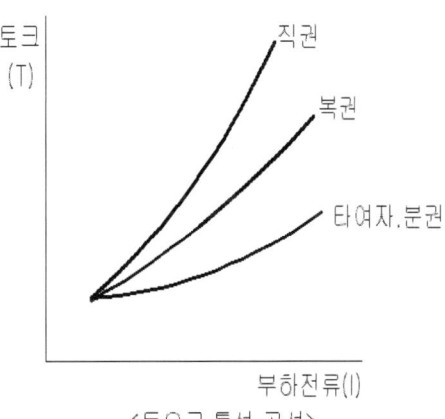

〈토오크 특성 곡선〉

3. 여자방식에 따른 종류와 특성

종류		구조	특성	속도제어	용도
자여자	직권		- 기동 토크가 가장 크다 - 무부하운전시 속도가 현저히 상승	(전기자) 저항제어	전차 크레인
	분권		- 유도전동기와 특성이 비슷(거의 사용 않함) - 기동저항기로 토크 250%까지 제한	계자 (저항) 제어	공작기계 콘베이어
	복권		- 정속도특성 및 속도 변동율 큰것 - 최대 기동 토크 450%	〃	분쇄기 권상기 절단기
타여자			- 세밀하고 광범위한 속도 제어용	(전기자) 전압제어	대형 압연기 고급 승강기

4. 특징

1) 장점
   - 속도 제어가 간단 (고급 엘리베이터)
   - 기동 토오크가 크다. (전차, 크레인)

2) 단점
   - 교류->직류 변환장치 필요
   - 정류자와 브러시가 있어 구조가 복잡하고 유지보수가 번거롭다.
   - 정류자와 브러시에서 발생하는 불꽃이 통신장해의 원인이 된다.
   - 가격이 비싸다.
   - 사용율이 낮다.

4.2 전동기에서 발생한 동력을 부하에 전달하기 위한 기계적 동력전달장치와
    전자적 동력 전달장치에 대하여 설명하시오.

1. 개요
   1) 기관(원동기)의 발생 동력을 토크 변환하여 동축(동륜)에 전달하는 방식은
      크게 나누면 기계식, 전기식으로 나누어진다.
   2) 기계식은 치차(gear)만으로 토크 변환하여 동력 전달을 하는 방식이다.
   3) 전기식은 기관에서 발전기를 구동하여 발생하는 전력에 의해 주 전동기를
      회전시켜 동력 전달을 하는 방식이다.
   4) 복수의 동력원을 가지는 하이브리드 방식은 대형버스에서 실용화되고 있다.

2. 기계적 동력전달장치

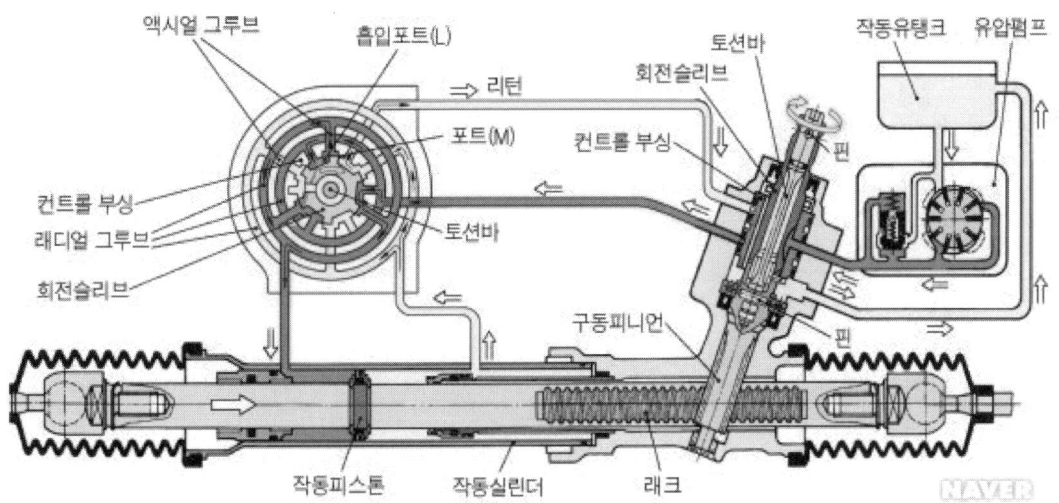

   1) 기계식 조향기어, 작동 실린더와 피스톤, 컨트롤밸브 기능을 하는 로터리
      디스크밸브, 그리고 유압시스템(유압펌프, 압력제한밸브, 작동유 탱크)으로
      구성되어 있다.
   2) 래크는 피니언에 의해 구동된다.
   3) 래크에 전달된 구동력은 래크의 양단으로 전달된다.
   4) 래크 하우징이 바로 작동 실린더이다.
   5) 작동 실린더는 피스톤에 의해 2개의 작동실로 분리되어 있다.

3. 전자적 동력 전달장치
   1) 전달 장치는 기계식에서 전자식으로 발전해 가고 있다.
      전자적으로 제어되는 전기모터의 토크를 이용한다.
   2) 전기모터는 필요할 경우에만 스위치 'ON' 시킨다.
   3) 이 시스템의 핵심요소는 토크센서(torque sensor)이다.

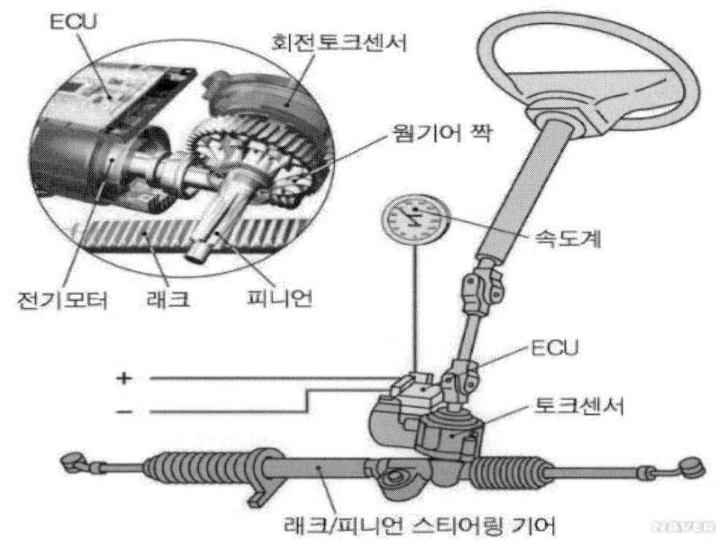

　　토크센서는 운전자가 조향핸들에 가하는 토크를 감지한다.
4) ECU는 주행속도와 조향핸들에 가해지는 토크 그리고 ECU에 저장된 특성 곡선을 이용하여 필요로 하는 힘을 계산한다.
5) 전용 전기모터는 컨트롤유닛이 계산한 조향배력 토크를 생성하여, 이를 운전자의 조향토크에 중복시킨다.
　　따라서 전기모터는 운전자가 실질적으로 힘을 필요로 할 경우에만 작동한다.
6) 전기모터에 의해 생성된 토크는 웜기어에서 짝에서 스티어링 칼럼을 거쳐서 래크 피니언 기어에 전달된다.
7) 이 방식의 EPS(Electronic Power Steering) 시스템은 필요할 경우에만 출력을 소비하므로 연료소비의 감소와 기관 여유출력의 증가를 가능하게 한다.
8) 또 전자식 조향 배력장치의 컨트롤유닛은 완벽한 진단이 가능하므로 고장진단이 간단하다는 이점이 있다.

4.3 디지털계전기의 설치환경, 노이즈 영향과 대책에 대하여 설명하시오.

1. 개요
    디지털 계전기란 기존의 유도형 계전기, 전력량계, 아날로그 계기, 각종 개폐 스위치등을 하나의 패키지에 내장하여 디지털화한 계전기로 고 신뢰성, 고 안정성, 편리성등을 혁신적으로 개선시킨 계전기이다.

2. 디지털 계전기 설치 환경
    1) 절연 저항 : DC 500V / 10MΩ 이상
    2) 상용주파 내전압 : AC 2kV / 1분간
    3) 과부하 내량
        - 정격전류의 2배에서 3시간
        - 정격전압의 1.15배에서 3시간
    4) 사용온도범위 : -10℃ ~ 55℃
    5) 보관온도범위 : -25℃ ~ 70℃
    6) 사용습도범위 : 일평균 30 ~ 80%
    7) 표고 해발 : 1500m 이하
    8) 기타
        - 이상 진동 및 충격을 받지 않는 곳
        - 주위 공기 오손 상태가 현지하지 않은 곳

3. 노이즈(Noise)의 영향 및 방지대책
    1) 노이즈 발생 원인
        (1) 아크, 방전기기의 운전, 정지의 반복 : 전기로, 아크로, 용접기등
        (2) 뇌에 의한 영향 : 직격뢰, 유도뢰등
        (3) 전동기의 빈번한 운전, 정지 : 압연기, 반송기계등
        (4) 개폐기의 개폐동작 : 변압기 여자 돌입 전류등
        (5) 전력전자기기(SMPS)의 고속 스위칭 : 인버터등
        (6) 고장시의 대전류 및 그 차단 : 단락, 지락사고등

    2) 노이즈 영향
        (1) 기기의 I/O카드 파손
        (2) 오동작에 따른 정전 피해
        (3) 중요 IC칩 파손
        (4) CPU 및 제어회로등 반도체 부품 파손

(5) 부작동에 의한 계통 사고 파급
(6) 기기 보수로 인한 경제적 손실

3) 노이즈 경감대책

(1) 노이즈 필터 사용

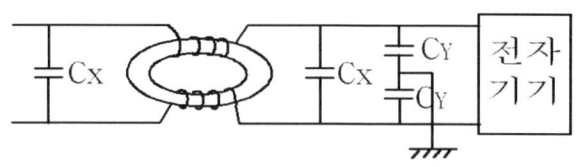

전도성 노이즈 경감 대책으로 주로 사용되는 방법으로 선로를 타고 들어오는 노이즈를 필터로 분리하여 접지를 통해 방전 시킴.

(2) Shield 차폐 및 접지

제어 케이블에 실드 차폐 케이블을 사용하고 실드를 접지한다.
접지에는 편단 접지와 양단 접지가 있는데
- 편단 접지는 정전유도에 의한 노이즈 침입 방지에 효과적이고
- 양단 접지는 전자유도에 의한 노이즈 방지에 효과가 크다.

(3) 외함 차폐

도전성이 좋은 금속제 외함을 사용하거나 합성수지 외함이면 표면에 도전성물질을 도금하는 등의 방법으로 도전성을 부여하여 외함을 접지.

(4) 제어 케이블의 분리포설, 이격

자동화 설비에 연결되는 신호선, 제어선에는 가까이 병행되는 전력 케이블이 없도록 다른 선로와 분리하여 포설한다.

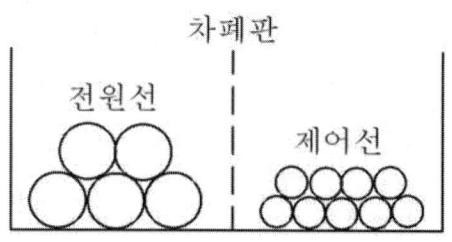

(5) Twist Pair선 사용

신호선에 Twist Pair선을 사용하여 신호선의 불균형에 의한 노이즈의 침입을 막고 평형도를 높여서 Normal Mode에 의한 노이즈의 발생 및 침입을 억제한다.

(6) 설비의 접지

　　복수 접지를 하면 외부 노이즈 전류가 접지점의 한쪽으로 흘러 들어와 다른 접지점으로 흘러나가기 때문에 자동화 설비가 노이즈에 노출되어 노이즈에 극히 취약한 시스템이 되므로 자동화 설비는 어떤 경우에도 1점 접지를 해야 한다.

(7) 서지 흡수기 사용

　　회로에 제너 다이오드 (Zener Diode) 등을 넣어서 서지 흡수기로 동작하도록 한다.

(8) NOISE CUT TR 사용

　- 외부의 노이즈로부터 기기를 보호함과 동시에 기기에서 발생하는 노이즈를 전원측에 전달되지 않도록 하는 가능을 가짐.

　- 1,2차가 완전히 분리되어 접지측의 임피던스에 의한 영향을 받지 않는다.

　- 절연이 강화되어 있어 기본파의 누설 전류가 거의 없다.

　- 결점 : 절연 변압기와 실드 변압기에 비해 고가
　　　　　온도 상승이 약간 크고 부피가 커짐.

4.4 무정전 전원장치(UPS)의 동작특성, 정격 및 선정 시 고려사항에 대하여 설명하시오.

1. 개요

UPS는 잠시도 정전 또는 전압 변동을 허용할 수 없는 중요한 부하기기에 상용전원이 정전 되거나 긴급 사고가 발생할 때 부하측 전원이 차단 또는 전압 변동이 되지 않도록 무정전으로 준비된 비상 전원에 의해 양질의 전원을 공급하는 장치이다.

2. UPS의 동작 특성

 1) 단일 출력 버스 UPS
   - Q1: 유틸리티/주 전원 입력
   - Q2: UPS 출력
   - Q3: 수동 바이패스
   - MBS: 기계적 바이패스 스위치

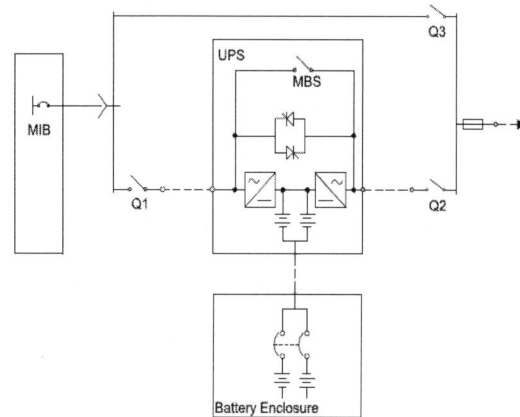

   - 바이패스 전환회로에 SCR을 사용한 반도체 S/W에 의해 무순단으로 전환.
   - 소용량에서 대용량까지 단일 시스템의 표준
   - 경제적이며 고 신뢰도 시스템임.

 2) 병렬 시스템
   - Q1: 유틸리티/주 전원 입력
   - Q2: UPS 출력
   - Q3: 수동 바이패스
   - Q4: 시스템 출력
   - Q5: 정적 바이패스 입력

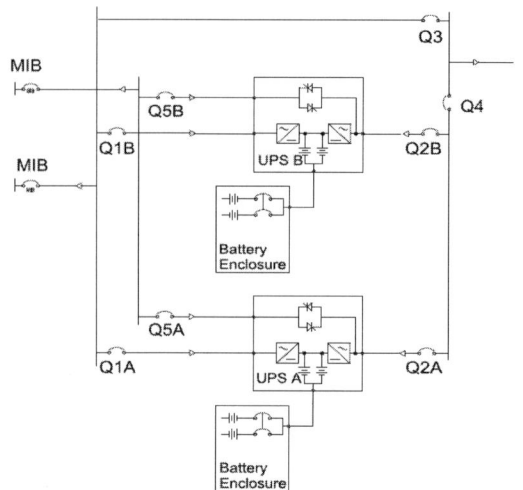

- UPS를 2대 또는 그 이상으로 병렬 운전하여 신뢰성을 높인 시스템.
- 금융기관 전산실, 병원 수술실 등 고 신뢰성을 요구하는 시스템에 적용

3) 이중 버스 UPS

- Q1: 유틸리티/주 전원 입력
- Q2: UPS 출력
- Q3: 수동 바이패스
- Q5: 정적 바이패스 입력
- MBS: 기계적 바이패스 스위치

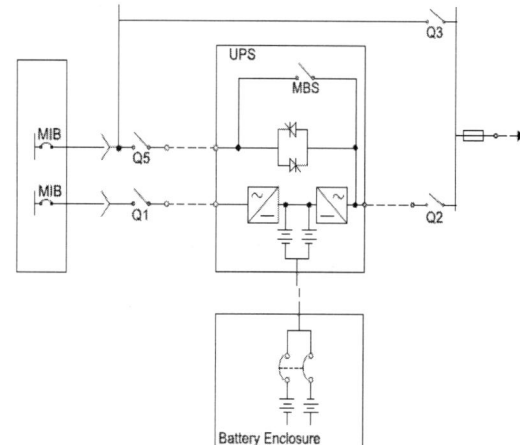

- 전원을 이중으로 수전하여 신뢰성을 높임.
- 병렬 시스템에 비해 저렴한 투자로 효율성을 높인 시스템임.
- 평상시에는 Q1으로 사용하다가 Q1의 선로 이상시 또는 정전시에 Q5로 전환하여 사용하는 방식임.

3. UPS 정격

1) 일반부하 용량

$$P = \alpha \beta (\Sigma P_L + P_T)$$

   α : 수용율 (0.8 ~ 1.0)
   β : 고조파 여유 계수 (1.25)
   P_L : 부하량 (KVA)
   P_T : 증설 가능 여유량 (20% 정도)

2) 돌입 전류를 고려한 용량

$$P \geq \frac{P_s}{0.5}$$

   P_s : 최대 돌입 용량

3) 과전류 내량을 고려한 용량

$$P \geq \frac{\Sigma P_L + P_s}{r}$$

   P_L : 부하량 P_s : 돌입 용량 r : 과부하 내량

상기 3가지 값 중에 제일 큰 값을 적용한다.

4. UPS 선정 시 고려사항

1) 시스템 방식

UPS	바이패스	시스템 구성	적용 예
단일 시스템	무	→[UPS]→	* 주파수 변환을 요하는 곳 * 바이 패스를 적용 못하는 곳
	절단전환		* 바이패스 전환시간(0.05-0.1초)이 허용되는 부하
	무순단 절환		* 절대 정전을 허용하지 않는 부하
병렬 시스템	무		* 주파수 변환을 요하는 부하중 대 용량
	절단전환		* 바이패스 전환시간(0.05-0.1초)이 허용되는 부하중 대 용량
	무순단 절환		* 절대 정전을 허용하지 않는 부하 중 대 용량 (금융기관 등)

2) 부하 내용의 중요도 파악 및 UPS 공급 부하 선정

부하 용량 3Φ $P = \sqrt{3}\ E\ I \times 10^{-3}$ (KVA)

　　　　　　1Φ $P = E\ I \times 10^{-3}$ (KVA)

3) 수용율

일반 : 0.8 ~ 1.0   통신부하 : 1.0

4) 고조파 전류 영향에 따른 여유 용량 및 억제 대책

여유 용량 3Φ 1.2 - 1.4

　　　　　　1Φ 1.3 - 2.0

5) 장래 증설 또는 여유율

6) 시동 돌입 전류 및 억제 대책

7) 과부하 내력

8) 부하 불평형율 : 단상 혼용 부하의 경우 20% 내외
9) 전압 및 전압 변동율 결정
10) 주파수 및 주파수 변동율
11) 부하 역율
12) 수전방식 및 발전기와의 협조
13) 환경 조건 검토
    - 주위온도 및 공조시스템 설치 여부
    - 소음, Noise, 내진, 방진, 먼지, 환기, 소화기 등
    - 설치 Lay Out, Space, 내하중 등
14) 결제성 등

4.5 전력용 변압기 효율 관리 방안에 대하여 설명하시오.

1. 개요

국내 변전설비용량은 내선규정에 의한 방법과 주택 건설기준에 의한 방법으로 대별되며 내선규정에 의한 수용율을 적용하여 정한다.
그러나 가전기기의 용량이 증가하는 대신 수용율은 낮아져서 과잉 설계가 되고 있는 현실이다.

2. 부하 용량 추정
 1) 부하 LIST에 의한 부하 용량 계산 방법
  - 부하를 알 경우 사용하는 방법으로 주로 실시 설계시 적용
  - 실제 설계에 의한 부하 종류별, 군별 용량 집계
   (전등, 전열, 일반동력, 냉방동력, 소방동력, 승강기 동력, 비상용부하 및 기타 특수부하)
 2) 표준 부하 밀도에 의한 부하 용량 추정 방법
  (1) 내선규정 3315절
   내선규정 3315절에 의해 부하 용량을 모를 경우에 적용하며 주로 기본 설계시 적용한다.

   총 부하 설비용량 = P x A + Q x B + C[VA]
   A : 전용부하밀도 [VA/㎡]   B : 공용부하밀도 [VA/㎡]
   C : 가산부하 [VA]
   P : 전용면적 [㎡]   Q : 공용면적 [㎡]

전용 부하	공장, 교회, 극장	10 [VA/㎡]
	여관, 학교, 음식점, 목욕탕	20
	주택, 아파트, 상점	30
공용 부하	복도, 계단, 창고	5
	강당	10

 (가산부하)
  - 주택, 아파트 1세대당 500(17평 이하)~1000(VA)(17평 초과) 가산
  - 상점의 진열장 : 진열장폭 1m에 대하여 300(VA) 가산
  - 옥외 광고등, 전광 사인등의 VA는 그대로 계산
  - 극장, 댄스홀 등 무대조명, 영화관 특수조명등은 VA를 그대로 계산
  - 고압 전동기 등의 고압 부하는 그대로 계산

(2) 집합 주택 (내선 규정 300-2)
  P (VA) = 30 (VA/㎡) x 바닥면적(㎡) + (500~1,000)(VA)
  ( ) 안의 가산 부하는 1,000을 채택하는 것이 바람직 함
(3) 전전화 주택(내선 규정 300-1)
  P (VA) = 60 (VA/㎡) x 바닥면적(㎡) + 4,000(VA)
(4) 주택 건설 기준 제40조 (건교부)
  세대당 3kW (전용면적 60㎡ 미만) + 초과시 10㎡당 0.5 kW

3. 변압기의 효율적 관리 방안
1) 고효율 변압기의 채택
   - 철심에 방향성 규소강판을 사용한 변압기를 사용하여 철손 감소
   - 몰드형 변압기 사용
   - 비결정형의 아몰퍼스 금속을 재료로 한 변압기 사용
   - 자구 미세화 변압기 채택
2) 직접강압방식을 채택
   일반적으로 특고->저압 직강압 방식 채택
3) 변압기의 대수제어가 가능하도록 뱅크 구성
   부하 종류, 계절 부하등 고려(전등, 전열, 동력, 비상용등 분리)
4) 변압기 용량의 적정 설계
   부하율이 75%에서 최대 효율임.
5) 최대 효율에서 운전
   동손과 철손이 같을 때 최고 효율임.
6) 변압기 적정 탭 선정으로 적정 전압 유지
7) 부하시 탭 변환 변압기(OLTC) 사용
8) 전력용 콘덴서로 역율 개선
   - 변압기 동손은 전류의 제곱에 비례 ($P_c = I^2 R$)
   - 전류는 역율에 반비례 ($I = \dfrac{P}{\sqrt{3}\,E\cos\theta}$)
   - 따라서 동손은 역율의 제곱에 반비례함.
   - 콘덴서 설치 방법
     2 Step : 집중 설치하여 자동 역율 제어
     1 Step : 분산식 개별 설치가 바람직 함.
9) 역율을 자동제어하기 위하여 SVC 설치
10) 자동 제어 방식 채택 : 무효전력제어, 역율제어, 프로그램제어 등
    여러 방법이 있지만 무효 전력 제어 방식을 일반적으로 사용함.

4.6 누전차단기 설치기준에 대하여 설명하시오.

1. 누전차단기의 설치목적
   1) 인체에 대한 감전 보호
   2) 누전에 의한 화재 보호
   3) 전기 기계 기구의 손상을 방지
   4) 다른 계통으로의 사고 파급 방지

2. 누전차단기의 종류
   1) 보호 목적에 따라
      - 지락 보호 전용
      - 지락 및 과부하 겸용
      - 지락, 과부하, 단락 겸용
   2) 동작 시간에 따라
      - 고속형 : 감전방지가 주목적이다
      - 시연형 : 동작시한을 임의 조정 가능. 보안상 즉시 차단하여서는 아니 되는 시설물, 계통의 모선에 설치.
      - 반 한시형 : 지락전류에 반비례하여 동작. 접촉전압의 상승 억제하는 것이 주 목적
   3) 감도에 따라
      - 고감도형 (30mA이하): 인체의 감전 보호 목적
      - 중감도형 (50~1000mA) : 누전 화재 목적
      - 저감도형 (3000mA 이상) : 사용 거의 안함

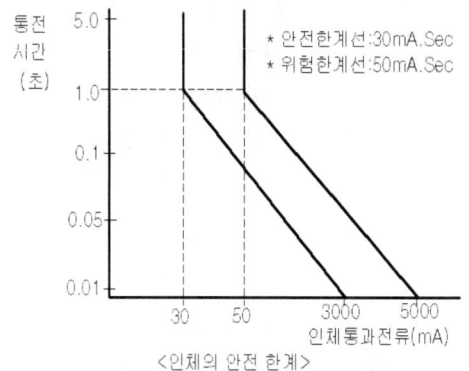
<인체의 안전 한계>

구 분		정격감도 전류 (mA)	동 작 시 간
고 감도형	고속형	5 10 15 30	정격감도전류에서 0.1초 이내, 인체 감전 보호형은 0.03초 이내
	시연형		정격감도전류에서 0.1초를 초과하고 2초 이내
	반한시형		정격감도전류에서 0.2초를 초과하고 2초 이내 정격감도전류 1.4배의 전류에서 0.1초를 초과하고 0.5초 이내 정격감도전류 4.4배의 전류에서 0.05초 이내
중 감도형	고속형	50, 100, 200	정격감도전류에서 0.1초 이내
	시연형	500, 1000	정격감도전류에서 0.1초를 초과하고 2초 이내
저 감도형	고속형	3000, 5000 10,000 20,000	정격감도전류에서 0.1초 이내
	시연형		정격감도전류에서 0.1초를 초과하고 2초 이내

3. 누전차단기 설치 기준
    가. 필히 설치해야 하는 장소
      1) 풀용, 수중조명등 : 절연변압기 2차측 사용전압이 30V를 초과하는 것
      2) 사람이 쉽게 접촉할 우려가 있는 사용전압 60V를 초과하는 금속제외 함
      3) 주택의 옥내 대지전압이 150V를 넘고 300V 이하인 저압전로 인입구
      4) 대지전압 150V를 넘는 이동형 전동기기를 물 등 도전성 액체로 인하여 습기가 많은 장소에 시설하는 경우 : 고감도형 누전차단기 설치
      5) 특고압, 고압 전로의 변압기에 결합되는 대지전압 400V를 초과하는 저압전로
      6) 화약고 내의 전기공작물에 전기를 공급하는 전로 : 화약고 이외의 장소에 설치
      7) Floor Heating 및 Load Heating 등으로 난방 또는 결빙방지를 위한 발열선 인입구
      8) 전기온상 등에 전기를 공급하는 경우.

    나. 권장되는 장소
      1) 습기가 많은 장소에 시설하는 전로
      2) 옥외시설 전선로로 사람이 닿기 쉬운 장소에 시설하는 전로
      3) 건축공사 등으로 가설한 전로
      4) 아케이드 조명설비
      5) 가공전식에 전기를 공급하는 전로

    다. 누전차단기를 생략할 수 있는 장소
      1) 발, 변전소나 이에 준하는 장소(항상 누설전류)
      2) 계통이 매우 긴 저압전로, 회로 차단이 심각한 상태가 되는 전로
      3) 저압, 고압전로에서 이들의 정지가 공공안전 확보에 지장을 초래하는 경우 (비상용 조명장치, 유도등, 비상용승강기, 철도용 신호장치 등)
      4) 접지저항 3Ω이하.
      5) 건조한 장소
      6) 2중 절연구조의 전기기구.
      7) 기술상 절연이 불가능 한 경우(전기 욕기, 전기로, 전해조 등)

    라. 설치하면 안 되는 장소
      1) 온도가 높은 장소
      2) 습기가 많거나 물기가 많은 장소

3) 진동이 많은 장소
4) 점검이 쉽지 않은 장소

4. 누전 차단기 설치 시 고려사항
- 원칙적으로 해당기기에 내장 또는 배, 분전반 내에 설치할 것.
- 정격 전류 용량은 당해 전로 부하 전류 이상일 것
- 감도 전류가 너무 예민하여 정상상태에서 불필요하게 동작하지 않을 것
- 영상 변류기를 옥외에 설치 할 경우 방수형이나 방수함을 사용할 것
- ZCT를 케이블의 부하측에 시설할 경우 접지선은 관통시키지 말고, 전원측에 설치시에는 반드시 접지선을 ZCT에 관통 시킬 것.(ZCT 참고)
- 누전차단기를 병렬로 사용하면 내부저항 차이로 불평형이 생겨 오동작 발생함.
- 누전 차단기를 사용한 전동기와 사용하지 않은 전동기의 접지선은 공용하지 말 것.
- 누전 차단기에 거리가 긴 케이블을 사용시 대지정전용량에 의한 충전전류로 오동작 발생